Environmental Safety and Management
of Agricultural Producing Area

国家出版基金项目
NATIONAL PUBLICATION FOUNDATION

“十四五”国家重点
出版物出版规划项目

农产品产地环境监测、安全预警与风险管控丛书

农产品产地环境安全与管理

Environmental Safety and Management
of Agricultural Producing Area

朱晓昱　谭冬飞　张阳　等著

化学工业出版社
·北京·

内容简介

本书以农产品产地环境管理的主体和对象为主线，在系统梳理农产品产地环境管理法律法规的基础上，概述了我国农产品产地环境管理水平现状及管理体系，归纳了农产品产地环境管理的行业标准与部门规章、企业参与模式、公众参与和舆论引导，探讨了政产学研用一体化新机制，介绍了农产品产地环境管理的典型案例，旨在全面展现农产品产地环境管理的理论方法与实践探索。

本书理论与实践相结合，农产品产地环境的特殊性与环境管理的基本原理相结合，突出科学性与实用性，可供农产品产地环境、安全与管控等的科研人员及管理人员参考，也可供高等学校环境科学与工程、农业工程、生态工程及相关专业师生参阅。

图书在版编目（CIP）数据

农产品产地环境安全与管理 / 朱晓昱等著. -- 北京 : 化学工业出版社, 2025. 5. --（农产品产地环境监测、安全预警与风险管控丛书）. -- ISBN 978-7-122-47370-7

Ⅰ. X322.202

中国国家版本馆CIP数据核字第2025XW8526号

责任编辑：刘兴春　刘　婧　卢萌萌
文字编辑：李晓畅　李　静　王云霞
责任校对：宋　夏
装帧设计：王晓宇

出版发行：化学工业出版社
（北京市东城区青年湖南街13号　邮政编码100011）
印　　装：北京建宏印刷有限公司
787mm×1092mm　1/16　印张20½　字数430千字
2025年9月北京第1版第1次印刷

购书咨询：010-64518888
售后服务：010-64518899
网　　址：http://www.cip.com.cn
凡购买本书，如有缺损质量问题，本社销售中心负责调换。

定　　价：158.00元　

《农产品产地环境安全与管理》
著 者 名 单

著　者（按姓氏笔画排序）：

王　迪　布　飞　付玙璠　朱晓昱　孙媛媛
李雨桐　张　阳　陈　凡　陈秋生　郝凌逸
曹飞羽　赖　欣　谭冬飞

前言

PREFACE

农业是国民经济的基础，农产品产地环境是农业生产的基础。随着我国经济发展进入新时代，农业发展的内外部环境条件发生着深刻变化，现代农业建设面临着前所未有的资源环境约束和市场竞争挑战，农产品产地环境管理在农业可持续发展和农村生态文明建设中的作用更加凸显。研究农产品产地环境安全与管理的相关问题，对于保障消费者身体健康、促进我国现代农业发展、增加农民收入、提高农产品在国内外市场中的竞争力等均具有十分重要的意义。我国农产品产地环境安全与管理工作虽然取得了阶段性成就，但与发达国家建立的农产品产地环境安全与管理体系以及农业强国的要求差距较大。构建以法律法规为保障、以标准体系为基础、以科技创新为动力、以监督管理为支撑的农产品产地环境安全管理体系，提升农产品产地安全效能，任重道远。

加强农产品产地环境安全与管理是一项系统工程，要进一步完善制度、壮大体系、培育能力、强化动力，建立一套较为完善的认证体系和法律法规体系，构建条块结合、权责分明的农产品产地环境安全与管理体系，涵盖“从田间到餐桌”的完整农产品产业链，解决目前管理体系建设中存在的问题与不足，以适应农业现代化、国际化发展的需要。

本书共 6 章，第 1 章由郝凌逸、朱晓昱、赖欣撰写，通过分析我国农产品产地环境管理领域法律法规建设的现状及存在的问题，借鉴发达国家的经验，提出了在现有基础上完善农产品产地环境管理法律法规的建议。第 2 章由张阳、王迪、朱晓昱撰写，介绍了农产品产地环境管理的理论基础，概述了我国产地环境管理机构及其职责，梳理了我国农产品产地环境管理的宏观调控措施及管理现状，并针对耕地质量环境评价与分类管理提出了目前存在的问题与对策建议。第 3 章由陈凡、朱晓昱、曹飞羽撰写，系统梳理了农产品产地环境管理的国家、农业、环境等各项标准，有针对性地提出了存在的问题及改进措施，为进一步健全农产品质量安全监管机制、规范农产品质量安全监管行为提供了重要依据。第 4 章由谭冬飞、付玙璠、陈秋生撰写，概述了农产品产地环境管理的企业参与模式，通过规范分析与实证分析企业在农产品产地环境管理过程中的参与模式和管理现状，深刻剖析了其参与管理的优缺点以及亟待解决的问题，以此为实践基础，对未来企业参与农产品产地环境管理做出展望，提出了可行性建议，优化企业参与模式，为企业走中国特色社会主义现代农业可持续发展道路提供有益参考。第 5 章由布飞、朱晓昱、孙媛媛撰写，从农产品产地环境管理的公众参与情况、农产品产地环境的舆情管理、公众参与和舆论引导在农产品产地环境管理中存在的问题及改进措施三个方面，对农产品产地环境管理的公众参与和舆论引导相关问题进行阐述，对于加快转变农业发展方式和保障城乡居民的消费环境意义重大。第 6 章由朱晓昱、付玙璠、谭冬飞、张阳、李雨桐撰写，分别阐述了政府、企业、高校、科研机构、农民和农业生产经营组织在政产学研用协作创新体系中的角色与职责，论述了农产品产地环境管理的创新驱动机制，以国家农产品产地重金属污染综合防治协同创新联盟为典型案例，分析了我国农产品产地环境管理的创新协作模式。全书最后由朱晓昱负责统稿并定稿。

限于著者水平及撰写时间，书中不足和疏漏之处在所难免，敬请读者指导斧正。

著　者

2024 年 7 月

CONTENTS

目录

第 1 章

农产品产地环境管理的法律法规

》农产品产地环境管理立法的必要性
》国外农产品产地环境管理的立法情况
》我国农产品产地环境管理的立法情况
》我国农产品产地环境管理法律法规体系存在的问题
》我国农产品产地环境管理法律法规的完善措施

良好的法律法规是维护农产品产地环境安全，提高农产品产地环境管理科学实效的重要依据和法治基础。我国现行的农产品产地环境管理专项法规为《农产品产地安全管理办法》，有关农产品产地环境管理和环境保护的法律法规包括《中华人民共和国农业法》《中华人民共和国农产品质量安全法》《中华人民共和国农业技术推广法》《中华人民共和国食品安全法》《中华人民共和国畜牧法》《中华人民共和国草原法》《中华人民共和国渔业法》《中华人民共和国土地管理法》《中华人民共和国黑土地保护法》《中华人民共和国水法》《中华人民共和国水土保持法》《中华人民共和国矿产资源法》《中华人民共和国环境保护法》《中华人民共和国大气污染防治法》《中华人民共和国水污染防治法》《中华人民共和国固体废物污染环境防治法》《中华人民共和国土壤污染防治法》[1]《农业转基因生物安全管理条例》《农作物病虫害防治条例》《草原防火条例》《水产资源繁殖保护条例》《基本农田保护条例》《畜禽规模养殖污染防治条例》等。分析我国农产品产地环境管理领域法规建设的现状及存在的问题，并通过借鉴农产品产地环境管理先行国家的经验，在现有基础上完善整合农产品产地环境管理法律法规，以其权威性和强制手段规范管理农产品产地环境，保护消费者权益，保障农产品产地环境安全是新时代高质量发展的必然选择。

1.1 农产品产地环境管理立法的必要性

党中央指出，要把农产品质量安全作为转变农业发展方式、加快现代农业建设的关键环节，坚持源头治理、标本兼治，用最严谨的标准、最严格的监管、最严厉的处罚、最严肃的问责，确保广大人民群众“舌尖上的安全”。保证人民群众吃得安全放心，是最基本的民心工程、民生工程。针对当前制约我国农产品产地资源环境的突出问题，应立足国情、农情和发展阶段，借鉴国际先进经验，按照党的十八届四中全会“依法治国”重要精神的指示要求，加强顶层设计和法治创新，加快构建起系统完善、统一规范、权威高效、公平公正的农业资源环境可持续利用保护法治体系，切实发挥好法治在农业生态文明建设中的基础性、保障性作用。近年来，我国关于农产品质量安全的相关法律正在趋于完善，关于农产品产地环境管理的立法也在逐步施行。

1.1.1 生态文明建设的必然要求

生态文明建设是新时代中国特色社会主义的一个重要特征。习近平总书记强调，生态环境保护和经济发展是辩证统一、相辅相成的，建设生态文明、推动绿色低碳循环发展，不仅可以满足人民日益增长的优美生态环境需要，而且可以推动实现更高质

[1] 以上法律名称在本书后文均采用简称。

量、更有效率、更加公平、更可持续、更为安全的发展，走出一条生产发展、生活富裕、生态良好的文明发展道路。加强生态文明建设，是贯彻新发展理念、推动经济社会高质量发展的必然要求，也是人民群众追求高品质生活的共识和呼声[1]。习近平总书记的一系列重大战略判断，为生态文明建设锚定了新的历史方位，为开创生态文明建设新境界、走向社会主义生态文明新时代提供了科学依据，生态文明建设纳入"五位一体"总体布局，中国特色社会主义谋篇布局更加成熟。

农产品产地环境管理的核心目标是实现生态文明建设的理念，通过生态保护、绿色农业、污染防控、环境意识培养和政策法规支持等方面的努力，促进农产品产地环境的健康和可持续发展。目前，我国产地环境保护法治体系初步形成，全国农业资源环境保护法规建设不断加强。近年来，我国逐步加快了环境领域的法治建设进程，多部法律明确了农业资源环境保护要求，《环境保护法》《固体废物污染环境防治法》《大气污染防治法》《水污染防治法》对固体废物、大气、灌溉水等进入农业环境的条件做出了规定，特别是2006年出台的《农产品质量安全法》，设专章规定了农产品产地环境保护，成为我国农业资源环境保护立法中的一个突出亮点。行政法规和部门规章是法律的延伸和细化，是法律落地的载体。为贯彻执行国家法律，更好地履行农业资源环境保护法律要求，国务院制定了一系列行政法规。如为推动耕地质量保护、野生植物保护以及畜禽养殖废弃物综合利用和无害化处理，国务院出台了《基本农田保护条例》《野生植物保护条例》《畜禽规模养殖污染防治条例》。同时，农业部（现农业农村部）出台了多项部门规章，例如：为贯彻《农产品质量安全法》，制定了《农产品产地安全管理办法》；为应对突发性农业环境污染事故，制定了《农业环境污染突发事件应急预案》；为贯彻执行《野生植物保护条例》，制定了《农业野生植物保护办法》等。

农产品产地环境管理体现了生态文明建设思想的核心理念和原则，具体表现在生态保护和恢复方面，生态文明建设强调生态系统的保护和恢复，农产品产地环境管理也注重保护和改善农田生态系统、水域和空气环境。通过科学规划农田布局，保护农田的水土资源，合理使用农业化肥、农药和兽药，减少对生态环境的污染和破坏。同时，通过生态修复措施，如植被恢复、土壤改良和湿地保护，促进农产品产地的生态恢复和生态平衡。在绿色农业生产方面，生态文明建设倡导绿色农业生产方式，即以生态友好、可持续发展为导向的农业生产方式。农产品产地环境管理鼓励采用绿色农业技术，减少化学农药和化肥的使用，推广有机农业和生物农药的应用，提倡生物多样性保护和农业循环利用，从而降低对农产品产地环境的影响，提高农产品的质量和安全性。在农业面源污染防控方面，生态文明建设注重防控农业面源污染，农产品产地环境管理也重视农业面源污染的防治。通过合理管理农田排水和灌溉，控制农业废弃物和农业排放物的排放，减少农业活动对水体和土壤的污染，保护农产品产地的水环境和土壤质量。在环境意识培养和教育方面，生态文明建设强调环境意识的培养和环境教育的重要性。农产品产地环境管理通过宣传教育、技术培训和示范推广，增强农民和农业从业者的环境保护意识，引导他们采用绿色环保的农业生产方式，注重生态环境保护，减少对环境的负面影响。在政策法规支持方面，生态文明建设强调政策法规的支持和保障。农产品产地环境管理通过制定和执行相关的环境保护政策法规，加强对农业生产过程的监督和管理，推动农业可持续发展和生态文明建设。同时，加强执法力度，加大对环境违法行为的惩罚力度，形成良好的法治环境，推动农产品产地环境保护工作的开展。

1.1.2 政府法治建设的必然选择

1.1.2.1 中央“一号文件”持续聚焦

我国自 2004 年起，中央“一号文件”已连续 20 年锁定“三农”（农业、农村、农民），其中关于农业发展的关键词有：2005 年农业综合生产能力，2007 年现代农业、新农村，2008 年农业综合开发和农村基础设施建设，2009 年农业稳定发展，2011 年水利改革发展，2012 年农业科技创新、农产品供给保障，2013 年现代农业，2014 ～ 2016 年农业现代化，2019 年农业农村优先发展，2021 年全面推进乡村振兴加快农业农村现代化，2022 年以更大力度推动乡村振兴。2023 年的中央“一号文件”明确提出加强农业绿色发展，尤其关注源头治理，着重强调对农产品产地的保护。其中，在第四条构建多元化食物供给体系中强调：“加大食品安全、农产品质量安全监管力度，健全追溯管理制度。”在第六条加强耕地保护和用途管控中强调：“严格耕地占补平衡管理，实行部门联合开展补充耕地验收评定和‘市县审核、省级复核、社会监督’机制，确保补充的耕地数量相等、质量相当、产能不降。严格控制耕地转为其他农用地。探索建立耕地种植用途管控机制，明确利用优先序，加强动态监测，有序开展试点。加大撂荒耕地利用力度，做好第三次全国土壤普查工作。”在第十三条推进农业绿色发展中提出：“加快农业投入品减量增效技术推广应用，推进水肥一体化，建立健全秸秆、农膜、农药包装废弃物、畜禽粪污等农业废弃物收集利用处理体系。推进农业绿色发展先行区和观测试验基地建设。健全耕地休耕轮作制度。加强农用地土壤镉等重金属污染源头防治。强化受污染耕地安全利用和风险管控。建立农业生态环境保护监测制度。出台生态保护补偿条例。严格执行休禁渔期制度，实施好长江十年禁渔，巩固退捕渔民安置保障成果。”

1.1.2.2 把永久基本农田全部建成高标准农田

珍惜、合理利用土地和切实保护耕地是我国的基本国策。习近平总书记 2023 年 3 月 5 日在参加十四届全国人大一次会议江苏代表团审议时的讲话中强调，农业强国是社会主义现代化强国的根基，推进农业现代化是实现高质量发展的必然要求。要严守耕地红线，稳定粮食播种面积，加强高标准农田建设，切实保障粮食和重要农产品稳定安全供给。要把产业振兴作为乡村振兴的重中之重，积极延伸和拓展农业产业链，培育发展农村新产业新业态，不断拓宽农民增收致富渠道。要优化镇村布局规划，统筹乡村基础设施和公共服务体系建设，深入实施农村人居环境整治提升行动，加快建设宜居宜业和美乡村。要强化科技和改革双轮驱动，深化农村土地制度改革，巩固和完善农村基本经营制度，发展新型农村集体经济，发展新型农业经营主体和社会化服务，发展农村适度规模经营，为农业农村发展增动力、添活力。1994 年，国务院颁布《基本农田保护条例》，将耕地分为一级基本农田和二级基本农田，按照生产条件、产量等因素，明确其能否被建设占用。党的十七届三中全会首次提出“永久基本农田”概念。2019 年，再次修改的《土地管理法》把“永久”二字加在“基本农田”前面。“高标准基本农田”首次使用是在 2004 年中央“一号文件”中，当时，国土资源部审批建设用地时收缴耕地开垦费，专门用于补充开垦耕地。2011 年国土资源部印发了《高标准基本农田建设规范（试行）》，2012 年全国国土资源标准化技术委员会审查通过了《高标准基本农田建设标准》，但概念中都用了“基本”二字。2019 年，《国务院办公厅关于切实加强高标准农田建设提升国家粮食安全保障能力的意见》下发，高标准农田建设加速推进，为耕地保护开辟出了新天地。

此外，东北黑土地是国家粮食生产的“压舱石”，是高标准农田基本盘。若长期掠夺式利用，造成土壤侵蚀，使黑土地退化，自然肥力下降，无疑会威胁我国粮食安全和生态安全。十三届全国人大常委会第三十五次会议表决通过《黑土地保护法》，释放了保护耕地、惜土如金的重要信号。

1.1.2.3　推进耕地种植用途管控立法

在加强耕地质量提升的基础上健全政策保障体系，提高粮食经营效益。通过土地综合整治、高标准农田建设、山水林田湖草沙一体化系统治理等方式，因地制宜、精准施策，加强耕地质量提升，改善耕地生产条件，进而提高耕地产能。

十届全国人大常委会第十八次会议审议的《农产品质量安全法（草案）》中明确提出：“要加强对农产品生产环境的保护。”国务院 2021 年度立法工作计划围绕“十四五”时期经济社会发展目标任务，科学合理安排立法项目，为推动经济发展取得新成效，提请全国人大常委会审议《粮食安全保障法（草案）》，制定国务院关于加强农产品批发市场监督管理的规定，其中均强调对于农产品产地环境的保护与监管。2022 年 9 月 2 日，十三届全国人大常委会第三十六次会议全票通过了新修订的《农产品质量安全法》，从生产环节到加工、消费环节，做好与《食品安全法》的衔接，实现农产品从田间地头到百姓餐桌的全过程监管。

1.1.3　绿色农业是可持续发展的必然需要

绿色生态农业是我国农耕文明延续至今的血脉所在，是中国特色农业强国建设的重要特征，也是实现高质量可持续发展的必然需要和根本保障。党的二十大报告明确提出加快建设农业强国，这是党中央赋予我们新的历史使命。进入新阶段，推进农业强国建设，必须要立足我国人多地少、人均资源不足的国情农情，把农产品产地资源承载力和生态环境容量作为约束条件，走资源节约、环境友好的农业可持续发展道路；必须要充分考虑耕地、淡水等资源现状，科学使用农业投入品，循环利用农业废弃物，清洁净化产地环境，形成同资源环境承载力相匹配、生产生活生态相协调的农业发展新格局[2]。

绿色农业发展的核心及关键是水土资源的保护，特别是水土资源质量的保护，这是保障农产品质量安全的根本。因此，农产品产地的质量安全水平将直接影响农产品的质量与安全水平。农产品产地资源承载力和生态环境容量规划是否精准合理，农产品产地土壤、水源、大气环境是否健康，农业投入品和添加剂是否能合理定量使用等方面都需要通过立法进行管理支撑。

1.1.3.1 农产品产地资源承载力需要立法约束

农业资源承载力是一定时期和一定区域范围内，在维持区域农业可持续发展需要且农业区域生态环境功能仍可维持其稳定的条件下，区域农业资源系统所能承载的人类各种经济社会活动的能力。其承载体为农业资源系统，承载对象为涉农的各种社会经济活动。农业资源承载力评价预警是全国资源环境承载力监测预警的重要组成部分，是运用一定的科学方法，对农业资源进行监测和评价，并对未来进行预测，预报不正常状态的时空范围和危害程度，并提出防范措施的一种管理活动[3]。

我国是人多地少的国家，我们人口约占世界的20%，但是耕地只占世界的9%，淡水资源只占世界的6%，用9%的耕地、6%的淡水资源养活近20%的人，压力巨大。耕地资源的约束使粮食安全成为我国始终需要绷紧的神经。当农业资源承载力超过其极限时，土壤质量可能会下降，水源可能会枯竭，气候变化可能会导致温度和降水不稳定等。这些因素都会对农作物产生负面影响，导致农作物产量下降。因此，农产品产地资源承载力的有效规划是保障农业可持续发展的重要手段，需要立法约束来确保其有效实施。具体而言，应制定相关法律法规，明确农产品产地资源承载力规划的编制、实施、监督等方面的要求和程序，明确责任主体及其职责，确保规划的科学性、合理性和可操作性；同时，应建立相应的监督机制，加强对农产品产地资源承载力的监测、评估和反馈，及时发现问题并采取有效措施加以解决，确保规划的有效实施和成果的可持续性。

1.1.3.2 农产品产地环境保护需要立法约束

良好的生态环境是农业农村健康、可持续发展的基础，农业农村污染治理和生态环境保护是“十四五”时期深入打好污染防治攻坚战的重要任务，对推动农业农村绿色低碳发展具有重要意义。习近平总书记指出绿水青山就是金山银山，保护生态环境就是保护生产力。实现我国经济绿色低碳发展就是将经济发展和生态环境保护融为一体，推进两者之间的和谐统一。大力加强农业农村生态环境治理和保护，形成资源利用高效、生态系统稳定、产地环境良好、产品质量安全的绿色兴农新格局，有利于将生态优势转化为发展优势，将绿水青山变成金山银山。只有改善当前农业农村生产生活环境，实现农业农村生态环境治理和保护，才能更快更好地建设成美丽乡村和美丽中国。

农业生态文明的核心重在农业环境保护，农产品产地土壤、水源、大气环境将直接影响农产品的质量安全。现行环境保护的相关法律法规有《环境保护法》《大气污染防治法》《水污染防治法》《固体废物污染环境防治法》《土壤污染防治法》等，各项法规在环境保护方面做了详尽的规定，但其对农产品产地缺少专项规定，实操性有所欠缺。因此需要研究制定农产品产地环境保护专门的法律法规，如由国务院出台农产品产地环境保护条例，对农产品产地环境保护问题进行统筹考虑，并做出系列规定。此外，应修改《农产品质量安全法》和《农业法》，修改、充实和衔接农产品产地环境保护的相关内容，并尽快出台《农产品质量安全法》的实施细则及配套法规，增强农产品产地环境保护的可操作性。

1.1.3.3　农业投入品和添加剂的使用需要立法约束

农业面源污染主要源于化肥、农药、杀虫剂、除草剂等化学品的过量投入及低效利用，以及规模化养殖畜禽粪便的不合理处置等行为[4]，一些酚类物质与重金属会对农作物与畜禽造成危害。各类农业投入品和添加剂如不进行规范使用，就会使农产品产地产生污染，进而通过食物链危害人体健康。

目前，通过实施测土配方施肥、果菜茶有机肥替代化肥、统防统治等试点项目，化肥农药投入品持续减量，三大粮食作物化肥、农药利用率均达到40%以上。通过实施畜牧大县整县推进畜禽粪污资源化利用项目，全国畜禽粪污综合利用率达到75%以上，规模养殖场粪污处理设施装备配套率达到95%以上。通过推进秸秆综合利用重点县建设，全国秸秆综合利用率达到86%以上。通过开展农膜污染治理示范县建设，全国农膜回收率达到80%，重点地区“白色污染”得到有效防控。但是农村农业一体化绿色发展政策机制与模式等还不健全，农业面源污染治理尚未取得关键突破，农业农村污染治理能力急需提升。

1.2 国外农产品产地环境管理的立法情况

西方发达国家在农产品产地环境保护法方面起步较早，从内容到形式均趋于完善，主要有两种模式：一是以美国为代表的食品安全监管法模式，即农产品产地环境保护规则包含于食品安全监管法律体系中；二是以日本为代表的土壤污染防治法模式，以实现农产品产地环境保护为目的，制定了《农用地土壤污染防治法》[5]。除了专门针对土壤环境保护的法律法规，欧盟也有针对农产品产地安全的法律体系，通过综合立法，对农产品产地环境、生产过程以及农业投入品等做出明确规定。下面对美国、欧盟、日本农产品产地环境管理法律的相关法条进行汇总，如表 1-1 所列，并于表后分析国外相关法律的立法特点及其可借鉴的方面。

表1-1　国外关于农产品产地环境安全与管理的立法情况

名称	国家 / 地区	核心内容
《联邦食品、药品和化妆品法》	美国	美国食品安全法律的核心，为美国食品安全的管理提供了基本原则和框架
《食品安全现代化法案》		该法案的核心宗旨是强调食品安全应以预防为主。该法案扩大了美国食品药品监督管理局（FDA）的监管权力和职责，并要求食品企业承担更多责任
《毒性物质控制法案》		对十溴二苯醚、异丙基化磷酸三苯酯、三叔丁基苯酚、六氯丁二烯、五氯苯硫酚五种化学药剂进行禁止或限制使用
《农业改革和食品安全法案》		该法案包括一系列规定，旨在保障农产品质量和安全，其中也包括关于农业产地安全的相关规定。通过加强对农产品生产、进口、销售等各个环节的监督和管理，保障农产品产地安全
《有机食品生产法案》		该法案宗旨是确保消费者知情并对销售的有机食品的合法性有信心，对滥用有机食品名称的企业采取法律行动，增加有机产品的供应和种类，以及促进有机产品的国际贸易
《生物反恐法案》		旨在保障农产品的安全和消费者的健康，增强农业生产者对环境管理和食品安全的意识，加强农产品追溯体系建设，以应对生物恐怖主义活动和突发事件
《农业资源保护法》		旨在保护农业资源，包括土壤、水和空气。该法案中规定了一些措施，以保护农业资源和生态系统
《土地保护法》		规定了农业土地的使用和管理，以确保其可持续性和环境友好性
《农地保护政策法》		对农地做出界定，构成美国农业相关法规，包括农田保护政策的“初步”证据，规范农田保护政策的现行、永久、有效，将全国的农地划分为四大类，包括基本农地、特种农地、州重要农地和地方重要农地，严格控制土地用途改变
《清洁水法》		1977 年美国对于 1972 年《联邦水污染控制法》的修正案，控制美国污水排放的基本法规。该法授予联邦环保署建立工业污水排放的标准，并继续建立针对地表水中所有污染物水质标准的权力。除非根据该法获得污水排放的许可证，否则禁止任何人从点污染源向可航行的水道中排放污水
《清洁空气法》		建立了国家环境空气质量标准 (NAAQS)，规定了细颗粒物和其他污染物的最大允许浓度

续表

名称	国家 / 地区	核心内容
《综合环境反应、赔偿和责任法》	美国	针对危险物质处置不当引起的土壤污染和自然资源损害进行的联邦环境立法。该法案为污染场地和自然资源损害建立了侵权法上的损害赔偿责任机制
《泥炭地保护法》		旨在保护泥炭地这种特殊的生态系统，促进其生态功能和碳储存能力的发挥，防止泥炭地被破坏和污染
《土壤保持法》		是美国历史上第一部土地保护法案。该法案的主要目标是保护农业用地和土地资源，防止出现水土流失和土壤侵蚀等问题
《农业环境保护计划》		该计划旨在促进农业生产和环境保护的协调发展，通过提供资金和技术支持，帮助农民采取环境友好的农业生产方式，减小对环境的负面影响
《农业气候适应计划》		该计划旨在帮助美国农民和农业从业者适应气候变化带来的挑战，保障农业生产和粮食安全
《联邦杀虫剂、杀真菌剂、灭鼠剂法案》		该法案通过管理和控制农药的注册、标签和使用要求，加强对农药的监督和管理，鼓励研究和发展环境友好型的农药等措施，保护公众健康和环境，确保农药的安全和有效使用
《肥料法案》		该法案通过管理和控制肥料的注册、标签和使用要求，加强对肥料的监督和管理，鼓励研究和发展环境友好型的肥料等措施，保护公众健康和环境，确保肥料的安全和有效使用
《联邦环境农药监管法案》		旨在保护公众健康和环境，加强对农药的监督和管理
《欧洲议会和理事会指令 2004/35/EC》	欧盟	该指令规定了企业必须对其环境影响负责，并对因企业活动造成的环境损害进行赔偿。此外，该指令还规定了如何评估和计算环境损害赔偿，以及如何协调不同国家之间的环境责任问题
《欧洲议会和理事会指令 2000/60/EC》		也被称为《水框架指令》，该指令规定欧盟成员国必须采取措施，以保障所有表面水体、地下水和沿海水域的良好状态，并确保水资源可持续利用。此外，该指令还规定了如何评估水资源的质量和数量，以及如何协调不同国家之间的水资源管理问题
《欧洲议会和理事会条例 (EU) No. 1143/2014》		旨在防止和管理外来物种对欧洲生态系统、生物多样性和生态服务的影响。该条例规定欧盟成员国必须采取措施，以预防、监测、控制和消除外来物种的入侵和扩散，并制定和实施相关的管理计划。此外，该条例还规定了如何评估外来物种的风险和影响，并建立了一个欧洲外来物种数据库，以收集和共享相关信息
《欧洲议会和理事会指令 2009/128/EC》		旨在促进可持续使用农药，并保护环境和人类健康。该指令规定欧盟成员国必须采取措施，以减少农药使用的风险和影响，并鼓励使用替代方法来控制害虫和病害。此外，该指令还规定了农药的审批程序和标签要求，以确保其安全和正确使用

续表

名称	国家 / 地区	核心内容
《欧洲议会和理事会条例 (EC) No. 1107/2009》	欧盟	旨在确保在欧盟市场上销售的农药和植物保护产品的安全性和有效性。该条例规定了农药和植物保护产品的审批程序和标签要求，以确保其安全使用，并规定了对这些产品的监管和控制措施
《欧洲议会和理事会条例 (EC) No. 470/2009》		旨在促进农业和农村发展，并保护农民的利益。该条例规定欧盟成员国必须采取措施，以确保公平竞争和合理交易，并鼓励农业生产的可持续性和环境友好性。此外，该条例还规定了农业补贴的发放条件和管理要求，以支持农民的收入和就业，并鼓励他们采用可持续的农业实践
《欧洲议会和理事会条例 (EC) No. 834/2007》		旨在规定有机农业生产、加工、标识和销售的标准，并保护消费者的利益。该条例规定了认证机构的要求和程序，以确保有机产品符合规定的标准。此外，该条例还规定了有机产品的标识和宣传要求，以保护消费者不受虚假或误导性宣传的影响
《欧洲议会和理事会条例 (EU) No. 1151/2012》		旨在保护和促进欧洲传统特色农产品和食品的生产和销售，并保护消费者的利益。该条例规定了传统特色农产品和食品的定义、认证程序和标识要求，以确保其质量和地理来源的真实性。此外，该条例还规定欧盟成员国必须采取措施，以保护传统特色农产品和食品的知识产权，并鼓励其生产和销售
《农业基本法》	日本	旨在促进日本农业的发展和改革，并保护农民的利益。该法律规定日本政府必须采取措施，以确保农业生产的稳定性和提高农民的收入水平。此外，该法律还规定了日本政府的农业政策和支持措施，包括土地管理、水资源保护、农业技术改良、市场开拓等方面。该法律还规定日本政府必须采取措施，以保护农民的权益和福利，并鼓励年轻人从事农业生产
《食料、农业、农村基本法》		旨在促进日本食料、农业和农村的可持续发展，并保护消费者的利益。该法律规定日本政府必须采取措施，以确保食品的安全和质量，并加强对食品生产过程的监管。此外，该法律还规定日本政府必须采取措施，以促进农业生产的稳定性和提高农民的收入水平，同时保护环境和自然资源。该法律还规定日本政府必须采取措施，以促进农村地区的发展和改善农民的生活条件
《农药取缔法》		禁止违反农药使用标准的行为，并对上述行为加大了处罚力度。某种农药如果没有获得登记认可，就无法制造或进口。同时，农药使用者也不能违反使用标准，例如将农药使用在未规定的农作物上或超过规定使用等。如果违反以上禁止规定，将处 3 年以下有期徒刑或 100 万日元以下罚款
《食品卫生法》		该法律规定了食品生产、加工、销售和进口的标准和要求，以及对违反规定的处罚措施。该法律还规定了食品添加剂、农药、畜药等化学物质的使用标准和限制

续表

名称	国家 / 地区	核心内容
《确保饲料的安全性及改善其品质的相关法律实施令》	日本	该法律规定了饲料添加剂的分类、使用标准和限制、审批和登记程序、标签和包装要求以及监管措施等
《环境基本法》		日本环境立法核心，明确国家、地方公共团体及国民的环境保护责任与义务，明确本法令中的危害是指人为活动造成的大气、土壤、水体等环境污染
《持续农业法》		该法对饲料的生产、经营、使用等方面进行了全面规范。通过实施该法律，日本有效地提高了饲料的安全性和品质，保障了动物和人类的安全与健康。法律提倡农户在农业生产中采用土壤保护技术，少用化肥及化学农药。鼓励农户发展有机农业，注重土壤肥力的恢复和提升
《农用地土壤污染防治法》		完善了土壤污染防治规范，日本农用地土壤污染防治法律的主要内容包括农业用地土壤污染对策区制度、禁止生产特定种类农产品制度、农业用地土壤污染调查制度等
《土地改良法》		旨在促进农业生产和农村经济发展，通过改善土地质量、提高土地利用效率和保护土地资源等措施实现农业的可持续发展
《水土保持法》		旨在保护水资源和土壤，预防自然灾害，并促进农业、林业、渔业等可持续发展。要求制定水土保持计划，对水资源和土壤进行治理，并做出了设立水土保持组织和使用水土保持资金的要求，以促进水资源和土地的可持续利用和预防自然灾害
《生物多样性基本法》		根据《环境基本法》的基本原则，为保护和可持续利用生物多样性制定基本原则，以分清政府、地方政府、企业、公民和私人机构的责任，通过制定国家生物多样性战略，并规定其他可作为保护和可持续利用生物多样性的政策，保护丰富的生物多样性，以全面和有计划的方式促进保护可持续利用生物多样性政策的实施

1.2.1　美国农产品产地环境管理的立法情况

《联邦食品、药品和化妆品法》是美国食品安全法律的核心，建立了“从农场到餐桌”的全程控制体系，将食品安全监管延伸到农产品产地环境领域[6]，为美国食品安全的管理提供了基本原则和框架。此外，针对农产品安全监管、土地保护、水资源管理、空气质量控制、农药使用管理、动物疾病防控等方面的法律法规，对农业自身投入品做了禁止或限制性规定，对农产品产地环境保护进行了规范。另外，美国将土地分类等调节管控措施与支出税收的财政措施相结合，形成了一套完善的市场经济耕地保护措施。

1.2.1.1 食品安全管理类相关法律法规

（1）《食品安全现代化法案》

《食品安全现代化法案》（Food Safety Modernization Act）是2011年美国通过的一项重要的食品安全法案。该法案旨在加强对食品安全的监督和管理，包括对农业产地安全的监督和管理。要求农产品生产者采取预防性措施，保证其生产的农产品符合卫生标准和安全要求。

（2）《毒性物质控制法案》

《毒性物质控制法案》（Toxic Substances Control Act）主要针对的是化学品和有毒物质的管理和控制。根据该法案，美国环保署（EPA）对农业生产中使用的有毒物质进行监督和管理，包括农药、杀虫剂、除草剂等。美国环保署必须审查这些化学品的安全性，并确定它们是否会对人类健康和环境造成危害。如果这些化学品被认为有害，美国环保署可以禁止或限制它们的使用。该法案虽然并未直接针对农产品产地安全问题，但通过对农业领域中使用的有毒物质进行监督和管理，可以间接保障农产品产地的安全。

（3）《有机食品生产法案》

《有机食品生产法案》（Organic Foods Production Act）是美国国会于1990年通过的一项法案，旨在规范和促进有机农业的发展。规定有机农业生产必须使用符合安全标准的有机肥料和有机农药，禁止使用化学合成物质。必须采用健康环保型的种植方式，减少对环境的污染，提高食品质量和安全性。这些规定旨在加强对有机食品的管理和监督，保障有机食品的质量和安全，促进健康环保型的农业可持续发展。

（4）《生物反恐法案》

《生物反恐法案》(Bio-Terrorism Act) 于2002年通过，主要目的是防范生物恐怖主义活动。其中对于农产品产地保护有两方面特色规定：一方面该法案要求建立农产品追溯体系，以确保追踪从种植、养殖到加工、运输和销售的每一个环节，这样可以及时发现并隔离任何可能造成食品安全问题的源头；另一方面该法案要求农业生产者建立紧急反应计划，以应对突发事件和生物恐怖袭击，这些计划应包括如何快速隔离受污染的区域、如何处理受污染的农产品等内容。

1.2.1.2 农业环境资源相关法律法规

（1）《农业资源保护法》

《农业资源保护法》（Agricultural Resources Protection Act）旨在保护农业资源，包括土壤、水和空气。该法案中规定了一些措施，以保护农业资源和生态系统。

其中，土地保护计划是指政府应该制定土地保护计划，以保护农业用地的永久性和可持续性。政府可以通过购买、租赁或管理农业用地等方式，促进保护农业用地。此外，政府还可以向农民提供土地保护奖励和补贴，鼓励他们参与土地保护计划。农业环境质量计划表明，政府应该制定农业环境质量计划，以促进可持续的农业发展。政府可以提供资金和技术支持，帮助农民实施可持续农业实践，如有机农业、水资源管理等。此外，政府还可以向农民提供环境质量奖励和补贴，鼓励他们参与农业环境质量计划。农业生态系统恢复计划是指政府应该制定农业生态系统恢复计划，以保护和促进生态系统的恢复。政府可以实施生态恢复计划、野生动植物保护计划等，以保护自然生态系统。此外，政府还可以向农民提供生态系统恢复奖励和补贴，鼓励他们参与农业生态系统恢复计划。这些特色规定旨在鼓励农民参与保护农业用地和生态系统的工作，并为他们提供更多的资金和技术支持。同时，这些规定也为消费者提供了更多的保障和选择，让他们能够更好地了解所购买农产品的来源和生产过程。

（2）《土地保护法》

《土地保护法》（Land Conservation Act）是一项旨在保护农业土地和水资源的法律。该法案规定了农业土地的使用和管理，以确保其可持续性和环境友好性。该法案规定农业土地必须按照可持续的方式进行管理，以确保其长期的生产能力和生态系统健康；农业土地的使用必须考虑对周围环境的影响，包括对水质、空气质量和野生动植物的影响；农业土地必须采取措施防止土壤侵蚀、水污染和其他环境问题；农业土地必须遵守有关水资源保护、耕作方式、化肥和农药使用等方面的规定。总之，该法案规定了农业土地必须以可持续的方式进行管理，以确保其长期的生产能力和生态系统健康，并且必须遵守当地的环保法规。

（3）《农地保护政策法》

《农地保护政策法》（Agricultural Land Protection Policy Act）是一项旨在保护农业用地和自然资源的法律。该法案于 1981 年通过，旨在帮助农民和其他土地所有者保护他们的土地免受开发和破坏。该法案的主要目标是通过提供财政支持和技术援助来鼓励土地所有者采取措施保护他们的土地。这些措施包括保留农业用地、保护水资源、保护野生动植物栖息地等。该法案为农民和其他土地所有者提供了多种方式来保护他们的土地，包括：鼓励农民采用可持续农业技术，减少化肥、农药等有害物质的使用，促进农业可持续发展；禁止在耕地上进行非农业建设，严格限制对农业用地的占用和改变；加强对农产品生产过程中使用化肥、农药等有害物质的监管，规范其使用方式和剂量，确保不对土壤、水源等环境造成污染；鼓励和支持开展农田水利建设，提高灌溉水利设施的效率，降低灌溉用水量，保护水资源和生态环境。

（4）《清洁水法》

《清洁水法》（Clean Water Act）旨在保护和恢复水体质量。该法案规定了对水体污染的防治措施和责任，包括农业生产过程中产生污染物的排放、处理和利用的相关规定，以保障水资源的安全和可持续利用。规定禁止未经许可排放有害物质，任何人在农产品产地排放有害物质之前必须获得许可，包括农药、化肥、动物废弃物等；建立“总体允许”制度，农民可以申请一项总体许可证，该许可证允许他们在特定条件下进行排放，这样可以减轻农民的行政负担，并为环境保护机构提供更好的监管机会；制定最佳管理实践（BMP），要求农民采取最佳管理实践来减少对水体的污染。这些规定旨在保障水资源的安全和可持续利用，并促进农业可持续发展。

（5）《清洁空气法》

《清洁空气法》（Clean Air Act）于1963年首次颁布，后经多次修订。该法案规定了对空气污染的防治措施和责任，包括对农业生产过程中产生的空气污染物进行控制和减排的相关规定，以保障环境质量和人类健康。该法案建立了严格的环境空气质量标准和污染源排放标准，制定了专项管理条例规范颗粒物区域控制，形成了覆盖全国的大气颗粒物监测网络，对颗粒物的排放进行严格的控制，对空气质量进行控制和保护，保障了农产品产地环境的空气质量。

（6）《土壤保持法》

《土壤保持法》（Soil Conservation Act）于1935年通过，旨在促进土壤保持和恢复。该法案中规定了一些措施，以防止土壤侵蚀和提高土壤质量。该法案同《农业资源保护法》对土壤相关的规定有一定交叉，此外，主要对土地利用规划进行相关规定，以保护农业用地和生态系统。政府可以制定规定，限制或禁止在农业用地上进行某些活动，如开采矿物、建造工厂等。

1.2.1.3 环境保护类相关法律法规

（1）《综合环境反应、赔偿和责任法》

《综合环境反应、赔偿和责任法》（Comprehensive Environmental Response, Compensation, and Liability Act）也称为《超级基金法》，是美国联邦政府为应对环境污染制定的一项法律。该法案规定了环境污染的防治、清理和赔偿等方面的内容。在农产品产地环境管理方面规定了以下内容：农业生产活动必须遵守相关环保法规，防止对土壤、水质和空气造成污染；如果农业生产活动导致了环境污染，农民必须采取措施进行清理，并承担相应的赔偿责任；如果农业生产活动导致了环境污染，但无法确定具体责任人，政府可以通过“超级基金”来进行清理和赔偿；农民可以通过参加“超级基金”来获得资金支持，进行环境修复和清理工作。该项法规要求农民遵守相关环保法规，防止对土壤、水质和空气造成污染，并承担相应的赔偿责任。

（2）《农业环境保护计划》

《农业环境保护计划》（Agricultural Environmental Protection Program）是美国政府为农业环境保护制定的一项计划，旨在促进农业生产和环境保护之间的平衡，通过对农业生产活动进行监管，保护土壤、水资源和空气质量。该计划规定了以下内容：农民必须进行土壤测试，并根据测试结果选择合适的种植方式和施肥方式；农民必须遵守化肥和农药使用的规定，并在使用前查看产品标签上的说明；农民必须采取措施防止农村生活污水对土壤和水质造成污染；农民必须遵守有关畜禽养殖管理的规定，包括污染防治措施等。总之，《农业环境保护计划》要求农民遵守相关环保法规，采取措施防止污染；同时也提供了一些技术和经济支持，帮助农民实现可持续农业生产和环境保护的平衡。

(3)《农业气候适应计划》

《农业气候适应计划》(Agricultural Climate Adaptation Plan)是美国政府为应对气候变化制定的一项计划，旨在帮助农民应对气候变化对农业生产产生的影响，保护土壤、水资源和空气质量。该计划规定：农民必须采取措施适应气候变化的影响，包括改变种植时间、调整灌溉方式、选择更耐旱或耐寒的作物等；农民必须采取措施防止土壤侵蚀、水污染和其他环境问题，以保护土壤、水资源和空气质量；农民必须遵守有关水资源保护、耕作方式、化肥和农药使用等方面的规定，以减少对环境的影响。总之，《农业气候适应计划》要求农民采取措施适应气候变化的影响，并采取措施保护土壤、水资源和空气质量。

1.2.1.4　农产品投入品管理相关法律法规

(1)《联邦杀虫剂、杀真菌剂、灭鼠剂法案》

《联邦杀虫剂、杀真菌剂、灭鼠剂法案》(Federal Insecticide, Fungicide, and Rodenticide Act)是美国监管农药使用的重要法律。一是要求所有在美国销售或使用的农药必须经过EPA的登记和批准。EPA会对农药进行安全性评估，并确定其使用限制和标签说明等内容。农民必须按照农药的标签说明正确使用农药，并遵守EPA制定的规定和标准。二是所有农药都必须有明确的标签说明，包括成分、用途、用量、使用方法、安全注意事项等信息。农民必须仔细阅读和遵守农药的标签说明，确保正确使用农药，避免对环境和人类健康造成危害。三是EPA可以对某些农药进行限制或禁用，以保护环境和人类健康。例如，EPA可以限制某些农药在某些地区或作物上的使用，或者禁止某些农药的使用。四是EPA负责监管农药的使用和销售。EPA可以对农民和销售商进行检查和监管，确保他们遵守农药的标签说明和使用限制等规定。

(2)《肥料法案》

《肥料法案》(Fertilizer Act)是美国联邦法律，规定了化肥的生产、销售和标签说明等方面的内容。化肥必须符合美国农业部(USDA)制定的规定和标准，并在其标签上明确说明化肥成分、用途和用量等信息，确保农民正确使用化肥，避免对环境和人类健康造成危害。

(3)《联邦环境农药监管法案》

《联邦环境农药监管法案》(Federal Environmental Pesticide Control Act)规定农产品产地的环境管理应当符合环保要求，不得使用违禁农药和化肥。生产者应当对其所生产的农产品进行严格的质量控制，并在产品包装上标明生产日期、生产地点、使用的农药和化肥等信息。此外，该法案还规定了农药和化肥使用的安全标准，要求生产者必须按照规定的剂量和方法使用农药和化肥，并在使用前进行充分的安全评估。对于超标使用农药和化肥的生产者，将面临罚款和其他行政处罚。

1.2.2 欧盟农产品产地环境管理的立法情况

欧盟对农产品的安全保证和质量提升非常重视。对于前者，欧盟于 2002 年实施的《通用食品法》确定了从农场到餐桌的全程监管理念；对于后者，20 世纪 80 年代后期就着手转型的共同农业政策也将重点从保障农产品数量安全转移到了提升农产品质量安全，并以此作为发展欧盟农业、改善农村环境、提高农产品国际市场竞争力的重要手段[7]。此外，欧盟在农产品产地环境管理方面有一系列的立法措施，主要包括农业环境政策、农药和兽药的使用、生态农业、原产地标识等方面。欧盟非常重视农产品产地环境管理，其通过立法和政策措施，保护和改善农业生态系统的质量和可持续性，同时确保农产品的安全和质量。

1.2.2.1 欧盟农业环境政策

欧盟的农业环境政策，旨在保护和改善农业生态系统的质量和可持续性。该政策涵盖了土壤保护、水资源管理、生物多样性保护等方面。

（1）《欧洲议会和理事会指令 2004/35/EC》

《欧洲议会和理事会指令 2004/35/EC》是欧盟关于土壤保护方面的法律法规，该指令旨在保护和改善土地生态系统的质量和可持续性，同时也包括对农产品产地环境管理的规定，以减少农业活动对土地和环境的污染和破坏。一方面对土壤污染和破坏责任进行规定，要求各成员国制定措施，确保任何人对土壤污染和破坏负有责任，并采取措施予以修复。另一方面限制农药在土壤中的使用，要求各成员国采取措施，限制农药在土壤中的使用，以减少对环境的影响。同时，该指令还要求各成员国采取措施，限制有害物质在土壤中的使用。其次，针对已经受到污染和破坏的土地，该指令要求各成员国制定土壤修复计划，并采取相应措施予以修复。

（2）《欧洲议会和理事会指令 2000/60/EC》

《欧洲议会和理事会指令 2000/60/EC》是欧盟关于水资源管理方面的法律法规，该指令旨在保护和改善水资源的质量和可持续性，同时也包括对农产品产地环境管理的规定，以减少农业活动对水资源的污染和破坏。一是要求各成员国制定措施，保护和管理水资源，以确保水质量和水量的可持续使用。这些措施包括采取措施减少污染物排放、监测水质和水量、采取适当的水资源管理措施等。二是要求各成员国采取措施，减少农业活动对水资源的影响。这些措施包括限制化肥和农药的使用、采取土地保护措施、采用可持续的农业生产方式等。三是要求各成员国采取措施，保护和恢复水生态系统的健康状态。这些措施包括保护湿地、河流和湖泊等水生态系统，减少土地利用变化对水生态系统的影响等。

（3）《欧洲议会和理事会条例 (EU) No. 1143/2014》

《欧洲议会和理事会条例 (EU) No. 1143/2014》是欧盟关于外来物种管理方面的法律法规，该条例旨在保护和改善生态系统的质量和可持续性，同时也包括对农产品产地环境管理的规定，以减少农业活动对外来物种的传播和影响。一是要求各成员国采取措施，防止和控制外来物种对生态系统、农业、林业等造成的威胁。这些措施包括监测外来物种的分布和影响、采取预防措施、制定应急响应计划等。二是要求各成员国采取措施，减少农业活动对外来物种的传播和影响。这些措施包括限制植物和动物的引进、采取生物安全措施、加强检疫等。三是要求各成员国监测和报告外来物种对生态系统、农业、林业等造成的影响，并根据监测结果采取相应措施。

1.2.2.2　农药和兽药的使用

欧盟制定了严格的农药和兽药使用标准，以确保农产品的安全和质量。欧盟还规定了农药和兽药残留物的最大容许量。

（1）《欧洲议会和理事会指令 2009/128/EC》

《欧洲议会和理事会指令 2009/128/EC》是欧盟关于可持续使用农药的法律法规，该指令旨在推广可持续的农业生产方式，减少农药对环境和人类健康的影响，同时也包括了对农产品产地环境管理的规定，以减少农业活动对环境的影响。一是要求推广可持续的农药使用方式，减少农药对环境和人类健康的影响。这些措施包括宣传教育、培训农民和其他农业工作者、制定农药使用计划等。二是要求各成员国采取措施，减少农业活动对环境的影响。这些措施包括鼓励采用可持续的农业生产方式、加强土地保护措施、促进生物多样性等。三是要求各成员国监测和报告农业活动对环境的影响，并根据监测结果采取相应措施。

（2）《欧洲议会和理事会条例 (EC) No. 1107/2009》

《欧洲议会和理事会条例 (EC) No. 1107/2009》是欧盟关于农药的法律法规，该条例旨在确保农药的安全和有效性，同时推广可持续的农药使用方式，减少农药对环境和人类健康的影响。该条例还包括对农产品产地环境管理的规定，以减少农业活动对环境的影响。规定要求各成员国对农药进行审批，确保其安全和有效性，并采取措施限制或禁止使用危害环境或人类健康的农药。此外，该条例还要求各成员国采取措施推广可持续的农药使用方式，减少农药对环境和人类健康的影响。同时要求各成员国采取措施，减少农业活动对环境的影响。这些措施包括鼓励采用可持续的农业生产方式、加强土地保护措施、促进生物多样性等。

（3）《欧洲议会和理事会条例 (EC) No. 470/2009》

《欧洲议会和理事会条例 (EC) No. 470/2009》是欧盟关于兽药的法律法规，要求各成员国采取措施，确保兽药的安全和有效性，并做出了兽药的审批、标签和包装、使用限制等方面的要求。

(4)《欧洲议会和理事会条例 (EC) No. 1831/2003》

《欧洲议会和理事会条例 (EC) No. 1831/2003》是欧盟关于添加剂和前混合饲料的法律法规，包括兽药添加剂的管理。该条例做出了对添加剂和前混合饲料的审批、标签和包装、使用限制等方面的要求，以确保添加剂和前混合饲料的安全和有效性。

1.2.2.3 农产品追溯制度和原产地标识

欧盟对农产品追溯体系建设非常重视，通过一系列法律法规和标准要求企业建立完善的追溯体系，以确保农产品的安全和质量。同时对一些特定的农产品实行原产地分级标识制度，以确保消费者能够获得高质量的产品，并促进地方经济发展。

(1)《欧洲议会和理事会条例 (EC) No. 178/2002》

《欧洲议会和理事会条例 (EC) No. 178/2002》是欧盟于 2002 年颁布的一项法规，旨在确保食品和饲料的安全性，并提高消费者对食品和饲料的信任度。该法规要求所有欧盟成员国必须建立农产品追溯体系，以便在发生食品安全事件时快速定位问题源头，采取相应措施保障公众健康。

(2)《欧洲议会和理事会条例 (EU) No. 1169/2011》

《欧洲议会和理事会条例 (EU) No. 1169/2011》于 2011 年生效，是欧盟在食品标签和营养信息方面的主要法规之一。该法规规范了食品标签和营养信息的标注方式，使消费者能够更好地了解食品的成分和营养价值。目的是保护消费者健康和权益，提高消费者对食品的信任度，促进欧盟内部市场的发展。

(3)《欧洲议会和理事会条例 (EC) No. 834/2007》

《欧洲议会和理事会条例 (EC) No. 834/2007》是欧盟有机认证法规，规定了有机标签的使用条件、生产过程中禁用的化学物质和肥料、有机产品的标准等。该条例规定：有机农业应该采用可持续的土地管理实践，包括保持土地的肥力和防止土地侵蚀等；有机农业应该使用适合当地气候和生态系统的植物品种，避免使用转基因植物；在生产过程中，禁止使用化学合成肥料，应该采用有机肥料和绿肥等可再生资源；在生产过程中，禁止使用化学合成农药，应该采用可再生资源控制害虫和病虫害；在动物饲养方面，应该采用自然饲料和草饲等方式，保证动物健康并避免使用激素和抗生素等人工添加剂。

(4)《欧洲议会和理事会条例 (EU) No. 1151/2012》

《欧洲议会和理事会条例 (EU) No. 1151/2012》是欧盟注册地理标志制度的相关法规，主要规定了欧盟地理标志保护制度的范围、程序和标准。在农产品产地环境管理方面，该法规规定：地理标志产品必须来自特定的地理区域，并且其生产、加工和制造必须在这个区域内完成；生产过程必须符合特定的生产要求和质量标准，包括土壤肥力、种植和收获技术等；各种添加剂和化学物质的使用必须符合相关规定，以保证产品的安全性和健康性；追溯制度必须得到落实，以确保产品来源的可追溯性；保护措施必须得到落实，以确保地理标志产品的独特性和品质。这些规定旨在促进可持续农业发展，促进地方经济发展，并提高消费者对地理标志产品的认知和需求。

1.2.3　日本农产品产地环境管理的立法情况

日本的农业发展基础与我国相似：在明治维新之前，日本是一个以农业为主的国家，人多地少，农业生产力低下，主要是以家庭为基础、以农户为单位的小规模分散型的农业经营方式；20 世纪 50 年代随着工业化的发展，日本农业大量使用化肥和农药，农产品产量虽然大幅度提高，但是农药残留、农产品品质降低、水质恶化等问题相继出现，环境污染日益严重，农业的可持续发展面临严重危机；20 世纪 80 年代提出可持续发展理论后，日本及时制定了一系列农业环境保护政策，使农业走上了可持续发展的轨道[8]。

1.2.3.1　日本农业相关法律法规

（1）《农业基本法》

日本《农业基本法》是日本为实现农业现代化而制定的主要法律，1961 年颁布。本法包含一些关于农产品产地环境管理的规定：一是支持农业生产技术的发展，促进农业生产的现代化和高效化，保障农产品的安全和品质，提高农产品的附加值和竞争力；二是鼓励农民采用可持续的农业实践，保护土地、水资源和生态环境；三是加强对农业生产过程中使用的化学品和肥料等物质的管理和监督，防止其污染土壤、水源和空气等环境。以上规定体现了日本政府对农产品产地环境管理的重视，旨在促进可持续农业发展，并保障消费者购买到安全、优质的农产品。此外，日本还制定了一系列关于食品安全和环境保护的法律法规，为农产品产地环境管理提供了更加完善的法律保障。

（2）《食料、农业、农村基本法》

1999 年，日本制定了《食料、农业、农村基本法》，即新农业基本法，进一步确立了农村地域政策在农业政策中的地位。次年，政府又制定了“食品、农业、农村基本计划”，把新农业基本法分解为农村的综合性振兴、中山间地域（农村地区）的振兴和都市与农村的交流三个部分。农村的综合性振兴以加强生活环境的整顿及提高福利为目标，不仅是农业的振兴，而且包括交通、信息通信、卫生、教育、文化等生活环境的配备整顿和整体福利的提高。中山间地域（农村地区）的振兴是指在问题突出、各项功能低下的中山间地区，通过培养人力资源维持农业生产活动，防止发生放弃耕作并进行多种功能激活，导入中山间地域等直接支付制度。

2010 年日本民主党进一步修改了“食品、农业、农村基本计划”，提出食品自给率 50% 的目标，导入户别所得补偿制度，确立按照消费需求进行生产的体制，推进以农山渔村振兴的第六次产业化相关政策和有关食品、农业及农村的政策实现一体化转换。2011 年，环境保全型农业直接支付对策分立，2013 年发表“农林水产业 · 地域的活力创造计划”，2014 年制定了多种功能法，2015 年再次修改“食品、农业、农村基本计划”，在坚持“活力创造计划”基础上，形成了促进农业和食品产业成长的产业政策和推进农业农村多方位功能维持和发挥的地域政策，形成了多种支付制度推进，地域资源维持和继承，基于灵活使用地域资源的雇佣方案及所得创新，都市农村交流、向农村迁移定居为支柱的基本方针。该法规定了农业用地的基本管理原则和土地的利用方式，保护农地的基本状态和生态环境。

（3）《农药取缔法》

日本《农药取缔法》是为了保护人类健康和环境而制定的法律，通过禁止使用有毒农药、限制农药使用量、加强对农产品残留物的监管等措施，促进绿色食品的生产和销售，保障消费者的健康权益。一是禁止使用有毒农药，对于已经被列为有毒农药的物质，在规定期限内必须停止使用；二是禁止在特定地区使用农药，主要包括水源保护区、森林保护区、公园等；三是限制农药使用量，规定了每种作物可使用的最大剂量和最大施用次数。此外，2003 年修改时还引入了“特定农药”的概念。对于本身并不是农药但是有时也发挥一些农药的作用且没有明显危害的物质，例如小苏打、食醋、在使用场所周边采集的天敌生物等，定义为“特定农药”。未被批准为“特定农药”的物质禁止用于防治蔬菜的病虫害。

1.2.3.2 日本食品安全类相关法律法规

（1）《食品卫生法》

《食品卫生法》是日本保障食品安全和卫生的法律，其中对农产品产地环境管理提出了明确要求，旨在保障农产品的安全和卫生，保护消费者的健康。规定农产品的生产、加工、运输等环节应当遵守环境保护的原则，保证农产品的安全和卫生；农业生产用品（如化肥、农药等）应当符合国家和地方政府规定的标准和规范，不得对农产品产生有害影响；国家和地方政府应当对农产品进行检验，确保其符合相关标准和规范，如果发现农产品存在安全问题，应当及时采取措施防止其流入市场；农产品应当标注其产地、品种、生产日期等信息，并且不得误导消费者，这些信息可以帮助消费者了解农产品的来源和质量。

（2）《确保饲料的安全性及改善其品质的相关法律实施令》

《确保饲料的安全性及改善其品质的相关法律实施令》是日本保障畜禽产品安全的法律，对农产品产地环境管理提出了明确要求，旨在保障畜禽产品的安全和卫生，保护消费者的健康。规定饲料应当符合国家和地方政府制定的标准和规范，不得对畜禽产品产生有害影响；应当标注其成分、用途、使用方法等信息，并且不得误导消费者；国家和地方政府应当对饲料添加剂进行检验，确保其符合相关标准和规范。如果发现饲料添加剂存在安全问题，应当及时采取措施防止其使用；国家和地方政府应当对畜禽产品进行检验，确保其符合相关标准和规范。如果发现畜禽产品存在安全问题，则应当及时采取措施防止其流入市场。

1.2.3.3　日本环境类相关法律法规

（1）《环境基本法》

日本《环境基本法》对农产品产地环境管理做出了相关规定。要求农产品生产企业在生产过程中充分考虑环境保护和资源利用，确保农产品的安全和质量。一是规定农业生产过程中产生的废水、废气、固体废物等污染物应采取相应的防治措施，以保护土壤、水源和空气等环境资源；二是规定农业用地应根据其特性进行管理，包括土壤保育、水资源保护、植被管理等方面；三是规定农业生产中使用的化学物质应符合国家相关标准，并且在使用前进行充分的安全评估，以确保对环境和人体健康的影响最小化；四是规定农产品生产企业应公开其生产过程中的环境信息，包括使用的化学物质、废弃物处理情况等，以便消费者了解农产品的生产过程和环境影响。

（2）《持续农业法》

《持续农业法》是日本的一项法律，旨在保护农业生产环境，保障农产品的安全和卫生，保护消费者的健康，同时也促进了农业可持续发展和生态环境保护。规定了保护土壤、水源和空气等自然环境的原则；规定了防止环境污染的原则；规定了对农业生产用品（如化肥、农药等）使用管理的要求，包括使用标准、使用方法和使用数量等方面；规定了对农业生态系统的保护，包括维护生态平衡、促进生态恢复等方面；规定了对农业生产环境的管理，包括土地利用、耕作方式、灌溉方式等方面；规定了对农业生产活动可能带来的环境污染进行预防和治理的措施，包括土壤、水源和空气等方面的保护。

（3）《农用地土壤污染防治法》

日本《农用地土壤污染防治法》是一项旨在保护农用地土壤的法律。要求对农用地土壤进行定期检测和防治，确保农产品的安全和质量，并要求相关企业公开其生产过程中的环境信息，以便消费者了解农产品的生产过程和环境影响。一是对农用地土壤进行定期检测，以发现并解决潜在的土壤污染问题；二是如果发现农用地土壤存在污染问题，该法律要求采取相应的防治措施，包括清理、修复和管理等方面。

（4）《土地改良法》

《土地改良法》强调农产品产地环境保护的重要性，要求农业生产必须遵循环境保护的原则，加强监管和宣传教育，保障农产品的安全和质量。规定农业生产必须依照合理利用资源和可持续发展原则合理利用农田、水源和其他自然资源，如在使用中存在污染农田及水源等自然资源的违法行为，应追究责任，并恢复受损的自然资源。此外，还强调政府的监管和宣传职能，建立和完善了农产品产地环境信息发布制度。

（5）《水土保持法》

《水土保持法》重点对水资源和土壤资源进行保护，防止水土流失和环境污染。该法与日本环境保护的相关规定有一定交叉，是对其相关规定的补充。一是规定了对农业用地的保护和管理措施，包括禁止在山坡地等易发生水土流失的地区进行开垦、砍伐等活动，同时也规定了对农业用地的保育和修复措施；二是规定了对农药和化肥的使用管理措施，包括规定了使用农药和化肥的种类、使用方法、使用量等，同时也规定了对农产品残留物的监管措施；三是规定了对畜禽养殖的管理措施，包括规定了畜禽养殖场所的建设标准、废弃物处理方法等，同时也规定了对畜禽养殖场所周边环境的保护措施；四是规定了对水资源的管理措施，包括规定了灌溉用水的管理方法、水质监测等，同时也规定了对河川、湖泊等水域的保护措施；五是规定了对农产品质量安全的管理措施，包括规定了农产品生产过程中的卫生、环境等标准，同时也规定了对农产品质量安全的监管措施。

（6）《生物多样性基本法》

该法旨在保护和维护生物多样性，从而促进农业生态系统的健康发展。一是规定了对农业生态系统的保护和恢复措施，包括保护和恢复农业生态系统中的植物、动物等生物多样性，促进农业生态系统的稳定和健康发展；二是规定了对农产品生产过程中的环境管理措施，包括规定了使用农药和化肥的种类、使用方法、使用量等，同时也规定了对农产品残留物的监管措施；三是鼓励推广生态友好型农业，包括有机农业、自然农法等，促进农业生产与生态保护的协调发展；四是规定了对农产品质量安全的管理措施，包括规定了农产品生产过程中的卫生、环境等标准，同时也规定了对农产品质量安全的监管措施；五是规定了对农业生态系统的监测和评估措施，包括对农业生态系统中的植物、动物等生物多样性进行监测和评估。

综上所述，日本及西方发达国家重视产地环境安全与管理相关的法律，在农产品产地环境保护领域发挥了积极作用。做好农产品产地安全管理，需要立足于健全、详细的立法保障，并配合多部门多手段的综合性监管，从而增强农产品产地环境保护法的科学性、规范性与可操作性。

1.3 我国农产品产地环境管理的立法情况

农产品产地安全，是指农产品产地的土壤、水体和大气环境质量等符合生产质量安全农产品要求。农产品产地环境保护法是调整人们围绕农产品产地环境，因向产地排污或者在生产过程中污染产地而结成的社会关系的法律规范的总称。下面对我国农产品产地环境安全与管理的立法情况进行汇总，如表 1-2 所列，并于表后分析我国现有法律的立法特点。

表1-2 我国关于农产品产地环境安全与管理的立法情况

农产品产地环境管理相关类别	效力位阶	名称	颁布及修订日期	农产品产地环境管理相关条款
专门规范	部门规章	《农产品产地安全管理办法》	2006 年 11 月施行	加强农产品产地管理，改善产地条件，保障产地安全。该办法共 6 章 27 条，包括总则、产地监测与评价、禁止生产区划定与调整、产地保护、监督检查和附则，突出划定禁止范围、加强监管和加强农产品产地安全管理
农业类	法律	《中华人民共和国农业法》	1993 年 7 月颁布，2002 年 12 月修订，2009 年 8 月修正，2012 年 12 月修正	第三十八条 各级人民政府在财政预算内安排的各项用于农业的资金应当主要用于：加强农业基础设施建设；支持农业结构调整，促进农业产业化经营；保护粮食综合生产能力，保障国家粮食安全；健全动植物检疫、防疫体系，加强动物疫病和植物病、虫、杂草、鼠害防治；建立健全农产品质量标准和检验检测监督体系、农产品市场及信息服务体系；支持农业科研教育、农业技术推广和农民培训；加强农业生态环境保护建设；扶持贫困地区发展；保障农民收入水平等。国家为加快西部开发，增加对西部地区农业发展和生态环境保护的投入。 第六十五条 农产品采收后的秸秆及其他剩余物质应当综合利用，妥善处理，防止造成环境污染和生态破坏。 从事畜禽等动物规模养殖的单位和个人应当对粪便、废水及其他废弃物进行无害化处理或者综合利用，从事水产养殖的单位和个人应当合理投饵、施肥、使用药物，防止造成环境污染和生态破坏。 第六十六条 县级以上人民政府应当采取措施，督促有关单位进行治理，防治废水、废气和固体废弃物对农业生态环境的污染。排放废水、废气和固体废弃物造成农业生态环境污染事故的，由环境保护行政主管部门或者农业行政主管部门依法调查处理；给农民和农业生产经营组织造成损失的，有关责任者应当依法赔偿

续表

农产品产地环境管理相关类别	效力位阶	名称	颁布及修订日期	农产品产地环境管理相关条款
农业类	法律	《中华人民共和国农产品质量安全法》	2006 年 4 月颁布，2018 年 10 月修正，2022 年 9 月修订	第二十条　国家建立健全农产品产地监测制度。 县级以上地方人民政府农业农村主管部门应当会同同级生态环境、自然资源等部门制定农产品产地监测计划，加强农产品产地安全调查、监测和评价工作。 第二十一条　县级以上地方人民政府农业农村主管部门应当会同同级生态环境、自然资源等部门按照保障农产品质量安全的要求，根据农产品品种特性和产地安全调查、监测、评价结果，依照土壤污染防治等法律、法规的规定提出划定特定农产品禁止生产区域的建议，报本级人民政府批准后实施。 任何单位和个人不得在特定农产品禁止生产区域种植、养殖、捕捞、采集特定农产品和建立特定农产品生产基地。 特定农产品禁止生产区域划定和管理的具体办法由国务院农业农村主管部门商国务院生态环境、自然资源等部门制定。 第二十二条　任何单位和个人不得违反有关环境保护法律、法规的规定向农产品产地排放或者倾倒废水、废气、固体废物或者其他有毒有害物质。 农业生产用水和用作肥料的固体废物，应当符合法律、法规和国家有关强制性标准的要求。 第二十三条　农产品生产者应当科学合理使用农药、兽药、肥料、农用薄膜等农业投入品，防止对农产品产地造成污染。 农药、肥料、农用薄膜等农业投入品的生产者、经营者、使用者应当按照国家有关规定回收并妥善处置包装物和废弃物。 第二十四条　县级以上人民政府应当采取措施，加强农产品基地建设，推进农业标准化示范建设，改善农产品的生产条件
农业类	法律	《中华人民共和国农业技术推广法》	1993 年 7 月颁布，2012 年 8 月修正，2024 年 4 月修正	第三十六条　违反本法规定，向农业劳动者、农业生产经营组织推广未经试验证明具有先进性、适用性或者安全性的农业技术，造成损失的，应当承担赔偿责任。 第三十七条　违反本法规定，强迫农业劳动者、农业生产经营组织应用农业技术，造成损失的，依法承担赔偿责任

续表

农产品产地环境管理相关类别	效力位阶	名称	颁布及修订日期	农产品产地环境管理相关条款
农业类	法律	《中华人民共和国食品安全法》	2009年2月颁布，2015年4月修订，2018年12月修正，2021年4月修正	第十七条　国家建立食品安全风险评估制度，运用科学方法，根据食品安全风险监测信息、科学数据以及有关信息，对食品、食品添加剂、食品相关产品中生物性、化学性和物理性危害因素进行风险评估。 国务院卫生行政部门负责组织食品安全风险评估工作，成立由医学、农业、食品、营养、生物、环境等方面的专家组成的食品安全风险评估专家委员会进行食品安全风险评估。食品安全风险评估结果由国务院卫生行政部门公布。 对农药、肥料、兽药、饲料和饲料添加剂等的安全性评估，应当有食品安全风险评估专家委员会的专家参加。 第四十九条　食用农产品生产者应当按照食品安全标准和国家有关规定使用农药、肥料、兽药、饲料和饲料添加剂等农业投入品，严格执行农业投入品使用安全间隔期或者休药期的规定，不得使用国家明令禁止的农业投入品。 食用农产品的生产企业和农民专业合作经济组织应当建立农业投入品使用记录制度。 县级以上人民政府农业行政部门应当加强对农业投入品使用的监督管理和指导，建立健全农业投入品安全使用制度
农业类	行政法规	《农业转基因生物安全管理条例》	2001年5月颁布，2011年1月修订，2017年10月修订	对农业转基因生物研究中间试验、环境释放和生产性试验三个阶段进行全过程监管
农业类	行政法规	《农作物病虫害防治条例》	2020年3月颁布	第二十条　县级以上人民政府农业农村主管部门应当在农作物病虫害孳生地、源头区组织开展作物改种、植被改造、环境整治等生态治理工作，调整种植结构，防止农作物病虫害孳生和蔓延。 第二十一条　县级以上人民政府农业农村主管部门应当指导农业生产经营者选用抗病、抗虫品种，采用包衣、拌种、消毒等种子处理措施，采取合理轮作、深耕除草、覆盖除草、土壤消毒、清除农作物病残体等健康栽培管理措施，预防农作物病虫害

续表

农产品产地环境管理相关类别	效力位阶	名称	颁布及修订日期	农产品产地环境管理相关条款
畜牧类	法律	《中华人民共和国畜牧法》	2005年12月颁布，2015年4月修正，2022年10月修订	第四十六条　畜禽养殖场应当保证畜禽粪污无害化处理和资源化利用设施的正常运转，保证畜禽粪污综合利用或者达标排放，防止污染环境。违法排放或者因管理不当污染环境的应当排除危害，依法赔偿损失。 国家支持建设畜禽粪污收集、储存、粪污无害化处理和资源化利用设施，推行畜禽粪污养分平衡管理，促进农用有机肥利用和种养结合发展。 第五十二条　国家支持科学利用草原，协调推进草原保护与草原畜牧业发展，坚持生态优先、生产生态有机结合，发展特色优势产业，促进农牧民增加收入，提高草原可持续发展能力，筑牢生态安全屏障，推进牧区生产生活生态协同发展
畜牧类	法律	《中华人民共和国草原法》	1985年6月颁布，2002年12月修订，2009年8月修正，2013年6月修正，2021年4月修正	本法第二章、第三章、第四章、第五章、第六章的第九条至第五十五条，分别从草原权属、规划、建设、利用、保护等方面进行了规定
畜牧类	行政法规	《草原防火条例》	1993年10月颁布，2008年11月修订	《草原防火条例》是依据《中华人民共和国草原法》制定的行政法规，其目的是加强草原防火工作，积极预防和扑救草原火灾，保护草原，保障人民生命和财产安全，共计6章49条
水产类	法律	《中华人民共和国渔业法》	1986年1月颁布，2000年10月修正，2004年8月修正，2009年8月修正，2013年12月修正	第二十八条到第三十七条，对水产环境保护、捕捞和养殖、渔业资源的保护进行了规定
水产类	行政法规	《水产资源繁殖保护条例》	1979年2月颁布	第十二条　禁止向渔业水域排弃有害水产资源的污水、油类、油性混合物等污染物质和废弃物。各工矿企业必须严格执行国家颁发的《工业“三废”排放试行标准》、《放射防护规定》和其他有关规定。 因卫生防疫或驱除病虫害等，需要向渔业水域投注药物时，应当兼顾到水产资源的繁殖保护。农村浸麻应当集中在指定的水域中进行。

续表

农产品产地环境管理相关类别	效力位阶	名称	颁布及修订日期	农产品产地环境管理相关条款
水产类	行政法规	《水产资源繁殖保护条例》	1979 年 2 月颁布	第十三条　修建水利工程，要注意保护渔业水域环境。在鱼、蟹等洄游通道筑坝，要相应地建造过鱼设施。已建成的水利工程，凡阻碍鱼、蟹洄游和产卵的，由水产部门和水利管理部门协商，在许可的水位、水量、水质的条件下，适时开闸纳苗或捕苗移殖。 围垦海涂、湖滩，要在不损害水产资源的条件下，统筹安排，有计划地进行
水产类	部门规章	《水产养殖质量安全管理规定》	2003 年 7 月颁布	第六条　水产养殖单位和个人应当定期监测养殖用水水质。 养殖用水水源受到污染时，应当立即停止使用；确需使用的，应当经过净化处理达到养殖用水水质标准。 养殖水体水质不符合养殖用水水质标准时，应当立即采取措施进行处理。经处理后仍达不到要求的，应当停止养殖活动，并向当地渔业行政主管部门报告，其养殖水产品按本规定第十三条处理。 第七条　养殖场或池塘的进排水系统应当分开。水产养殖废水排放应当达到国家规定的排放标准。 第十五条　使用渔用饲料应当符合《饲料和饲料添加剂管理条例》和农业部《无公害食品　渔用配合饲料安全限量》(NY 5072—2002)。鼓励使用配合饲料。限制直接投喂冰鲜（冻）饵料，防止残饵污染水质。 禁止使用无产品质量标准、无质量检验合格证、无生产许可证和产品批准文号的饲料、饲料添加剂。禁止使用变质和过期饲料。 第十六条　使用水产养殖用药应当符合《兽药管理条例》和农业部《无公害食品　渔用药物使用准则》(NY 5071—2002)。使用药物的养殖水产品在休药期内不得用于人类食品消费。 禁止使用假、劣兽药及农业部规定禁止使用的药品、其他化合物和生物制剂。原料药不得直接用于水产养殖
水产类	部门规章	《水产种质资源保护区管理暂行办法》	2011 年 1 月颁布，2016 年 5 月修订	本办法共 4 章 24 条，主要对水产种质资源保护区设立、水产种质资源保护区管理进行了详细规定

续表

农产品产地环境管理相关类别	效力位阶	名称	颁布及修订日期	农产品产地环境管理相关条款
土地类	法律	《中华人民共和国土地管理法》	1986年6月颁布，1988年12月修正，1998年8月修订，2004年8月修正，2019年8月修正	第三条　十分珍惜、合理利用土地和切实保护耕地是我国的基本国策。各级人民政府应当采取措施，全面规划，严格管理，保护、开发土地资源，制止非法占用土地的行为。 第三十七条　非农业建设必须节约使用土地，可以利用荒地的，不得占用耕地；可以利用劣地的，不得占用好地
土地类	法律	《中华人民共和国黑土地保护法》	2022年6月颁布	该法共38条，主要为保护黑龙江省、吉林省、辽宁省、内蒙古自治区的相关区域范围内具有黑色或者暗黑色腐殖质表土层，性状好、肥力高的耕地
土地类	行政法规	《基本农田保护条例》	1994年8月颁布，1998年12月原条例废止并颁布新条例，2011年1月修订	第十八条　禁止任何单位和个人闲置、荒芜基本农田。 第十九条　国家提倡和鼓励农业生产者对其经营的基本农田施用有机肥料，合理施用化肥和农药。利用基本农田从事农业生产的单位和个人应当保持和培肥地力。 第二十二条　县级以上地方各级人民政府农业行政主管部门应当逐步建立基本农田地力与施肥效益长期定位监测网点，定期向本级人民政府提出基本农田地力变化状况报告以及相应的地力保护措施，并为农业生产者提供施肥指导服务
环境类	法律	《中华人民共和国环境影响评价法》	2002年10月颁布，2016年7月修正，2018年12月修正	第八条　国务院有关部门、设区的市级以上地方人民政府及其有关部门，对其组织编制的工业、农业、畜牧业、林业、能源、水利、交通、城市建设、旅游、自然资源开发的有关专项规划（以下简称专项规划），应当在该专项规划草案上报审批前，组织进行环境影响评价，并向审批该专项规划的机关提出环境影响报告书
环境类	法律	《中华人民共和国水法》	1988年1月颁布，2002年8月修订，2009年8月修正，2016年7月修正	第二十五条　地方各级人民政府应当加强对灌溉、排涝、水土保持工作的领导，促进农业生产发展；在容易发生盐碱化和渍害的地区，应当采取措施，控制和降低地下水的水位。 农村集体经济组织或者其成员依法在本集体经济组织所有的集体土地或者承包土地上投资兴建水工程设施的，按照谁投资建设谁管理和谁受益的原则，对水工程设施及其蓄水进行管理和合理使用。

续表

农产品产地环境管理相关类别	效力位阶	名称	颁布及修订日期	农产品产地环境管理相关条款
环境类	法律	《中华人民共和国水法》	1988 年 1 月颁布，2002 年 8 月修订，2009 年 8 月修正，2016 年 7 月修正	第五十条　各级人民政府应当推行节水灌溉方式和节水技术，对农业蓄水、输水工程采取必要的防渗漏措施，提高农业用水效率
环境类	法律	《中华人民共和国水土保持法》	1991 年 6 月颁布，2010 年 12 月修订	第十八条　水土流失严重、生态脆弱的地区，应当限制或者禁止可能造成水土流失的生产建设活动，严格保护植物、沙壳、结皮、地衣等。 在侵蚀沟的沟坡和沟岸、河流的两岸以及湖泊和水库的周边，土地所有权人、使用权人或者有关管理单位应当营造植物保护带。禁止开垦、开发植物保护带。 第二十条　禁止在二十五度以上陡坡地开垦种植农作物。在二十五度以上陡坡地种植经济林的，应当科学选择树种，合理确定规模，采取水土保持措施，防止造成水土流失。 第二十一条　禁止毁林、毁草开垦和采集发菜。禁止在水土流失重点预防区和重点治理区铲草皮、挖树兜或者滥挖虫草、甘草、麻黄等。 第三十条　国家加强水土流失重点预防区和重点治理区的坡耕地改梯田、淤地坝等水土保持重点工程建设，加大生态修复力度。 第三十四条　国家鼓励和支持承包治理荒山、荒沟、荒丘、荒滩，防治水土流失，保护和改善生态环境，促进土地资源的合理开发和可持续利用，并依法保护土地承包合同当事人的合法权益。 承包治理荒山、荒沟、荒丘、荒滩和承包水土流失严重地区农村土地的，在依法签订的土地承包合同中应当包括预防和治理水土流失责任的内容。 第三十九条　国家鼓励和支持在山区、丘陵区、风沙区以及容易发生水土流失的其他区域，采取下列有利于水土保持的措施： （一）免耕、等高耕作、轮耕轮作、草田轮作、间作套种等； （二）封禁抚育、轮封轮牧、舍饲圈养； （三）发展沼气、节柴灶，利用太阳能、风能和水能，以煤、电、气代替薪柴等； （四）从生态脆弱地区向外移民； （五）其他有利于水土保持的措施

续表

农产品产地环境管理相关类别	效力位阶	名称	颁布及修订日期	农产品产地环境管理相关条款
环境类	法律	《中华人民共和国矿产资源法》	1986年3月颁布，1996年8月修正，2009年8月修正	第三十二条　开采矿产资源，必须遵守有关环境保护的法律规定，防止污染环境。 开采矿产资源，应当节约用地。耕地、草原、林地因采矿受到破坏的，矿山企业应当因地制宜地采取复垦利用、植树种草或者其他利用措施
环保类	法律	《中华人民共和国环境保护法》	1979年9月起试行，1989年12月颁布，2014年4月修订	第三十三条　各级人民政府应当加强对农业环境的保护，促进农业环境保护新技术的使用，加强对农业污染源的监测预警，统筹有关部门采取措施，防治土壤污染和土地沙化、盐渍化、贫瘠化、石漠化、地面沉降以及防治植被破坏、水土流失、水体富营养化、水源枯竭、种源灭绝等生态失调现象，推广植物病虫害的综合防治。 县级、乡级人民政府应当提高农村环境保护公共服务水平，推动农村环境综合整治。 第四十九条　各级人民政府及其农业等有关部门和机构应当指导农业生产经营者科学种植和养殖，科学合理施用农药、化肥等农业投入品，科学处置农用薄膜、农作物秸秆等农业废弃物，防止农业面源污染。 禁止将不符合农用标准和环境保护标准的固体废物、废水施入农田。施用农药、化肥等农业投入品及进行灌溉，应当采取措施，防止重金属和其他有毒有害物质污染环境
环保类	法律	《中华人民共和国大气污染防治法》	1987年9月颁布，1995年8月修正，2000年4月修订，2015年8月修订，2018年10月修正	第七十三条　地方各级人民政府应当推动转变农业生产方式，发展农业循环经济，加大对废弃物综合处理的支持力度，加强对农业生产经营活动排放大气污染物的控制。 第七十四条　农业生产经营者应当改进施肥方式，科学合理施用化肥并按照国家有关规定使用农药，减少氨、挥发性有机物等大气污染物的排放。 第七十六条　各级人民政府及其农业行政等有关部门应当鼓励和支持采用先进适用技术，对秸秆、落叶等进行肥料化、饲料化、能源化、工业原料化、食用菌基料化等综合利用，加大对秸秆还田、收集一体化农业机械的财政补贴力度。 县级人民政府应当组织建立秸秆收集、贮存、运输和综合利用服务体系，采用财政补贴等措施支持农村集体经济组织、农民专业

续表

农产品产地环境管理相关类别	效力位阶	名称	颁布及修订日期	农产品产地环境管理相关条款
环保类	法律	《中华人民共和国大气污染防治法》	1987年9月颁布，1995年8月修正，2000年4月修订，2015年8月修订，2018年10月修正	合作经济组织、企业等开展秸秆收集、贮存、运输和综合利用服务。 第七十七条 省、自治区、直辖市人民政府应当划定区域，禁止露天焚烧秸秆、落叶等产生烟尘污染的物质。 第八十二条 禁止在人口集中地区和其他依法需要特殊保护的区域内焚烧沥青、油毡、橡胶、塑料、皮革、垃圾以及其他产生有毒有害烟尘和恶臭气体的物质
环保类	法律	《中华人民共和国水污染防治法》	1984年5月颁布，1996年5月修正，2008年2月修订，2017年6月修正	第五十三条 制定化肥、农药等产品的质量标准和使用标准，应当适应水环境保护要求。 第五十四条 使用农药，应当符合国家有关农药安全使用的规定和标准。 运输、存贮农药和处置过期失效农药，应当加强管理，防止造成水污染。 第五十五条 县级以上地方人民政府农业主管部门和其他有关部门，应当采取措施，指导农业生产者科学、合理地施用化肥和农药，推广测土配方施肥技术和高效低毒低残留农药，控制化肥和农药的过量使用，防止造成水污染。 第五十六条 国家支持畜禽养殖场、养殖小区建设畜禽粪便、废水的综合利用或者无害化处理设施。 畜禽养殖场、养殖小区应当保证其畜禽粪便、废水的综合利用或者无害化处理设施正常运转，保证污水达标排放，防止污染水环境。 畜禽散养密集区所在地县、乡级人民政府应当组织对畜禽粪便污水进行分户收集、集中处理利用。 第五十七条 从事水产养殖应当保护水域生态环境，科学确定养殖密度，合理投饵和使用药物，防止污染水环境。 第五十八条 农田灌溉用水应当符合相应的水质标准，防止污染土壤、地下水和农产品。 禁止向农田灌溉渠道排放工业废水或者医疗污水。向农田灌溉渠道排放城镇污水以及未综合利用的畜禽养殖废水、农产品加工废水的，应当保证其下游最近的灌溉取水点的水质符合农田灌溉水质标准

续表

农产品产地环境管理相关类别	效力位阶	名称	颁布及修订日期	农产品产地环境管理相关条款
环保类	法律	《中华人民共和国固体废物污染环境防治法》	1995 年 10 月颁布，2004 年 12 月修订，2013 年 6 月修正，2015 年 4 月修正，2016 年 11 月修正，2020 年 4 月修订	第六十四条　县级以上人民政府农业农村主管部门负责指导农业固体废物回收利用体系建设，鼓励和引导有关单位和其他生产经营者依法收集、贮存、运输、利用、处置农业固体废物，加强监督管理，防止污染环境。 第六十五条　产生秸秆、废弃农用薄膜、农药包装废弃物等农业固体废物的单位和其他生产经营者，应当采取回收利用和其他防止污染环境的措施。 从事畜禽规模养殖应当及时收集、贮存、利用或者处置养殖过程中产生的畜禽粪污等固体废物，避免造成环境污染
环保类	法律	《中华人民共和国清洁生产促进法》	2002 年 6 月颁布，2012 年 2 月修正	第二十二条　农业生产者应当科学地使用化肥、农药、农用薄膜和饲料添加剂，改进种植和养殖技术，实现农产品的优质、无害和农业生产废物的资源化，防止农业环境污染。 禁止将有毒、有害废物用作肥料或者用于造田
环保类	法律	《中华人民共和国土壤污染防治法》	2018 年 8 月颁布	第二十六条　国务院农业农村、林业草原主管部门应当制定规划，完善相关标准和措施，加强农用地农药、化肥使用指导和使用总量控制，加强农用薄膜使用控制。 第二十八条　禁止向农用地排放重金属或者其他有毒有害物质含量超标的污水、污泥，以及可能造成土壤污染的清淤底泥、尾矿、矿渣等。 农田灌溉用水应当符合相应的水质标准，防止土壤、地下水和农产品污染。地方人民政府生态环境主管部门应当会同农业农村、水利主管部门加强对农田灌溉用水水质的管理，对农田灌溉用水水质进行监测和监督检查。 第三十条　禁止生产、销售、使用国家明令禁止的农业投入品。 农业投入品生产者、销售者和使用者应当及时回收农药、肥料等农业投入品的包装废弃物和农用薄膜，并将农药包装废弃物交由专门的机构或者组织进行无害化处理。 第三十一条　地方各级人民政府应当重点保护未污染的耕地、林地、草地和饮用水水源地。

续表

农产品产地环境管理相关类别	效力位阶	名称	颁布及修订日期	农产品产地环境管理相关条款
环保类	部门规章	《农用地土壤环境管理办法（试行）》	2017年9月颁布	该办法共6章30条，从土壤污染预防、调查与监测、分类管理、监督管理几方面进行规定，旨在加强农用地土壤环境保护监督管理，保护农用地土壤环境，管控农用地土壤环境风险，保障农产品质量安全
环保类	行政法规	《畜禽规模养殖污染防治条例》	2013年11月颁布	本条例共6章44条，针对畜禽养殖生产布局与农村环境保护统筹协调、畜禽养殖者的污染防治义务、畜禽养殖废弃物综合利用、畜禽养殖污染防治和综合利用的激励机制进行了明确规定

1.3.1 《农产品产地安全管理办法》

《农产品产地安全管理办法》（农业部令第71号）是有关农产品产地环境安全管理的重要法规。该办法经2006年9月30日农业部第25次常务会议审议通过，自2006年11月1日起施行。该办法旨在突出源头治理、全面监管，从产地保障农产品的质量安全，是我国目前明文规定农产品产地环境管理的唯一法律法规。该办法共6章27条，包括总则、产地监测与评价、禁止生产区划定与调整、产地保护、监督检查和附则，该办法的颁布实施使我国第一次有了比较详细的专门针对农产品产地安全的管理办法，使我国在农产品产地保护方面有了积极而有成效的开拓与创新[9]。

1.3.1.1　立法依据

立法依据主要是《中华人民共和国农产品质量安全法》第三章“农产品产地”（第十五条至第十九条），该章第十五条明确提出：县级以上地方人民政府农业行政主管部门按照保障农产品质量安全的要求，根据农产品品种特性和生产区域大气、土壤、水体中有毒有害物质状况等因素，认为不适宜特定农产品生产的，提出禁止生产的区域，报本级人民政府批准后公布，具体办法由国务院农业行政主管部门商国务院生态环境主管部门制定。其他依据有《中华人民共和国农业法》《中华人民共和国环境保护法》《中华人民共和国环境影响评价法》《中华人民共和国固体废物污染环境防治法》《中华人民共和国清洁生产促进法》《基本农田保护条例》等。

1.3.1.2　指导思想

以保障农产品质量安全为目的，以农产品及产地相关标准为依据，以监测为手段、管理为重点，以防为主，防治结合，分类管理，对农产品产地安全实行长期监控和保护。

1.3.1.3 总体原则

① 配套衔接原则。与《农产品质量安全法》相配套，与其他相关法律法规和《农产品质量安全法》其他配套规章相衔接。

② 食用农产品安全的产地保护原则。保护农产品产地以保障食用农产品安全为目的。

③“以防为主，防治结合”保护原则。对内、外源污染采取设防、控制和治理相结合的办法，保护农产品产地安全。

④ 分类管理，重点监控原则。对禁产区和非禁产区实行分类管理，对禁产区实行重点监控。

1.3.1.4 主要内容

（1）第一章　总则

第一条为立法依据和立法目的。加强农产品产地管理，改善产地条件，保障产地安全，其根本目的是确保农产品质量安全。

第二条为农产品的产地定义，也就是本办法的调整范围。“植物、动物、微生物”，包括种植业和养殖业，如畜禽养殖、水产养殖、食用菌等；“及其产品”包括未经加工、制作的初级农产品；“相关区域”指影响产品安全质量的农产品产地，不包括农产品加工场所；“产地安全”指农产品产地环境质量符合生产质量安全农产品要求。

第三条是关于管理权限和职责分工的规定。农业部负责全国农产品产地安全的监督管理。县级以上地方人民政府农业行政主管部门负责本行政区域内农产品产地的划分和监督管理，划分权在地方。

（2）第二章　产地监测与评价

第四条是对产地安全监测的总体要求。包括建立监测、管理制度，进行产地安全调查、监测、评价工作，编制产地安全状况及发展趋势年度报告。

第五条是关于监测点位设置的规定。本办法明确提出要设置国控点和省控点。设点监测的目的是监控农产品产地安全变化动态，指导农产品产地安全管理和保护工作。点位主要设置在环境污染敏感区、重要农产品生产区和其他需要监测的区域三类地区。

第六条是关于工作标准和监测点位的规定，要求执行国家标准，这里包括农业行业标准。监测点位不可随意设置、变更或撤销，必须通过专家论证。这里主要强调的是科学性。

第七条是关于产地安全信息和监测档案管理的规定。要求及时统计，准确记载，长期保存。

（3）第三章　禁止生产区划定与调整

第八条是关于禁止生产区（禁产区）的规定。禁产区应当符合2个条件、1个要求。2个条件是产地超标和产品超标，1个要求是产品超标系产地超标所致。禁产区禁止生产食用农产品，但可以生产非食用农产品。

第九条是关于禁产区划定程序和所需材料的规定。县级以上地方人民政府农业行政主管部门提出建议，报省级农业行政主管部门组织专家论证后，报本级人民政府批准后公布，即由提出建议者批准公布。提供的材料包括：

① 产地安全监测结果和农产品检测结果；

② 产地安全监测评价报告，包括产地污染原因分析、产地与农产品污染的相关性分析、评价方法与结论等；

③ 专家论证报告；

④ 农业生产结构调整及相关处理措施的建议。

一般说来，第①、②、④项材料由提出建议者提交，第③项材料由省级农业行政主管部门根据专家论证意见提供。专家论证可以提出重新监测、加密监测等意见和建议。

第十条是对禁产区土地性质和征用补偿标准的规定。本办法明确规定，不得改变耕地、基本农田的性质，不得降低农用地征地补偿标准。

第十一条是关于禁产区设置标示牌的规定，不论批准公布单位为哪一级农业行政主管部门，标示牌一律由县级人民政府农业行政主管部门设置，标示牌一经设定，任何单位和个人不得擅自移动和损毁标示牌。

第十二条是关于禁产区调整或撤销的规定。产地安全状况改善了，该调整的及时调整，该撤销的及时撤销。调整或撤销的程序仍按第九条的规定执行。

第十三条是关于禁产区文件备案的规定。批准公布、调整或撤销禁产区的农业行政主管部门，应当将材料逐级上报至农业部备案。

（4）第四章　产地保护

该章以相关法律法规为依据，提出了对产地环境保护的要求。

第十四条要求在农业领域推广清洁生产技术和方法，发展生态农业。

第十五条要求制定农产品产地污染防治与保护规划，并纳入本地农业和农村经济发展规划。

第十六条要求采取生物、化学、工程等措施，对农产品禁止生产区和有毒有害物质不符合产地安全标准的其他农产品生产区域进行修复和治理。

第十七条要求采取措施，加强产地污染修复和治理的科学研究、技术推广、宣传培训工作。

第十八条要求对农业建设项目的环境影响评价文件进行审核，同时，已建成的企业或者项目污染到农产品产地的，应当报请本级人民政府，督促政府采取措施，减少或消除污染危害。

第十九条要求任何单位和个人不得在禁止生产区生产、捕捞、采集禁止的食用农产品和建立农产品生产基地。

第二十条禁止任何单位和个人向农产品产地排放或者倾倒废气、废水、固体废物或者其他有毒有害物质。禁止在农产品产地堆放、贮存、处置工业固体废物。在农产品产地周围堆放、贮存、处置工业固体废物的，应当采取有效的防范措施。

第二十一条要求任何单位和个人提供或者使用农业用水和用作肥料的城镇垃圾、污泥等固体废物，应当经过无害化处理并符合国家有关标准。这里要求提供者和使用者双方共同负责。

第二十二条要求农产品生产者合理使用肥料、农药、兽药、饲料和饲料添加剂、农用薄膜等农业投入品。禁止使用国家明令禁止、淘汰的或者未经许可的农业投入品，及时清除、回收农用薄膜、农业投入品包装物等。

（5）第五章　监督检查

第二十三条是关于监督检查职责的规定，要求检查者出示行政执法证件，被检查者如实提供有关情况和资料。

第二十四条是关于发现问题采取措施的规定。只要发现农产品产地受到污染威胁，就应当责令致害单位或者个人采取措施，减少或者消除污染威胁。对拒不采取措施的责任者，要求报请本级人民政府处理。该条规定不包括农业环境污染事故和符合按应急预案处理的农业环境污染突发事件。

第二十五条是关于监测和监督检查经费的规定。要求经费纳入本级人民政府农业行政主管部门年度预算，不向被检查者收取。

第二十六条重申了划定禁产区的标准和程序，以及对擅自移动、损毁禁产区标牌的处罚。

（6）第六章　附则

第二十七条是关于施行日期的规定。

1.3.1.5　应用案例

截至目前，本管理办法仅有两处法律应用，系同一人起诉的行政诉讼案件，下面就有关《农产品产地安全管理办法》的诉讼部分进行描述。

（1）基本情况

2017 年底，重庆市巴南区周某某不满意重庆市食品药品监督管理局（食药监局）巴南区分局做出的有关问题《复函》，遂对其起诉。行政判决书：(2017) 渝 0113 行初 201 号、(2017) 渝 0113 行初 202 号。

（2）原告诉求

周某某诉称原告于 2017 年 3 月 31 日，在重庆永辉超市有限公司巴南区万达分公司购买“圆香猪肝”等食品。“圆香猪肝”生产日期为 2017 年 3 月 30 日，包装日期为 2017 年 3 月 31 日；保质期 3 天；生产单位为厦门康达尔圆香食品有限公司；产地为福建厦门，该食品伪造产地。2017 年 4 月 11 日在重庆永辉超市有限公司巴南区万达分公司购买“宫保府猪肝”等食品。“宫保府猪肝”包装日期为 2017 年 4 月 11 日，实际生产地是重庆市，标注产地为四川省，该食品虚假标注农产品产地。原告认为以上行为违反《食用农产品市场销售质量安全监督管理办法》中的相关规定，应予以处罚。原告向被告重庆市食药监局巴南区分局寄送《举报书》，举报商家的违法行为，被告重庆市食药监局巴南区分局做出《复函》，原告不服，申请复议，被告重庆市食药监局做出《行政复议决定书》，维持被告重庆市食药监局巴南区分局做出的《复函》。二被告因认定事实不清导致处理结果有误，请求法院撤销被告重庆市食药监局巴南区分局做出的《复函》、被告重庆市食药监局做出的《行政复议决定书》。

（3）被告辩称

重庆市食药监局、重庆市食药监局巴南区分局辩称，根据《农产品产地安全管理办法》第二条之规定，动物产品的产地应为其养殖地，不包括宰杀地，故“圆香猪肝”“宫保府猪肝”产地标注符合法律规定。

（4）法院判决

本院认为，《食品药品投诉举报管理办法》第五条、第十九条、第二十条、第三十八条规定：地方各级食品药品监督管理部门主管本行政区域的食品药品投诉举报管理工作，调查处理本行政区域的食品药品投诉举报并发布相关信息；投诉举报承办部门应当对投诉举报线索及时调查核实，依法办理；自投诉举报受理之日起 60 个工作日内向投诉举报人反馈办理结果。本案中，原告周某某于 2017 年 4 月 2 日向被告重庆市食药监局巴南区分局投诉举报重庆永辉超市有限公司巴南区万达分公司销售的“圆香猪肝”等食品虚假标注生产日期、伪造产地，违反《食用农产品市场销售质量安全监督管理办法》《中华人民共和国食品安全法》的相关规定，被告重庆市食药监局巴南区分局受理该投诉举报，对销售者进行现场检查、调查，询问销售者，收集商品发货单、配送单、动物防疫条件合格证、生猪定点屠宰证、肉品品质检验合格证、动物检疫合格证明等证据，于法定期限内做出《复函》，《复函》中调查认定事项有相应证据证明，因此，被告重庆市食药监局巴南区分局做出的《复函》主体适格，程序合法，证据充分，该行政行为符合法律规定。

被告重庆市食药监局根据《中华人民共和国行政复议法》的规定，受理原告的复议申请并于法定期限内做出复议决定，程序合法，被告重庆市食药监局在行政复议程序中收集、审查相关证据做出的复议决定具有事实及法律依据。

综上，被告重庆市食药监局巴南区分局做出的《复函》、被告重庆市食药监局做出的《行政复议决定书》合法有据，原告请求撤销《复函》、《行政复议决定书》的诉讼理由不能成立。依据《中华人民共和国行政诉讼法》第六十九条之规定，判决驳回原告诉讼请求。

（5）案例分析

两个法律案例都属行政诉讼范围，因个人对食品安全监管部门做出的《复函》不满随即起诉。两个案例中出现《食用农产品市场销售质量安全监督管理办法》的位置仅在被告辩称中对食品产地标识进行说明，且最后法院判决也未援引该管理办法作为判决依据。从这里我们可以看出，从法律层面，农业农产品产地保护仅以管理办法的层级很难达到保护农产品质量、反哺农产品产地安全的目的，因此推进建立农产品产地环境立法是必要的。

1.3.2 农业相关法律法规

1.3.2.1 农业类

（1）《中华人民共和国农业法》

为进一步强化农业在我国国民经济体系中的基础地位，推进我国农村地区的改革进程，更好地实现农业领域的现代化，切实维护广大农民的合法权益，不断地提高农民群众的收入水平并提升其文化素质，保持我国农业经济的可持续发展，必须强化农业领域法律法规体系建设。为此，国家出台了《中华人民共和国农业法》（以下简称《农业法》），并加以规范。

《农业法》整部法律共 13 章 99 条。除了第一章总则和第十三章附则之外，整部法律分别从农业生产经营体制、农业生产、农产品流通与加工、粮食安全、农业投入与支持保护、农业科技与农业教育、农业资源与农业环境保护、农民权益保护、农村经济发展、执法监督及法律责任等方面进行严格规范。

第一章第三条法规指出，国家要重点发展农业。在国民经济发展中，农业发展占据了首要位置。我国人口众多，农业发展是保障人民生活水平的根本。国家为了保障农业更好地发挥作用，采取一系列保护措施保障农业和农村的经济发展。法规第五条指出国家把发展农村经济作为当前的基本任务。一直以来我国以公有制为主体、实行家庭承包经营制度，坚持以多样化的所有制经济共同发展。在分配制度上，则是以按劳分配为主体、多种分配方式制度并存。国家将农业经济发展当作首要任务，农业在很大程度上受到了国家政策的保护。

保障“三农”权利的原则体现在法规第二章中。农业生产经营体制是农村土地承包经营制度。在家庭承包经营制度中，国家鼓励农民以自愿形式组成各种不同的专业合作经济组织，这在第十一条法规中有明确的说明。

法规第九章也有对农民权益保护的相关规定。例如第六十七条法规中明确规定任何机关或单位不能私自向农民或其农业生产经营组织收费，如确有收费事项，则必须对收费的项目、范围及标准进行公布。由此可见，国家从很大程度上放宽了农业生产方式，农民拥有更多的自主权。只要不违法，农民可以合理开发土地，利用现有的集体资源，壮大农村经济实力。

在《农业法》中，国家还加入了对西部开发的规划，增加对西部地区开发的资金和人力的投入。扶持贫困地区的发展，保障西部农民收入水平，以此提升西部农民的生活条件。这一点也体现了国家正在逐步地缩小城市与农村间的贫富差距，从而达成共同富裕的根本目标。

农村社会和农业生态、经济协调发展的原则在法规第八章中有着明确解释。在以往旧的农村农业发展模式中，农民有时为了发展经济而忽略了生态环境，过度地开垦土地，土地资源没有得到合理利用。针对这方面的不足，《农业法》从农业资源和农业环境保护的层次出发，阐述了农业生态环境的重要性，规范了农村社会和农业生态、经济协调发展的相关内容。举个例子来说，第五十七条法规明文规定，农业经济发展要合理开发利用自然资源，重点发展可再生能源及清洁能源。第五十八条法规则要求政府要对农用地的耕地质量进行监督检查。第六十条法规要求实行全民义务植树制度。从某种程度上来讲，这些法律法规是对生态环境进行保护。农村农业经济发展要与生态环境相协调，实现全面可持续发展。

在农业经济发展中，我国一直以来遵循政府调节为辅、市场导向为主的原则。这个基本原则也体现在《农业法》中，是《农业法》的方法和手段。在我国农村和农业经济建设发展过程中，农村和农业经济的建设依赖市场经济规律来调节。市场经济对农村和农业经济的发展有着主导作用。对于政府来说，要按照市场经济规律对农村和农业经济进行引导调节，适当管理、规范农业经济发展方向，既不能对农村农业经济视而不见，又不能过分地插手农村和农业经济的发展。《农业法》对此问题提出了相应的解决方法。

第七十九条法规中明确提出，国家坚持城乡协调发展的方针，大力鼓励并支持农村的第二、第三产业发展，对农村经济的结构做出适当合理的调整并对其进行优化，以提高农民经济收入和生活水平，逐渐缩小城市和农村的贫富差距。

第八十三条法规中，国家为了保障农村贫困或丧失劳动力农民的基本生活，改善了农村社会救济制度。在农民健康医疗方面，国家提出了相应的保护措施，详细规则在第八十四条法规中可以体现出来。

在法规第七章中，强调了科学技术在农业生产应用上的重要性，规定政府要制定规划并发展农业教育及科技事业。要增加农业科技经费及农业教育经费，增加农业科技投入，鼓励农民进行农业科学技术的教育培训。国家要引进国外先进的科学技术，推广农业技术，让农业生产朝向机械化、信息化发展。

第四十九条法规中，强调了农作物新品种的保护措施。国家鼓励并引导农业科学技术的研究，调动农民积极性，大力普及科学技术在农业上的应用，加快科学技术研究成果的转化，以此促进农业经济快速发展。

第五十条法规规定，国家为了支持农业科学技术发展，把市场引导和政府扶持相结合，建立无偿或有偿的农业科学技术推广机构，大力推行科学技术在农业上的应用，以此增加农作物收成。

其中，对农业生产的解读主要包括以下内容。

我国县级以上政府依据国民经济中长期发展规划、农业经济发展的主要目标来出台农业发展规划。我国省级以上政府农业行政主管部门依据农业领域发展的规划出台举措，体现区域性优势，协调农业和农村经济结构调整。我国应当大力支持农民群众与农业生产经营组织依据市场化需求来改进农业领域生产关系，进一步开发高效农业，提升农产品所具有的全球性市场竞争力。我国种植业通过改进农产品的品种，提升农产品质量，切实调整农产品的结构。要强化林业系统生态环境建设，落实好退耕还林以及防沙工程，加快速生林以及薪炭林建设。县级以上政府要出台政策，妥善用好资金，实现农业产业的结构化调整。我国大力扶持动植物选育与生产、良种推广工作，推动品种的选育。国务院与省级政府要安排专门资金用在支持动植物良种培植上。我国对缺水区域开发节水型农业实施重点支持。我国大力支持农民与农业生产经营组织利用先进农业机械设备来提高农业产业的机械化运作能力。我国各级政府要出台政策不断提升农作物产量，完善农产品质量安全体系，依据相关技术规范来实施农产品运营工作，切实提高农产品的质量。我国依法创建优质农产品认证机制，致力于开发优质化农产品。凡是符合我国规定标准的高质量农产品均可按照法律法规申请相应的农产品地理标志。我国执行动植物防疫与检疫制度，强化对动物疫病以及植物虫害的预警与防控工作，落实好动植物保护办法。我国各级政府要落实好农产品生产资料安全管理机制，农民以及合作社不能使用国家已禁止使用的农药、兽药以及添加剂等产品。

（2）《中华人民共和国农业技术推广法》

本法旨在促使农业科研成果和实用技术尽快应用于农业生产，增强科技支撑保障能力，促进农业和农村经济可持续发展，实现农业现代化。其中明文规定各级国家农业技术推广机构属于公共服务机构，要履行相应的公益性职责。其中公益性职责涵盖引进、试验和示范重要的农业技术；监测、预报和预防动物疫病、植物病虫害以及农业灾害；监督检测农产品的生产以及提供技术咨询服务；监测农业投入品的使用情况；监控森林资源、农业资源，维护农业生态安全。

（3）《中华人民共和国食品安全法》

本法旨在保证食品安全，保障公众身体健康和生命安全。本法建立食品安全风险评估制度，运用科学方法对食品、食品添加剂等危害因素进行风险评估。由国务院卫生行政部门负责组织食品安全风险评估工作，对农药、肥料、兽药、饲料和饲料添加剂等进行安全性评估（第十七条）。制定食品安全标准，做到以保障公众身体健康为宗旨，科学合理、安全可靠（第二十四条）。规定食用农产品生产者应当按照食品安全标准和国家有关规定使用农业投入品；食用农产品的生产企业和农民专业合作经济组织应当建立农业投入品使用记录制度；县级以上人民政府农业行政部门加强对农业投入品使用的监督管理和指导，建立健全农业投入品安全使用制度（第四十九条）。

（4）《中华人民共和国农产品质量安全法》

本法是2006年颁布的，2018年对个别条款进行了修正。2018年，全国人大常委会进行农产品质量安全法执法检查时，建议抓紧修订《农产品质量安全法》。全国人大代表提出修改《农产品质量安全法》的议案。修改《农产品质量安全法》列入十三届全国人大常委会立法规划和2021年度立法工作计划。2021年10月，由国务院提请全国人大常委会第三十一次会议初次审议了《农产品质量安全法（修订草案）》。2022年6月，全国人大常委会第三十五次会议对修订草案进行了第二次审议。2022年9月，全国人大常委会第三十六次会议表决全票通过了修订后的《农产品质量安全法》。

《农产品质量安全法》旨在保障农产品质量安全，维护公众健康，促进农业和农村经济发展，2022年9月的修订中依据时代特征提出了新的要求。

① 压实农产品质量安全责任。将农户纳入监管范围，明确农业生产企业、农民专业合作社、农户应当对其生产经营的农产品质量安全负责，地方政府应当对本行政区域的农产品质量安全工作负责；加强收储运环节监管，明确农产品批发市场、农产品销售企业、食品生产者等的检测、合格证明查验等义务；针对出现的新业态和农产品销售的新形式，规定了网络平台销售农产品的生产经营者、从事农产品冷链物流的生产经营者的质量安全责任。

② 强化农产品质量安全风险管理和标准制定。明确实行源头治理、风险管理、全程控制的基本原则，建立农产品质量安全风险监测、评估制度，加强对重点区域、重点农产品品种的风险管理。同时，强调农产品质量安全标准是强制执行的标准，进一步明确农产品质量安全标准的内容，并确保严格实施。

③ 完善农产品生产经营全过程管控措施。坚持源头治理，完善农产品产地环境调查、监测和评价制度，对控肥、控药、控添加剂，科学合理使用农业投入品提出明确要求，加强农产品生产者的内部质量控制；明确储存运输环节的监管要求，防止对农产品造成二次污染；建立农产品承诺达标合格证制度和追溯管理制度，强化农产品质量安全意识，实现生产记录可查询、产品流向可追踪、责任可明晰。

④ 加强农产品质量安全监督管理。明确农业农村、市场监督管理部门的监管职责，健全随机抽查机制，并明确采集样品应当按照市场价格支付费用。同时，强调农业农村和市场监督管理部门应当加强协调配合和执法衔接，建立全程监督管理协作机制，确保农产品从生产到消费各环节的质量安全。对农产品质量安全工作不力、问题突出的地方政府，可以对其主要负责人进行责任约谈。

⑤ 加大对违法行为的处罚力度。与食品安全法相衔接，提高了对违法行为的处罚力度，并对做好行刑衔接做了规定。此外，考虑到我国国情、农情，对农户规定了较轻的处罚，既起到震慑作用，又兼顾农户的发展现状，引导农户规范生产经营活动。

本法中的第三章为农产品产地相关内容。提出建立健全农产品产地监测制度，县级以上地方人民政府农业农村主管部门应当会同同级生态环境、自然资源等部门制定农产品产地监测计划，加强农产品产地安全调查、监测和评价工作（第二十条）。根据农产品品种特性和产地安全调查、监测、评价结果，依照土壤污染防治等法律、法规的规定提出划定特定农产品禁止生产区域的建议，报本级人民政府批准后实施（第二十一条）。明令禁止向农产品产地排放或者倾倒废水、废气、固体废物或者其他有毒有害物质（第二十二条）。规定了农业投入品如肥料、农药、兽药、农用薄膜等的管制问题，旨在防止对农产品产地造成污染（第二十三条）。要求加强农产品基地建设，推进农业标准化示范建设，改善农产品的生产条件（第二十四条）。

（5）《农业转基因生物安全管理条例》

本条例旨在加强农业转基因生物安全管理，保障人体健康和动植物、微生物安全，保护生态环境。规定对农业转基因生物安全实行农业转基因生物安全管理部际联席会议制度、分级管理评价制度、安全评价制度、标识制度。对转基因动植物、微生物的研究与实验、生产与加工、经营、进口与出口进行严格管理和监督检查，保护生物环境安全。

（6）《农作物病虫害防治条例》

本条例旨在防治农作物病虫害，保障国家粮食安全和农产品质量安全，保护生态环境，促进农业可持续发展。法条规定：县级以上人民政府农业农村主管部门应当在农作物病虫害孳生地、源头区组织开展作物改种、植被改造、环境整治等生态治理工作，调整种植结构，防止农作物病虫害孳生和蔓延（第二十条）；县级以上人民政府农业农村主管部门应当指导农业生产经营者选用抗病、抗虫品种，采用包衣、拌种、消毒等种子处理措施，采取合理轮作、深耕除草、覆盖除草、土壤消毒、清除农作物病残体等健康栽培管理措施，预防农作物病虫害（第二十一条）。

1.3.2.2 畜牧类

（1）《中华人民共和国畜牧法》

本法旨在规范畜牧业生产经营行为，保障畜禽产品供给和质量安全，保护和合理利用畜禽遗传资源，培育和推广畜禽优良品种，振兴畜禽种业，维护畜牧业生产经营者的合法权益，防范公共卫生风险，促进畜牧业高质量发展。本法规定畜禽养殖场应当保证畜禽粪污无害化处理和资源化利用设施的正常运转，保证畜禽粪污综合利用或者达标排放，防止污染环境。违法排放或者因管理不当污染环境的，应当排除危害，依法赔偿损失。

（2）《中华人民共和国草原法》

本法旨在保护、建设和合理利用草原，改善生态环境，维护生物多样性，发展现代畜牧业，促进经济和社会的可持续发展。第三章规划，强调国家对草原保护、建设、利用实行统一规划制度，建立草原调查制度、草原统计制度，建立草原生产、生态监测预警系统。第四章建设，县级人民政府支持草原保护、建设、利用规划，对退化、沙化、盐碱化、石漠化和水土流失的草原，按照草原保护、建设、利用规划，划定治理区，组织专项治理。第五章利用，规定草原承包经营者应当合理利用草原，不得超过草原行政主管部门核定的载畜量；草原承包经营者应当采取种植和储备饲草饲料、增加饲草饲料供应量、调剂处理牲畜、优化畜群结构、提高出栏率等措施，保持草畜平衡。第六章保护，国家实行基本草原保护制度，以草定畜、草畜平衡制度，对严重退化、沙化、盐碱化、石漠化的草原和生态脆弱区的草原实行禁牧、休牧制度，依法实行退耕还草和禁牧、休牧，设立草原保护区。

（3）《草原防火条例》

《草原防火条例》是依据《中华人民共和国草原法》制定的一部法律，其目的是加强草原防火工作，积极预防和扑救草原火灾，保护草原，保障人民生命和财产安全。规定草原火险区划制度、草原防火规划的制定，规定草原火灾应急预案的制定，明确了草原防火工作实行行政首长负责制，规定草原防火工作联防制度，落实草原使用者的草原防火责任制。

1.3.2.3　水产类

（1）《中华人民共和国渔业法》

本法旨在加强渔业资源的保护、增殖、开发和合理利用，发展人工养殖，保障渔业生产者的合法权益，促进渔业生产的发展，适应社会主义建设和人民生活的需要。本法第四章渔业资源的增殖和保护，规定了在建立水产种质资源保护区重点保护的渔业资源。具体为：禁止使用炸鱼、毒鱼、电鱼等破坏渔业资源的方法进行捕捞；禁止制造、销售、使用禁用的渔具；禁止在禁渔区、禁渔期进行捕捞；禁止使用小于最小网目尺寸的网具进行捕捞；捕捞的渔获物中幼鱼不得超过规定的比例；在禁渔区或者禁渔期内禁止销售非法捕捞的渔获物。

（2）《水产资源繁殖保护条例》

本条例根据《中华人民共和国宪法》第六条“矿藏，水流，国有的森林、荒地和其他海陆资源，都属于全民所有”和第十一条“国家保护环境和自然资源，防治污染和其他公害”的精神，为了繁殖保护水产资源，发展水产事业，以适应社会主义现代化建设的需要而制定。主要内容是：禁止向渔业水域排弃有害水产资源的污水、油类、油性混合物等污染物质和废弃物；因卫生防疫或驱除病虫害等，需要向渔业水域投注药物时，应当兼顾到水产资源的繁殖保护；农村浸麻应当集中在指定的水域中进行；修建水利工程，要注意保护渔业水域环境；围垦海涂、湖滩，要在不损害水产资源的条件下，统筹安排，有计划地进行。

（3）《水产养殖质量安全管理规定》

本法旨在提高养殖水产品质量安全水平，保护渔业生态环境，促进水产养殖业的健康发展，根据《中华人民共和国渔业法》等法律、行政法规进行制定。主要规定水产养殖质量安全问题涉及水产养殖的全过程，包括养殖用水、养殖生产、渔用饲料和水产养殖用药等诸多方面。在规范养殖用水和养殖生产的同时，也对药物、饲料、苗种的使用提出了要求。

（4）《水产种质资源保护区管理暂行办法》

为规范水产种质资源保护区的设立和管理，加强水产种质资源保护，根据《中华人民共和国渔业法》等有关法律法规，制定本办法。这对于强化和规范水产种质资源保护区管理、保护重要水产种质资源及其生存环境、促进渔业可持续发展和国家生态文明建设将发挥重要作用。本办法明确了水产种质资源保护区的设立条件、报批程序、主管部门、管理机构和主要职责，规定了保护区内禁止或限制从事的活动，进一步完善了涉及水产种质资源保护区的工程建设项目环境影响评价程序。

1.3.3 资源相关法律法规

1.3.3.1 《中华人民共和国水法》

本法旨在预防和治理水土流失，保护和合理利用水土资源，减轻水、旱、风沙灾害，改善生态环境，保障经济社会可持续发展。本法共 8 章，其中涉及保护农产品产地水资源的主要为：第二章水资源规划，第四章水资源、水域和水工程的保护，第五章水资源配置和节约使用。从灌溉、渔业、水资源保护、水土保持、防沙治沙等方面进行了详尽的规定，要求各级人民政府应当推行节水灌溉方式和节水技术，对农业蓄水、输水工程采取必要的防渗漏措施，提高农业用水效率。

1.3.3.2 《中华人民共和国水土保持法》

本法旨在预防和治理水土流失，保护和合理利用水土资源，减轻水、旱、风沙灾害，改善生态环境，保障经济社会可持续发展。在禁止开垦坡度以上陡坡地开垦种植农作物，或者在禁止开垦、开发的植物保护带内开垦、开发的，由县级以上地方人民政府水行政主管部门责令停止违法行为，采取退耕、恢复植被等补救措施；按照开垦或者开发面积，可以对个人处每平方米二元以下的罚款、对单位处每平方米十元以下的罚款。

1.3.3.3 《中华人民共和国土地管理法》

2019 年 8 月 26 日，十三届全国人大常委会第十二次会议审议通过《中华人民共和国土地管理法》修正案（以下简称新《土地管理法》），自 2020 年 1 月 1 日起施行。

新《土地管理法》的七大主要内容如下。

（1）破除集体经营性建设用地进入市场的法律障碍

新《土地管理法》删除了原法第四十三条关于“任何单位和个人进行建设，需要使用土地，必须使用国有土地”的规定，允许集体经营性建设用地在符合规划、依法登记，并经本集体经济组织 2/3 以上成员或者村民代表同意的条件下，通过出让、出租等方式交由集体经济组织以外的单位或者个人直接使用。同时，使用者取得集体经营性建设用地使用权后还可以转让、互换或者抵押。这一规定是重大的制度突破，它结束了多年来集体建设用地不能与国有建设用地同权同价同等入市的二元体制，为推进城乡一体化发展扫清了制度障碍，是新《土地管理法》最大的亮点。

（2）改革土地征收制度

① 对土地征收的公共利益范围进行明确界定。《中华人民共和国宪法》规定：国家为了公共利益的需要可以对土地实行征收或者征用并给予补偿。但原法没有对土地征收的“公共利益”范围进行明确界定，加之集体建设用地不能直接进入市场，使土地征收成为各项建设使用土地的唯一渠道，导致征地规模不断扩大，被征地农民的合法权益和长远生计也得不到有效的保障，影响社会稳定。新《土地管理法》增加第四十五条，首次对土地征收的公共利益进行界定，采取列举方式明确：因军事和外交、政府组织实施的基础设施、公共事业、扶贫搬迁和保障性安居工程建设需要以及成片开发建设等六种情形，确需征收的，可以依法实施征收。这一规定将有利于缩小征地范围，限制政府滥用征地权。

② 明确征收补偿的基本原则是保障被征地农民原有生活水平不降低，长远生计有保障。旧《土地管理法》按照被征收土地的原用途给予补偿，按照年产值倍数法确定土地补偿费和安置补助费，补偿标准偏低，补偿机制不健全。新《土地管理法》首次将 2004 年国务院 28 号文件提出的“保障被征地农民原有生活水平不降低、长远生计有保障”的补偿原则上升为法律规定，并以区片综合地价取代原来的年产值倍数法，在原来的土地补偿费、安置补助费、地上附着物和青苗补偿费的基础上，增加农村村民住宅补偿费用和被征地农民社会保障费用的规定，从法律上为被征地农民构建更加完善的保障机制。

③ 改革土地征收程序。将原来的征地批后公告改为征地批前公告，多数被征地的农村集体经济组织成员对征地补偿安置方案有异议的，应当召开听证会修改，进一步落实被征地的农村集体经济组织和农民在整个征地过程的知情权、参与权、表达权和监督权。倡导和谐征地，征地报批以前，县级以上地方政府必须与拟征收土地的所有权人、使用权人就补偿安置等签订协议。

（3）完善农村宅基地制度

农村宅基地是农民安身立命之本。长期以来，宅基地一户一宅、无偿分配、面积法定、不得流转的法律规定，导致农村宅基地大量闲置浪费，农民宅基地的用益物权难以落实。33 个试点地区在自愿有偿退出宅基地、宅基地有偿使用、下放宅基地审批权限等方面进行了积极探索。新《土地管理法》完善了农村宅基地制度，在原来一户一宅的基础上增加宅基地户有所居的规定，明确：人均土地少、不能保障一户拥有一处宅基地的地区，在充分尊重农民意愿的基础上可以采取措施保障农村村民实现户有所居。这是对一户一宅制度的重大补充和完善。考虑到农民变成城市居民真正完成城市化是一个漫长的历史过程，新《土地管理法》规定：国家允许进城落户的农村村民自愿有偿退出宅基地，这一规定意味着地方政府不得违背农民意愿强迫农民退出宅基地。同时，在总结试点经验的基础上，新《土地管理法》下放宅基地审批权限，明确农村村民住宅建设由乡镇人民政府审批。

（4）为“多规合一”改革预留法律空间

建立国土空间规划体系并监督实施，实现“多规合一”是党中央、国务院做出的重大战略部署。随着国土空间规划体系的建立和实施，土地利用总体规划和城乡规划将不再单独编制和审批，最终将被国土空间规划取代。考虑到“多规合一”改革正在推进中，新《土地管理法》为改革预留了法律空间，增加了第十八条，规定：国家建立国土空间规划体系，经依法批准的国土空间规划是各类开发、保护和建设活动的基本依据。为了解决改革过渡期的规划衔接问题，新《土地管理法》还明确：已经编制国土空间规划的，不再编制土地利用总体规划和城乡规划。同时在附则中增加规定：编制国土空间规划前，经依法批准的土地利用总体规划和城乡规划继续执行。

（5）将基本农田提升为永久基本农田

为了提升全社会对基本农田永久保护的意识，新《土地管理法》将基本农田提升为永久基本农田，增加第三十五条，明确：永久基本农田经依法划定后，任何单位和个人不得擅自占用或者改变用途。永久基本农田必须落实到地块，纳入数据库严格管理。各省、自治区、直辖市划定的永久基本农田一般应当占本行政区域内耕地的80%以上，具体比例由国务院根据各省、自治区、直辖市耕地实际情况确定。

（6）合理划分中央和地方土地审批权限

旧《土地管理法》对新增建设用地规定了从严从紧的审批制度，旨在通过复杂的审批制度引导地方政府利用存量建设用地。长期以来，地方对建设用地审批层级高、时限长、程序复杂等问题反映强烈。新《土地管理法》适应“放管服”改革的要求，对中央和地方的土地审批权限进行了调整，按照是否占用永久基本农田来划分国务院和省级政府的审批权限。今后，国务院只审批涉及永久基本农田的农用地转用，其他的由国务院授权省级政府审批。同时，按照“谁审批谁负责”的原则，取消省级征地批准报国务院备案的规定。

（7）土地督察制度正式入法

为了有效解决土地管理中存在的地方政府违法高发多发的问题，2006年国务院决定实施国家土地督察制度，对省、自治区、直辖市及计划单列市人民政府土地管理和土地利用情况进行督察。土地督察制度实施以来，在监督地方政府依法管地用地、维护土地管理秩序等方面发挥了重要作用。在充分总结国家土地督察制度实施成效的基础上，新《土地管理法》在总则中增加第五条，对土地督察制度做出规定：国务院授权的机构对省、自治区、直辖市人民政府以及国务院确定的城市人民政府土地利用和土地管理情况进行督察。以此为标志，国家土地督察制度正式成为土地管理的法律制度。

1.3.3.4 《基本农田保护条例》

为了保障农业生产的正常运行和社会主义市场经济的平稳运行，国务院根据《中华人民共和国农业法》和《中华人民共和国土地管理法》的相关规定，制定了《基本农田保护条例》（以下简称《条例》）。《条例》为解决我国人口众多与耕地资源匮乏之间的矛盾提供了法律依据，它针对当前土地的基本国情、特有国情，为保障国家粮食安全、维持社会稳定提供了重要条例以及基本原则。

在《条例》中，首先明确了我国基本的土地、耕地国情，按照要求，全面计划实施保护农田的制度，进行合理的利用，严格贯彻“用养结合”的方针政策等要求进行土地管理，将对基本农田的特殊保护工作作为社会经济发展任务的一项重要内容，同时将其作为其政府领导任期目标责任制的一项重要工作，乡（镇）政府直接管辖本辖区的基本农田保护工作。合理归纳、整治基本农田保护区，对其进行划分以及重新调配，并进行区域保护。

在《条例》中指出，主要工作重点是依据基本农田保护制度和监督制度严格而又有效率地执行地方管理政策。国家政府严令禁止任何集体或者个人有闲置甚至是浪费的基本农田。国务院批准各项重点的建设规划项目所占用的基本农田，在一年期间并没有使用的，但是依旧是可以进行耕种收获粮食的基本农田，可以由原有耕种基本农田的任何单位或者个人恢复其耕种农田，或者也可以由基本农田使用单位进行耕种；国家政府在建设期间未开工一年以上的基本农田，应该按照省、自治区、直辖市相关规定，由其缴纳闲置基本农田的费用；国家政府在连续两年时间内并未开工的基本农田，由县级以上人民政府无偿收回基本农田使用单位企业的土地使用权；同时，将土地使用权交给原为土地拥有者的农民集体所有，或者将土地使用权转交给原有农村集体经济组织并将其恢复耕种，重新划入我国的基本农田保护区。

就监管制度而言，一个好的监管制度能否有效实施决定了《条例》能否正常按时落实到位，良好的监管制度以及方式有利于农田保护工作持续地进行，并保证其正常地发展。从《条例》中我们可以看到主要的监管方式采用责任书的形式，责任书的内容包括农田范围、面积、土地以及不同农田的肥力效果等，并要求每个政府组织在自身所管辖的区域能够及时、有效、真实地将自由农田保护的工作进行到底。

1.3.3.5 《中华人民共和国黑土地保护法》

本法旨在保护黑土地资源，稳步恢复提升黑土地基础地力，促进资源可持续利用，维护生态平衡，保障国家粮食安全。法律明确了黑土地保护范围，明文禁止盗挖、滥挖和非法买卖黑土，规定了各级政府应加强黑土地生态保护和黑土地周边林地、草原、湿地的保护修复，推动荒山荒坡治理，提升自然生态系统涵养水源、保持水土、防风固沙、维护生物多样性等生态功能，维持有利于黑土地保护的自然生态环境。

1.3.3.6 《中华人民共和国矿产资源法》

本法旨在发展矿业，加强矿产资源的勘查、开发利用和保护工作。规定开采矿产资源，应当节约用地。耕地、草原、林地因采矿受到破坏的，矿山企业应当因地制宜地采取复垦利用、植树种草或者其他利用措施。

1.3.4 环境相关法律法规

1.3.4.1 《中华人民共和国环境保护法》

《中华人民共和国环境保护法》强调，各级人民政府应当加强对农业环境的保护，加强对农业污染源的监测预警，以防治土壤污染和土地沙化、盐渍化、贫瘠化、石漠化、地面沉降以及防治植被破坏、水土流失、水体富营养化、水源枯竭、种源灭绝等生态失调现象，推广植物病虫害的综合防治，提高农村环境保护公共服务水平，推动农村环境综合整治（第三十三条）；要求各级人民政府及其农业有关部门和机构加强引导，禁止将不符合农用标准和环境保护标准的固体废物、废水施入农田（第四十九条）。

1.3.4.2 《中华人民共和国环境影响评价法》

《中华人民共和国环境影响评价法》是为了实施可持续发展战略，预防因规划和建设项目实施后对环境造成不良影响，促进经济、社会和环境的协调发展制定的法律，是环境保护领域的基础性、综合性法律之一。环境影响评价主要是提出预防和控制措施，通过分析固定项目实施进程中对环境的影响，再根据区域实际环境情况提出控制和预防措施，之后对区域环境的变化进行监控和跟踪。随着社会发展，环境影响评价快速应用到农业环境保护中，可以使农业生产过程产生的环境污染降到最低。

1.3.4.3 《中华人民共和国大气污染防治法》

本法第四章大气污染防治措施的第五节为农业和其他污染防治，要求农业生产经营者改进施肥方式，科学合理施用化肥并按照国家有关规定使用农药，减少氨、挥发性有机物等大气污染物的排放。规定各级人民政府及其农业行政等有关部门应当鼓励和支持采用先进适用技术，对秸秆、落叶等进行肥料化、饲料化、能源化、工业原料化、食用菌基料化等综合利用，禁止露天焚烧秸秆、落叶等产生烟尘污染的物质。

1.3.4.4 《中华人民共和国水污染防治法》

本法第四章水污染防治措施的第四节为农业和农村水污染防治，指出使用农药应当符合国家有关规定和标准，应当加强运输、存贮和处置过期失效农药管理，防止造成水污染（第五十三条、第五十四条）；明确县级以上地方人民政府农业主管部门和其他有关部门的指导任务（第五十五条）；规定畜禽、水产养殖水资源的保护和污水排放（第五十六条、第五十七条）；强调向农田灌溉渠道排放的污水、废水必须保证水质，应当防止污染土壤、地下水和农产品（第五十八条）。

1.3.4.5 《农用地土壤环境管理办法（试行）》

《农用地土壤环境管理办法（试行）》着眼于土壤污染与防治问题，强调土壤污染防治的预防、监管与修复，前者专门针对农用地土壤环境。本办法共 6 章 30 条，从土壤污染预防、调查与监测、分类管理与监督管理几方面进行规定，旨在加强农用地土壤环境保护监督管理，保护农用地土壤环境，管控农用地土壤环境风险，保障农产品质量安全。

1.3.4.6 《中华人民共和国土壤污染防治法》

本法设立旨在保护和改善生态环境，防治土壤污染，保障公众健康，推动土壤资源永续利用，推进生态文明建设。土壤污染防治应当坚持预防为主、保护优先、分类管理、风险管控、污染担责、公众参与的原则。第四章第二节涉及农用地，指出应建立农用地分类管理制度，严格管控，做好风险应对与修复措施。重点关注各类涉及土地利用的规划和可能造成土壤污染的建设项目，规定地方人民政府农业农村、林业草原主管部门应当会同生态环境、自然资源主管部门对相关农用地地块进行重点监测（第十六条）。

1.3.4.7 《中华人民共和国固体废物污染环境防治法》

本法规定县级以上人民政府农业农村主管部门负责指导农业固体废物回收利用体系建设，鼓励和引导有关单位和其他生产经营者依法收集、贮存、运输、利用、处置农业固体废物，加强监督管理，防止污染环境（第六十四条）。产生秸秆、废弃农用薄膜、农药包装废弃物等农业固体废物的单位和其他生产经营者，应当采取回收利用和其他防止污染环境的措施；从事畜禽规模养殖应当及时收集、贮存、利用或者处置养殖过程中产生的畜禽粪污等固体废物，避免造成环境污染；禁止在人口集中地区、机场周围、交通干线附近以及当地人民政府划定的其他区域露天焚烧秸秆；国家鼓励研究开发、生产、销售、使用在环境中可降解且无害的农用薄膜（第六十五条）。

1.3.4.8 《中华人民共和国清洁生产促进法》

本法旨在促进清洁生产，提高资源利用效率，减少和避免污染物的产生，保护和改善环境，保障人体健康，促进经济与社会可持续发展。本法相关规定强化了政府推进清洁生产的工作职责，扩大了对企业实施强制性清洁生产审核范围，明确规定了建立清洁生产财政支持资金，强化了清洁生产审核法律责任和政府监督与社会监督作用。

1.3.4.9 《畜禽规模养殖污染防治条例》

本条例旨在防治畜禽养殖污染，推进畜禽养殖废弃物的综合利用和无害化处理，保护和改善环境，保障公众身体健康，促进畜牧业持续健康发展。本条例以促进畜禽养殖产业转型升级、健康发展作为解决畜禽养殖环境问题的基本思路，将推动综合利用作为解决畜禽养殖废弃物污染问题的根本途径，将加强环境监管作为推动畜禽养殖业转型升级、促进畜禽养殖废弃物综合利用的重要手段。通过引导产业模式和布局的优化，加强环境监管，营造有利于畜禽粪便等废弃物综合利用的政策环境。通过扶持、鼓励和引导，打通畜禽粪便等废弃物综合利用的渠道，以从根本上解决畜禽养殖废弃物资源浪费导致的污染问题，推动我国生态农业水平的提高，促进整个农业发展模式的转变，推动农村和农业生态文明建设。

我国主要农产品产地环境管理相关法律立法时间轴如图 1-1 所示，我们可以明显发现，国家越发重视农产品产地环境相关法律的立法，不断推陈出新，但总体上来看还不够完善，缺乏整体性、实操性，这种立法现状急需改变。

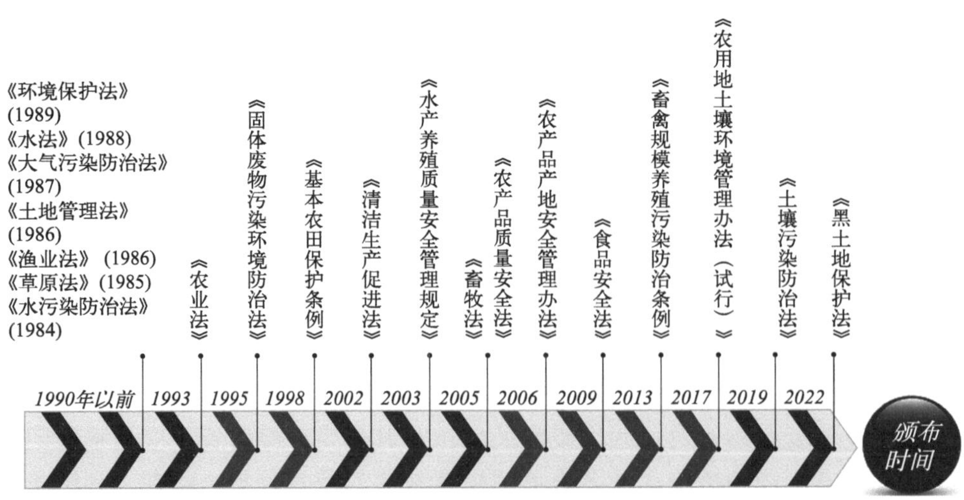

图 1-1　我国主要农产品产地环境管理相关法律立法时间轴

1.4 我国农产品产地环境管理法律法规体系存在的问题

中华人民共和国成立以来，我国逐渐重视生态环境保护工作，在农产品产地环境管理法律法规体系建立方面开展了系列卓有成效的工作。然而，我国现存的大部分环境保护相关法律法规仍存在一定的局限性。因此，我国的农业生态环境保护立法仍需继续努力，在顶层设计、全过程监管及激发主体责任意识方面仍有加强的空间。

1.4.1 顶层设计有待进一步加强

我国的国民经济和社会发展五年规划、中央"一号文件"、政府工作报告、相关决议、决定和意见等纲领性文件分别对农产品产地环境管理予以规定和引导。但是在立法层面，除《农产品产地安全管理办法》这一农产品产地环境管理专门立法以外，有关产地安全管理与环境保护的法律依据主要散见于农业、土地、环境保护等相关法律之中，反映出农产品产地环境管理质量与环境保护、食品安全等领域交叉，相关概念模糊的事实，以及现有法律规定较为笼统，大多是倡导性或者一般性禁令，缺乏农产品产地环境管理的实际意义，法律法规体系仍需进一步完善。

（1）法律法规可操作性不强

立法文件往往原则性比较强，针对性不足，或者即便有明确立法指向与方向，但语言上不够明晰，措施力度不强、不精准，从而严重影响了立法条文的执行效果，在一定程度上也削弱了立法的权威性。受我国长期以来立法"宜粗不宜细"的影响，很多地方性立法较为原则与粗疏，可操作性不强，条款仅停留在诸如"应当""合理""鼓励""不得"等字眼上，严重影响执法的积极性，加大了执法难度[10]。

（2）专项法规法律效力较低

我国目前仅有《农产品产地安全管理办法》这一农产品产地环境管理专门立法，其立法依据为《农产品质量安全法》第三章的相关内容，效力位阶仅为农业部（现称农业农村部）的规章制度，其约束力远不如法律和行政法规。根据北大法宝的数据，相关案例中只有 (2017) 渝 0113 行初 201 号、(2017) 渝 0113 行初 202 号两个行政判决书的被告辩称中有引用，使用范围不广。该管理办法于 2006 年颁布实施，至今已有十几年，在这期间其立法依据的《农产品质量安全法》分别于 2018 年 10 月进行了修正、于 2022 年 9 月进行了修订，各类环境保护和生态资源管理的法律相继出台，但该办法一直未进行相应的更新和修正，影响了其实用性。

（3）立法缺乏系统性、整体性

我国的农产品产地保护立法存在零散、分散、缺乏整体性的问题。总体而言，我国现有法律基本对农产品产地环境的监管进行了完备的规定，但是相关立法基本上是针对某一特定领域或问题制定的一些法律法规，因各部法律的立足点与具体针对对象不同、生态资源与农产品产地环境立法缺乏配合、整体性不强、耕地使用与土地保护存在矛盾等问题，导致许多法规并没有直接、明确地指出“农产品产地”问题，仅是从间接角度理解或起到作用。另外，多项法规内容存在重合与冲突，同样的规章制度在多部法律中重复提出。例如，对于农药的相关规定,《农业法》《农产品质量安全法》《黑土地保护法》《环境保护法》《大气污染防治法》《水污染防治法》《固体废物污染环境防治法》《清洁生产法》《土壤污染防治法》等法律都对其进行了相应的规定，有的几乎完全相同，有的是在专有方面进行了一定的延伸，造成了虽然有法可依，但缺乏系统性和整体性，容易出现盲区和重复。

1.4.2 农产品安全的全过程监管有待进一步完善

农产品产地保护的意义在于维护和保障广大人民群众的基本食品安全，农产品是人们日常生活中的主要食品来源，如果农产品存在安全问题就会直接威胁到人们的身体健康。目前，我国关于农产品产地环境管理立法的重点主要在于末端的监管，即对土壤、大气、水体进行监测和巡查，缺乏对农产品的产地标记政策法规，在保护农产品安全的法律体系中缺少由“从餐桌到农场”的及时反馈机制，缺乏对农产品安全的全过程监管。

此外，我国农产品质量安全可溯源制度建设正在具体实施过程中，我国农产品的物流追溯体系建设却相对比较缓慢，目前在政府主导下，仅在部分大中型城市对部分农产品（如肉类、果蔬类）进行了试点，尚没有在全国范围加以推广，农产品物流追溯体系建设仍任重而道远。我国目前实施可追溯系统的对象主要是初级农产品，涵盖粮食、蔬菜、水果、肉类、水产品等，实施的范围主要是具有规模的企业及农场。现阶段构建的食品安全可追溯系统具有两个明显的特点：一是行业覆盖面窄，选择的实施单位比较少，没有覆盖大多数食品生产、加工组织；二是食品链内覆盖面窄，可追溯系统并没有涵盖整个食品链，通常只实现了某一个或几个环节的信息追溯。造成原因主要有以下几点。

① 领域分散：农产品的安全监管涉及食品安全、环境保护和农业等多个领域，每个领域和行业都有自己的管理规定和标准，对于农产品产地保护也有各自独特的要求，但相互之间缺少衔接，导致相关立法比较零散。

② 部门分割：在农产品产地保护立法中，相关管理部门能够做到各司其职，但缺少联动机制，农产品出现安全问题依照现行法律应由食品安全相关部门进行查处，缺少能同农业及环境保护部门进行联动的法律法规和条件，难以对产品进行溯源。

③ 区域差异：不同地区农业生产环境和条件存在较大差异，地理气候、经济水平和实际情况的不同使得农产品产地发展存在地区化差异，各地区发展水平和优势不尽相同，而现有法律大多仅突出产地相关人员与组织保护产地环境，各级人民政府和有关部门加强引导，多为模糊、倡导性建议，以至于缺乏切实有效、可操作性强的政

策措施和法律依据，缺少标准、可供参考的科学建设样本。

1.4.3　主体责任意识有待进一步提高

目前，我国农产品产地环境管理的法律规定和工作手段主要分为两类。

① 根据禁止排放污染物质和保护生态环境的相关规定，依靠监测检查等手段发现污染问题，通过行政处罚以达到震慑目的，推动农产品产地环境保护。这类法律规定是我国最主流的立法方向，几乎所有与农产品产地环境相关的法律都对其有不同的规定，典型的有《环境保护法》《大气污染防治法》《水污染防治法》《固体废物污染环境防治法》等。

② 禁止生产区制度。一方面是针对不同类型的农业生产活动，如化肥和农药的使用、畜禽养殖等，这些活动可能会对周围环境和居民健康造成负面影响，因此需要采取措施限制或禁止其在特定区域内进行，该行为主要由县级以上地方人民政府农业农村主管部门会同有关部门予以执行。另一方面是禁渔、禁牧、轮耕轮种，指在一年中一定时期、一定的地点禁止捕捞鱼类、放牧和进行特定的耕种活动，意在通过行政手段促进生态自我修复，相关规定主要常见于农林牧渔的行业规范中，如《农业法》《渔业法》《畜牧法》等，会有法条对其进行相应规定。特别要注意的是，2022 年 6 月颁布的《黑土地保护法》，是我国第一部对特定农业环境进行保护的国家级法规，可见其重视程度。

以上两种方法虽然在农产品产地保护上取得了很好的成效，但是也存在一定的局限性。首先是行政处罚，存在行政管理手段过于单一化、处罚手段过于依赖经济处罚的情况，现实中常常存在多次缴纳罚款但仍然想方设法躲避监管、继续进行生产、持续污染环境的现象。并且这种方式同禁止生产区制度都有同一属性，都为事后行为，即产生污染后再进行禁止及修复，缺少事前的管理，缺少对于农产品产地使用者正向的激励引导。因此需要通过鼓励、奖励，引导农民、牧民、渔民及农产品产地周边相关的生产者，通过绿色健康的生产方式进行生产，激发其主人翁意识，倡导可持续发展，这样才能避免环境遭受不必要的破坏。

1.5　我国农产品产地环境管理法律法规的完善措施

加强我国农产品产地环境管理法律法规的建设，完善立法体系，必然要增强创新性和前瞻性，加大对生态环境的保护力度，明确监管责任，提高执行力度和效果，促进我国农业可持续发展。美国、日本、欧洲等国家和地区在农产品产地环境管理上的经验对我国有着一定的启发意义，针对我国现有农产品产地环境管理法律法规现状，守正创新提出以下完善措施。

1.5.1 提升法律法规的实用效益

1.5.1.1 扩大赔偿义务人范围

合理规定生态环境损害赔偿义务人范围，至少需要考虑主体类型、行为类型、违法性因素、生态损害事实、因果关系等问题。

① 赔偿义务人的主体类型应相当广泛。正如法学专家所指出的，任何对生态损害后果的发生有推动作用的主体都应当被纳入赔偿义务人的范围，除了排污者外，还应包括监管者、第三方等。

② 行为类型要明确。行为人实施污染环境、破坏生态的行为时才可以确定其为赔偿义务人，才可以根据生态环境损害赔偿制度要求其承担损害责任。

③ 不应以违法性为前提。具有违法性并不是承担损害赔偿的要件之一，没有违反法律规定不等于不必承担赔偿责任。

④ 生态损害事实可以理解为生态环境损害的概念。行为与生态环境损害结果之间具有因果关系是行为人承担损害赔偿的前提，即生态环境损害的结果必须是由行为人的行为导致的。若在缺少行为人行为的情况下生态环境损害依然会发生，行为人就不应承担损害赔偿责任。

1.5.1.2 明确赔偿程序

磋商和诉讼都是解决生态环境损害赔偿问题的有效手段，实现两种手段的协调衔接，明确生态环境损害赔偿程序，尽可能快速高效准确地解决赔偿问题，是制定生态环境损害赔偿制度的目的之一。

磋商是赔偿权利人和义务人之间的平等协商，最终达成的赔偿协议对双方都有法律约束力，因此磋商应是民事性质的制度。在一般情况下，磋商是诉讼必经的前置程序，但如果经磋商未达成一致或者无法进行磋商时可直接提起诉讼。

磋商和环境公益诉讼的衔接问题，我国目前没有明确规定。在生态环境损害赔偿处于磋商阶段时，若环保组织或检察院提起公益诉讼，应当暂停公益诉讼进程，等待磋商结果。如果磋商顺利，达成赔偿协议，环保组织或检察院可就赔偿协议未涉及的部分再次提起公益诉讼；如果磋商未果，进入生态环境损害赔偿诉讼阶段，就可按照关于两类诉讼衔接的相关规定进行下去。

1.5.1.3 完善生态环境损害评估制度

在国家层面上，有必要从鉴定机构、人员资质、程序、方法、技术、监管等方面出发，制定一系列科学完整的生态环境损害评估办法。对于近几年颁布的一些针对具体领域的评估办法，内容详细、可操作性强，可考虑提升其法律等级，增强效力。

完善评估制度还可以分情况制定评估流程。生态环境损害一般规模大、周期长、原因复杂、恢复困难，要对其进行生态环境损害评估往往需要花费不少人力物力。如果事实清楚、责任明确、损害较小，可以委托专家进行评估，加快案件办理进程、减少资源浪费、减轻污染者负担。面对原因复杂、污染严重的案件，则需要相关机构出具鉴定报告，保障鉴定评估的全面性和专业性。

损害评估一定要充分发挥专家的作用，除了委托专家进行评估或者委托专业机构出具鉴定报告之外，还可以另行咨询其他专家，或者充分考虑专家辅助人的意见，全方位、多角度进行案件分析[11]。

1.5.2 健全农产品追溯体系

无论是美国还是欧盟，政府都是通过法令和市场准入的形式在部分农产品中强制推行可追溯体系，在推行过程中，通过出台相应生产规范或操作指南等办法，引导其他农产品经营者自愿建立可追溯体系。如美国在《生物反恐法案》中提出实行“从田间到餐桌”的风险管理，要求相关企业必须建立可追溯体系；同时，对输入美国的生鲜农产品要求必须提供详细的档案信息且能在4小时之内进行回溯，否则美国将有权对该批农产品就地销毁。欧盟通过立法形式强制推行农产品可追溯体系建设，制定了良好的生产实践指南和加工操作规程，分别用于农产品种植生产环节和加工环节的指导。《欧洲议会和理事会条例 (EC) No. 834/2007》规定所有欧盟成员国必须建立农产品追溯体系，以便在发生食品安全事件时快速定位问题源头，采取相应措施保障公众健康。

我国可以借鉴欧盟及美国的具体做法，结合国内目前已试点成功的项目，制定一套既符合中国农业实际又与国际标准接轨的农产品生产、经营规范，指导农产品经营企业按标准进行生产、加工和储运，帮助其逐步建立农产品物流追溯体系，提高我国农产品的整体竞争力。

1.5.3 建立农产品原产地分级标识制度

我国原产地分级标识制度起步较晚，主要依据法规为2001年出台的《原产地标记管理规定》和2007年出台的《农产品地理标志管理办法》。前者主要关注的是出口产品的标记，后者涉及农产品标志，对地理标志农产品的质量和信誉负责。该标志办法针对农产品标识登记管理和监督检查，在推广和执行方面主要依靠各地方政府，如四川省的雅安猪肉、云南省的普洱茶等产品，也产生了良好的经济效益和环境效益，但总体上还是缺少整体规划。

在西方发达国家尤其是欧盟地区，采取了系统的原产地分级标识制度，自20世纪80年代，欧盟开始对农产品进行品质和安全方面的保护，并提出了“地理标志”“原产地名称”“传统特产”等概念。随后，欧盟逐步建立了一套完整的认证、标识和保护体系。欧盟的农产品分级标记政策对我国有较大的参考意义，我国可以借鉴有关经验，细化《农产品地理标志管理办法》，保护农民的利益，促进农产品的质量提高，提高消费者对农产品的信任度，推动我国农业经济的发展。

1.5.4　增加资金及保护技术援助规定

农业生产环境使用者在保护环境方面所面临的最大问题是环保技术和资金的欠缺。以耕地为例，农民也想使用更加环保的化肥产品，但是可能会因为成本的增加而放弃使用，转而选择高污染的化肥产品，从而导致耕地的污染。因此应在激励政策上下功夫。一方面是增加正向激励，参考《美国农业环境保护计划》相关内容，为农业生产主体提供环保激励金，鼓励其使用环保措施实行农业生产活动，从而降低恢复被损害环境的成本，节省环境保护所需要的资金；另一方面是提供技术支持，通过法律规定或专项计划向私人土地所有者提供技术性援助，帮助其保护、维持、改善自然资源状况。

综上，在农产品资源日益富足的今天，人民对农产品的需要逐渐由吃饱、吃好向吃得安心、吃得放心转变。保障农产品安全，完善我国农产品产地环境保护法律体系是建设农业强国的必然要求。目前，我国农产品产地环境管理法律体系仍存在一定薄弱环节需要补充和增强，主要包括专项法律位阶不够、法律法规可操作性不强、立法缺乏系统性、全过程监管不够完善等问题，这些问题制约了法律执行层面的使用和绿色生态农业的发展。

基于我国的社会主义基本国情，以习近平法治思想为根本指导，借鉴美国、日本、欧洲的先行经验，找出完善的破解路径。

① 提升法律法规的适用效益。通过扩大赔偿义务人范围、明确赔偿程序、完善生态环境损害评估制度，切实提高法律适用效益。

② 健全农产品追溯体系。建立全过程管理的农产品追溯体系，保障农产品或产地安全问题及时反映到产业链上下游，保证消费者安全和对农产品产地环境的即时修复。

③ 建立农产品原产地分级标识制度。建立建设严格、透明、具有可操作性的原产地分级标识制度，为人民提供可供选择的绿色产品。

④ 增加资金及保护技术援助规定。激发农产品生产者产地环境保护主观能动性，提供资金及技术援助，解决其后顾之忧。

参考文献

[1] 罗小锋，常庆欣．加强绿色农产品市场建设 推进农业绿色发展 [N]. 农民日报，2021-12-5(03).

[2] 刘趁．加快发展生态低碳农业 推进农业发展全面绿色转型 [N]. 农民日报，2023-02-07(01).

[3] 罗其友，马力阳，高明杰，等．县域农业资源承载力评价预警系统构建初探 [J]. 中国农业资源与

区划 , 2018, 39(2): 1-7.

[4] 金书秦 , 沈贵银 , 魏珣 , 等 . 论农业面源污染的产生和应对 [J]. 农业经济问题 , 2013, 34 (11): 97-102.

[5] 代杰 . 论农产品产地环境保护法 [J]. 农业经济 , 2015(2): 41-43.

[6] 代杰 . 农产品产地环境保护立法需求与规则构建 [J]. 广西社会科学 , 2015 (2): 89-93.

[7] 孙娟娟 . 看欧盟农产品质量安全立法经验 [J]. 中国食品 , 2016 (12): 24-29.

[8] 周玉新 , 唐罗忠 . 日本农业环保政策及对我国的启示 [J]. 环境保护 , 2009, 37(21): 68-70.

[9] 李玉浸 . 农产品产地安全管理办法主要内容及要点解释 [J]. 农业环境与发展, 2007(3): 1-5.

[10] 杨育红 . 我国应对农业面源污染的立法和政策研究 [J]. 昆明理工大学学报 (社会科学版), 2018,18(6): 18-26.

[11] 姜峻婷 . 完善生态环境损害赔偿制度应当从细化法律规定入手 [J]. 中国生态文明 , 2021 (1): 60-61.

第2章

我国农产品产地环境管理体系

农产品产地环境管理体系是环境管理体系的重要组成部分，包括为制定、实施、实现、评审和保持环境方针所需的组织机构、规划活动、机构职责、惯例、程序、过程和资源，还包括组织的环境方针、目标和指标等管理方面的内容。产地环境管理以环境管理学基本理论为学科基础，以保障农产品质量安全为根本目标，具有法律特征、经济特征和生态特征。

政府是我国产地环境管理中具有决定性作用的首要责任主体，政府部门具有规划、协调、监督、指导等管理职能，依法对农产品产地环境开展调查、监测、评价、划定、保护、监督等工作，运用经济、法律、技术、行政、教育等手段，加强农产品产地环境管理。各级生态环境部门、农业农村部门等根据综合决策、相互协调、分级监督机制承担相应的管理职责，并通过实施政策指导、建立制度体系、采取经济措施和构建技术体系等手段在产地环境管理过程中进行宏观调控。

近年来，我国持续优化调整农业产业结构，构建高质量农业供给体系，产地环境管理作为农产品质量管理的源头和基础，在农产品质量安全水平提升方面发挥了重要的作用。我国农产品产地环境标准体系和监测体系逐步完善，监管力度和执法力度逐渐加强，而耕地环境质量管理作为产地环境管理的重中之重，其评价与分类管理体系发展尤为完善，为我国农产品产地环境管理体系建设奠定了良好的基础。

2.1 农产品产地环境管理的理论基础

农产品产地环境管理的理论基础与环境管理学基本相同，但因其管理内容涵盖农业与环境两个领域而具有跨部门管理特点和相应的管理理论及特征。

2.1.1　农产品产地环境及其管理的基本概念

《农产品质量安全法》中定义，农产品是指来源于种植业、林业、畜牧业和渔业等的初级产品，即在农业活动中获得的植物、动物、微生物及其产品。农产品产地环境则指农产品生产区域的土壤、水体和大气环境质量，是农产品质量安全的基础和根本保证，关系到人民群众的健康和农业、农村经济的发展。因而，国家对农产品产地实行严格的环境管理制度。

《环境科学大辞典》中广义的环境管理是指在环境容量的允许下，以环境科学的理论为基础，运用技术的、经济的、法律的、教育的和行政的手段，对人类的社会经济活动进行管理；狭义的环境管理是指管理者为了实现预期的环境目标，对经济、社会发展过程中施加给环境的污染和破坏性影响进行调节和控制，实现经济效益、社会效益和环境效益的统一。

环境管理的基本任务：

① 转变人类社会关于环境的基本观念，包括消费观、伦理道德观、价值观、科技观、发展观、世界观等，使人们在日常生活中能够自觉地调整自身行为，以达到与自然环境和谐共处的境界；

② 调整人类社会直接和间接作用于环境的行为，包括政府行为、企业行为、公众行为三大类，与转变思想观念相比环境行为的调整更为直接和具体；

③ 控制人类社会与环境系统中的物质流动，形成和创建一种人与自然和谐共生的生产方式，更好地满足人类生存与发展的环境需求。

农产品产地环境管理是以农产品产地环境为对象，以解决农产品产地环境问题为内容的一种环境管理。具体而言，农产品产地环境管理是以保证农产品质量安全、保障人体健康、促进农业可持续发展为宗旨，以统一规划、预防为主、防治结合、谁污染谁治理为原则，运用行政、制度、法律、经济等手段，对农产品产地环境开展的调查、监测、评价、划定、保护、监督等工作。农产品产地环境管理是我国环境管理体系和农产品质量管理体系的重要组成部分，是农产品质量安全的源头控制途径，是农产品质量安全的重要保障环节。

产地环境管理的主体和对象是产地环境管理的基本问题，其是指产地环境管理活动的参与者或相关方，包括政府主体、企业主体和公众主体，而不是局限于有行政权力的“管理者”，政府、企业和公众同时也是产地环境管理的对象。

2.1.2 农产品产地环境管理的特征

2.1.2.1 农产品产地环境管理的法律特征

《中华人民共和国环境保护法》《中华人民共和国农业法》《中华人民共和国农产品质量安全法》《基本农田保护条例》《中华人民共和国土壤污染防治法》《农产品产地安全管理办法》等法律法规是农产品产地环境管理的基本依据，也是保障农产品质量安全、维护公众健康、提升农产品竞争力、促进农业农村经济发展的根本保障。在我国推进依法行政、加快农业农村现代化建设进程中，农产品产地环境管理系列法律法规除了具有一般性法律的严肃性、权威性和规范性以外，更重要的是兼具公共利益性。从权益属性来看，我国实行土地的社会主义公有制，因而以土地为依托的产地环境管理不仅是对农户和农业生产经营组织使用权、经营权的保护，也是对国家土地所有权的维护。从权益诉求来看，农户和农业生产经营组织希望通过高产、可持续的产地环境获得持续的农业收入，社会需要从优质、洁净的产地环境获得安全健康的食物，因此产地环境管理法律法规对产地环境的保护是对个人权益和公共利益的双重保护，具有明显的公共利益性。

2.1.2.2　农产品产地环境管理的经济特征

由于农产品具有季节性、地域性特点，农产品市场需求多样、需求量大且弹性小，我国农产品市场经济管理呈现布局区域化、生产规模化、生产要素集成化、资源配置合理化、管理体系技术化的特征。农产品产地环境管理离不开经济手段和措施，如财政、税收、价格、金融等。我国基本建立了以落实主体责任、多元投入为核心的土壤污染防治经济政策，在农产品产地环境管理中发挥了重要作用。产地环境管理经济政策具有利益性、关联性、灵活性等特征，具体表现在以下几个方面：

① 政府和社会资本的合作，可发挥财政资金撬动功能，带动更多社会资本参与产地环境管理；

② 政府通过购买服务，推动产地环境治理和以政府为责任主体的受污染产地环境修复；

③ 绿色金融产业以及政策性和开发性金融机构的发展，为重大土壤污染防治项目提供支持；

④ 土壤污染治理与修复企业通过发行股票和债券，推进产地环境污染治理与修复。

2.1.2.3　农产品产地环境管理的生态特征

我国农产品产地环境管理全面贯彻落实“绿水青山就是金山银山”的发展理念，树立绿色、低碳、循环的生态农业发展方向，坚持走产出高效、产品安全、资源节约、环境友好的现代农业发展道路，呈现出整体、协调、循环、高效、可持续的生态农业管理特征。

① 在耕地可持续利用方面，我国多地实行轮作为主、休耕为辅的农业制度，在确保国家粮食安全的前提下，调整优化耕地轮作休耕规模和范围，通过健全耕地轮作休耕制度，休耕期间开展土壤改良、地力培肥等措施，积极维护耕地良好生态，促进耕地休养生息和可持续发展。

② 在发展生态农业方面，我国持续推动建立农业生态补偿的框架体系，实施秸秆综合利用、畜禽粪污资源化利用、重点作物绿色高质高效等行动，将农业生态环境治理、农业资源综合利用等与地方特色主导产业发展有机结合，加强制约生态循环农业发展技术难题攻关，遴选推介资源保护与利用、农业生产投入品减量增效等生态循环农业技术模式。

③ 在农产品认证方面，开展品种培优、品质提升、品牌打造和标准化生产，推行绿色低碳循环生产，打造绿色生态品牌。绿色食品、有机农产品、地理标志产品是我国安全优质农产品的主导品牌，“三品”的发展遵循安全、优质、生态、环保、可持续的生产理念，注重数量、质量、效益协调发展。通过强化产地环境保护、严格控制农业投入品使用、严格生产过程管理和严格终端产品检测，“三品”既关注农产品质量安全，又关注生态环境保护，是农产品产地环境管理中生态理念的集中体现。

2.1.3 农产品产地环境管理的基本理论

2.1.3.1 “三种生产”理论

“三种生产”理论是环境管理学的经典理论之一，由叶文虎教授提出。“三种生产”包括物质生产、人口生产、环境生产。物质生产指人类从环境中索取生产资源并接受人口生产环节产生的消费再生物，并将它们转化为生活资料的总过程，该过程生产出生活资料去满足人类的物质需求，同时产生加工废弃物返回环境。人口生产指人类生存和繁衍的总过程，该过程消费物质生产提供的生活资料和环境生产提供的生活资源，产生人力资源以支持物质生产和环境生产，同时产生消费废弃物返回环境，产生消费再生物返回物质生产环节。环境生产指在自然力和人力共同作用下环境对其自然结构、功能和状态的维持与改善，包括消纳污染（加工废弃物、消费废弃物）和产生资源（生活资源、生产资源）。三种生产的关系呈环状结构，任何一种“生产”不畅都会影响世界系统的持续运行；反之，人和环境这个大系统中物质流动的畅通程度取决于三种生产之间的和谐程度。

“三种生产”理论阐明了人与产地环境关系的本质：环境问题的实质就是三种生产环状结构运行不和谐的人类行为问题；揭示了环境管理的主要目标和任务：推动人类社会将对自然资源的开发强度、废弃物的排放强度与环境生产力匹配起来；明确了环境管理的主要领域（多样界面上的人类社会行为和行动）；明确了环境管理的调控对象（三种生产子系统中的状态参量）；奠定了环境管理的理论基础（把人类社会涉及三种生产运行的行为协同起来，把三个生产子系统自身的利益追求与世界系统物流畅通的要求协调起来）。

农产品产地环境是农产品质量与安全的源头保障，是生产资料和生活资料的来源，可以维持食物生产、提供人类口粮、保持环境功能。农产品产地环境管理中所采取的规划、调控、监测、评价、保护与修复等方法均在“三种生产”理论支撑下，完成人口 - 物质 - 环境系统的物质循环和能量流动。具体体现为：

① 产地环境具有资源生产力，为保障人口数量和提升人口素质提供生活资源；

② 产地环境为物质生产提供生产资源，并具有一定的环境消纳能力；

③ 社会生产力从产地环境获得生产资源，并为人力资源提供生活资料，生产加工中产生的废弃物最终返回环境；

④ 人力资源具有消费能力，可消费生活资料和再生物，产生的废弃物返回环境。

2.1.3.2 界面控制与冲突协同理论

界面是相互作用、相互联系的事物或系统之间共同的部分或联系渠道，也是最活跃、最容易发生变化的部分。界面存在于相互联系的事物之间，可以是空间上的，也可以是时间上的，甚至可以是其他形态的，可以是直接的也可以是间接的。界面是不同系统的物质、能量或信息的交会场所。

冲突是广泛存在于人类社会和自然界中的竞争、对立现象。协同是人类社会和自然界的统一、整合，冲突和协同是同时存在于系统中的两种现象。冲突产生的根本原因在于面对同一个有限的利益目标，追求的各方都想以最小的支出获得最大的利益。协同是指在无外界干预的情况下，系统中各要素的运动、变化呈现出一种“自组织”的规律。冲突协同理论是指在人类社会理性行为的作用下，通过子系统之间的协同，将冲突控制在一定的程度和范围内，充分发挥冲突的积极作用，限制冲突消极作用的发挥。

环境问题往往源自人类在界面上的活动冲突，表现为人类社会活动与自然环境在各种界面上的冲突。界面控制的意义在于，指明了环境管理工作的重心为界面活动，同时明确了环境管理的关键在于协调界面上的冲突行为。因而环境管理工作的核心是界面活动，而不是系统内部行为。其方法学原则是正确判断界面，全面掌握不同系统在边界上的活动及其价值目标，准确把握协调程度。

对于农产品产地环境而言，结合“三种生产”理论来看，物质生产和环境生产之间的界面是产地环境系统要素，即农产品生产所依托的土壤、水、大气环境等；人口生产和环境生产之间的界面是表征环境状态的环境质量，即农产品产地环境质量；人口生产和物质生产之间的界面是商品，即农产品；三种生产之间共同的界面是废弃物。在农产品产地环境管理实践中，界面控制与冲突协调理论体现为，国家对产地环境要素利用、环境质量评价、农产品生产以及废弃物排放处置等行为的计划、组织、领导、控制，进而调控农产品生产系统的能流、物流、信息流和价值流的运动方向和速度。

2.1.3.3 系统论

系统是由相互作用、相互依赖、相互制约的若干组成部分按照一定规律结合成的具有特定功能的有机整体。系统具有整体性、目的性、关联性、层次性、环境适应性。系统论就是运用数学和逻辑方法研究一般系统运动规律的理论。其中，数学方法是用来解释系统内部各子系统之间相互联系和制约关系的手段，属于定量方法；逻辑方法则是研究系统运动规律的定性思维方法。系统论的基本观点是整体性、相关性、有序性、动态性。

在产地环境管理中，要将产地环境问题及其解决过程视为一个整体来认识，在人力、物力、财力和技术手段等条件基本不变的情况下，从产业结构调整和布局优化入手，加强宏观调控，加快环境管理机构和体制改革，实现产地环境管理的合理组织、协调和控制。同时，产地环境问题与经济问题、社会发展问题相互联系、相互作用和影响，产地环境管理应通过调整产地环境、经济与社会之间的相关性，以及其在时间、空间和功能上的有序性，运用发展的观点进行研究和探讨，并制定正确的战略与对策。

2.1.3.4 可持续发展理论

可持续发展定义为：既满足当代人的需求，又不对后代人的需求能力构成危害的发展。可持续发展的主要原则包括：

① 持续性原则，资源和环境是人类社会生存和发展的基础，也是可持续发展的主要限制性因素；

② 公平性原则，包括代内公平和代际公平，代内公平是指世界各国按本国的环境与发展政策开发利用自然资源的活动且不应损害其他国家和地区的环境，代际公平是指在人类赖以生存的自然资源存量有限的前提下要给后代人以公平利用自然资源的权利；

③ 共同性原则，可持续发展是全人类的发展，必须由全球联合行动，追求人与人之间、人与自然之间的和谐是全人类共同的道义和责任。

可持续发展的提出是人类对自身发展认识的一次重大飞跃，当前可持续发展理论的研究有几大流派，分别是生态学方面、经济学方面、社会学方面、系统学方面和环境社会系统发展学方面等。生态学流派认为生态、环境和资源的可持续性是人类社会实现可持续发展的基础，其最基本的研究对象和内容是生态平衡、自然保护、环境污染防治、资源合理开发和永续利用，衡量可持续发展的重要指标和基本手段是环境保护与经济发展之间的平衡。这对农产品产地环境管理实践具有重要的指导意义。

生态、环境、资源的可持续是实现人类社会可持续发展的基础，农产品产地环境更是人类维持基本生存和保障食物安全的根基所在。但产地环境系统中的资源都是有限的，人类对产地环境资源的开发利用，必须维持其再生功能和环境质量的恢复能力，必须通过技术进步与管理对产地环境保护与发展进行协调、制约，从而达到经济、社会和环境的可持续发展。

2.2 我国农产品产地环境管理机构及职责

在我国经济高速发展的新时代，中央提出实现高质量发展、建设生态文明的战略部署，在此背景下，我国的环境管理体制从实际国情出发，同时借鉴了其他国家先进的环境管理经验，实现新时期环境规划目标。政府是我国环境管理的首要责任主体，对环境管理具有决定性作用，与其他社会组织相比，政府在环境保护能力上具有极其明显的优势。我国环境保护工作实行生态环境主管部门统一监管，其他有关部门分工负责的管理体制。环境管理运行机制包括统一监督机制、协调机制、综合决策机制、三元机制。我国的环境管理很大程度上由政府主导，具有执行力强的特点。我国环境政策中的各项措施，尤其是环境管理制度，大部分是由政府直接操作，并作为一种行政行为通过政府体制实施。

与其他社会组织相比，政府在环境保护能力上具有极其明显的优势，事实上，环境保护已成为当今政府的一项基本职能。从权力来源的角度讲，国家具有保护和改善生态环境的义务和责任，国家在农产品产地环境保护方面具有管理主体的权威性。然而，国家属于抽象化主体，在推进具体的产地环境管理工作时应当由相关部门和机构代表国家来完成总体目标和各项任务的安排与部署。

我国设立了相对独立、专门的生态环境监督管理机构，生态环境部门代表国家监督执行环境政策和实施环境管理，保证监督工作在统一标准下的权威、严肃、公正、透明，保证环境保护政策的落实和管理措施的有效推进。生态环境部门依法提出环境保护法规草案和制定行政规章，依法监督管理环境法律、法规、规章、规划、标准以及其他政策和规范性文件的实施。同时各有关业务部门有权依照法定的职责、权限对相关的环境保护工作进行具体管理，农业农村部门从农产品质量安全监督管理出发所延伸出来的对农产品产地环境的监督管理即属于该种类型的政府部门环境管理。

农产品产地环境既涉及农业生产，又涉及环境保护，因而无论是在行政、法律、经济等管理手段方面，还是在规划、协调、监督、指导等职能方面，都存在生态环境部门和农业农村部门管理实践上的交叉与衔接。这就要求管理运行中充分发挥协调机制，在国家层面上建立跨部门的协调机构，协调生态环境部与各省份以及其他部委之间在处理环境问题时的各种利益关系，协调国家级的重大项目建设的环境问题、重大的国家环境安全问题。我国现行的环境管理体制具有中央与地方的分级监督管理相结合的特点。产地环境问题由于具有全局性特点，需要中央政府发挥统一领导、宏观调控的作用。同时，环境保护也具有区域性特点，因而也需要充分发挥地方各级政府生态环境部门与其他具有生态环境保护职权部门的主动性和积极性。

我国的环境管理依靠政策、法规、制度、机构四大体系的不断完善，目前的机构和运行机制是由党中央集中统一领导、生态环境部门统一协调、各职能机构各负其责。这就需要在具体管理中实行综合决策机制，按照科学发展观，在面临各项重大经济发展和环境决策时，做到科学化、民主化、法治化，既要符合经济利益的要求，又要保证生态环境的质量，实现经济和生态环境的可持续发展。

2.2.1 相关部委及其管理职责

我国农产品产地环境管理的主要负责部门是生态环境部、农业农村部，其他相关部门，如自然资源部、住房和城乡建设部、林业和草原局、水利部、财政部等国务院行政主管部门，与其相互配合、互相衔接，共同承担综合性产地环境管理任务。我国相关法律法规也对负责农产品产地环境管理的相关部门做出了如下具体任务规定。

《农产品质量安全法》规定，国务院农业农村主管部门应当设立农产品质量安全风险评估专家委员会，对可能影响农产品质量安全的潜在危害进行风险分析和评估；国务院农业农村主管部门应当根据农产品质量安全风险监测、风险评估结果采取相应的管理措施，并将农产品质量安全风险监测、风险评估结果及时通报国务院市场监督管理、卫生健康等部门和有关省、自治区、直辖市人民政府农业农村主管部门；特定农产品禁止生产区划定和管理的具体办法由国务院农业农村主管部门商国务院生态环境、自然资源等部门制定；县级以上地方人民政府农业农村主管部门应当根据本地区的实际情况，制定保障农产品质量安全的生产技术要求和操作规程；省级以上人民政府农业农村主管部门应当定期或者不定期组织对可能危及农产品质量安全的农药、兽药、饲料和饲料添加剂、肥料等农业投入品进行监督抽查，并公布抽查结果。

《农产品产地安全管理办法》规定，农业农村部负责全国农产品产地安全的监督管理。

《国家土壤环境监测网农产品产地土壤环境监测工作方案（试行）》要求：在国家网的统一部署和技术指导下，农业农村部负责农产品产地土壤环境监测工作的组织实施和数据分析。按照国家网部署，生态环境部会同农业农村部等部门统一发布农用地土壤环境状况信息。农业农村部会同生态环境部，定期组织农产品产地环境监测技术培训，开展技术规范宣贯和技术指导，不断提高农产品产地土壤环境监测工作人员技能。同时，加强耕地土壤环境监测体系建设，保持人员相对稳定，保障监测工作的统一性和连续性。

《土壤污染防治法》规定，国务院统一领导全国土壤污染状况普查。国务院生态环境主管部门会同国务院农业农村、自然资源、住房城乡建设、林业草原等主管部门，每十年至少组织开展一次全国土壤污染状况普查。国务院有关部门、设区的市级以上地方人民政府可以根据本行业、本行政区域实际情况组织开展土壤污染状况详查。土壤污染防治基金的具体管理办法，由国务院财政主管部门会同国务院生态环境、农业农村、自然资源、住房城乡建设、林业草原等主管部门制定。生态环境主管部门及其环境执法机构和其他负有土壤污染防治监督管理职责的部门，有权对从事可能造成土壤污染活动的企业事业单位和其他生产经营者进行现场检查、取样，要求被检查者提供有关资料、就有关问题做出说明。

2.2.1.1 生态环境部

生态环境部贯彻落实党中央关于生态环境保护工作的方针政策和决策部署，在履行职责过程中坚持和加强党对生态环境保护工作的集中统一领导，主要职责如下。

① 负责建立健全生态环境基本制度。会同有关部门拟订国家生态环境政策、规划并组织实施，起草法律法规草案，制定部门规章。会同有关部门编制并监督实施重点区域、流域、海域、饮用水水源地生态环境规划和水功能区划，组织拟订生态环境标准，制定生态环境基准和技术规范。

② 负责重大生态环境问题的统筹协调和监督管理。牵头协调重特大环境污染事故和生态破坏事件的调查处理，指导协调地方政府对重特大突发生态环境事件的应急、预警工作，牵头指导实施生态环境损害赔偿制度，协调解决有关跨区域环境污染纠纷，统筹协调国家重点区域、流域、海域生态环境保护工作。

③ 负责监督管理国家减排目标的落实。组织制定陆地和海洋各类污染物排放总

量控制、排污许可证制度并监督实施，确定大气、水、海洋等纳污能力，提出实施总量控制的污染物名称和控制指标，监督检查各地污染物减排任务完成情况，实施生态环境保护目标责任制。

④ 负责提出生态环境领域固定资产投资规模和方向、国家财政性资金安排的意见，按国务院规定权限审批、核准国家规划内和年度计划规模内固定资产投资项目，配合有关部门做好组织实施和监督工作。参与指导推动循环经济和生态环保产业发展。

⑤ 负责环境污染防治的监督管理。制定大气、水、海洋、土壤、噪声、光、恶臭、固体废物、化学品、机动车等的污染防治管理制度并监督实施。会同有关部门监督管理饮用水水源地生态环境保护工作，组织指导城乡生态环境综合整治工作，监督指导农业面源污染治理工作。监督指导区域大气环境保护工作，组织实施区域大气污染联防联控协作机制。

⑥ 指导协调和监督生态保护修复工作。组织编制生态保护规划，监督对生态环境有影响的自然资源开发利用活动、重要生态环境建设和生态破坏恢复工作。组织制定各类自然保护地生态环境监管制度并监督执法。监督野生动植物保护、湿地生态环境保护、荒漠化防治等工作。指导协调和监督农村生态环境保护，监督生物技术环境安全，牵头生物物种（含遗传资源）工作，组织协调生物多样性保护工作，参与生态保护补偿工作。

⑦ 负责核与辐射安全的监督管理。拟订有关政策、规划、标准，牵头负责核安全工作协调机制有关工作，参与核事故应急处理，负责辐射环境事故应急处理工作。监督管理核设施和放射源安全，监督管理核设施、核技术应用、电磁辐射、伴有放射性矿产资源开发利用中的污染防治。对核材料管制和民用核安全设备设计、制造、安装及无损检验活动实施监督管理。

⑧ 负责生态环境准入的监督管理。受国务院委托对重大经济和技术政策、发展规划以及重大经济开发计划进行环境影响评价。按国家规定审批或审查重大开发建设区域、规划、项目环境影响评价文件。拟订并组织实施生态环境准入清单。

⑨ 负责生态环境监测工作。制定生态环境监测制度和规范、拟订相关标准并监督实施。会同有关部门统一规划生态环境质量监测站点设置，组织实施生态环境质量监测、污染源监督性监测、温室气体减排监测、应急监测。组织对生态环境质量状况进行调查评价、预警预测，组织建设和管理国家生态环境监测网和全国生态环境信息网。建立和实行生态环境质量公告制度，统一发布国家生态环境综合性报告和重大生态环境信息。

⑩ 负责应对气候变化工作。组织拟订应对气候变化及温室气体减排重大战略、规划和政策。与有关部门共同牵头组织参加气候变化国际谈判。负责国家履行联合国气候变化框架公约相关工作。

⑪ 组织开展中央生态环境保护督察。建立健全生态环境保护督察制度，组织协调中央生态环境保护督察工作，根据授权对各地区各有关部门贯彻落实中央生态环境保护决策部署情况进行督察问责。指导地方开展生态环境保护督察工作。

⑫ 统一负责生态环境监督执法。组织开展全国生态环境保护执法检查活动。查处重大生态环境违法问题。指导全国生态环境保护综合执法队伍建设和业务工作。

⑬ 组织指导和协调生态环境宣传教育工作，制定并组织实施生态环境保护宣传教育纲要，推动社会组织和公众参与生态环境保护。开展生态环境科技工作，组织生态环境重大科学研究和技术工程示范，推动生态环境技术管理体系建设。

⑭ 开展生态环境国际合作交流，研究提出国际生态环境合作中有关问题的建议，组织协调有关生态环境国际条约的履约工作，参与处理涉外生态环境事务，参与全球陆地和海洋生态环境治理相关工作。

⑮ 完成党中央、国务院交办的其他任务。

⑯ 职能转变。生态环境部要统一行使生态和城乡各类污染排放监管与行政执法职责，切实履行监管责任，全面落实大气、水、土壤污染防治行动计划，大幅减少进口固体废物种类和数量直至全面禁止洋垃圾入境。构建政府为主导、企业为主体、社会组织和公众共同参与的生态环境治理体系，实行最严格的生态环境保护制度，严守生态保护红线和环境质量底线，坚决打好污染防治攻坚战，保障国家生态安全，建设美丽中国。

2.2.1.2 农业农村部

农业农村部是国务院组成部门，中央农村工作领导小组办公室设在农业农村部。农业农村部贯彻落实党中央关于“三农”工作的方针政策和决策部署，在履行职责过程中坚持和加强党对“三农”工作的集中统一领导。主要职责如下。

① 统筹研究和组织实施“三农”工作的发展战略、中长期规划、重大政策。组织起草农业农村有关法律法规草案，制定部门规章，指导农业综合执法。参与涉农的财税、价格、收储、金融保险、进出口等政策制定。

② 统筹推动发展农村社会事业、农村公共服务、农村文化、农村基础设施和乡村治理。牵头组织改善农村人居环境。指导农村精神文明和优秀农耕文化建设。指导农业行业安全生产工作。

③ 拟定深化农村经济体制改革和巩固完善农村基本经营制度的政策。负责农民承包地、农村宅基地改革和管理有关工作。负责农村集体产权制度改革，指导农村集体经济组织发展和集体资产管理工作。指导农民合作经济组织、农业社会化服务体系、新型农业经营主体建设与发展。

④ 指导乡村特色产业、农产品加工业、休闲农业和乡镇企业发展工作。提出促进大宗农产品流通的建议，培育、保护农业品牌。发布农业农村经济信息，监测分析农业农村经济运行情况。承担农业统计和农业农村信息化有关工作。

⑤ 负责种植业、畜牧业、渔业、农垦、农业机械化等农业各产业的监督管理。指导粮食等农产品生产。组织构建现代农业产业体系、生产体系、经营体系，指导农业标准化生产。负责双多边渔业谈判和履约工作。负责远洋渔业管理和渔政渔港监督管理。

⑥ 负责农产品质量安全监督管理。组织开展农产品质量安全监测、追溯、风险评估。提出技术性贸易措施建议。参与制定农产品质量安全国家标准并会同有关部门组织实施。指导农业检验检测体系建设。

⑦ 组织农业资源区划工作。指导农用地、渔业水域以及农业生物物种资源的保护与管理，负责水生野生动植物保护、耕地及永久基本农田质量保护工作。指导农产品产地环境管理和农业清洁生产。指导设施农业、生态循环农业、节水农业发展以及农村可再生能源综合开发利用、农业生物质产业发展。牵头管理外来物种。

⑧ 负责有关农业生产资料和农业投入品的监督管理。组织农业生产资料市场体系建设，拟订有关农业生产资料国家标准并监督实施。制定兽药质量、兽药残留限量和残留检测方法国家标准并按规定发布。组织兽医医政、兽药药政药检工作，负责执业兽医和畜禽屠宰行业管理。

⑨ 负责农业防灾减灾、农作物重大病虫害防治工作。指导动植物防疫检疫体系建设，组织、监督国内动植物防疫检疫工作，发布疫情并组织扑灭。

⑩ 负责农业投资管理。提出农业投融资体制机制改革建议。编制中央投资安排的农业投资项目建设规划，提出农业投资规模和方向、扶持农业农村发展财政项目的建议，按国务院规定权限审批农业投资项目，负责农业投资项目资金安排和监督管理。

⑪ 推动农业科技体制改革和农业科技创新体系建设。指导农业产业技术体系和农技推广体系建设，组织开展农业领域的高新技术和应用技术研究、科技成果转化和技术推广。负责农业转基因生物安全监督管理和农业植物新品种保护。

⑫ 指导农业农村人才工作。拟订农业农村人才队伍建设规划并组织实施，指导农业教育和农业职业技能开发，指导新型职业农民培育、农业科技人才培养和农村实用人才培训工作。

⑬ 牵头开展农业对外合作工作。承办政府间农业涉外事务，组织开展农业贸易促进和有关国际交流合作，参与对外援助政策、农业贸易规则拟订及谈判，具体执行有关农业援外项目，组织有关国际公约履约和协定执行。

⑭ 完成党中央、国务院交办的其他任务。

2.2.2 省级机构及其管理职责

农产品产地环境的省级管理机构是区域性综合环境管理的指挥决策机构，其基本职能是按照国家的产地环境保护方针政策，结合本辖区的环境状况和环境问题的特点，对全省（自治区、直辖市）的农产品产地环境保护工作进行规划、协调、监督、指导和服务，使全省（自治区、直辖市）目标一致、步调一致。省级管理机构既属于国家部委的基层单位，又属于地方部门的管理机构，因而既具有独立性又具有衔接性。我国相关法律法规也对负责农产品产地环境管理的省级机构做出了如下具体任务规定。

《农产品质量安全法》规定，省级以上人民政府农业农村主管部门应当定期或者不定期组织对可能危及农产品质量安全的农药、兽药、饲料和饲料添加剂、肥料等农业投入品进行监督抽查，并公布抽查结果。

《农产品产地安全管理办法》规定，省级以上人民政府农业农村行政主管部门应当在工矿企业周边的农产品生产区、污水灌溉区、大中城市郊区农产品生产区、重要农产品生产区及其他需要监测的区域分别设置国家和省级监测点，监控农产品产地安全变化动态，指导农产品产地安全管理和保护工作；应当对县级以上地方人民政府农业农村行政主管部门呈报的划定禁止生产区的建议组织专家论证，并附具相关材料（产地安全监测结果和农产品检测结果、产地安全监测评价报告、专家论证报告、农业生产结构调整及相关处理措施的建议）报本级人民政府批准后公布。

《国家土壤环境监测网农产品产地土壤环境监测工作方案（试行）》要求，在国家网的统一部署和技术指导下，省级农业农村部门负责样品检测与数据报送。各省（自治区、直辖市）根据需要和实际情况，在统一的技术规范下建立省级农产品产地土壤环境监测样品库。

《土壤污染防治法》规定，省级人民政府对国家土壤污染风险管控标准中未做规定的项目，可以制定地方土壤污染风险管控标准；对国家土壤污染风险管控标准中已做规定的项目，可以制定严于国家土壤污染风险管控标准的地方土壤污染风险管控标准。省级以上人民政府生态环境主管部门应当在其网站上公布土壤污染风险管控标准，供公众免费查阅、下载。国家设立中央土壤污染防治专项资金和省级土壤污染防治基金，主要用于农用地土壤污染防治和土壤污染责任人或者土地使用权人无法认定的土壤污染风险管控和修复以及政府规定的其他事项。省级以上人民政府生态环境主管部门应当会同有关部门对土壤污染问题突出、防治工作不力、群众反映强烈的地区，约谈设区的市级以上地方人民政府及其有关部门主要负责人，要求其采取措施及时整改。省级以上人民政府生态环境主管部门和其他负有土壤污染防治监督管理职责的部门应当将从事土壤污染状况调查和土壤污染风险评估、风险管控、修复、风险管控效果评估、修复效果评估、后期管理等活动的单位和个人的执业情况纳入信用系统，建立信用记录，将违法信息记入社会诚信档案，并纳入全国信用信息共享平台和国家企业信用信息公示系统向社会公布。省级人民政府生态环境主管部门负责统一发布本行政区域土壤环境信息。生态环境主管部门应当将涉及主要食用农产品生产区域的重大土壤环境信息及时通报同级农业农村、卫生健康和食品安全主管部门。

2.2.2.1 生态环境厅

以河北省为例，省级生态环境厅主要职责如下。

① 负责建立健全省生态环境基本制度。会同有关部门贯彻执行国家生态环境方针、政策和法律、法规。会同有关部门拟订并组织实施全省生态环境政策、规划，起草地方性法规和规章草案。会同有关部门编制并监督实施重点区域、流域、海域、饮用水水源地生态环境规划和水功能区划，组织拟订生态环境地方性标准，制定生态环境基准和技术规范。

② 负责全省重大生态环境问题的统筹协调和监督管理。牵头协调全省重特大环境污染事故和生态破坏事件的调查处理，指导协调市、县（市、区）政府对重特大突发生态环境事件的应急、预警工作，牵头指导实施生态环境损害赔偿制度，协调解决有关跨区域环境污染纠纷，统筹协调全省重点区域、流域、海域生态环境保护工作。

③ 负责监督管理全省减排目标的落实。组织制定全省陆地和海洋各类污染物排放总量控制、排污许可证制度并监督实施，确定全省大气、水、海洋等纳污能力，提出全省实施总量控制的污染物名称和控制指标，监督检查各地污染物减排任务完成情况，实施生态环境保护目标责任制。

④ 负责提出生态环境领域固定资产投资规模和方向、省级财政性资金安排的意见，按省政府规定权限审批、核准省规划内和年度计划规模内固定资产投资项目，配合有关部门做好组织实施和监督工作。参与指导推动全省循环经济和生态环保产业发展。

⑤ 负责全省环境污染防治的监督管理。制定全省大气、水、海洋、土壤、噪声、光、恶臭、固体废物、化学品、机动车等的污染防治管理制度并监督实施。会同有关部门监督管理全省饮用水水源地生态环境保护工作，组织指导城乡生态环境综合整治工作，监督指导农业面源污染治理工作。监督指导全省区域大气环境保护工作，组织实施区域大气污染联防联控协作机制。

⑥ 指导协调和监督全省生态保护修复工作。组织编制全省生态保护规划，监督对生态环境有影响的自然资源开发利用活动、重要生态环境建设和生态破坏恢复工作。组织制定全省各类自然保护地生态环境监管制度并监督执法。监督野生动植物保护、湿地生态环境保护、荒漠化防治等工作。指导协调和监督农村生态环境保护，监督生物技术环境安全，牵头生物物种（含遗传资源）工作，组织协调生物多样性保护工作，参与生态保护补偿工作。

⑦ 负责全省核与辐射安全的监督管理。拟订有关政策、规划、标准，牵头负责辐射安全工作协调机制有关工作，参与核事故应急处理，负责辐射环境事故应急处理工作。监督管理核设施和放射源安全，监督管理核设施、核技术应用、电磁辐射、伴有放射性矿产资源开发利用中的污染防治。对核材料管制和民用核安全设备设计、制造、安装及无损检验活动实施监督管理。

⑧ 负责全省生态环境准入的监督管理。受省政府委托对重大经济和技术政策、发展规划以及重大经济开发计划进行环境影响评价。按国家和省规定审批或审查重大开发建设区域、规划、项目环境影响评价文件。拟订并组织实施生态环境准入清单。

⑨ 负责全省生态环境监测工作。监督实施国家生态环境监测制度和规范。会同有关部门统一规划生态环境质量监测站点设置，组织实施生态环境质量监测、污染源监督性监测、温室气体减排监测、应急监测。组织对生态环境质量状况进行调查评价、预警预测，组织建设和管理省生态环境监测网和生态环境信息网。建立和实行生态环境质量公告制度，统一发布全省生态环境质量状况公报和重大生态环境信息。

⑩ 负责全省应对气候变化工作。组织拟订全省应对气候变化及温室气体减排规划和政策。与有关部门共同牵头组织参加气候变化国际谈判省内相关工作。负责履行联合国气候变化框架公约省内相关工作。

⑪ 组织开展省委、省政府生态环境保护督察。建立健全生态环境保护督察制度，组织协调省委、省政府生态环境保护督察工作，根据授权对各有关部门和各市、县（市、区）贯彻落实中央和省委、省政府生态环境保护决策部署情况进行督察问责。

⑫ 统一负责全省生态环境监督执法。组织开展全省生态环境保护执法检查活动。负责跨区域、重大生态环境违法行为的现场调查、行政处罚和行政强制工作。指导全省生态环境保护综合执法队伍建设和业务工作。

⑬ 组织指导和协调全省生态环境保护宣传教育工作，制定并组织实施省生态环境保护宣传教育纲要，推动社会组织和公众参与生态环境保护。开展全省生态环境科技工作，组织生态环境重大科学研究和技术工程示范，推动生态环境技术管理体系建设。

⑭ 开展生态环境对外合作交流，研究提出国际、省际生态环境合作中有关问题的建议，组织协调有关生态环境国际条约的省内履约工作，参与处理涉外生态环境事务。

⑮ 完成省委、省政府交办的其他任务。

2.2.2.2 农业农村厅

以河北省为例，省级农业农村厅主要职责如下。

① 统筹研究和组织实施全省“三农”工作的发展战略、中长期规划、重大政策。组织起草农业农村有关地方性法规、政府规章草案，指导全省农业综合执法。参与涉农的财税、价格、收储、金融保险、进出口等政策制定。

② 协调推动发展全省农村社会事业、农村公共服务、农村文化、农村基础设施和乡村治理。牵头组织改善农村人居环境。协调推进乡村文明和优秀农耕文化建设。指导农业行业安全生产工作。

③ 拟订省级深化农村经济体制改革和巩固完善农村基本经营制度的政策。负责农民承包地、农村宅基地改革和管理有关工作。负责农村集体产权制度改革，指导农村集体经济组织发展和集体资产管理工作。指导农民合作经济组织、农业社会化服务体系、新型农业经营主体建设与发展。

④ 指导全省乡村产业、农产品加工业和休闲农业发展工作。提出促进大宗农产品流通的建议，培育、保护农业品牌。发布农业农村经济信息，监测分析农业农村经济运行情况。承担农业统计和农业农村信息化有关工作。

⑤ 负责全省种植业、畜牧业、渔业、农垦、农业机械化等农业各产业的监督管理。指导粮、棉、油、菜、水果、肉、蛋、奶、蜜、渔等农产品生产。组织构建现代农业产业体系、生产体系、经营体系，指导农业标准化生产。负责远洋渔业管理和渔政渔港监督管理。

⑥ 负责全省农产品质量安全监督管理。组织开展农产品质量安全监测、追溯、风险评估和监督抽查。参与制定农产品质量安全地方标准并会同有关部门组织实施。指导农业检验检测体系建设。

⑦ 负责全省农业资源保护、开发与利用。指导农用地、渔业水域以及农业生物物种资源的保护与管理，负责水生野生动植物保护、耕地及永久基本农田质量保护工作。指导农产品产地环境管理和农业清洁生产。指导设施农业、生态循环农业、节水农业发展以及农村可再生能源综合开发利用、农业生物质产业发展。牵头管理外来物种。

⑧ 负责有关农业生产资料和农业投入品的监督管理。组织农业生产资料市场体系建设，拟订有关农业生产资料省级标准并监督实施。制定兽药残留限量和残留检测方法省级标准并按规定发布。组织兽医医政、兽药药政药检工作，负责执业兽医和畜禽屠宰行业管理。

⑨ 负责农业防灾减灾、农作物重大病虫害预测预报及防治工作。指导动植物防疫检疫体系建设，组织、监督省内动植物防疫检疫工作，依法发布疫情并组织扑灭。

⑩ 负责农业投资管理。提出农业投融资体制机制改革建议。编制省级投资安排的农业投资项目建设规划，提出农业投资规模和方向、扶持农业农村发展财政项目的建议，按规定权限审批农业投资项目，负责农业投资项目资金安排和监督管理。

⑪ 推动农业科技体制改革和农业科技创新体系建设。指导农业产业技术体系和农技推广体系建设，组织开展农业领域的高新技术和应用技术研究、科技成果转化和技术推广。负责农业转基因生物安全监督管理和农业植物新品种保护。

⑫ 指导农业农村人才工作。拟订农业农村人才队伍建设规划并组织实施，指导农业教育和农业职业技能开发，指导新型职业农民培育、农业科技人才培养和农村实用人才培训工作。

⑬ 牵头开展农业对外合作工作。承办政府间农业涉外事务，组织开展对外农业贸易和有关国际交流合作，具体执行有关农业援外项目。

⑭ 完成省委、省政府交办的其他任务。

2.2.3　县级机构及其管理职责

县级生态环境局、农业农村局作为县级人民政府的职能机构，在县级人民政府的直接领导下进行环境管理。我国相关法律法规也对负责农产品产地环境管理的县级机构做出了如下具体任务规定。

《农产品质量安全法》规定，县级以上地方人民政府应当依照本法和有关规定，确定本级农业农村主管部门、市场监督管理部门和其他有关部门的农产品质量安全监督管理工作职责。各有关部门在职责范围内负责本行政区域的农产品质量安全监督管理工作。县级以上地方人民政府农业农村主管部门应当会同同级生态环境、自然资源等部门按照保障农产品质量安全的要求，根据农产品品种特性和产地安全调查、监测、评价结果，依照土壤污染防治等法律、法规的规定提出划定特定农产品禁止生产区的建议，报本级人民政府批准后实施。县级以上人民政府农业农村主管部门应当加强对农业投入品使用的监督管理和指导，建立健全农业投入品的安全使用制度。开展农产品质量安全监督检查，有权进入生产经营场所进行现场检查，调查了解农产品质量安全的有关情况；查阅、复制农产品生产记录、购销台账等与农产品质量安全有关的资料。

《农产品产地安全管理办法》规定，县级以上地方人民政府农业农村行政主管部门负责本行政区域内农产品产地的划分和监督管理；应当建立健全农产品产地安全监测管理制度，加强农产品产地安全调查、监测和评价工作，编制农产品产地安全状况及发展趋势年度报告，并报上级农业农村行政主管部门备案；应当加强农产品产地安全信息统计工作，健全农产品产地安全监测档案；对符合规定情形的区域，提出划定禁止生产区的建议，报省级农业农村行政主管部门；应当在禁止生产区设置标示牌，载明禁止生产区地点、四至范围、面积、禁止生产的农产品种类、主要污染物种类、批准单位、立牌日期等；对禁止生产区安全状况改善并符合相关标准的区域，应及时提出调整建议；应当及时将本行政区域内农产品禁止生产区划定与调整结果逐级上报农业农村部备案；应当推广清洁生产技术和方法，发展生态农业；应当制定农产品产地污染防治与保护规划，并纳入本地农业和农村经济发展规划；应当采取生物、化学、工程等措施，对农产品禁止生产区和有毒有害物质不符合产地安全标准的其他农产品生产区进行修复和治理；应当采取措施，加强产地污染修复和治理的科学研究、技术推广、宣传培训工作；负责农产品产地安全的监督检查；发现农产品产地受到污染威胁时，应当责令致害单位或者个人采取措施，减少或者消除污染威胁；农产品产地发生污染事故时应当依法调查处理。

《国家土壤环境监测网农产品产地土壤环境监测工作方案（试行）》要求，在国家网的统一部署和技术指导下，市县级农业农村部门负责采样。

《土壤污染防治法》规定，县级以上人民政府应当将土壤污染防治工作纳入国民经济和社会发展规划、环境保护规划；县级以上人民政府有关部门应当加强对畜禽粪便、沼渣、沼液等收集、贮存、利用、处置的监督管理，防止土壤污染；县级以上地方人民政府应当依法将符合条件的优先保护类耕地划为永久基本农田，实行严格保护；县级以上人民政府应当将土壤污染防治情况纳入环境状况和环境保护目标完成情况年度报告，向本级人民代表大会或者人民代表大会常务委员会报告。

2.2.3.1 生态环境局

以江西省南昌市南昌县为例，县级生态环境局主要职责如下。

① 贯彻执行国家、省、市环境保护法律、法规和方针、政策、标准；拟订并监督执行环境保护地方规范性文件。

② 组织编制和实施本辖区环境保护规划（计划），划分全县环境功能区划；监督实施重点区域污染规划和生态保护规划；参与制定本辖区社会发展中长期规划（计划）、国土开发整治规划、区域经济开发规划、资源开发和综合利用规划。

③ 对全县水体、大气、土壤、噪声、固体废物、辐射环境、有毒化学品、清洁生产以及机动车等环境污染防治工作实施统一监督管理。

④ 统一协调管理全县主要污染物总量控制工作，制定主要污染物总量控制的有

关政策性文件，制订并组织实施污染物总量控制年度减排计划，分配核定主要污染物总量控制指标，组织督查主要污染物总量控制工作的落实情况，检查与督促主要污染物总量控制相关的重点治理项目建设进度和运行情况，考核评价污染减排任务完成情况。

⑤ 监督对生态环境有影响的自然资源开发利用活动，参与和指导重要生态环境工程建设和生态破坏恢复工作；监督检查各种类型自然保护区、风景名胜区、森林公园环境保护等工作；监督检查生物多样性保护、野生动植物保护、湿地环境保护和荒漠化防治工作；指导环境优美乡镇、生态村建设和乡镇环境保护及生态示范县、生态工业园区建设和生态农业建设；提出新建各级各类自然保护区、生态功能保护区的建议，参与自然保护区、生态功能保护区的管理。

⑥ 负责全县建设项目环境管理工作，按权限审批本辖区内的开发建设项目、技术改造项目、区域开发建设的环境影响评价文件；监督实施各类环境影响评价审批文件的落实；负责督促开发建设项目环境保护“三同时”的执行情况及环境保护验收；负责组织实施环境目标责任制、环境综合整治定量考核的工作。

⑦ 负责全县辖区内的污染源普查和调查工作，管理污染源排污申报登记和发放排污许可证工作，提出并实施污染源限期治理计划。

⑧ 负责本县环境监察工作，组织开展全县环境保护执法检查；监督检查污染治理设施运行情况和“三同时”执行情况，依法征收排污费并负责管理和使用；负责调查处理辖区内违反环境保护法律、法规和规章的行为以及环境污染事故和生态破坏事件，调解环境污染纠纷；负责环境保护行政复议、诉讼工作。

⑨ 组织对全县环境质量监测和污染源监督性监测工作，掌握污染源和环境质量状况和发展趋势，提出有关的改善对策和措施，组织编制全县环境质量报告书。

⑩ 负责全县环境统计、信息工作；组织建设和管理环境信息网络；组织开展本辖区内环境保护宣传教育活动，推动公众和社会各界参与环境保护。

⑪ 管理全县环境保护国际合作和利用外资项目，组织参加国家批准的环境保护国际条约县内履约活动。

⑫ 承办同级人大、政协有关环境保护的建议、提案、议案。处理群众来信来访。

⑬ 承办县环境保护委员会的具体工作，承办县人民政府交办的其他事项。

2.2.3.2 农业农村局

以江西省南昌市南昌县为例，县级农业农村局主要职责如下。

① 统筹研究和组织实施全县“三农”工作的发展战略、中长期规划、重大政策。

② 统筹推动发展全县农村社会事业、农村公共服务、农村文化、农村基础设施和乡村治理。

③ 拟订深化全县农村经济体制改革和巩固完善农村基本经营制度的政策。

④ 指导全县乡村特色产业、农产品加工业、休闲农业和乡镇企业发展工作，促进农村一二三产业融合发展。

⑤ 负责全县种植业、畜牧业、渔业、农业机械化等农业各产业的监督管理。

⑥ 负责全县农产品质量安全监督管理。

⑦ 组织全县农业资源区划工作。

⑧ 负责全县有关农业生产资料和农业投入品的监督管理。

⑨ 负责全县农业防灾减灾、农作物重大病虫害防治工作。

⑩ 负责农业投资管理。

⑪ 推动全县农业科技体制改革和农业科技创新体系建设。

⑫ 负责农业领域生态环境保护和节能减排工作。

⑬ 贯彻执行国家、省、市有关粮食流通的法律法规和政策。

⑭ 统筹推进全县农业农村人才工作。

⑮ 监督指导全县农业行业安全生产工作。

⑯ 牵头开展全县农业对外合作工作。

⑰ 贯彻执行党和国家、省委、省政府、市委、市政府及县委、县政府有关扶贫开发的方针、政策。

⑱ 在全县经济社会发展总体规划的框架内，拟订全县贫困人口扶贫开发规划和年度工作计划并组织实施。

⑲ 负责全县扶贫开发项目的管理，并会同有关部门对全县扶贫开发项目的实施情况进行监督检查。

⑳ 参与制定全县扶贫开发资金使用管理办法。

㉑ 负责贫困人口科技扶贫的培训、示范、推广工作。

㉒ 指导全县开展有关扶贫方面的对外交流、横向协作工作；组织党政机关和社会各界开展定点扶贫和对口帮扶工作。

㉓ 完成县委和县政府交办的其他任务。

2.3 农产品产地环境管理宏观调控

新时代，我国生态文明建设的不断推进和公众对粮食安全、食品安全关注度的提高，对农业环境保护与治理的模式和方法提出了新任务和新要求。在国家保障粮食安全和高质量发展战略目标导向下，面对产地环境的复杂性、多样性和超大规模性，单纯依赖传统的以环境要素为对象的行政管制手段不足以充分达成产地环境保护与治理的既定目标和战略需求。从产地环境的自然属性、经济属性和社会属性出发，国家需要担当“高位推动”的产地环境宏观调控角色，运用全局性、系统性和协调性的引领、指导式调控手段对我国农产品产地环境管理的手段、工具以及机制进行宏观层面的补强。宏观调控是实施农产品产地环境管理的重要统筹机制，也是我国现行《农产品质量安全法》《农产品产地安全管理办法》的应有之义。

农产品产地环境管理宏观调控的基本结构性要素包括总体目标、规划和措施，诸要素在相互作用的动态过程中形成国家产地环境管理宏观调控的基础性框架和运行逻辑关系。具体为：根据产地区域生态环境、经济发展现状，国家设定农产品产地环境保护的战略目标和总体任务；以国家政策为载体制定用于表达和体现产地环境管理规划的各项要求与执行方向，如基本原则、基本理念、适用范围、创新机制体制等内容；通过国家政策将产地环境保护和高质量发展战略规划的各项指标与任务进行分解和落实，以保障宏观调控行为清晰、明确、顺畅地启动和实施；在确立整体性、战略性目标的基础上，识别和选择能够服务于产地环境管理总体活动并产生实际调节、促导保护效果的系统化、类型化政策工具或法律工具，被整合后的宏观调控工具是贯彻和落实产地环境保护总体目标的基本手段。

2.3.1　实施政策指导

我国农产品产地环境管理政策以改善产地环境质量为核心，以保障农产品质量和产地安全为出发点，坚持预防为主、保护优先、风险管控，突出重点区域和重点污染物，实施分类别、分阶段治理，注重监测与评价，持续开展污染修复与综合治理，形成政府主导、企业担责、公众参与、社会监督的管理体系。

农产品产地环境包括农产品生产区域的土壤、水体和大气环境质量，其中，土壤环境对种植业影响最大，因而在国家出台的涉及农产品产地环境管理的政策法规中以针对土壤环境的居多。

2.3.1.1　综合性政策

农产品产地环境是较早受到政府关注的环境问题。1996 年，《国务院关于环境保护若干问题的决定》（国发〔1996〕31 号）指出，要发展生态农业，控制农药、化肥、农膜等对农田和水源的污染。1998 年制定的《基本农田保护条例》明确，我国实行基本农田保护制度：对经国务院有关主管部门或者县级以上地方人民政府批准确定的粮、棉、油生产基地内的耕地，有良好的水利与水土保持设施的耕地、正在实施改造计划以及可以改造的中低产田，蔬菜生产基地，农业科研、教学实验田等应当划入基本农田保护区，严格管理。国家提倡和鼓励农业生产者对其经营的基本农田施用有机肥料，合理施用化肥和农药。利用基本农田从事农业生产的单位和个人应当保持和培肥地力。

2001 年 12 月，国家环保总局等四部委联合印发《国家环境保护“十五”计划》（环发〔2001〕210 号），提出：防止农作物污染，确保农产品安全；开展全国土壤污染调查和污染防治示范，建立农产品安全检测和监管体系；加强农药和化肥环境安全管理，推广高效、低毒和低残留化学农药，禁止在蔬菜、水果、粮食、茶叶和中药材生产中使用高毒、高残留农药；防止不合理使用化肥、农药、农膜和超标污灌带来的化学污染和面源污染，保证农产品安全；结合农业产业结构调整，大力发展生态农业、有机农业和节水农业，积极发展有机食品、绿色食品和无公害食品。

2006 年 4 月，国家颁布了《中华人民共和国农产品质量安全法》，其中第三章专门对农产品产地进行了法律上的明文规定，包括农作物禁止生产区的提出和调整、农产品基地建设和标准化生产以及禁止有毒有害物质超标和违规排放等。同年，农业部颁布《农产品产地安全管理办法》，其是《农产品质量安全法》的配套规章，共六章，分别为总则、产地监测与评价、禁止生产区划定与调整、产地保护、监督检查和附则，该办法为我国农产品产地安全管理的具体实践指明了方向。

2013 年 12 月，《国务院办公厅关于加强农产品质量安全监管工作的通知》（国办发〔2013〕106 号）要求，加强农业投入品使用指导，统筹推进审批、生产、经营管理，提高准入门槛，畅通经营主渠道；加强农产品种植养殖环节质量安全监管，切实担负起农产品从种植养殖环节到进入批发、零售市场或生产加工企业前的质量安全监管职责；要坚持绿色生产理念，加快制订保障农产品质量安全的生产规范和标准，加大质量控制技术的推广力度，推进标准化生产；鼓励有条件的地方对安全优质农产品生产、绿色防控技术推广等给予支持。

2014 年 1 月，中央“一号文件”提出建立农业可持续发展长效机制，逐步让过度开发的农业资源休养生息，强调要促进生态友好型农业发展，加大生态保护建设力度；提出要开展农业资源休养生息试点，有计划、分步骤地推进土壤污染的治理与修复。对那些污染严重、生态脆弱、资源环境压力大的耕地，该改种的就改种，该治理的就治理，该退耕的就退耕。

2015 年 4 月，农业部下发《农业部关于打好农业面源污染防治攻坚战的实施意见》，立足于我国农业面源污染防控工作实际，统筹兼顾保护与发展、当前与长远、预防与治理，明确提出“一控两减三基本”的目标，并提出了大力发展节水农业、实施化肥零增长行动、实施农药零增长行动、推进养殖污染防治、着力解决农田残膜污染、深入开展秸秆资源化利用、实施耕地重金属污染治理等重点任务。

2015 年 5 月，《全国农业可持续发展规划（2015—2030 年）》发布，成为指导我国农业可持续发展的纲领性文件。《规划》提出的重点任务包括：实行最严格的耕地保护制度，稳定粮食播种面积，严控新增建设占用耕地；划定永久基本农田，按照保护优先的原则，将城镇周边、交通沿线、粮棉油生产基地的优质耕地优先划为永久基本农田，实行永久保护；采取深耕深松、保护性耕作、秸秆还田、增施有机肥、种植绿肥等土壤改良方式，增加土壤有机质，提升土壤肥力；防治耕地重金属污染和有机污染，建立农产品产地土壤分级管理利用制度；全面加强农业面源污染防控，科学合理使用农业投入品，提高使用效率，减少农业内源性污染；开展农产品产地环境监测与风险评估，实施重度污染耕地用途管制，建立健全全国农业环境监测体系。

2017 年 9 月，中共中央办公厅、国务院办公厅印发《关于创新体制机制推进农业绿色发展的意见》，提出把农业绿色发展摆在生态文明建设全局的突出位置，全面建立以绿色生态为导向的制度体系。在加强产地环境保护与治理方面，《意见》提出建立工业和城镇污染向农业转移防控机制、健全农业投入品减量使用制度、完善秸秆和畜禽粪污等资源化利用制度、完善废旧地膜和包装废弃物等回收处理制度，为进一步健全我国农产品产地环境保障制度体系、推进产地环境绿色发展指明方向。

2021 年 9 月，农业农村部、国家发展改革委、科技部、自然资源部、生态环境部、国家林草局联合印发《“十四五”全国农业绿色发展规划》，要求加强农业资源保护利用，提升可持续发展能力；加强农业面源污染防治，提升产地环境保护水平；加强农业生态环保修复，提升生态涵养功能；打造绿色低碳农业产业链，提升农业质量效益和竞争力；健全绿色技术创新体系，强化农业绿色发展科技支撑；健全体制机制，增强农业绿色发展动能。

2021 年 12 月，生态环境部、国家发展改革委、财政部、自然资源部、住房城乡建设部、水利部、农业农村部联合印发《“十四五”土壤、地下水和农村生态环境保护规划》（环土壤〔2021〕120 号），规划的主要任务之一是推进土壤污染防治，以湖南等耕地重金属污染突出省份为重点，强化镉等重金属污染源头管控，巩固提升受污染耕地安全利用水平。同时，加强农业投入品质量监管，从严查处向农田施用重金属不达标肥料等农业投入品的行为。在长江中下游等南方粮食主产区实施强酸性土壤降酸改良工程。

2.3.1.2 单项政策

2012 年，农业部下发《农产品产地土壤重金属污染防治实施方案》（农科教发〔2012〕3 号）和《农产品产地土壤重金属污染防治实施方案工作安排和总体技术规定》（农办科〔2012〕46 号），要求 2012 年开始在全国范围内开展农产品产地土壤重金属污染防治普查工作。

2016 年 5 月，国务院印发《土壤污染防治行动计划》（国发〔2016〕31 号），指出我国实施农用地分类管理，保障农业生产环境安全：按污染程度将农用地土壤环境划为优先保护类、安全利用类和严格管控类三个类别，以耕地为重点，分别采取相应管理措施，保障农产品质量安全；切实加大保护力度，着力推进安全利用，全面落实严格管控，加强林地草地园地土壤环境管理。

2017 年 6 月，农业部会同国家发展改革委、财政部、国土资源部、环境保护部、水利部编制了《东北黑土地保护规划纲要（2017—2030 年）》，明确保护黑土地是保障国家粮食安全、实施“藏粮于地、藏粮于技”战略、促进农业绿色发展、提升我国农产品竞争力的迫切需要；要求以巩固提升粮食综合生产能力和保障土地资源安全、农业生态安全为目标，依靠科技进步，加大资金投入，调整优化结构，创新服务机制，推进工程与生物、农机与农艺、用地与养地相结合，改善东北黑土区设施条件、内在质量、生态环境，切实保护好黑土地这一珍贵资源，夯实国家粮食安全的基础；重点任务是提升黑土区农田系统、资源利用、生态环境和生产能力的可持续性。

2017 年 9 月，环境保护部、农业部颁布《农用地土壤环境管理办法（试行）》（环境保护部、农业部令 2017 年第 46 号），指出以耕地为重点，以实现农产品安全生产为核心目标，以土壤污染高风险地区为重点区域，按照“分类施策、农用优先，预防为主、治用结合”的原则，从防、控、治关键环节入手，强化监测评价，突出风险管控，实施分类管理，建立健全全链条管理体系。《办法》要求，排放污染物的企业事业单位和其他生产经营者应当采取有效措施，确保废水、废气排放和固体废物处理、处置符合国家有关规定要求，防止对周边农用地土壤造成污染；禁止在农用地排放、倾倒、使用污泥、清淤底泥、尾矿（渣）等可能对土壤造成污染的固体废物；禁止向农田灌溉渠道排放工业废水或者医疗污水。

2018 年 11 月，农业农村部、生态环境部联合印发《国家土壤环境监测网农产品产地土壤环境监测工作方案（试行）》（以下简称《方案》），提出要切实提升农产品产地土壤环境监测能力和水平，及时掌握全国范围及重点区域农产品产地土壤环境总体状况、潜在风险及变化趋势。《方案》要求重点抓好五项工作：一是确定农产品产地土壤环境监测点位；二是构建农产品产地土壤环境监测工作体系；三是开展农产品产地土壤环境例行监测；四是加强农产品产地土壤环境监测成果总结；五是发布土壤环境状况信息。

2019 年 4 月，农业农村部办公厅、生态环境部办公厅联合印发《关于进一步做好受污染耕地安全利用工作的通知》（农办科〔2019〕13 号），通知要求各级农业农村和生态环境部门强化重金属等污染源管控，进一步分解落实受污染耕地安全利用任务，建设受污染耕地安全利用集中推进区，推进耕地土壤环境质量类别划分，加强资金筹措，核算受污染耕地安全利用率。

2019 年 11 月，农业农村部办公厅印发《农业绿色发展先行先试支撑体系建设管理办法（试行）》，针对国家农业绿色发展先行区，提出农业绿色发展先行先试支撑体系建设的要求，重点建立和完善绿色农业技术体系、标准体系、产业体系、经营体系、政策体系和数字体系，力争到 2025 年支撑体系初步建成，农业绿色发展基础理论、科技支撑和政策保障水平明显提升，农业绿色发展由试验试点为主向示范推广转变。

2019 年 11 月，国务院办公厅印发《关于切实加强高标准农田建设提升国家粮食安全保障能力的意见》（国办发〔2019〕50 号），要求以提升粮食产能为首要目标，聚焦重点区域，统筹整合资金，加大投入力度，完善建设内容，加强建设管理，突出抓好耕地保护、地力提升和高效节水灌溉，提高水土资源利用效率，夯实粮食安全基础，构建统一规划布局、统一建设标准、统一组织实施、统一验收考核、统一上图入库的管理新体制。

2020 年 7 月，农业农村部、工业和信息化部、生态环境部、市场监管总局联合颁布《农用薄膜管理办法》，对建立健全农用薄膜管理制度提出了明确要求。该办法最突出的特点是遵循全链条监督管理的思路，构建了覆盖农用薄膜生产、销售、使用、回收等环节的监管体系，并对生产者、销售者、使用者在相关环节的行为做出了明确规定。

2021 年 1 月，生态环境部会同农业农村部、自然资源部、国家林业和草原局制定了《农用地土壤污染责任人认定暂行办法》，用于农业农村、林草主管部门会同生态环境、自然资源主管部门依法行使监督管理职责中农用地（主要包括耕地、林地、草地和其他农用地）土壤污染责任人不明确或者存在争议时的土壤污染责任人认定。《办法》的出台，为农用地土壤污染责任人不明确或者存在争议的情况下开展责任人认定提供依据，进一步落实污染担责的原则。

2021 年 3 月，农业农村部印发《2021 年国家产地水产品兽药残留监控计划》（农渔发〔2021〕8 号），组织各地农业农村（渔业）主管部门和有关水产品质检机构，要求各地深入抓好水产养殖用投入品监管，做好水产养殖规范用药指导，有效防范和控制质量安全风险隐患，全力保障养殖水产品食用安全。

2021 年 6 月，财政部、农业农村部印发《关于进一步做好耕地地力保护补贴工作的通知》（财办农〔2021〕11 号），要求探索耕地地力保护补贴发放与耕地地力保护行为相挂钩的有效机制，加大耕地使用情况的核实力度，做到享受补贴农民的耕地不撂荒、地力不下降，切实推动落实“藏粮于地”战略部署，遏制耕地“非农化”。

2021 年 7 月，农业农村部会同国家发展改革委、财政部、自然资源部等 7 部委编制《国家黑土地保护工程实施方案（2021—2025 年）》，强调坚持保护优先、用养结合，促进黑土地在利用中保护、在保护中利用；坚持因地制宜、分类施策，实施差异化治理；坚持政策协同，实行综合治理；坚持示范引领，加强技术支撑；坚持政府引导，带动社会参与，形成黑土地保护利用长效机制。针对黑土耕地出现的“薄、瘦、硬”问题，着重实施土壤侵蚀治理、农田基础设施建设、肥沃耕作层培育等措施。

2021 年 3 月，农业农村部印发《高标准农田建设质量管理办法（试行）》，鼓励使用绿色环保新技术、新工艺、新材料和新设备建设高标准农田；提出推动耕地质量保护提升、生态涵养、农业面源污染防治和田园生态改善有机融合，提升农田生态功能，并结合近两年高标准农田建设项目实施，指导各地有序做好绿色农田等相关工作。

2.3.2　建立制度体系

农产品产地环境管理制度主要包括农用地分类管理制度，监测评价制度，禁止生产区划定和调整制度，保护与修复制度，信息共享制度、信息公开与信息报告制度，监督检查制度。

2.3.2.1　农用地分类管理制度

农用地分类管理制度，即根据农用地土壤环境和农产品质量等分类实施土壤环境管理的制度。《土壤污染防治法》规定国家建立农用地分类管理制度。按照土壤污染程度和相关标准，将农用地划分为优先保护类、安全利用类和严格管控类三个类别，未污染和轻微污染的划为优先保护类，轻度和中度污染的划为安全利用类，重度污染的划为严格管控类，以耕地为重点，分别采取相应管理措施，保障农产品质量安全。

2017 年，国家发布《农用地土壤环境管理办法（试行）》《农用地土壤环境质量类别划分技术指南（试行）》，明确农用地分类管理的要求和具体技术方法程序，并以土壤污染状况详查结果为依据，开展耕地土壤和农产品协同监测与评价，在试点基础上有序推进耕地土壤环境质量类别划定，逐步建立分类清单。分类划定结果由各省级人民政府审定，数据上传至全国土壤环境信息化管理平台。根据土地利用变更和土壤环境质量变化情况，定期对各类别耕地面积、分布等信息进行更新。部分有条件的地区逐步开展林地、草地、园地等其他农用地土壤环境质量类别划定等工作。

（1）优先保护类

优先保护类农用地土壤环境质量较好，以保护措施为主，例如将符合条件的优先保护类耕地划为永久基本农田，严格新建可能造成土壤污染的建设项目。县级以上地方人民政府应当依法将符合条件的优先保护类耕地划为永久基本农田，实行严格保护。在永久基本农田集中区域，不得新建可能造成土壤污染的建设项目；已经建成的应当限期关闭拆除。

《土壤污染防治行动计划》要求，各地要将符合条件的优先保护类耕地划为永久基本农田，实行严格保护，确保其面积不减少、土壤环境质量不下降，除法律规定的重点建设项目选址确实无法避让外，其他任何建设不得占用。产粮（油）大县要制定土壤环境保护方案。高标准农田建设项目向优先保护类耕地集中的地区倾斜。推行秸秆还田、增施有机肥、少耕免耕、粮豆轮作、农膜减量与回收利用等措施。继续开展黑土地保护利用试点。农村土地流转的受让方要履行土壤保护的责任，避免因过度施肥、滥用农药等掠夺式农业生产方式造成土壤环境质量下降。各省级人民政府要对本行政区域内优先保护类耕地面积减少或土壤环境质量下降的县（市、区）进行预警提醒并依法采取环评限批等限制性措施。

（2）安全利用类

安全利用类农用地存在农产品超标风险，通过采取农艺调控、替代种植等措施降低农产品超标风险。对安全利用类农用地地块，地方人民政府农业农村、林业草原主管部门应当结合主要作物品种和种植习惯等情况制定并实施安全利用方案。安全利用方案主要包括：

① 农艺调控、替代种植；

② 定期开展土壤和农产品协同监测与评价；

③ 对农民、农民专业合作社及其他农业生产经营主体进行技术指导和培训。

《土壤污染防治行动计划》要求，根据土壤污染状况和农产品超标情况，安全利用类耕地集中的县（市、区）要结合当地主要作物品种和种植习惯制定实施受污染耕地安全利用方案，采取农艺调控、替代种植等措施降低农产品超标风险。强化农产品质量检测。加强对农民、农民合作社的技术指导和培训。

（3）严格管控类

严格管控类农用地难以通过安全利用措施降低污染风险，因此需采取划定特定农产品严格管控区域、土壤和农产品协同监测与评价、调整种植结构、退耕还林还草、轮作休耕等风险管控措施。对严格管控类农用地，地方人民政府农业农村、林业草原主管部门应当采取风险管控措施，主要包括：

① 提出划定特定农产品禁止生产区的建议，报本级人民政府批准后实施；

② 按照规定开展土壤和农产品协同监测与评价；

③ 对农民、农民专业合作社及其他农业生产经营主体进行技术指导和培训。

《土壤污染防治行动计划》要求，加强对严格管控类耕地的用途管理，依法划定特定农产品禁止生产区，严禁种植食用农产品；对威胁地下水、饮用水水源安全的，有关县（市、区）要制定环境风险管控方案，并落实有关措施。研究将严格管控类耕地纳入国家新一轮退耕还林还草实施范围，制定实施重度污染耕地种植结构调整或退耕还林还草计划。继续在湖南长株潭地区开展重金属污染耕地修复及农作物种植结构调整试点。实行耕地轮作休耕制度试点。

2.3.2.2　监测评价制度

农产品产地环境长期定位监测，是为了及时、准确和全面掌握产地环境状况，揭示产地环境要素的时空分布特征、动态规律及趋势变化，按照科学的技术手段对产地土壤环境、农用水源、农区大气开展的长期性监视活动。产地环境监测是实施产地安全科学划分、适时调整、有效防治和高效管理及督查的必不可少的重要手段，直接服务于产地安全管理的全过程。开展农产品产地土壤环境监测，建立并完善全国农产品产地土壤监测体系，提升监测预警能力和水平，是强化农产品产地土壤环境监管的有效手段，对保障农产品质量安全具有重要意义。《农产品产地安全管理办法》规定，县级以上人民政府农业行政主管部门应当建立健全农产品产地安全监测管理制度，加强农产品产地安全调查、监测和评价工作，并对农产品产地安全信息进行统计，健全安全监测档案，准确记载产地安全变化状况，并长期保存。

（1）监测分类

产地环境监测按照性质分为禁产区划定监测、全部农产品产地的长期监控监测、事故性监测 3 类 [1]。

产地环境监测按照监测内容分为土壤环境监测、水环境监测、大气环境监测、生态状况监测、农产品监测 5 种 [2]。

（2）监测点位设置

监测点位由省级以上人民政府农业农村行政主管部门设置，点位级别包括国家级监测点和省级监测点。点位设置区域包括：工矿企业周边的农产品生产区、污水灌溉区、大中城市郊区农产品生产区 3 类环境污染敏感区；重要农产品生产区；其他需要监测的区域。

目前，我国已初步完成农产品产地土壤环境质量监测点位布设，包括国控监测点、国控例行监测点和省控监测点，覆盖全国 31 个省份（不含港澳台地区）。其中国控监测点 15.2 万个、国控例行监测点 4.0 万个，省控监测点是除国控监测点外各省

（区、市）根据自身实际情况和经济发展水平增加布设的省级监测点位[2]。

（3）监测体系建设

开展农产品产地土壤环境监测，健全全国农产品产地土壤环境监测体系，提升监测预警能力和水平，是强化农产品产地土壤环境监管的有效手段，对保障农产品质量安全具有重要意义。2018 年 11 月，农业农村部、生态环境部联合印发《国家土壤环境监测网农产品产地土壤环境监测工作方案（试行）》（农办科〔2018〕19 号）。

农产品产地土壤环境监测点位是国家土壤环境监测网的重要组成部分之一。国家土壤环境监测网由背景点位、基础点位和风险监控点位组成，目前，包含生态环境部监测点位 38880 个、农业农村部监测点位 40061 个和自然资源部监测点位 1000 个。农业农村部门基于农产品质量安全布设农产品产地风险点位，开展农产品产地土壤与农产品协同监测工作；生态环境部门负责背景点位、基础点位和风险监控点位的监测工作。

农产品产地土壤环境监测工作重点：一是确定农产品产地土壤环境监测点位。国控监测点覆盖全部产粮大县和主要土壤类型，各省（区、市）可根据实际情况增加布设省控监测点。二是构建农产品产地土壤环境监测工作体系。建立中央、省、市县监测工作体系，上下联动，明确责任，保证监测工作长效稳定开展。三是开展农产品产地土壤环境例行监测。省级农业农村部门每年定期组织开展监测工作，采集检测土壤样品和农产品样品，建立例行监测制度。四是加强农产品产地土壤环境监测成果总结。建立国家农产品产地土壤环境监测样品库，各地可根据需要建立符合技术规范的省级样品库。各级农业农村部门要汇总审核分析监测数据，形成农产品产地土壤环境状况年度专题报告。五是发布土壤环境状况信息。生态环境部会同农业农村部统一发布土壤环境状况信息。

（4）评价标准和规范

产地环境质量评价的科学性依靠国家有关标准（包括农业行业标准）的执行以及针对监测点位的设置、变更、撤销所开展的专家论证来保障。相关标准及规定如下：

①《食用农产品产地环境质量评价标准》（HJ/T 332—2006）：规定了食用农产品产地土壤环境质量、灌溉水质量和环境空气质量的各个项目及其浓度（含量）限值和监测、评价方法，适用于除温室蔬菜生产用地以外的食用农产品产地。

②《温室蔬菜产地环境质量评价标准》（HJ/T 333—2006）：规定了以土壤为基质种植的温室蔬菜产地温室内土壤环境质量、灌溉水质量和环境空气质量的各个控制项目及其浓度（含量）限值和监测、评价方法，适用于玻璃单栋温室、玻璃或塑料板材连栋温室、塑料薄膜日光温室、塑料薄膜大棚等固定设施。

③《畜禽养殖产地环境评价规范》（HJ 568—2010）：规定了各类畜禽养殖产地的水环境质量、土壤环境质量、环境空气质量和声环境质量评价指标、限值、监测和评价方法，适用于畜禽养殖场、畜禽养殖小区和放牧区。

④《无公害农产品　产地环境评价准则》（NY/T 5295—2015）：规定了无公害农产品产地环境评价的原则、程序、方法和报告编制，适用于种植业、畜禽养殖业和水产养殖业无公害农产品产地环境质量评价。

⑤《耕地质量调查监测与评价办法》（农业部令 2016 年第 2 号）：提出了耕地质量调查、监测、评价等制度，包括调查制度（耕地质量普查、专项调查与应急调查 3 类调查）、监测制度、评价制度（耕地质量等级评价、耕地质量监测评价、特定区域耕地质量评价、耕地质量特定指标评价、新增耕地质量评价和耕地质量应急调查评价 6 类）等。

2.3.2.3　禁止生产区划定和调整制度

（1）划定条件

禁止生产区划定和调整制度是我国农产品产地安全管理的核心制度。禁止生产区划定的实体条件包括：

① 农产品产地中的有毒有害物质不符合产地安全标准；

② 农产品中的有毒有害物质不符合农产品质量安全标准；

③ 农产品中的有毒有害物质超标是由于农产品产地有毒有害物质超标，即二者之间存在因果联系[3]。

（2）划定程序

禁止生产区的划定须遵循法定程序，否则属于无效划定。禁止生产区的划定建议由县级以上地方人民政府农业农村行政主管部门提出，并上报省级农业农村行政主管部门。报送的材料包括：

① 产地安全监测结果和农产品检测结果；

② 产地安全监测评价报告，包括产地污染原因分析、产地与农产品污染的相关性分析、评价方法与结论等；

③ 农业生产结构调整及相关处理措施的建议。

省级农业农村行政主管部门接到禁止生产区的划定建议后应组织专家进行论证，并撰写专家论证报告，附具县级政府农业农村主管部门的 3 种材料一同报本级人民政府批准后公布。禁止生产区划定后，其耕地、基本农田的性质不变，农用地征地补偿标准也不降低。禁止生产区应设置标示牌，载明禁止生产区地点、四至范围、面积、禁止生产的农产品种类、主要污染物种类、批准单位、立牌日期等。

（3）禁止生产区动态特征

禁止生产区并不是完全“禁产”，而是“限产”，即某种或某些特定食用农产品禁止生产，非食用农产品可以生产，未被列入禁止生产范畴的食用农产品也可以生产。禁止生产区的划定不是永久不变的，其划定目的是使污染区域得到一定的修复与治理，以便恢复被禁止农产品的种植。因而当禁止生产区安全状况改善并达到相关标准后，县级以上政府农业农村行政主管部门可提出调整或撤销建议，并逐级上报。

2.3.2.4 保护与修复制度

（1）产地环境保护

产地环境保护是从源头保障农产品质量安全的重要管理措施，具有成本低、效果好、相对可控等特点。在我国，农产品产地污染防治与保护规划被纳入地方农业和农村经济发展规划当中，对于单位和个人，总体要求是严禁违规生产、严禁排放污染物，合理使用肥料、农药、兽药、饲料、农用薄膜等农业投入品。国家鼓励和支持农业生产者采取下列措施对产地土壤环境进行保护：

① 使用低毒、低残留农药以及先进喷施技术；

② 使用符合标准的有机肥、高效肥；

③ 采用测土配方施肥技术、生物防治技术等病虫害绿色防控技术；

④ 使用生物可降解农用薄膜；

⑤ 综合利用秸秆、移除高富集污染物秸秆；

⑥ 按照规定对酸性土壤等进行改良。

（2）产地环境修复

《土壤污染防治法》规定，对安全利用类和严格管控类农用地地块，土壤污染责任人应当按照国家有关规定以及土壤污染风险评估报告的要求，采取相应的风险管控措施，并定期向地方人民政府农业农村、林业草原主管部门报告。对产出的农产品污染物含量超标，需要实施修复的农用地地块，土壤污染责任人应当编制修复方案，报地方人民政府农业农村、林业草原主管部门备案并实施。修复方案应当包括地下水污染防治的内容。修复活动应当优先采取不影响农业生产、不降低土壤生产功能的生物修复措施，阻断或者减少污染物进入农作物食用部分，确保农产品质量安全。风险管控、修复活动完成后，土壤污染责任人应当另行委托有关单位对风险管控效果、修复效果进行评估，并将效果评估报告报地方人民政府农业农村、林业草原主管部门备案。对于农产品禁止生产区和有毒有害物质不符合产地安全标准的其他农产品生产区域，政府采取生物、化学、工程等措施进行修复和治理，并加强产地污染修复和治理的科学研究、技术推广、宣传培训工作。

《土壤污染防治行动计划》要求，开展土壤环境基准、土壤环境容量与承载能力、污染物迁移转化规律、污染生态效应、重金属低积累作物和修复植物筛选，以及土壤污染与农产品质量、人体健康关系等方面基础研究。推进土壤污染诊断、风险管控、治理与修复等共性关键技术研究，研发先进适用装备和高效低成本功能材料（药剂），强化卫星遥感技术应用，建设一批土壤污染防治实验室、科研基地。

2.3.2.5 信息共享、信息公开与信息报告制度

（1）信息共享

《土壤污染防治法》规定，国家建立土壤环境信息共享机制，国务院生态环境主管部门应当会同国务院农业农村、自然资源、住房城乡建设、水利、卫生健康、林业草原等主管部门建立土壤环境基础数据库，构建全国土壤环境信息平台，实行数据动态更新和信息共享。

《土壤污染防治行动计划》要求，提升土壤环境信息化管理水平，利用生态环境、国土资源、农业农村等部门相关数据，建立土壤环境基础数据库，构建全国土壤环境信息化管理平台。借助移动互联网、物联网等技术，拓宽数据获取渠道，实现数据动态更新。加强数据共享，编制资源共享目录，明确共享权限和方式，发挥土壤环境大数据在污染防治、城乡规划、土地利用、农业生产中的作用。

我国已建设全国土壤环境信息平台和国家土壤信息服务平台，平台数据资源及功能不断丰富和完善，逐渐成为我国土壤应用领域的重要公共支撑平台。

（2）信息公开

生态环境主管部门和其他负有土壤污染防治监督管理职责的部门依法公开土壤污染状况和防治信息。生态环境部负责统一发布全国土壤环境信息；省级人民政府生态环境主管部门负责统一发布本行政区域土壤环境信息。生态环境主管部门将涉及主要食用农产品生产区域的重大土壤环境信息，及时通报同级农业农村、卫生健康和食品安全主管部门。公民、法人和其他组织享有依法获取土壤污染状况和防治信息、参与和监督土壤污染防治的权利。

《土壤污染防治行动计划》要求，加强社会监督，推进信息公开。根据土壤环境质量监测和调查结果，适时发布全国土壤环境状况。各省（区、市）人民政府定期公布本行政区域各地级市（州、盟）土壤环境状况。重点行业企业要依据有关规定，向社会公开其产生的污染物名称、排放方式、排放浓度、排放总量，以及污染防治设施建设和运行情况。

《耕地质量调查监测与评价办法》（农业部令 2016 年第 2 号）明确要求，每 5 年发布一次全国和省级行政区域耕地质量等级信息，每年发布全国和省级行政区域耕地质量监测报告。

（3）信息报告

产地安全管理信息报告制度主要包括：

① 县级以上人民政府农业农村行政主管部门负责编制农产品产地安全状况及发展趋势年度报告，并报上级农业农村行政主管部门备案。

② 县级以上地方人民政府农业农村行政主管部门及时将本行政区域内农产品禁止生产区划定与调整结果逐级上报国务院农业农村行政主管部门备案。

③ 农业建设项目的环境影响评价文件经县级以上人民政府农业农村行政主管部

门依法审核后，报有关部门审批。

④ 对于已经建成的企业或者项目污染农产品产地的，农业农村行政主管部门报请本级人民政府采取措施，减少或消除污染危害。

⑤ 对于拒不采取减少或消除污染威胁措施的单位或个人，县级以上人民政府农业农村行政主管部门报请本级人民政府处理。

《国家土壤环境监测网农产品产地土壤环境监测工作方案（试行）》要求，省级农业农村行政主管部门以县域为单位，按照国家网统一的技术要求、评价标准和信息报送方式，汇总本行政区内农产品产地土壤环境监测数据，编制省级农产品产地土壤环境状况年度专题报告，对监测中发现土壤与农产品集中出现污染物含量异常升高的地区要重点关注，根据相关标准规范进一步调查污染状况与范围。省级农业农村行政主管部门每年 12 月 31 日前向农业农村部报送省级农产品产地土壤环境国控监测点年度监测数据和专题报告，农业农村部汇总审核分析各地监测数据，形成全国农产品产地土壤环境年度专题报告，于次年 3 月 1 日前将年度监测数据和专题报告提交国家网，并上传至全国土壤环境信息化管理平台。

2.3.2.6 监督检查制度

国务院农业农村行政主管部门负责全国农产品产地安全的监督管理，县级以上地方人民政府农业农村行政主管部门负责本行政区域内农产品产地的划分和监督管理。农业农村行政执法人员具有监督检查职责，有关单位或个人必须如实提供有关情况和资料，不得拒绝检查或者提供虚假情况。产地安全监督检查经费应当纳入本级人民政府农业农村行政主管部门年度预算。开展产地安全监督检查不得向被检查单位或者个人收取任何费用。

2.3.3 采取经济措施

经济措施是政府宏观调控的主要措施之一，环境管理的经济措施是国家根据生态规律和经济规律，运用价格、成本、信贷、税收等经济杠杆以及环境责任制等经济方法，影响和调节社会生产、分配、流通、消费，限制破坏环境的活动，促进合理利用环境资源。在农产品产地环境管理中经济措施的核心是落实主体责任、多元投入，主要体现为国家财政对产地环境管理的投入和支持，同时辅以适当的税收和金融手段。财政部、生态环境部等先后发布了《水污染防治专项资金管理办法》（财建〔2015〕226 号）、《土壤污染防治基金管理办法》（财资环〔2020〕2 号）、《土壤污染防治资金管理办法》（财资环〔2022〕28 号）、《关于加强土壤污染防治项目管理的通知》（环办土壤〔2020〕23 号）等。

（1）财政投入

我国设立中央土壤污染防治专项资金和省级土壤污染防治基金，主要用于农用地土壤污染防治和土壤污染责任人或者土地使用权人无法认定的土壤污染风险管控和修复以及政府规定的其他事项。

中央财政设立土壤污染防治专项资金，用于土壤环境调查与监测评估、监督管理、治理与修复等工作。中央财政也设立了农业资源及生态保护补助资金，主要用于耕地质量提升、渔业资源保护、农业废弃物资源化利用等方面的支出。

地方财政通过相关政策和资金渠道支持产地环境保护与耕地地力提升，将农业综合开发、高标准农田建设、农田水利建设、耕地保护与质量提升、测土配方施肥等涉农资金更多用于优先保护类耕地集中的县（市、区），有条件的省（区、市）会对优先保护类耕地面积增加的县（市、区）予以适当奖励。在土壤污染防治方面，地方各级人民政府可安排必要的资金用于下列事项：

① 土壤污染防治的科学技术研究开发、示范工程和项目；

② 各级人民政府及其有关部门组织实施的土壤污染状况普查、监测、调查和土壤污染责任人认定、风险评估、风险管控、修复等活动；

③ 各级人民政府及其有关部门对涉及土壤污染的突发事件的应急处置。

对于企业，地方专项建设基金可用于支持企业对涉重金属落后生产工艺和设备进行技术改造，也可通过制定有效激励措施，激励相关企业参与土壤污染治理与修复、有机肥生产、废弃农膜综合利用、农药包装废弃物回收处理等。

（2）税收

国家鼓励并提倡社会各界为防治产地土壤污染捐赠财产，并依照法律、行政法规的规定，给予税收优惠。从事土壤污染风险管控和修复的单位依照法律、行政法规的规定，享受税收优惠。

（3）金融

国家鼓励金融机构加大对土壤污染风险管控和修复项目的信贷投放，以及在办理土地权利抵押业务时开展农用地土壤污染状况调查。

2.3.4 构建技术体系

农产品产地安全管理是一项复杂的系统工程，不仅需要有法律法规作为管理的依据，还需要建立一套完善的农产品产地环境管理技术体系。技术体系建设也是产地安全宏观调控有效实施的重要保障。《农产品产地安全管理办法》规定农产品产地安全调查、监测和评价应当执行国家有关标准等技术规范。农产品产地环境管理技术体系包括产地环境监测技术、产地环境评价技术、产地分等定级技术、产地污染防治技术等。

（1）产地环境监测技术

《农用水源环境质量监测技术规范》（NY/T 396—2000）

《农区环境空气质量监测技术规范》（NY/T 397—2000）

《地表水和污水监测技术规范》（HJ/T 91—2002）

《土壤环境监测技术规范》（HJ/T 166—2004）

《环境空气气态污染物（SO_2、NO_2、O_3、CO）连续自动监测系统安装验收技术规范》（HJ 193—2013）

《环境空气质量手工监测技术规范》（HJ 194—2017）

《环境空气质量监测规范（试行）》（国家环境保护总局公告 2007 年第 4 号）

《环境空气质量监测点位布设技术规范（试行）》（HJ 664—2013）

《环境监测质量管理技术导则》（HJ 630—2011）

《耕地质量监测技术规程》（NY/T 1119—2019）

《农田土壤环境质量监测技术规范》（NY/T 395—2025）

《农用地土壤污染状况详查点位布设技术规定》（环办土壤函〔2017〕1021 号）

《农用地土壤样品采集流转制备和保存技术规定》（环办土壤〔2017〕59 号）

《农用地土壤污染状况详查质量保证与质量控制技术规定》（环办土壤〔2017〕1332 号）

（2）产地环境评价技术

《农产品产地安全质量适宜性评价技术规范》（NY/T 2149—2012）

《绿色食品　产地环境调查、监测与评价规范》（NY/T 1054—2021）

《全国农产品产地土壤重金属安全评估技术规定》（农办科〔2015〕42 号）

《有机产品产地环境适宜性评价技术规范　第 1 部分：植物类产品》（RB/T 165.1—2018）

《有机产品产地环境适宜性评价技术规范　第 2 部分：畜禽养殖》（RB/T 165.2—2018）

《有机产品产地环境适宜性评价技术规范　第 3 部分：淡水水产养殖》（RB/T 165.3—2018）

《农业绿色发展技术导则（2018—2030 年）》（农科教发〔2018〕3 号）

《农用地土壤环境风险评价技术规定（试行）》（环办土壤函〔2018〕1479 号）

（3）产地分等定级技术

《农产品产地禁止生产区划分技术指南》（NY/T 2150—2012）

《农用地土壤环境质量类别划分技术指南（试行）》（环办土壤〔2017〕97 号）

《特定农产品严格管控区划定技术导则（试行）》（农办科〔2020〕3 号）

（4）产地污染防治技术

《基本农田环境质量保护技术规范》（NY/T 1259—2007）

《土壤污染治理与修复成效技术评估指南》（环办土壤函〔2017〕1953 号）

《耕地污染治理效果评价准则》（NY/T 3343—2018）

《污染地块风险管控与土壤修复效果评估技术导则（试行）》（HJ 25.5—2018）

《受污染耕地治理与修复导则》（NY/T 3499—2019）

《轻中度污染耕地安全利用与治理修复推荐技术名录（2019 年版）》（农办科〔2019〕14 号）

2.4 我国农产品产地环境管理现状

现阶段，我国农产品产地环境管理水平不断提高，主要体现在以下几个方面：

① 标准体系逐步完善，我国正逐步建立起一套农产品产地环境管理的标准体系，包括国家标准、行业标准和地方标准等，涵盖了农产品产地环境的质量监测、污染控制、生态保护、生产规范等多个方面；

② 检测技术逐步提升，大气、水、土壤等环境要素的监测方法不断更新和完善，提高了检测的准确性和可靠性；

③ 政府对农产品产地环境的监管力度和执法力度逐步加强，推动了农产品产地环境管理的规范化和标准化；

④ 农产品产地环境质量监测体系逐步完善，我国已经建立了农产品产地环境质量监测体系，包括监测站点、监测网络、监测数据等，基本实现对农产品产地环境质量的动态监测和评估。

然而，我国农产品产地环境管理仍面临一些问题，如监测底数不清、标准体系不完善、检测技术不统一、市场化机制运用不足等，未来应加强监测布点和标准化建设、增加科技创新投入、推进绿色金融政策，提高农产品产地环境管理的水平，保障农产品的安全与质量。

2.4.1 现阶段我国农产品产地环境管理水平

2.4.1.1 我国农产品质量安全现状

农产品质量安全包括“品质”和“安全”两种属性，品质属性决定农产品的使用价值，安全属性决定农产品对消费者身体健康的影响[4]。因而，持续提升农产品质量安全水平，构建科学完整的农产品质量保障体系，成为当前重要的民生工程。乡村振兴战略实施以来，我国农业产业结构不断调整升级，高质量的农业供给体系逐步建立，农产品质量安全水平全面提升。

“十三五”期间，各级农业农村部门大力推进质量兴农、绿色兴农、品牌强农，农产品质量安全总体保持稳中向好态势，监测参数从 94 项增加到 130 项，国家农产品质量安全例行监测合格率连续 5 年稳定在 97% 以上（农质发〔2022〕1 号）。

在标准化生产方面，我国制修订农药兽药残留限量及配套检测方法食品安全国家标准 4109 项，总数达到 10068 项，基本覆盖我国常用农药兽药品种和主要食用农产品。制修订农业行业标准 1933 项，总数达到 5342 项。累计建设果菜茶标准化园、畜禽养殖标准化场、水产健康养殖场近1.8万个，规模种养主体质量控制能力明显提升。

在绿色生产方面，累计禁用高毒农药46种，在蔬菜、水果等部分作物上禁用农药20种，严格实施高毒农药定点经营实名购买制度，主要农作物绿色防控面积近10亿亩（1亩=666.67m^2），水稻、玉米、小麦化肥农药利用率达到40%以上。发布了食品动物中禁止使用的药品及其他化合物清单，促生长类抗菌药物饲料添加剂品种全部退出使用。

进入“十四五”以后，国家农业农村部门完善制度机制、强化标准建设，我国农产品质量安全水平进一步提升。2021年，国家农产品质量安全县总数增加至437个，国家农产品追溯平台完成竣工验收，与所有省级平台实现对接，入驻企业达27万家。在标准制定方面，2021版食品中农药最大残留限量标准发布，新增限量2985项，农兽药残留标准总数超过1.3万项，覆盖了批准使用的农兽药品种和主要农产品。在农产品供给方面，新认证绿色、有机、地理标志农产品2.6万个，总数达5.9万个，直接供食用的产品产量超过1.6亿吨；新发布名特优农产品999个，总数达2227个。在精准治理方面，2021年禁限用药物检出率为0.9%，连续3年下降；11个重点品种中，8个品种合格率有所提升[5]。

2021年国家农产品质量安全例行监测（风险监测）数据显示，2021年农产品例行监测合格率为97.6%，全国农产品质量安全状况总体保持稳定。蔬菜、水果、茶叶、畜禽产品、水产品抽检合格率分别为97.1%、96.5%、98.0%、98.8%、96.9%。从监测品种来看，抽检的蔬菜中，水生蔬菜全部合格，甘蓝类、食用菌、根菜类、茄果类、瓜类合格率分别为99.9%、99.2%、98.7%、98.7%、98.6%。抽检的畜禽产品中，猪肉、猪肝、牛肉、羊肉、禽肉、禽蛋的合格率分别为99.4%、99.4%、98.5%、99.6%、98.8%、97.4%。抽检的大宗养殖水产品中，罗非鱼和鲢鱼全部合格，鳙鱼、对虾、鳜鱼合格率分别为99.8%、99.5%、98.6%。

截至2022年5月，农业农村部共建成果菜茶标准化园、畜禽养殖标准化场、水产健康养殖场等“三园两场”1.8万个。市场监管总局围绕粮食、畜禽、水产、蔬菜、水果等大宗和特色农产品，建设国家级农业标准化示范区4696个、省级农业标准化示范区8000多个。绿色、有机和地理标志农产品数量累计达到6.2万个。

2.4.1.2 我国农产品产地环境质量管理现状

产地环境和农业投入品是农产品质量安全的源头所在，我国政府高度重视农产品产地环境和投入品管理，强化农产品产地环境保护，提升产地环境质量。

（1）农产品产地土壤污染调查持续深入开展

为查明污灌区、工矿企业周边和大中城市郊区等重点区域土壤污染分布和面积，及时掌握重金属污染变化动态，农业部会同财政部于2012年启动实施了覆盖全国16.23亿亩耕地、130余万个样点的农产品产地土壤重金属污染普查，并布局了15.2万个国控长期定位监测点，建立了监测预警长效机制。为查明农用地土壤污染的面积、分布及其对农产品质量的影响以及重点行业企业用地中污染地块的分布及其环境风险，根据《土壤污染防治行动计划》每10年开展1次土壤环境质量状况定期调查的要求，2016年12月环境保护部会同财政部、国土资源部、农业部、卫生计生委印发《全国土壤污染状况详查总体方案》，2017年7月启动实施全国土壤污染状况详查。本次详查历时4年，在已有调查的基础上开展，调查范围更聚焦，调查对象更系统，调查目的更明确。2021年12月完成的土壤污染状况详查基本摸清了全国农用地和企业用地土壤污染状况及潜在风险的底数，支撑了“十三五”任务目标的完成，探索形成了一整套覆盖调查全过程的技术体系和组织实施模式。为全面查清农用地土壤质量家底，2022年1月，国务院印发《关于开展第三次全国土壤普查的通知》，自2022年起开展第三次全国土壤普查，利用4年时间查清不同生态条件、不同利用类型土壤质量及其退化与障碍状况，摸清特色农产品产地土壤特征、耕地后备资源土壤质量、典型区域土壤环境和生物多样性等。普查对象包括全国耕地、园地、林地、草地等农用地和部分未利用地的土壤。其中，林地、草地重点调查与食物生产相关的土地，未利用地重点调查与可开垦耕地资源相关的土地，如盐碱地等。普查内容包括土壤性状、土壤类型、土壤立地条件、土壤利用情况、土壤质量状况等。2022年，完成工作方案编制、技术规程制定、工作平台构建、外业采样点规划布设、普查试点，开展培训和宣传等工作，启动并完成全国盐碱地普查。2023～2024年，组织开展多层级技术实训指导，完成外业调查采样和内业测试化验，开展土壤普查数据库与样品库建设，形成阶段性成果。2025年上半年，完成普查成果整理、数据审核，汇总形成第三次全国土壤普查基本数据；下半年，完成普查成果验收、汇交与总结，建成土壤普查数据库与样品库，形成全国耕地质量报告和全国土壤利用适宜性评价报告。

（2）产地环境监测预警体系进一步完善

农产品产地环境监测是一项长期性、基础性工作。开展产地环境监测，对于不断改善农产品产地环境质量、保障农产品质量安全具有重要意义。“十三五”至今，我国农产品产地环境监测工作取得较大进展。

2016年，国务院印发《土壤污染防治行动计划》，提出建设土壤环境质量监测网络，统一规划、整合优化土壤环境质量监测点位；布局我国土壤环境质量国控监测点位设置和建立国家土壤环境质量监测网络；指出各地可根据工作需要，补充设置监测点位，增加特征污染物监测项目，提高监测频次；明确2020年底前实现土壤环境质量监测点位所有县（市、区）全覆盖。

2017年，全国初步建立了由273个农田氮磷流失定位监测点和2万多个典型调查田块、210个废旧残膜污染定位监测点、25个畜禽养殖污染排放定位监测点和7000多家典型规模化畜禽养殖场构成的全国农业面源污染监测网络，开展农业面源污染典型调查与长期定位监测，基本掌握了全国农业面源污染状况及动态变化。

2018年，农业农村部、生态环境部印发《国家土壤环境监测网农产品产地土壤环境监测工作方案（试行）》，开展农产品产地土壤与农产品协同监测工作，构建耕地土壤污染国控监测网，建立常态化监测预警机制。在全国布设农产品产地国控监测点位 40061 个，其中农药监测点位 360 个、地力监测点位 2640 个、普通循环点位 37061 个；同时布设 15.2 万个普查对照国控监测点位。

2019 年，农业农村部印发《关于做好农业生态环境监测工作的通知》，将农产品产地土壤环境监测纳入部门四项重点工作之一，在全国布设耕地土壤环境质量监测点 4 万个、农田氮磷流失监测点位 241 个、农膜残留监测点位 500 个，构建起农业生态环境监测“一张网”。同年 1 月起施行的《中华人民共和国土壤污染防治法》明确提出，对安全利用类农用地定期开展土壤和农产品协同监测与评价，对严格管控类农用地按照规定开展土壤和农产品协同监测与评价。

依据《“十四五”土壤环境监测总体方案》，国家土壤环境监测网每五年完成一轮监测工作，2021 年，对珠江流域和太湖流域 2118 个国家土壤环境基础点位开展监测，两流域土壤环境质量总体保持稳定。

近年来，我国不断加强耕地土壤调查、监测体系建设。截至 2023 年 7 月，农业农村部已建成国家耕地质量长期定位监测点 1300 多个、各级监测点 2.8 万个，初步构建了覆盖主要土壤类型、种植制度的国家、省、市、县四级耕地质量监测网络，连续 17 年发布国家耕地质量长期定位监测年度报告。目前，农业农村部联合生态环境部构建了覆盖全国 31 个省份、由 4 万个国控监测点位组成的农产品产地土壤环境国控监测网络，开展土壤与农产品协同监测，掌握耕地土壤环境总体变化趋势。

（3）耕地土壤污染修复与安全利用推进实施

2014 年以来，湖南省长株潭地区作为重金属污染耕地修复及农作物种植结构调整试点，通过实施“VIP”（品种替代、灌溉水净化、pH 值调节）等综合技术，探索了可借鉴、可复制、可推广的耕地重金属污染治理模式；天津、湖南、广东、辽宁等地建立了 9 个重金属污染耕地治理示范区，针对各个治理示范区的污染特点，积极探索以农艺措施为主体的治理技术的示范和推广。

近年来，农业农村部、生态环境部等相关部委按照分类施策、农用优先、预防为主、治用结合的总体思路，不断完善政策制度，出台《农用地土壤环境管理办法（试行）》，制定贯彻土壤污染防治法实施意见，细化耕地土壤污染源头预防、调查监测、分类治理等措施，指导 31 个省份完成耕地土壤环境质量类别划分，建立分类治理清单；分解下达各省受污染耕地年度治理任务，指导各地在轻中度污染耕地落实品种替代、水肥调控、土壤调理等措施，严格重度污染耕地用途管理；启动实施耕地重金属污染防治联合攻关计划，布局建设 17 个攻关基地，对 170 余种重金属低积累作物品种和治理修复产品进行试验示范；组织有关专家加强对重点区域技术指导服务，“一域一策”精准解决耕地土壤污染问题。各级地方政府依法落实分类管理制度，因地制宜、总结凝练出农民可接受、易操作的整体性、系统性技术模式，推动耕地土壤污染防治工作取得积极成效。

《2021 中国生态环境状况公报》显示，2021 年全国受污染耕地安全利用率稳定在 90% 以上，农用地土壤环境状况总体稳定，影响农用地土壤环境质量的主要污染物是重金属，其中镉为首要污染物。2021 年，山西省受污染耕地全部实现安全利用，江苏省受污染耕地安全利用率达 95.25%，陕西省受污染耕地安全利用率达 92.2%。

（4）耕地质量保护力度进一步加强

农业农村部、生态环境部等有关部门积极推进土壤改良培肥相关工作，加强退化治理，促进质量提升。按照《国家黑土地保护工程实施方案（2021—2025 年）》，针对东北黑土地“薄、瘦、硬”等问题，统筹实施高标准农田建设、小流域综合治理、保护性耕作、秸秆综合利用、畜禽粪污资源化利用等项目，“十四五”期间计划实施黑土耕地保护利用面积 1 亿亩。针对土壤酸化、盐碱等退化问题，在南方耕地土壤严重酸化区域开展酸化耕地治理试点，在北方耕地土壤盐碱问题突出区域开展盐碱耕地治理试点，因地制宜试验总结退化耕地综合治理技术模式，建设集中连片试点区，加强综合技术模式示范推广。在持续推动畜禽粪污资源化利用的基础上，实施绿色种养循环试点，支持企业、专业化服务组织等市场主体提供粪肥收集、处理、施用服务，带动县域内畜禽粪污基本还田，打通种养循环堵点，推动化肥减量化，进一步促进畜禽粪污资源化利用和农业绿色发展。在东北、黄淮海等地区实施粮豆轮作，在西北、黄淮海、西南和长江中下游等适宜地区推广玉米大豆带状复合种植，在长江流域实施一季稻 + 油菜、一季稻 + 再生稻 + 油菜轮作，在双季稻区实施稻稻油轮作，在北方农牧交错区和新疆次宜棉区推广棉花、玉米等与花生轮作或间套作。在河北地下水漏斗区、新疆塔里木河流域地下水超采区实施休耕试点，休耕期间重点采取土壤改良、地力培肥等措施，促进地力恢复。

《2021 中国生态环境状况公报》显示，全国耕地质量平均等级为 4.76 等，其中，1 ～ 3 等、4 ～ 6 等和 7 ～ 10 等耕地面积分别占耕地总面积的 31.24%、46.81% 和 21.95%。

（5）绿色低碳技术模式效果显著

2015 年以来，我国开展化肥农药使用量零增长行动。“十三五”期间，各地加快集成推广化肥农药减量增效绿色高效技术模式，探索工作机制与服务方式，持续优化投入品结构，加快推广科学施肥用药技术，同时开展肥料统配统施、病虫统防统治专业化服务。2020 年，我国有机肥施用面积超过 5.5 亿亩次，比 2015 年增加约 50%，高效低风险农药占比超过 90%；配方肥占三大粮食作物施用总量的 60% 以上；机械施肥超过 7 亿亩次，水肥一体化 1.4 亿亩次；绿色防控面积近 10 亿亩，主要农作物病虫害绿色防控覆盖率为 41.5%，比 2015 年提高 18.5 个百分点；肥料统配统施、病虫统防统治专业化服务组织达到 9.3 万个，三大粮食作物病虫害统防统治覆盖率达到 41.9%，比 2015 年提高 8.9 个百分点。截至 2020 年年底，我国化肥农药使用量显著减少，化肥农药利用率明显提升，水稻、小麦、玉米三大粮食作物化肥利用率为 40.2%，比 2015 年提高 5 个百分点；农药利用率为 40.6%，比 2015 年提高 4 个百分点。

2.4.1.3　我国农产品质量安全监管情况

党的十八大以来，党中央、国务院进一步改革完善食品安全监管体制，将多部门监管调整为以食药（现国家市场监督管理总局）、农业（现农业农村部）两部门为主的分段监管方式，提出了“四个最严”的农产品质量安全工作新要求，用最严谨的标准、最严格的监管、最严厉的处罚、最严肃的问责，确保广大人民群众“舌尖上的安全”。国家高度重视政策法规标准建设在保障农产品质量安全方面的作用，制定了一系列相关制度规章，不断强化监管措施，连续多年开展农产品质量安全专项整治行动。2013 年以来，国家先后印发和颁布了《关于加强农产品质量安全监管工作的通知》《“十三五”全国农产品质量安全提升规划》《全国农业执法监管能力建设规划（2016—2020 年）》《农业部关于加强农产品质量安全检验检测体系建设与管理的意见》和《“十四五”全国农产品质量安全提升规划》等。

“十三五”期间，各级农业农村部门完善监管机制，加强源头治理、过程管控和风险防控，没有发生重大农产品质量安全事件。

在监管监测体系方面，全国所有省（自治区、直辖市）、88% 的地市、全部“菜篮子”产品大县及其乡镇设立了农产品质量安全监管机构，农产品质量安全监管执法人员近 15 万人。全国农产品质量安全检验检测机构 2297 家，检测人员 2.41 万人。农产品质量安全例行监测计划不断优化，部省两级监测网络基本覆盖了全国主要大中城市和农产品产区、城乡居民主要消费品种。

在监管执法方面，农业农村部会同有关部门组织开展多项农产品质量安全专项整治行动，五年共出动执法人员 1859.6 万人次，检查生产企业 1058 万家（次），查处问题 13 万起。农业农村部联合有关部门开展农资打假专项治理行动，严打制售伪劣农资违法行为，种子、肥料、农药、兽药、饲料和饲料添加剂等农资质量持续稳定在较高水平。

在监管制度机制方面，农业农村部支持建设国家农产品质量安全省 5 个，认定国家农产品质量安全县（市）318 个。在全国试行承诺达标合格证制度，试行范围内 57.3% 的新型农业经营主体做到常态化开具承诺达标合格证。

2022 年 9 月新修订的《中华人民共和国农产品质量安全法》施行，进一步推进从田间地头到百姓餐桌的全过程监管，修改的内容主要包括压实农产品质量安全责任、强化农产品质量安全风险管理和标准制定、完善农产品生产经营全过程管控措施、加强农产品质量安全监督管理、加大对违法行为的处罚力度五个方面。

一是将农户纳入监管范围，明确农业生产企业、农民专业合作社、农户应当对其生产经营的农产品质量安全负责，地方政府应当对本行政区域的农产品质量安全工作负责；加强收储运环节监管，明确农产品批发市场、农产品销售企业、食品生产者等的检测、合格证明查验等义务；针对出现的新业态和农产品销售的新形式，规定了网络平台销售农产品的生产经营者、从事农产品冷链物流的生产经营者的质量安全责任。

二是明确实行源头治理、风险管理、全程控制的基本原则，建立农产品质量安全风险监测、评估制度，加强对重点区域、重点农产品品种的风险管理。同时，强调农产品质量安全标准是强制执行的标准，进一步明确农产品质量安全标准的内容，并确保严格实施。

三是坚持源头治理，完善农产品产地环境调查、监测和评价制度，对控肥、控药、控添加剂，科学合理使用农业投入品提出明确要求，加强农产品生产者的内部质量控制；明确储存运输环节的监管要求，防止对农产品造成二次污染；建立农产品承诺达标合格证制度和追溯管理制度，强化农产品质量安全意识，实现生产记录可查询、产品流向可追踪、责任可明晰。

四是明确农业农村、市场监督管理部门的监管职责，健全随机抽查机制，并明确采集样品应当按照市场价格支付费用。同时，强调农业农村和市场监督管理部门应当加强协调配合和执法衔接，建立全程监督管理协作机制，确保农产品从生产到消费各环节的质量安全。对农产品质量安全工作不力、问题突出的地方政府，可以对其主要负责人进行责任约谈。

五是与食品安全法相衔接，提高了对违法行为的处罚力度，并对做好行刑衔接做了规定。此外，考虑到我国国情、农情，对农户规定了较轻的处罚，既起到震慑作用，又兼顾农户的发展现状，引导农户规范生产经营活动。

2.4.2 我国农产品产地环境管理存在的问题

2.4.2.1 调查监测底数尚未摸清

农产品产地安全管理需要获取产地的自然地理、产地面积、耕地类型分布、农业投入品使用、作物种植结构以及产地周边污染源情况等，尤其是产地土壤、灌溉水、空气等质量安全信息。我国现有的农产品产地环境调查工作缺乏根据区域环境特征、农业耕作模式、农业生产条件等进行的统一规划与布局，主要由各部门主导，自然资源部、农业农村部、生态环境部等部门对产地环境的调查目标和技术规程不同，在调查内容和方法上也不同，因而数据成果缺少互补、部分重复、缺乏统一管理，共享和集成难度大，既不符合科学经济的原则，也无法满足农产品产地安全管理对产地信息的需求。受管理方式、资金保障等条件限制，我国积累的产地环境监测数据大多集中于特定时期或特定区域，时间上连续性不够，空间上代表性不足，且数据获取缺乏动态性，数据库无法及时更新，数据过于分散，不利于整合与综合利用。

2.4.2.2 法规标准体系有待健全

目前产地环境管理法律法规和标准不能完全满足农产品产地安全管理的实际应用需求，存在不成体系、实用性不强等问题。

① 我国缺少专门针对产地环境的法律，部分通用性法律对产地污染防治的效力偏低，在产地环境管理实践中操作难度较大。

② 早期的一些法律法规明显滞后于产地环境质量现状，不能适应当前产地环境管理工作的需要。

③ 标准颁发部门及归口部门较多，标准名目也多，易造成重复和冲突，给实际管理应用带来不便。

④ 部分标准指标的制定缺少充分的试验基准研究，导致科学性和执行性不强。

⑤ 我国产地环境情况多样，尤其是土壤类型复杂，目前的标准缺乏针对性。

⑥ 法律法规、标准与产地环境管理政策、规划之间缺乏良好的衔接。

2.4.2.3 市场化机制运用较少

我国农产品产地环境管理的资金来源还比较单一，主要依靠政府财政投入和专项基金，缺少市场化运作机制，因而不利于引导和鼓励社会资金投入农产品产地环境保护和综合治理，对于企业落实产地环境保护主体责任也无法起到督促作用，有限的税收、信贷、补贴、保险等经济政策实施范围小、机制不灵活。

2.4.3 我国农产品产地环境管理改进措施

2.4.3.1 明确监管职责，加快构建现代长效监测网络

农产品产地环境管理既涉及生态环境部门，又涉及农业农村部门，应进一步明确产地安全监管职责，明晰任务目标和任务分工、合理界定管理范畴。同时建立农业可持续发展部门协调机制，加强组织领导和沟通协调，形成部门合力。另外，还要完善政绩考核评价体系，创建农业可持续发展的评价指标体系，将耕地红线、资源利用与节约、环境治理、生态保护纳入地方各级政府绩效考核范围。监管部门应加强对农业投入品使用的监管和指导，普及安全、环保农业投入品的使用，督促农产品生产经营者严格执行农业投入品使用安全间隔期或者休药期的规定，督促农药、兽药经营者依照有关法律、行政法规的规定建立销售台账，记录购买者、销售日期和药品施用范围等内容。

环境监管部门和农产品质量监管部门应立足支撑管理，围绕产地环境高水平保护，着眼统筹支撑产地污染治理、产地生态保护等环境问题，全面谋划土壤、大气、水体等环境质量监测、污染源监测业务，推进现代高效监测网络构建，加强农用地土壤污染监测和数据评价分析，以充分发挥监测的支撑、引领、服务作用。将遥感、物联网、大数据等现代信息技术与产地环境监测相结合，对农作物生长发育、畜禽养殖和渔业生产中土壤、水、大气环境质量状况进行长期跟踪监测和分析，加快数字监测体系建设，提升产地环境监测信息化和智能化水平。同时，立足提升能力，围绕产地环境治理体系目标，谋划产地环境监测体系改革创新，健全监测与评价制度，加快构建政府主导、部门协同、企业履责、社会参与、公众监督的“大监测”格局，实施监测网络和机构能力建设重大工程，加快实现产地环境监测现代化。

2.4.3.2 完善法规标准，推进技术体系建设

农产品产地环境管理法律法规的制定是一项需要长期持续、不断更新的过程，应有针对性地制定、完善和细化产地环境监测、评价、治理、修复等方面的法律法规，加强与相关法律法规之间的衔接，明确产地环境法律法规在保护农产品质量安全和保障居民健康方面的特殊地位。

技术体系是产地环境管理的重要支撑，应全面考虑农业发展中的环境问题，建立产地环境、投入品、农产品一体化的标准体系，同时针对产地监测技术、产地评价技术、分等定级及种植结构调整技术以及产地安全信息管理技术等构建协同创新技术体系。

① 针对现场调查与资料收集、监测单元划分、监测点位布设、土壤样品采集与测试、数据统计分析及评价方法等，分别制定相应的技术细则。

② 在土壤环境、农产品监测方面，加强样品前处理、快速检测、原位检测、痕量分析、危险物质筛查与精准识别等技术的研发与应用，创新生态调查技术、生态综合评价方法等，提高农业生态状况监测与评价水平。

③ 根据农产品产地土壤环境质量对不同敏感程度农作物的适宜性，将农产品产地土壤环境质量分成不同的等级，探索分级管理技术。

④ 加强土壤污染风险管控和修复技术创新，开展土壤污染效应与生态健康风险管控、污染物多尺度效应及转化技术方法等研究，研发低碳、适用、成本低的修复技术、装备和综合防控策略。

⑤ 研究建立产地安全信息管理技术，以对全国性、高密度的产地安全质量信息进行登记，对环境监测数据自动统计、提供多角度检索和评价，从而实现对产地安全信息的有效管理。

2.4.3.3 建设绿色金融体系，构建产地环境管理综合平台

在市场化机制方面，逐步构建绿色金融体系，健全以绿色生态为导向的农业补贴制度，动员和激励更多社会资本投入绿色产业，同时有效地抑制污染性投资。推动财政资金投入向农业农村生态环境领域倾斜，完善生态补偿政策，通过贷款、专业化担保机制、绿色信贷支持项目财政贴息、设立国家绿色发展基金等措施支持绿色金融发展。支持地方发展绿色金融，鼓励有条件的地方通过专业化绿色担保机制、设立绿色发展基金等手段撬动更多的社会资本投资绿色产业。加大政府和社会资本合作（PPP）在农业生态环境保护领域的推广应用，引导社会资本投向农业资源节约利用、污染防治和生态保护修复等领域。加快培育新型市场主体，采取政府统一购买服务、企业委托承包等多种形式，推动建立农业农村污染第三方治理机制。

在综合管理方面，逐步推动多要素多领域系统治理，提升产地环境信息化管理水平，利用生态环境、自然资源、农业农村等部门相关数据，建立土壤环境基础数据库，构建全国土壤环境信息化管理平台，借助移动互联网、物联网等技术，拓宽数据

获取渠道，实现数据动态更新。建立健全网络式、层次化的产地环境数据管理库系统与平台，促进实现产地环境信息获取的实时化、信息传输的网络化、数据库更新的动态化以及信息分析处理的科学化和智能化，为开展产地环境的特征分析、规律揭示、预警发布等提供科技支撑。

2.5 我国耕地环境质量评价与分类管理

按照土壤污染程度和相关标准，我国将农用地划分为优先保护类、安全利用类和严格管控类。2016 年，国务院印发《土壤污染防治行动计划》，提出以改善土壤环境质量为核心，以保障农产品质量安全为出发点，实施分类别、分用途、分阶段管理，并根据土地利用变更和土壤环境质量变化情况，对各类别耕地面积、分布等信息进行更新。2019 年，生态环境部联合农业农村部在类别划分试点基础上修订发布了《农用地土壤环境质量类别划分技术指南》，提出充分考虑土壤与农产品协同监测数据，科学开展耕地土壤环境质量类别划分的原则，各地在实际划分过程中可根据农产品质量状况辅助判定耕地土壤环境类别，将符合条件的安全利用类耕地综合判定为优先保护类，将符合条件的严格管控类耕地综合判定为安全利用类，并可结合实际情况进行动态调整更新。

2.5.1 耕地环境质量概念解析

耕地环境是农产品产地环境中最基础、最重要的部分，直接影响农产品质量安全和人体健康。《国土资源实用词典》将其定义为一个具体耕地环境内耕地环境的总体或其中某些要素对农作物生长发育的影响程度和对人类生存发展的适宜程度；2016 年农业部《耕地质量调查监测与评价办法》将耕地质量定义为由耕地地力、土壤健康状况和田间基础设施构成的满足农产品持续产出和质量安全的能力，可以通过耕地环境质量来体现耕地的内在基础条件和外在利用特征[6]；随着现代农业的不断发展与绿色 GDP（国内生产总值）的引入，未来耕地的生态价值也被视作衡量耕地质量水平的重要指标[7]。时代发展与层次视角的不同赋予耕地环境质量不同的内涵，但不可否认的是，基于耕地质量的生产性、综合性特点，耕地环境质量的构成不断发展、愈发丰富，囊括自然要素、经济效益与生态保护等多方面，是自然、经济、社会等多重属性影响下的综合概念。

2.5.2 耕地环境质量评价

耕地环境质量评价针对耕地土壤质量、耕地环境质量、耕地经济质量和耕地管理质量四个方面。耕地土壤质量作为耕地质量的基础，主要评价耕作土壤本身的优劣程度；耕地环境质量指地质、水文、大气等耕地所在处的自然环境条件；耕地经济质量评价耕地的综合产出能力与产出效率；耕地管理质量则常用耕地的平整化、水利化和机械化水平来界定，反映人类对耕地的影响程度[6]。

2.5.3 耕地环境质量类别划分

2.5.3.1 总体思路

耕地环境质量类别划分，首先要明确耕地环境的内涵与相关概念。耕地环境质量指在一定的时空范围内，耕地自身性状对其持续利用及其他环境要素，特别是人类和其他生物有机体的生存、繁衍以及社会经济发展的适宜程度[8]。类别划分的目的在于保障农产品质量安全、保护耕地及其周边环境，针对土壤污染与农产品质量安全之间关系复杂性的特点，《土壤环境质量 农用地土壤污染风险管控标准（试行）》（GB 15618—2018）创造性提出了筛选值和管制值的双线标准修订思路，评估农用地土壤环境质量等级与类别划分，对耕地土壤环境进行综合评估，将耕地土壤划分为优先保护、安全利用及严格管控 3 个类别。

2.5.3.2 划分原则

影响耕地质量的因素综合而广泛，涉及自然环境、社会经济等多方面，因此，选取作为耕地环境质量类别划分的因素必须影响程度强、稳定并具有代表性，并遵循耕地环境质量类别的划分原则。沈仁芳等[9]提出全国性耕地质量评价指标应简单、合理和实用，遵循统一性、主导性、敏感性、实用性、独立性、稳定性原则，统一选择有可比性、有代表性、反应敏感的指标，指标间尽可能无关联或关联程度小，以保证分析结果的可信度并避免重复；李彤等[10]指出对耕地质量进行评价主要遵循针对性、综合性与主导性、相对性和科学性四个原则，选择对农作物生长与可持续发展影响较大的因子进行综合分析，充分考虑地域差异与人为因素，一切以科学认识为基础，避免受人为的主观因素影响；汤淑娟等[6]梳理总结前人选取原则的经验，得出主导性原则、生产性原则、实用性原则、保护性原则四个常用基本原则，并指出根据研究的实际需要和不同侧重，专家学者会基于四个常用基本原则，新增部分具体工作所需的原则。

2.5.3.3 划分标准

国内研究领域针对土地质量评价指标体系构建进行了多项研究，例如：农用地分等定级的指标体系、基于农用地分等成果的耕地质量动态监测指标体系、耕地基础地力监测评价体系等[11]；我国农业农村、自然资源、生态环境等部门均出台过相关的技术标准或规程，使用较多的主要有单因子指数法、多因子综合评价法、地累积指数法、综合污染指数法、内梅罗污染指数法、层次分析法等[12]。2018 年 8 月 1 日起实施的《土壤环境质量　农用地土壤污染风险管控标准（试行）》（GB 15618—2018）根据风险筛选值与风险管控值对耕地环境质量进行划分。农用地土壤中污染物含量等于或者低于风险筛选值的，被划分为优先保护类，土壤生态环境的风险低，一般情况下可以忽略；农用地土壤中污染物含量超过风险管控值的，被划分为严格管控类，原则上应当采取禁止种植食用农产品、退耕还林等严格管控措施；农用地土壤污染物含量介于筛选值和管制值之间的，被划分为安全利用类，原则上应当采取农艺调控、替代种植等安全利用措施，降低农产品超标风险。

2.5.3.4 划分方法

（1）经验判断指数和法

经验判断指数和法主要应用于早期的耕地质量评价，根据评价研究有关人员的经验来判断确定各个指标的权重，按评价单元累加各参评因素的指数获得指数和，与事先设定的不同耕地等级指数范围进行对照评定地力等级[13]。但该方法主观性较强，易造成指标选取不全面、权重分配不恰当、缺乏系统性等问题，一般在缺乏数据和计算技术的情况下使用[6]。

（2）层次分析法（AHP）

层次分析法是把所研究的复杂问题看作一个大系统[13]，通过对系统的多个因素进行细分，根据各因素间的联系与相似性划分为不同层次，由专家有针对性地对每一层次进行比较、分析与计算，相应地给出相对重要性的定量表示与对应权值，通过排序得到最终结果，为决策规划和问题解释提供参考。层次分析法适用于复杂且多因素关联的耕地质量评价，可以提高赋值的科学性与准确性，避免因主观性造成的大范围误差。

（3）模糊综合评价法

耕地是在自然因素和人为因素共同作用下形成的一种复杂的自然综合体，它受时间、空间因子的制约，使得耕地质量本身无法在“好”与“不好”之间精确截断，因此，现用模糊评语评定耕地质量较为广泛[13]。但模糊综合评价法存在明显缺点，在相关信息的取舍和评价感知等方面存在极大主观性，易产生误差误判或理解偏差的问题[6]。

（4）GIS 技术

地理信息系统（geographical information system, GIS）是采集、存储、管理、分析、描述和应用地球空间及地理分布有关数据的计算机系统[13]，具有优秀的空间数据处理能力，在耕地质量评价过程中可以同遥感（RS）技术相结合，可以将耕地地力的空间分布状况、变异状况迅速精确地反映到图上，为耕地质量评价提供便利工具。

（5）压力 - 状态 - 响应（PSR）可持续性评价

农业可持续发展的评价体系可通过压力 - 状态 - 响应（PSR）模型实现的[10]。压力指标包括给耕地环境质量造成负荷的外部因素，状态指标指耕地环境质量现状，响应指标代表管理者及政策制定者根据耕地环境质量状态所做出的反应和决策。基于PSR 模型的耕地环境质量评价框架，利用压力和响应两个指标体系对耕地性状的影响因素进行评价，利用状态指标体系对耕地自身性状进行评价[8]。三个方面相互制约，互相均衡，真实地反映出耕地环境质量变化的影响因素与因果关系，对耕地质量可持续性地进行预估与评价，有利于政府判断未来耕地质量发展方向，制定有利于耕地可持续性发展的决策。

2.5.4 存在问题及对策建议

2.5.4.1 建立完善的耕地质量评价指标体系

总体来看，国内还没有形成统一、完善的耕地质量评价指标体系，所有的评价体系依然是以各项工作目标为标准进行构建[11]，在指标体系建立和评价方法方面仍然存在一定的研究缺口[6]。大部分研究着眼于指标项目的选择，而对于各项指标的限量标准与风险评估提及较少，缺少科学、符合实际情况的限量控制建议。对于耕地环境质量的划分与评价，未来可从其基本内涵入手，继续深化细化耕地环境质量指标体系的研究，动态把握耕地状态、肥力评估、经济效益及未来演变，运用耕地环境质量类别划分耕地，保护优先、预防优先，根据耕地环境与未来预期进行建设与开发，采取保护与利用措施。

2.5.4.2 健全耕地环境污染预防机制

目前的研究和管理往往更重视对耕地环境污染状态的评估，而对于耕地环境污染预防和污染后治理的手段提及较少，且很少考虑对社会经济环境的影响；能够指出耕地环境质量是受自然、社会等多方面因素综合影响，但未能提出具体的、可操作性的指导意见。今后应结合先进科学技术，加强耕地环境污染预防措施的宣传与利用，提升耕地环境质量类别划分与评价的准确性、科学性与全面性，加强新型技术的应用与推广，提升耕地质量管理质量与效率，为土地资源管理提供更精确的数据与更科学的理论支持[6]。

综上，构建科学高效的农产品产地环境管理体系是保障我国农产品质量安全和产地资源环境可持续利用的重要途径和必然选择。当前，我国农产品产地环境质量仍存在一些问题，如化肥投入量较高，农药利用率、废弃物资源化率、地膜回收率偏低，部分区域土壤污染和健康问题突出等。今后要综合考虑各地产地环境承载力、环境容量、生态类型和发展基础等因素，坚持问题导向，以持续提高农业资源利用率和“一控两减三基本”为目标，进一步实行综合决策机制，加强规划与宏观调控，构建决策科学、体制完善、机制灵活、调控有效、监管可靠的农产品产地环境管理体系。一是理顺体制机制，明确各方责任和事权，完善考核机制，保障综合决策机制高效运行，确保管理政策有效落地实施；二是构建完善的法律法规体系，注重法律法规之间的相互衔接与协调，注意划分明确的责任主体和清晰的责任界定，确保法律法规在实施层面的可操作性；三是制定科学完备的标准体系，加快健全粮食安全、耕地保护、农业投入品、循环农业等领域标准；四是强化调查监测与评价，构建全国统一的环境监测规范体系，实现环境监测全要素溯源传递和全过程质量控制；五是提升监管服务水平，加强监管体系队伍建设，做深做实网格化管理，创新监管制度机制，推进智慧监管，提升监管效能。

参考文献

[1] 李玉浸 . 农产品产地安全管理办法主要内容及要点解释 [J]. 农业环境与发展 , 2007, 24(3): 1-5.

[2] 张铁亮 , 王敬 , 刘潇威 , 等 . 构建新时代农产品产地环境监测网络的思考 [J]. 环境保护 , 2022, 50(5): 19-24.

[3] 冯嘉 . 农产品产地保护与管理的法律创新——《农产品产地安全管理办法》评介 [J]. 农业环境与发展 , 2006, 23(6): 12-14.

[4] 钟真 , 孔祥智 . 产业组织模式对农产品质量安全的影响：来自奶业的例证 [J]. 管理世界 , 2012(1): 79-92.

[5] 马有祥 . 2021 年我国农产品质量安全工作进展及 2022 年重点任务 [J]. 农产品质量与安全 , 2022(2): 5-8.

[6] 汤淑娟 , 刘安迪 . 我国耕地质量评价指标体系与方法综述 [J]. 现代农业研究 , 2022, 28(3): 45-47.

[7] 杜国明 , 刘彦随 , 于凤荣 , 等 . 耕地质量观的演变与再认识 [J]. 农业工程学报 , 2016, 32(14): 243-249.

[8] 邱孟龙 , 王琦 , 陈俊坚 , 等 . 东莞市耕地环境质量的压力 - 状态 - 响应分析与评价 [J]. 农业环境科学学报 , 2015, 34(3): 524-531.

[9] 沈仁芳 , 陈美军 , 孔祥斌 , 等 . 耕地质量的概念和评价与管理对策 [J]. 土壤学报 , 2012, 49(6): 1210-1217.

[10] 李彤 , 于瑛 . 耕地质量评价研究进展及发展趋势 [J]. 北京农业 , 2016(3): 204-205.

[11] 宋芊 . 土地质量评价指标体系研究进展与展望 [J]. 现代农业研究 , 2022, 28(3): 42-44.

[12] 李春亮，唐继荣，张玮，等. 甘肃省农用地土壤环境质量类别划分方法 [J]. 甘肃地质，2022, 31(1): 79-82.

[13] 鲁明星，贺立源，吴礼树. 我国耕地地力评价研究进展 [J]. 生态环境，2006(4): 866-871.

第3章

农产品产地环境管理的行业标准与部门规章

- 国家标准（GB）
- 行业标准（HB）
- 地方标准（DB）
- 限量标准
- 国外农产品产地安全管理质量监测标准与技术规范
- 我国农产品产地环境管理的质量监测标准与技术规范
- 基于国家、农业、环境等标准的问题及改进措施习近平总书记指出，把住生产环境安全关，就要治地治水，净化农产品产地环境。各级农业农村部门、生态环境部门等应认真贯彻党中央决策部署，进一步提高政治站位，切实把农产品产地环境管理摆在工作重要位置。近年来，各部门强化农产品产地环境保护，开展了一系列工作：

① 开展农产品产地土壤重金属污染普查，研究建立了农产品产地分级管理制度；

② 推进全国土壤污染状况详查，根据《土壤污染防治行动计划》每10年开展1次土壤环境质量状况定期调查的要求，农业农村部会同生态环境部等部门编制并联合印发了《全国土壤污染状况详查总体方案》，启动实施全国土壤污染状况详查；

③ 强化农业面源污染监测预警，在第一次全国污染源普查的基础上，农业农村部会同地方农业农村部门在全国初步建立了由273个农田氮磷流失定位监测点和2万多个典型调查田块，210个废旧残膜污染定位监测点，25个畜禽养殖污染排放定位监测点和7000多家典型规模化畜禽养殖场构成的全国农业面源污染监测网络，开展农业面源污染典型调查与长期定位监测，基本掌握了全国农业面源污染状况及动态变化；

④ 实施耕地土壤重金属污染修复及种植结构调整试点，探索了可借鉴、可复制、可推广的耕地重金属污染治理模式。

本章主要开展两方面工作：一是梳理各部门通过工作实践形成的各类农产品产地环境管理；二是试图分析标准制定和实施过程中存在的问题并提出改进措施，以期为农产品产地环境安全提供推进路径。

3.1 国家标准（GB）

农产品产地环境国家标准涉及农田灌溉水质标准、地表水环境质量标准、农用地土壤污染风险管控标准、环境空气质量标准等4个方面。本节以不同类型的标准为分析对象，系统阐述农产品产地环境的适用范围、监测重点、评价方法等内容。

3.1.1 《农田灌溉水质标准》(GB 5084—2021)

为贯彻《中华人民共和国环境保护法》《中华人民共和国土壤污染防治法》《中华人民共和国水污染防治法》，加强农田灌溉水质监管，保障耕地、地下水和农产品安全，生态环境部制定《农田灌溉水质标准》，作为国家环境质量标准。该标准规定了农田灌溉水质要求、监测与分析方法和监督管理要求。该标准适用于以地表水、地下水作为农田灌溉水源的水质监督管理。城镇污水（工业废水和医疗污水除外）以及未综合利用的畜禽养殖废水、农产品加工废水和农村生活污水进入农田灌溉渠道，其下游最近的灌溉取水点的水质按该标准进行监督管理。标准将农作物分为水田作物、旱地作物和蔬菜三大类，将农田灌溉水质控制项目按照基本控制项目和选择控制项目分别规定。规定包含 pH 值、水温、悬浮物、8 种重金属（镉、汞、砷、铅、铬、铜、锌、镍）等分析项目及监测方法共计 36 项，基本必测项目 16 项，由各级人民政府生态环境主管部门会同农业农村部、水利部等相关主管部门监督与实施。标准实施有利于促进水资源合理循环利用，同时也对农田土壤、地下水和农产品安全提供科学保障。

《农田灌溉水质标准》于 1985 年首次发布，1992 年和 2005 年分别进行了 2 次修订，《农田灌溉水质标准》（GB 5084—2021）为第 3 次修订。由于中国南方因水质性缺水和北方因资源性缺水等原因，进行的污水灌溉造成了农田土壤环境、农产品安全及人体健康的风险；中国典型区域农田灌溉水的水质质量状况；城镇生活污水处理再生后用于农田灌溉产生的潜在环境风险；南方和北方农田灌溉水源的实际情况，尤其是农村生活污水处理和水质的问题，为了保障农业农村可持续发展，系统考虑中国当前常规灌溉水源和污水处理后的再生水灌溉水源，以符合中国农业农村的实际情况，有必要通过修订完善《农田灌溉水质标准》及强化监管措施，为农用地土壤环境质量和农产品安全提供保障。国家标准《农田灌溉水质标准》（GB 5084—2021）依据中国国家标准《标准化工作导则　第 1 部分：标准的结构和编写》（GB/T 1.1—2009）规则起草。修订情况如下：

① 修改了标准适用范围；

② 更新了规范性引用文件；

③ 增加了农田灌溉用水、水田作物和旱地作物等术语与定义；

④ 增加了总镍、氯苯、1,2- 二氯苯、1,4- 二氯苯、硝基苯、甲苯、二甲苯、异丙苯、苯胺 9 项农田灌溉水质选择控制项目限值；

⑤ 修改了对农田灌溉水质的监测要求；

⑥ 增加了标准的实施与监督规定。

3.1.1.1　农田灌溉水质要求

农田灌溉水质控制项目分为基本控制项目和选择控制项目。基本控制项目为必测项目，应符合表 3-1 的规定。选择控制项目由地方生态环境主管部门会同农业农村、水利等主管部门根据农田灌溉用水类型和作物种类要求选择执行，应符合表 3-2 的规定。

表3-1　农田灌溉水质基本控制项目限值

序号	项目类别	作物种类		
		水田作物	旱地作物	蔬菜
1	pH 值	5.5 ～ 8.5		
2	水温 /℃	≤ 35		

续表

序号	项目类别	作物种类		
		水田作物	旱地作物	蔬菜
3	悬浮物 / (mg/L)	≤ 80	≤ 100	≤ 60①，≤ 15②
4	五日生化需氧量（BOD_5）/(mg/L)	≤ 60	≤ 100	≤ 40①，≤ 15②
5	化学需氧量（COD_{Cr}）/(mg/L)	≤ 150	≤ 200	≤ 100①，≤ 60②
6	阴离子表面活性剂 /(mg/L)	≤ 5	≤ 8	≤ 5
7	氯化物（以 Cl^- 计）/(mg/L)	≤ 350		
8	硫化物（以 S^{2-} 计）/(mg/L)	≤ 1		
9	全盐量 /(mg/L)	≤ 1000（非盐碱土地区），≤ 2000（盐碱土地区）		
10	总铅 /(mg/L)	≤ 0.2		
11	总镉 /(mg/L)	≤ 0.01		
12	铬（六价）/(mg/L)	≤ 0.1		
13	总汞 /(mg/L)	≤ 0.001		
14	总砷 /(mg/L)	≤ 0.05	≤ 0.1	≤ 0.05
15	粪大肠菌群数 /(MPN/L)	≤ 40000	≤ 40000	≤ 20000①，≤ 10000②
16	蛔虫卵数 /(个 /10L)	≤ 20		≤ 20①，≤ 10②

① 加工、烹调及去皮蔬菜。
② 生食类蔬菜、瓜类和草本水果。

表3-2　农田灌溉水质选择控制项目限值

序号	项目类别	作物种类		
		水田作物	旱地作物	蔬菜
1	氰化物（以 CN^- 计）/(mg/L)	≤ 0.5		
2	氟化物（以 F^- 计）/(mg/L)	≤ 2（一般地区），≤ 3（高氟区）		
3	石油类 /(mg/L)	≤ 5	≤ 10	≤ 1
4	挥发酚 /(mg/L)	≤ 1		
5	总铜 /(mg/L)	≤ 0.5	≤ 1	
6	总锌 /(mg/L)	≤ 2		
7	总镍 /(mg/L)	≤ 0.2		
8	硒 /(mg/L)	≤ 0.02		
9	硼 /(mg/L)	≤ 1①，≤ 2②，≤ 3③		
10	苯 /(mg/L)	≤ 2.5		
11	甲苯 /(mg/L)	≤ 0.7		

续表

序号	项目类别	作物种类		
		水田作物	旱地作物	蔬菜
12	二甲苯 /(mg/L)	≤ 0.5		
13	异丙苯 /(mg/L)	≤ 0.25		
14	苯胺 /(mg/L)	≤ 0.5		
15	三氯乙醛 /(mg/L)	≤ 1	≤ 0.5	
16	丙烯醛 /(mg/L)	≤ 0.5		
17	氯苯 /(mg/L)	≤ 0.3		
18	1,2- 二氯苯 /(mg/L)	≤ 1.0		
19	1,4- 二氯苯 /(mg/L)	≤ 0.4		
20	硝基苯 /(mg/L)	≤ 2.0		

① 对硼敏感作物，如黄瓜、豆类、马铃薯、笋瓜、韭菜、洋葱、柑橘等。
② 对硼耐受性较强的作物，如小麦、玉米、青椒、小白菜、葱等。
③ 对硼耐受性强的作物，如水稻、萝卜、油菜、甘蓝等。

城镇污水处理厂再生水进行农田灌溉，同时应执行 GB 20922 的规定。

向农田灌溉渠道排放城镇污水以及未综合利用的畜禽养殖废水、农产品加工废水、农村生活污水，应保证其下游最近的灌溉取水点的水质符合标准的要求。

3.1.1.2 监测与分析方法

农田灌溉水质基本控制项目和选择控制项目的监测布点和采样方法应符合 NY/T 396 的要求，待农田灌溉水质监测技术规范发布实施后从其规定。

该标准控制项目分析方法按照表 3-3 执行。标准发布实施后国家发布的监测标准，如适用性满足要求，同样适用于该标准相应控制项目的测定。

表3-3 农田灌溉水质控制项目分析方法

序号	分析项目	标准名称	标准编号
1	pH 值	水质 pH 值的测定 电极法	HJ 1147
2	水温	水质 水温的测定 温度计或颠倒温度计测定法	GB 13195
3	悬浮物	水质 悬浮物的测定 重量法	GB 11901
4	五日生化需氧量（BOD_5）	水质 五日生化需氧量（BOD_5）的测定 稀释与接种法	HJ 505
5	化学需氧量（COD_{Cr}）	水质 化学需氧量的测定 快速消解分光光度法	HJ/T 399
		水质 化学需氧量的测定 重铬酸盐法	HJ 828

续表

序号	分析项目	标准名称	标准编号
6	阴离子表面活性剂	水质　阴离子表面活性剂的测定　亚甲蓝分光光度法	GB 7494
		水质　阴离子表面活性剂的测定　流动注射 - 亚甲基蓝分光光度法	HJ 826
7	氯化物	水质　氯化物的测定　硝酸银滴定法	GB 11896
		水质　无机阴离子（F^-、Cl^-、NO_2^-、Br^-、NO_3^-、PO_4^{3-}、SO_3^{2-}、SO_4^{2-}）的测定　离子色谱法	HJ 84
		水质　氯化物的测定　硝酸汞滴定法（试行）	HJ/T 343
8	硫化物	水质　硫化物的测定　亚甲基蓝分光光度法	GB/T 16489
		水质　硫化物的测定　气相分子吸收光谱法	HJ/T 200
		水质　硫化物的测定　流动注射 - 亚甲基蓝分光光度法	HJ 824
9	全盐量	水质　全盐量的测定　重量法	HJ/T 51
10	总铅	水质　铜、锌、铅、镉的测定　原子吸收分光光度法	GB 7475
		水质　65 种元素的测定　电感耦合等离子体质谱法	HJ 700
		水质　32 种元素的测定　电感耦合等离子体发射光谱法	HJ 776
11	总镉	水质　65 种元素的测定　电感耦合等离子体质谱法	HJ 700
		水质　32 种元素的测定　电感耦合等离子体发射光谱法	HJ 776
12	铬（六价）	水质　六价铬的测定　二苯碳酰二肼分光光度法	GB 7467
		水质　六价铬的测定　流动注射 - 二苯碳酰二肼光度法	HJ 908
13	总汞	水质　总汞的测定　冷原子吸收分光光度法	HJ 597
		水质　汞、砷、硒、铋和锑的测定　原子荧光法	HJ 694
14	总砷	水质　汞、砷、硒、铋和锑的测定　原子荧光法	HJ 694
		水质　65 种元素的测定　电感耦合等离子体质谱法	HJ 700
15	总镍	水质　镍的测定　火焰原子吸收分光光度法	GB 11912
		水质　65 种元素的测定　电感耦合等离子体质谱法	HJ 700
		水质　32 种元素的测定　电感耦合等离子体发射光谱法	HJ 776
16	粪大肠菌群数	水质　粪大肠菌群的测定　多管发酵法	HJ 347.2
17	蛔虫卵数	水质　蛔虫卵的测定　沉淀集卵法	HJ 775
18	氰化物	水质　氰化物的测定　容量法和分光光度法	HJ 484
		水质　氰化物的测定　流动注射 - 分光光度法	HJ 823

续表

序号	分析项目	标准名称	标准编号
19	氟化物	水质　氟化物的测定　离子选择电极法	GB 7484
		水质　无机阴离子（F^-、Cl^-、NO_2^-、Br^-、NO_3^-、PO_4^{3-}、SO_3^{2-}、SO_4^{2-}）的测定　离子色谱法	HJ 84
		水质　氟化物的测定　茜素磺酸锆目视比色法	HJ 487
		水质　氟化物的测定　氟试剂分光光度法	HJ 488
20	石油类	水质　石油类和动植物油类的测定　红外分光光度法	HJ 637
		水质　石油类的测定　紫外分光光度法（试行）	HJ 970
21	挥发酚	水质　挥发酚的测定　4- 氨基安替比林分光光度法	HJ 503
		水质　挥发酚的测定　流动注射 -4- 氨基安替比林分光光度法	HJ 825
22	硼	水质　硼的测定　姜黄素分光光度法	HJ/T 49
		水质　65 种元素的测定　电感耦合等离子体质谱法	HJ 700
23	总铜	水质　铜、锌、铅、镉的测定　原子吸收分光光度法	GB 7475
		水质　铜的测定　二乙基二硫代氨基甲酸钠分光光度法	HJ 485
		水质　铜的测定　2,9- 二甲基 -1,10- 菲啰啉分光光度法	HJ 486
		水质　65 种元素的测定　电感耦合等离子体质谱法	HJ 700
		水质　32 种元素的测定　电感耦合等离子体发射光谱法	HJ 776
24	总锌	水质　铜、锌、铅、镉的测定　原子吸收分光光度法	GB 7475
		水质　65 种元素的测定　电感耦合等离子体质谱法	HJ 700
		水质　32 种元素的测定　电感耦合等离子体发射光谱法	HJ 776
25	硒	水质　硒的测定　石墨炉原子吸收分光光度法	GB/T 15505
		水质　汞、砷、硒、铋和锑的测定　原子荧光法	HJ 694
		水质　65 种元素的测定　电感耦合等离子体质谱法	HJ 700
		水质　总硒的测定　3,3′- 二氨基联苯胺分光光度法	HJ 811
26	苯	水质　挥发性有机物的测定　吹扫捕集 / 气相色谱 - 质谱法	HJ 639
		水质　挥发性有机物的测定　吹扫捕集 / 气相色谱法	HJ 686
		水质　挥发性有机物的测定　顶空 / 气相色谱 - 质谱法	HJ 810
		水质　苯系物的测定　顶空 / 气相色谱法	HJ 1067

续表

序号	分析项目	标准名称	标准编号
27	甲苯	水质　挥发性有机物的测定　吹扫捕集/气相色谱-质谱法	HJ 639
		水质　挥发性有机物的测定　吹扫捕集/气相色谱法	HJ 686
		水质　挥发性有机物的测定　顶空/气相色谱-质谱法	HJ 810
		水质　苯系物的测定　顶空/气相色谱法	HJ 1067
28	二甲苯	水质　挥发性有机物的测定　吹扫捕集/气相色谱-质谱法	HJ 639
		水质　挥发性有机物的测定　吹扫捕集/气相色谱法	HJ 686
		水质　挥发性有机物的测定　顶空/气相色谱-质谱法	HJ 810
		水质　苯系物的测定　顶空/气相色谱法	HJ 1067
29	异丙苯	水质　挥发性有机物的测定　吹扫捕集/气相色谱-质谱法	HJ 639
		水质　挥发性有机物的测定　吹扫捕集/气相色谱法	HJ 686
		水质　挥发性有机物的测定　顶空/气相色谱-质谱法	HJ 810
		水质　苯系物的测定　顶空/气相色谱法	HJ 1067
30	苯胺	水质　苯胺类化合物的测定　*N*-（1-萘基）乙二胺偶氮分光光度法	GB 11889
		水质　苯胺类化合物的测定　气相色谱-质谱法	HJ 822
		水质　17种苯胺类化合物的测定　液相色谱-三重四极杆质谱法	HJ 1048
31	三氯乙醛	水质　三氯乙醛的测定　吡唑啉酮分光光度法	HJ/T 50
32	丙烯醛	水质　丙烯腈和丙烯醛的测定　吹扫捕集/气相色谱法	HJ 806
33	氯苯	水质　氯苯的测定　气相色谱法	HJ/T 74
		水质　氯苯类化合物的测定　气相色谱法	HJ 621
		水质　挥发性有机物的测定　吹扫捕集/气相色谱-质谱法	HJ 639
		水质　挥发性有机物的测定　顶空/气相色谱-质谱法	HJ 810
34	1,2-二氯苯	水质　氯苯类化合物的测定　气相色谱法	HJ 621
		水质　挥发性有机物的测定　吹扫捕集/气相色谱-质谱法	HJ 639
		水质　挥发性有机物的测定　顶空/气相色谱-质谱法	HJ 810
35	1,4-二氯苯	水质　氯苯类化合物的测定　气相色谱法	HJ 621
		水质　挥发性有机物的测定　气相色谱-质谱法	HJ 639
		水质　挥发性有机物的测定　顶空/气相色谱-质谱法	HJ 810

续表

序号	分析项目	标准名称	标准编号
36	硝基苯	水质　硝基苯类化合物的测定　气相色谱法	HJ 592
		水质　硝基苯类化合物的测定　液液萃取 / 固相萃取 - 气相色谱法	HJ 648
		水质　硝基苯类化合物的测定　气相色谱 - 质谱法	HJ 716

3.1.2 《地表水环境质量标准》(GB 3838—2002)

为贯彻《中华人民共和国环境保护法》和《中华人民共和国水污染防治法》，防治水污染，保护地表水水质，保障人体健康，维护良好的生态系统，制定地表水环境质量标准，标准由国家环境保护总局和国家质量监督检验检疫总局联合发布，该标准为强制性标准，自 2002 年 6 月 1 日起开始实施。

该标准将标准项目分为：地表水环境质量标准基本项目、集中式生活饮用水地表水源地补充项目和集中式生活饮用水地表水源地特定项目。地表水环境质量标准基本项目适用于全国江河、湖泊、运河、渠道、水库等具有使用功能的地表水水域。集中式生活饮用水地表水源地补充项目和特定项目适用于集中式生活饮用水地表水源地一级保护区和二级保护区。集中式生活饮用水地表水源地特定项目由县级以上人民政府生态环境行政主管部门根据本地区地表水水质特点和环境管理的需要进行选择，集中式生活饮用水地表水源地补充项目和选择确定的特定项目作为基本项目的补充指标。

该标准项目共计 109 项，其中地表水环境质量标准基本项目 24 项，集中式生活饮用水地表水源地补充项目 5 项，集中式生活饮用水地表水源地特定项目 80 项。

与 GHZB 1—1999 相比，该标准在环境质量标准基本项目中增加总氮 1 项指标，删除了基本要求和亚硝酸盐、非离子氨和凯氏氮 3 项指标，将硫酸盐、氯化物、硝酸盐、铁、锰调整为集中式生活饮用水地表水源地补充项目，修订了 pH 值、溶解氧、氨氮、总磷、高锰酸盐指数、铅、粪大肠菌群 7 个项目的标准值，增加了集中式生活饮用水地表水源地特定项目 40 项。该标准删除了湖泊水库特定项目标准值。

3.1.2.1　水域分类

该标准按照地表水环境功能分类和保护目标，规定了水环境质量应控制的项目及限值，以及水质评价、水质项目的分析方法和标准的实施与监督。其中，Ⅰ类主要适用于源头水、国家自然保护区；Ⅱ类主要适用于集中式生活饮用水地表水源地一级保护区、珍稀水生生物栖息地、鱼虾类产场、仔稚幼鱼的索饵场等；Ⅲ类主要适用于集中式生活饮用水地表水源地二级保护区、鱼虾类越冬场、洄游通道、水产养殖区等渔业水域及游泳区；Ⅳ类主要适用于一般工业用水区及人体非直接接触的娱乐用水区；Ⅴ类主要适用于农业用水区及一般景观要求水域。对应地表水上述五类水域功能，将地表水环境质量标准基本项目标准值分为五类，不同功能类别分别执行相应类别的标准值。水域功能类别高的标准值严于水域功能类别低的标准值。同一水域兼有多类使用功能的，执行最高功能类别对应的标准值。实现水域功能与达功能类别标准为同一含义。地表水环境质量标准基本项目标准限值详见表 3-4。集中式生活饮用水地表水源地补充项目标准限值见表 3-5。集中式生活饮用水地表水源地特定项目标准限值见表 3-6。

表3-4 地表水环境质量标准基本项目标准限值

单位：mg/L

序号	项目	Ⅰ类	Ⅱ类	Ⅲ类	Ⅳ类	Ⅴ类
1	水温 / ℃	人为造成的环境水温变化应限制在： 周平均最大温升≤ 1 周平均最大温降≤ 2				
2	pH 值（无量纲）	6 ～ 9				
3	溶解氧	饱和率≥ 90%（或≥ 7.5）	≥ 6	≥ 5	≥ 3	≥ 2
4	高锰酸盐指数	≤ 2	≤ 4	≤ 6	≤ 10	≤ 15
5	化学需氧量（COD)	≤ 15	≤ 15	≤ 20	≤ 30	≤ 40
6	五日生化需氧量（BOD_5)	≤ 3	≤ 3	≤ 4	≤ 6	≤ 10
7	氨氮（NH_3-N)	≤ 0.15	≤ 0.5	≤ 1.0	≤ 1.5	≤ 2.0
8	总磷（以 P 计）	≤ 0.02（湖、库≤ 0.01）	≤ 0.1（湖、库≤ 0.025）	≤ 0.2（湖、库≤ 0.05）	≤ 0.3（湖、库≤ 0.1）	≤ 0.4（湖、库≤ 0.2）
9	总氮（湖、库，以 N 计）	≤ 0.2	≤ 0.5	≤ 1.0	≤ 1.5	≤ 2.0
10	铜	≤ 0.01	≤ 1.0	≤ 1.0	≤ 1.0	≤ 1.0
11	锌	≤ 0.05	≤ 1.0	≤ 1.0	≤ 2.0	≤ 2.0
12	氟化物（以 F^- 计）	≤ 1.0	≤ 1.0	≤ 1.0	≤ 1.5	≤ 1.5
13	硒	≤ 0.01	≤ 0.01	≤ 0.01	≤ 0.02	≤ 0.02
14	砷	≤ 0.05	≤ 0.05	≤ 0.05	≤ 0.1	≤ 0.1
15	汞	≤ 0.00005	≤ 0.00005	≤ 0.0001	≤ 0.001	≤ 0.001
16	镉	≤ 0.001	≤ 0.005	≤ 0.005	≤ 0.005	≤ 0.01
17	铬（六价）	≤ 0.01	≤ 0.05	≤ 0.05	≤ 0.05	≤ 0.1
18	铅	≤ 0.01	≤ 0.01	≤ 0.05	≤ 0.05	≤ 0.1
19	氰化物	≤ 0.005	≤ 0.05	≤ 0.2	≤ 0.2	≤ 0.2
20	挥发酚	≤ 0.002	≤ 0.002	≤ 0.005	≤ 0.01	≤ 0.1

续表

序号	项目	Ⅰ类	Ⅱ类	Ⅲ类	Ⅳ类	Ⅴ类
21	石油类	≤ 0.05	≤ 0.05	≤ 0.05	≤ 0.5	≤ 1.0
22	阴离子表面活性剂	≤ 0.2	≤ 0.2	≤ 0.2	≤ 0.3	≤ 0.3
23	硫化物	≤ 0.05	≤ 0.1	≤ 0.2	≤ 0.5	≤ 1.0
24	粪大肠菌群 /（个 /L）	≤ 200	≤ 2000	≤ 10000	≤ 20000	≤ 40000

表3-5　集中式生活饮用水地表水源地补充项目标准限值

单位：mg/L

序号	项目	标准值
1	硫酸盐（以 SO_4^{2-} 计）	250
2	氯化物（以 Cl^- 计）	250
3	硝酸盐（以 N 计）	10
4	铁	0.3
5	锰	0.1

表3-6　集中式生活饮用水地表水源地特定项目标准限值

单位：mg/L

序号	项目	标准值	序号	项目	标准值
1	三氯甲烷	0.06	41	丙烯酰胺	0.0005
2	四氯化碳	0.002	42	丙烯腈	0.1
3	三溴甲烷	0.1	43	邻苯二甲酸二丁酯	0.003
4	二氯甲烷	0.02	44	邻苯二甲酸二 (2- 乙基己基) 酯	0.008
5	1,2- 二氯乙烷	0.03	45	水合肼	0.01
6	环氧氯丙烷	0.02	46	四乙基铅	0.0001
7	氯乙烯	0.005	47	吡啶	0.2
8	1,1- 二氯乙烯	0.03	48	松节油	0.2
9	1,2- 二氯乙烯	0.05	49	苦味酸	0.5
10	三氯乙烯	0.07	50	丁基黄原酸	0.005
11	四氯乙烯	0.04	51	活性氯	0.01
12	氯丁二烯	0.002	52	滴滴涕	0.001
13	六氯丁二烯	0.0006	53	林丹	0.002
14	苯乙烯	0.02	54	环氧七氯	0.0002

续表

序号	项目	标准值	序号	项目	标准值
15	甲醛	0.9	55	对硫磷	0.003
16	乙醛	0.05	56	甲基对硫磷	0.002
17	丙烯醛	0.1	57	马拉硫磷	0.05
18	三氯乙醛	0.01	58	乐果	0.08
19	苯	0.01	59	敌敌畏	0.05
20	甲苯	0.7	60	敌百虫	0.05
21	乙苯	0.3	61	内吸磷	0.03
22	二甲苯①	0.5	62	百菌清	0.01
23	异丙苯	0.25	63	甲萘威	0.05
24	氯苯	0.3	64	溴氰菊酯	0.02
25	1,2- 二氯苯	1.0	65	阿特拉津	0.003
26	1,4- 二氯苯	0.3	66	苯并 [*a*] 芘	2.8×10^{-6}
27	三氯苯②	0.02	67	甲基汞	1.0×10^{-6}
28	四氯苯③	0.02	68	多氯联苯⑥	2.0×10^{-5}
29	六氯苯	0.05	69	微囊藻毒素 -LR	0.001
30	硝基苯	0.017	70	黄磷	0.003
31	二硝基苯④	0.5	71	钼	0.07
32	2,4- 二硝基甲苯	0.0003	72	钴	1.0
33	2,4,6- 三硝基甲苯	0.5	73	铍	0.002
34	硝基氯苯⑤	0.05	74	硼	0.5
35	2,4- 二硝基氯苯	0.5	75	锑	0.005
36	2,4- 二氯苯酚	0.093	76	镍	0.02
37	2,4,6- 三氯苯酚	0.2	77	钡	0.7
38	五氯酚	0.009	78	钒	0.05
39	苯胺	0.1	79	钛	0.1
40	联苯胺	0.0002	80	铊	0.0001

① 二甲苯：对二甲苯、间二甲苯、邻二甲苯。
② 三氯苯：1,2,3- 三氯苯、1,2,4- 三氯苯、1,3,5- 三氯苯。
③ 四氯苯：1,2,3,4- 四氯苯、1,2,3,5- 四氯苯、1,2,4,5- 四氯苯。
④ 二硝基苯：对二硝基苯、间二硝基苯、邻二硝基苯。
⑤ 硝基氯苯：对硝基氯苯、间硝基氯苯、邻硝基氯苯。
⑥ 多氯联苯：PCB-1016、PCB-1221、PCB-1232、PCB-1242、PCB-1248、PCB-1254、PCB-1260。

3.1.2.2 水域评价

地表水环境质量评价应根据应实现的水域功能类别，选取相应类别标准，进行单因子评价，评价结果应说明水质达标情况，超标的应说明超标项目和超标倍数。

丰、平、枯水期特征明显的水域应分水期进行水质评价。

集中式生活饮用水地表水源地水质评价的项目应包括表3-4中的基本项目、表3-5中的补充项目以及由县级以上人民政府生态环境行政主管部门从表3-6中选择确定的特定项目。

3.1.2.3 水质监测

该标准规定的项目标准值，要求水样采集后自然沉降30min，取上层非沉降部分按规定方法进行分析。

地表水水质监测的采样布点、监测频率应符合国家地表水环境监测技术规范的要求。

该标准水质项目的分析方法应优先选用地表水环境质量标准基本项目分析方法、集中式生活饮用水地表水源地补充项目分析方法、集中式生活饮用水地表水源地特定项目分析方法中规定的方法，也可采用ISO（国际标准化组织）方法体系等其他等效分析方法，但必须进行适用性检验。

3.1.3 《土壤环境质量 农用地土壤污染风险管控标准（试行）》（GB 15618—2018）

为保护农用地土壤环境，管控农用地土壤污染风险，保障农产品质量安全、农作物正常生长和土壤生态环境，我国生态环境部土壤环境管理司、科技标准司组织制定该标准。该标准规定了农用地土壤污染风险筛选值和管制值，以及监测、实施与监督要求；规定了农用地土壤中镉、汞、砷、铅、铬、铜、镍、锌等基本项目，以及六六六、滴滴涕、苯并[*a*]芘等其他项目的风险筛选值与风险管制值。规定当土壤中污染物含量低于风险筛选值时，认定农用地土壤污染风险低；当土壤中镉、汞、砷、铅、铬含量高于风险筛选值低于风险管控值时，认定农用地土壤可能存在污染风险，原则上应采取农艺调控、替代种植等安全利用措施；当土壤中镉、汞、砷、铅、铬含量高于风险管制值时，认定农用地土壤污染风险高，不符合质量安全标准，应采取禁止种植食用农产品、退耕还林等严格管控措施，由各级生态环境主管部门同农业农村等相关主管部门监督实施。

《土壤环境质量标准》1995年首次发布，2018年7月为第一次修订。修订的主要内容为：标准名称由《土壤环境质量标准》调整为《土壤环境质量 农用地土壤污染风险管控标准（试行）》；更新了规范性引用文件，增加了标准的术语和定义；规定了农用地土壤中镉、汞、砷、铅、铬、铜、镍、锌等基本项目，以及六六六、滴滴涕、

苯并 [*a*] 芘等其他项目的风险筛选值；规定了农用地土壤中镉、汞、砷、铅、铬的风险管制值；更新了监测、实施与监督要求。

3.1.3.1　基本项目

农用地土壤污染风险筛选值的基本项目为必测项目，包括镉、汞、砷、铅、铬、铜、镍、锌，风险筛选值见表 3-7。

表3-7　农用地土壤污染风险筛选值（基本项目）

单位：mg/kg

序号	项目①		风险筛选值			
			pH ≤ 5.5	5.5<pH ≤ 6.5	6.5<pH ≤ 7.5	pH>7.5
1	镉	水田	0.3	0.4	0.6	0.8
		其他	0.3	0.3	0.3	0.6
2	汞	水田	0.5	0.5	0.6	1
		其他	1.3	1.8	2.4	3.4
3	砷	水田	30	30	25	20
		其他	40	40	30	25
4	铅	水田	80	100	140	240
		其他	70	90	120	170
5	铬	水田	250	250	300	350
		其他	150	150	200	250
6	铜	果园	150	150	200	200
		其他	50	50	100	100
7	镍		60	70	100	190
8	锌		200	200	250	300

① 重金属和类金属砷均按元素总量计；对于水旱轮作地，采用其中较严格的风险筛选值。

3.1.3.2　其他项目

农用地土壤污染风险筛选值的其他项目为选测项目，包括六六六、滴滴涕、苯并 [*a*] 芘，风险筛选值见表 3-8。

表3-8　农用地土壤污染风险筛选值（其他项目）

单位：mg/kg

序号	污染物项目	风险筛选值
1	六六六总量①	0.10
2	滴滴涕总量②	0.10
3	苯并 [*a*] 芘	0.55

① 六六六总量为 α- 六六六、β- 六六六、γ- 六六六、δ- 六六六 4 种异构体的含量总和。
② 滴滴涕总量为 p,p'- 滴滴伊、p,p'- 滴滴滴、o,p'- 滴滴涕、p,p'- 滴滴涕 4 种衍生物的含量总和。

其他项目由地方生态环境主管部门根据本地区土壤污染特点和环境管理需求进行选择。

3.1.3.3　农用地土壤污染风险管制值

农用地土壤污染风险管制值项目包括镉、汞、砷、铅、铬，风险管制值见表 3-9。

表3-9　农用地土壤污染风险管制值

单位：mg/kg

序号	污染物项目	风险管制值			
		pH ≤ 5.5	5.5<pH ≤ 6.5	6.5<pH ≤ 7.5	pH>7.5
1	镉	1.5	2.0	3.0	4.0
2	汞	2.0	2.5	4.0	6.0
3	砷	200	150	120	100
4	铅	400	500	700	1000
5	铬	800	850	1000	1300

农用地土壤污染风险筛选值和管制值的使用：

① 当土壤中污染物含量等于或者低于表 3-7 和表 3-8 规定的风险筛选值时，农用地土壤污染风险低，一般情况下可以忽略；高于表 3-7 和表 3-8 规定的风险筛选值时，可能存在农用地土壤污染风险，应加强土壤环境监测和农产品协同监测。

② 当土壤中镉、汞、砷、铅、铬的含量高于表 3-7 规定的风险筛选值、等于或者低于表 3-9 规定的风险管制值时，可能存在食用农产品不符合质量安全标准等土壤污染风险，原则上应当采取农艺调控、替代种植等安全利用措施。

③ 当土壤中镉、汞、砷、铅、铬的含量高于表 3-9 规定的风险管制值时，食用农产品不符合质量安全标准等农用地土壤污染风险高，且难以通过安全利用措施降低食用农产品不符合质量安全标准等农用地土壤污染风险，原则上应当采取禁止种植食用农产品、退耕还林等严格管控措施。

④ 土壤环境质量类别划分应以该标准为基础，结合食用农产品协同监测结果，依据相关技术规定进行划定。

3.1.4 《环境空气质量标准》(GB 3095—2012)

环境空气质量标准旨在保护和改善生活环境、生态环境，保障人体健康。该标准涉及的主要空气污染物为氮氧化物（NO_x）、挥发性有机物（VOCs）、臭氧（O_3）、细颗粒物（$PM_{2.5}$）、可吸入颗粒物（PM_{10}）、总悬浮颗粒物（TSP），新增污染物 $PM_{2.5}$ 和 O_3 的相关标准，规定了环境空气功能区分类、标准分级、污染物项目、平均时间及浓度限值、监测方法、数据统计的有效性规定及实施与监督等内容。将农产品产地归为环境空气功能二类区，对二氧化硫、二氧化氮、一氧化碳等 6 项基本项目与 4 项其他项目浓度进行限制，附录为环境空气中镉、汞、砷、六价铬和氟化物参考浓度限值，其中牧业区、农业和林业区氟化物参考浓度各有标准。

标准首次发布于 1982 年。1996 年第一次修订，2000 年第二次修订，2012 年第三次修订，增加了 $PM_{2.5}$ 值监测。标准根据中国经济社会发展状况和环境保护要求适时修订。

第三次修订的主要内容：调整了环境空气功能区分类，将三类区并入二类区；增设了颗粒物 (粒径≤ 2.5 μm) 浓度限值和臭氧 8h 平均浓度限值；调整了颗粒物 (粒径≤ 10 μm)、二氧化氮、铅和苯并 [*a*] 芘等的浓度限值；调整了数据统计的有效性规定。

3.1.4.1 质量分级

（1）环境空气质量功能区分类

环境空气功能区分为二类：一类区为自然保护区、风景名胜区和其他需要特殊保护的区域；二类区为居住区、商业交通居民混合区、文化区、工业区和农村地区。

（2）环境空气质量标准分级

环境空气质量标准分为二级：一类区执行一级标准；二类区执行二级标准。一、二类空气功能区质量要求见表 3-10、表 3-11。

表3-10 环境空气污染物基本项目浓度限值

序号	污染物项目	平均时间	浓度限值	
			一级	二级
1	二氧化硫（SO_2）/(μg/m^3)	年平均	20	60
		24h 平均	50	150
		1h 平均	150	500

续表

序号	污染物项目	平均时间	浓度限值	
			一级	二级
2	二氧化氮（NO_2）/（μg/m^3）	年平均	40	40
		24h 平均	80	80
		1h 平均	200	200
3	一氧化碳（CO）/（mg/m^3）	24h 平均	4	4
		1h 平均	10	10
4	臭氧（O_3）/（μg/m^3）	日最大 8h 平均	100	160
		1h 平均	160	200
5	颗粒物（粒径≤ 10 μm）/（μg/m^3）	年平均	40	70
		24h 平均	50	150
6	颗粒物（粒径≤ 2.5 μm）/（μg/m^3）	年平均	15	35
		24h 平均	35	75

表3-11　环境空气污染物其他项目浓度限值

单位：μg/m^3

序号	污染物项目	平均时间	浓度限值	
			一级	二级
1	总悬浮颗粒物（TSP）	年平均	80	200
		24h 平均	120	300
2	氮氧化物（NO_x）	年平均	50	50
		24h 平均	100	100
		1h 平均	250	250
3	铅（Pb）	年平均	0.5	0.5
		季平均	1	1
4	苯并 [*a*] 芘（B*a*P）	年平均	0.001	0.001
		24h 平均	0.0025	0.0025

各省级人民政府可根据当地环境保护的需要，针对环境污染的特点，对标准中未规定的污染物质项目制定并实施地方环境空气质量标准。环境空气中部分污染物参考浓度限值如表 3-12 所列。

表3-12 环境空气中镉、汞、砷、六价铬和氟化物参考浓度限值

序号	污染物项目	平均时间	浓度（通量）限值	
			一级	二级
1	镉（Cd）	年平均 /（μg/m^3）	0.005	0.005
2	汞（Hg）	年平均 /（μg/m^3）	0.05	0.05
3	砷（As）	年平均 /（μg/m^3）	0.006	0.006
4	六价铬 [Cr(Ⅵ)]	年平均 /（μg/m^3）	0.000025	0.000025
5	氟化物（F）	1h 平均 /（μg/m^3）	20①	20①
		24h 平均 /（μg/m^3）	7①	7①
		月平均 /[μg/(dm^2·d)]	1.8②	3.0③
		植物生长季平均 /[μg/(dm^2·d)]	1.2②	2.0③

① 适用于城市地区。
② 适用于牧业区和以牧业为主的半农半牧区，蚕桑区。
③ 适用于农业和林业区。

3.1.4.2 质量监测

① 采样。环境空气监测中的采样点、采样环境、采样高度及采样频率的要求，按《环境监测技术规范》(大气部分)执行。

② 分析方法。各项污染物分析方法见表 3-13。

表3-13 各项污染物分析方法

污染物名称	分析方法
二氧化硫	环境空气　二氧化硫的测定　甲醛吸收 - 副玫瑰苯胺分光光度法
	环境空气　二氧化硫的测定　四氯汞盐吸收 - 副玫瑰苯胺分光光度法
二氧化氮	环境空气　氮氧化物的测定　盐酸萘乙二胺分光光度法
一氧化碳	空气质量　一氧化碳的测定　非分散红外法
臭氧	环境空气　臭氧的测定　靛蓝二磺酸钠分光光度法
	环境空气　臭氧的测定　紫外光度法
颗粒物（粒径≤ 10μm）	环境空气 PM_{10} 和 $PM_{2.5}$ 的测定　重量法
颗粒物（粒径≤ 2.5μm）	环境空气 PM_{10} 和 $PM_{2.5}$ 的测定　重量法
总悬浮物（TSP）	环境空气　总悬浮物颗粒物的测定　重量法
氮氧化物	环境空气　氮氧化物的测定　盐酸萘乙二胺分光光度法
铅	环境空气　铅的测定　石墨炉原子吸收分光光度法（暂行）
	环境空气　铅的测定　火焰原子吸收分光光度法
苯并 [*a*] 芘（B*a*P）	空气质量　飘尘中苯并 [*a*] 芘的测定　乙酰化滤纸层析荧光分光光度法
	环境空气　苯并 [*a*] 芘的测定　高效液相色谱法

3.1.4.3 统计时效

各项污染物数据统计的有效性规定，见表 3-14。

表3-14 污染物浓度数据有效性的最低要求

污染物项目	平均时间	数据有效性规定
二氧化硫（SO_2）、二氧化氮（NO_2）、颗粒物（粒径≤ 10μm）、颗粒物（粒径≤ 2.5μm）、氮氧化物（NO_x）	年平均	每年至少有 324 个日平均浓度值 每月至少有 27 个日平均浓度值（2 月至少有 25 个日平均浓度值）
二氧化硫（SO_2）、二氧化氮（NO_2）、一氧化碳（CO）、颗粒物（粒径≤ 10μm）、颗粒物（粒径≤ 2.5μm）、氮氧化物（NO_x）	24h 平均	每日至少有 20 个小时平均浓度值或采样时间
臭氧（O_3）	8h 平均	每 8h 至少有 6 个小时平均浓度值
二氧化硫（SO_2）、二氧化氮（NO_2）、一氧化碳（CO）、臭氧（O_3）、氮氧化物（NO_x）	1h 平均	每小时至少有 45min 的采样时间
总悬浮颗粒物（TSP）、苯并[*a*]芘（B*a*P）、铅（Pb）	年平均	每年至少有分布均匀的 60 个日平均浓度值 每月至少有分布均匀的 5 个日平均浓度值
铅（Pb）	季平均	每季至少有分布均匀的 15 个日平均浓度值 每月至少有分布均匀的 5 个日平均浓度值
总悬浮颗粒物（TSP）、苯并[*a*]芘（B*a*P）、铅（Pb）	24h 平均	每日应有 24h 的采样时间

3.2 行业标准（HB）

3.2.1 农业标准（NY）

农业标准是为了有关各方面的利益，对农业经济、技术、科学、管理活动中需要统一、协调的各类对象，制定并实施标准，使之实现必要而合理的统一的活动。本节系统阐述了农用水源、农田土壤、农区环境、农产品产地等相关标准，建立健全了农业行业的衡量标准。

3.2.1.1 《农用水源环境质量监测技术规范》（NY/T 396—2000）

该标准适用于农用水源环境质量监测，规定了农用水源环境质量监测的布点采样、分析方法、质量控制、数据处理与成果表达的基本要求，明确了农用水源的定义，即用江河、湖泊、运河、渠道、水库、排污、沟渠等，对农田进行灌溉的地面水源和地下水源及农村畜禽饮用水源和农村水产养殖用水水源。

该标准对灌溉渠系水源、地下水水源、影响农区的河流湖库和污水废水的监测方法及数量进行分别规定；规定选择聚乙烯塑料水桶、单层采水器和有机玻璃采水器采集瞬时样本，采用化学法进行水样保存，及时送检，参照 GB 5084、GB 11607、GB 5749 选配分析方法，设定平行双样测定精密度允许差。

（1）采样前现场调查与资料收集

① 调查区域的气候、水文、地质地貌特点及土壤类型和水土流失情况。

② 调查区域的乡镇分布和工业（包括乡镇企业）布局，污染物的排放情况。

③ 调查区域内农业生产情况（农作物种类、产量，农药、化肥施用量及农畜、水产品种类、产量等）。

④ 调查区域内农用水源的分布、利用措施和变化，了解污染源分布、影响及水源污染情况。

⑤ 收集其他相关资料和图片，如土地利用现状图、土壤类型图、行政区划图、水系分布图等。

⑥ 将收集的背景资料加以分类整理，作为重要资料归档保存。

（2）监测点布设

1）监测点布设原则

农用水源环境监测的布点原则要从水污染对农业生产危害出发，突出重点，照顾一般。按污染分布和水系流向布点，“入水处多布，出水少布，重污染多布，轻污染少布”，把监测重点放在农业环境污染问题突出和对国家农业经济发展有重要意义的地方。同时在广大农区进行一些面上的定点监测，以发现新的污染问题。

2）监测点布设方法

灌渠系水源监测布点方法。

① 对于面积仅几公顷至几十公顷直接引用污水灌溉的小灌区，可在灌区进水口布设监测点。

② 在具备干、支、斗、毛渠的农田灌溉系统中，除干渠取水口设监测点，以便了解进入灌区水中污染物的初始浓度外，在适当的支渠起点处和干渠渠末处以及农田退水处设置辅助监测点，以便了解污染物质在干渠中的自净情况和农田退水对其他地表水的污染可能性，但注意尾水或退水监测必须设在其他水源进入该水流系统的上游处。

用于灌溉的地下水水源监测布点方法。在地下水取水井设置监测点，隔年取样进行监测。

影响农区的河流、湖（库）等水源监测布点方法。

① 大江大河的水源监测已由国家水利和生态环境部门承担，一般可引用已有监测资料。当河水被引用灌溉农田时，为了监测河水水质情况，至少应在灌溉渠首附近的河流断面设置一个监测点，进行常年定期监测。

② 以农灌和渔牧利用为主的小型河流，应根据利用情况，分段设置监测断面。在有污水流入的上游、清污混合处及其下游设置监测断面和在污水入口上方渠道中设置污水水质监测点，以了解进入灌溉渠的水质及污水对河流水质的影响。

③ 监测断面设置方法：对于常年宽度 > 30m、水深 > 5m 的河流，应在所定监测断面上分左、中、右 3 处设取样点，采样时应在水面下 0.3 ～ 0.5m 处和距河底 2m 处各采水样 1 个分别测定；对于小于以上水深的河流，一般可在确定的采样断面的中点处，在水面下 0.3 ～ 0.5m 处采 1 个样即可。

④ $10hm^2$ 以下的小型水面，如果没有污水沟渠流入，一般在水面中心设置 1 个取样断面，在水面下 0.3 ～ 0.5m 处取样即可代表该水源水质，如果有污水流入，还应在污水沟渠入口上方和污水流线消失处增设监测点。

⑤ 对于大于 10 hm^2 的中型和大型水面，可以根据水面污染实际情况，划分若干片按上述方法设点。对于各个污水入口及取水灌溉的渠首附近水面也按上述方法增设监测点。

⑥ 为了了解底泥对农田环境的影响，可以在水质监测点布设底泥采样点。

污 (废) 水排放沟渠的监测布点。连续向农区排放污 (废) 水的沟渠，应在排放单位的总排污口处，污水沟渠的上、中、下游各布设监测取样点，定期监测。

（3）布点注意事项

① 选择河流断面位置应避开死水区，尽量在顺直河段、河床稳定、水流平稳、无急流湍滩处，并注意河岸情况变化。

② 在任何情况下，都应在水体混匀处设点，应避免因河（渠）水流急剧变化搅动底部沉淀物，引起水质显著变化而失去样品代表性。

③ 在确定的采样点和岸边，选定或专门设置样点标志物，以保证各次水样取自同一位置。

（4）监测点数量

1）灌渠系水质监测点数量

① 对于面积仅为几公顷至几十公顷直接引用污水灌溉的小灌区，在灌区进水口布设 1 个基本监测点。

② 在具备干、支、斗、毛渠的农田灌系统中，布设 5 个以上基本监测点。

2）河流、湖 (库) 等水源监测点数量

① 当河流用来引用灌溉农田时，在渠首附近设置 1 个断面。如有污水排入河段，在排污口上方污水渠设 1 个监测点，并在污水入口的上游、清污混流处及下游河道各设置 1 个断面。

② $10hm^2$ 以下的小型水面，在水中心设置 1 个监测点，如有污水流入，在污水入口和污水流线消失处各设 1 个监测点。

③ 大于 10hm² 中型和大型水面，布设 5 个以上的监测点，如有污水流入，在污水入口和污水流线消失处各布设 1 个监测点。

3）用于灌溉农田的地下水监测点数量

一般在机井的出水口布设 1 个监测点。

4）污（废）水排放沟渠监测点数量

在污（废）水排放沟渠上、中、下游和排污口各布设 1 个监测点。

（5）农用水源环境监测数据

标准中的水质单项污染指数计算公式如下：

水质单项污染指数 = 水质污染物实测值 / 污染物质量标准

综合污染指数计算公式如下：

$$\text{水质综合污染指数}=\sqrt{\frac{(\text{平均单项污染指数})^2+(\text{最大单项污染指数})^2}{2}}$$

按照综合污染指数将水质分为 3 级：1 级清洁水平，污染水平清洁，综合污染指数≤ 0.5；2 级尚清洁水平，污染水平标准限量内，综合污染指数 0.5 ～ 1；3 级污染水平，综合污染指数≥ 1，污染水平超出警戒水平。农用水源环境监测平行双样最大允许相对偏差见表 3-15，农用水源环境监测平行双样测定值的精密度和准确度允许差见表 3-16。

表3-15　农用水源环境监测平行双样最大允许相对偏差

元素含量范围 /（mg/L）	最大允许相对标准偏差 /%	元素含量范围 /（mg/kg）	最大允许相对标准偏差 /%
10 ～ 100	10	0.1 ～ 0.01	30
1.0 ～ 10	20	0.010 ～ 0.001	40
0.1 ～ 1.0	25	<0.001	50

表3-16　农用水源环境监测平行双样测定值的精密度和准确度允许差

序号	项目	项目范围	精密度 /%		准确度 /%			使用的监测分析方法
			室内	室间	加标回收率	室内相对误差	室间相对误差	
1	五日生化需氧量 /（mg/L）	<3	≤ 25	≤ 30	—	≤ ±25	≤ ±30	稀释法（20℃ ±1℃）
		3 ～ 100	≤ 20	≤ 25	—	≤ ±20	≤ ±25	稀释法（20℃ ±1℃）
		>100	≤ 15	≤ 20	—	≤ ±10	≤ ±15	稀释法（20℃ ±1℃）

续表

序号	项目	项目范围	精密度/%		准确度/%			使用的监测分析方法
			室内	室间	加标回收率	室内相对误差	室间相对误差	
2	化学需氧量/（mg/L）	5～50	≤20	≤25	—	≤±15	≤±20	重铬酸钾法
		50～100	≤15	≤20	—	≤±10	≤±15	重铬酸钾法
		>100	≤10	≤15	—	≤±5	≤±10	重铬酸钾法
3	总悬浮物/（mg/L）	5～100	≤20	≤25	—	≤±10	≤±15	重量法
		>100	≤15	≤20	—	≤±15	≤±20	重量法
4	阴离子表面活性剂/（mg/L）	≤0.2	≤2	≤30	80～120	≤±20	≤±25	亚甲蓝分光光度法
		0.2～0.5	≤20	≤25	85～115	≤±15	≤±20	亚甲蓝分光光度法
		>0.5	≤20	≤25	85～110	≤±10	≤±15	亚甲蓝分光光度法
5	凯氏氮/（mg/L）	<0.5	≤30	≤40	—	≤±15	≤±20	纳氏比色法或滴定法测定后，换算为氮的含量
		>0.5	≤25	≤30	—	≤±10	≤±15	纳氏比色法或滴定法测定后，换算为氮的含量
6	总磷/（mg/L）	<0.025	≤25	≤30	85～115	≤±15	≤±20	钼锑抗法，氧化亚锡还原光度法，离子色谱法
		0.025～0.6	≤10	≤15	90～110	≤±10	≤±15	钼锑抗法，氧化亚锡还原光度法，离子色谱法
		>0.6	≤5	≤10	90～110	≤±10	≤±10	离子色谱法
7	水温/℃	—	d_i=0.5	—	—	—	—	水温计测量法
8	pH值	1～14	d_i=0.05	d_i= 0.1	—	—	—	玻璃电极法
9	总汞/（mg/L）	≤0.001	≤30	≤40	85～115	≤±15	≤±20	冷原子吸收法，冷原子荧光法
		0.001～0.005	≤20	≤25	90～110	≤±10	≤±15	冷原子吸收法，冷原子荧光法
		>0.005	≤15	≤20	90～110	≤±10	≤±15	冷原子吸收法，荧光法，双硫腙光度法

续表

序号	项目	项目范围	精密度 /%		准确度 /%			使用的监测分析方法
			室内	室间	加标回收率	室内相对误差	室间相对误差	
10	总镉 /（mg/L）	≤ 0.005	≤ 20	≤ 25	85 ～ 115	≤ ± 15	≤ ± 20	原子吸收法，石墨炉原子吸收法
		0.005 ～ 0.1	≤ 15	≤ 20	90 ～ 110	≤ ± 10	≤ ± 15	双硫腙法，阳极溶出伏安法
		>0.1	≤ 10	≤ 15	90 ～ 110	≤ ± 10	≤ ± 15	原子吸收，极谱法
11	总砷 /（mg/L）	<0.05	≤ 20	≤ 30	85 ～ 115	≤ ± 15	≤ ± 20	新银盐法，Ag-DDC（二乙基二硫代氨基甲酸银）法
		>0.05	≤ 10	≤ 15	90 ～ 110	≤ ± 10	≤ ± 15	Ag-DDC 光度法
12	铬（Ⅵ）/（mg/L）	≤ 0.01	≤ 15	≤ 20	85 ～ 115	≤ ± 10	≤ ± 15	二苯碳酰二肼光度法
		0.01 ～ 1.0	≤ 10	≤ 15	90 ～ 110	≤ ± 5	≤ ± 10	二苯碳酰二肼光度法
		>1.0	≤ 5	≤ 15	90 ～ 110	≤ ± 5	≤ ± 10	硫酸亚铁铵滴定法
13	总铅 /（mg/L）	<0.05	≤ 30	≤ 35	80 ～ 120	≤ ± 15	≤ ± 20	石墨炉原子吸收法，离子交换原子吸收法，原子吸收法
		0.05 ～ 1.0	≤ 25	≤ 30	85 ～ 115	≤ ± 10	≤ ± 15	双硫腙光度法，阳极溶出伏安法
		>1.0	≤ 15	≤ 20	90 ～ 110	≤ ± 8	≤ ± 15	原子吸收法
14	总铜 /（mg/L）	<0.1	≤ 25	≤ 30	85 ～ 115	≤ ± 15	≤ ± 20	萃取或离子交换火焰原子吸收法，石墨炉原子吸收法
		0.1 ～ 1.0	≤ 20	≤ 25	90 ～ 110	≤ ± 5	≤ ± 10	二乙氨基二硫代甲酸钠萃取光度法，原子吸收法，新亚铜灵光度法
		>1.0	≤ 10	≤ 15	95 ～ 105	≤ ± 5	≤ ± 10	新亚铜灵光度法，原子吸收法
15	总锌 /（mg/L）	<0. 05	≤ 30	≤ 40	85 ～ 120	≤ ± 15	≤ ± 20	石墨炉原子吸收法，示波极谱法，双硫腙光度法
		0.05 ～ 1.0	≤ 20	≤ 25	90 ～ 110	≤ ± 10	≤ ± 15	原子吸收法
		>1.0	≤ 10	≤ 15	95 ～ 105	≤ ± 10	≤ ± 15	原子吸收法

续表

序号	项目	项目范围	精密度/%		准确度/%			使用的监测分析方法
			室内	室间	加标回收率	室内相对误差	室间相对误差	
16	硒（Ⅳ）/（mg/L）	<0.01	≤ 25	≤ 30	85 ～ 115	≤ ±15	≤ ±20	荧光分光光度法，原子荧光法，气相色谱法
		>0.01	≤ 20	≤ 25	90 ～ 110	≤ ±10	≤ ±15	荧光分光光度法，原子荧光法，气相色谱法
17	氟化物/（mg/L）	<1.0	≤ 15	≤ 20	90 ～ 110	≤ ±10	≤ ±15	离子选择电极法，氟试剂光度法，茜素磺酸锆目视比色法，离子色谱法
		>1.0	≤ 10	≤ 15	95 ～ 105	≤ ±5	≤ ±10	离子选择电极法，氟试剂光度法，茜素磺酸锆目视比色法，离子色谱法
18	总氰化物/（mg/L）	≤ 0.05	≤ 20	≤ 25	85 ～ 115	≤ ±15	≤ ±20	异烟酸-吡唑啉酮光度法，吡啶-巴比妥酸光度法
		0.05 ～ 0.5	≤ 15	≤ 20	90 ～ 110	≤ ±10	≤ ±15	异烟酸-吡唑啉酮光度法，吡啶-巴比妥酸光度法
		>0.5	≤ 10	≤ 15	90 ～ 110	≤ ±10	≤ ±15	硝酸盐滴定法
19	挥发酚/（mg/L）	≤ 0.05	≤ 25	≤ 30	85 ～ 115	≤ ±15	≤ ±20	4-氨基安替比林萃取光度法

注：d_i 为计算各水平试验数据之差（即绝对偏差）。

3.2.1.2 《农田土壤环境监测技术规范》（NY/T 395—2025）

《农田土壤环境监测技术规范》主要由点位布设、采样技术、监测项目及分析方法、质量控制与质量保证、结果评价、报告编写和数据管理等部分构成。该标准适用于农田土壤环境质量调查、监测和评价。

监测点位布设要求如下。

（1）资料搜集

收集监测区域水文、气象、地形地貌、植被、自然灾害等自然环境特征资料。收集监测区域农作物种类、布局、面积、产量、耕作制度、农业投入品使用情况等农业生产和土地利用状况资料。收集监测区域成土母质、土壤类型、层次特点、质地、土壤pH值、阳离子交换量、盐基饱和度、土壤肥力及土壤元素值等土壤质量状况资料。收集监测区域工业污染种类及分布，主要污染物种类及其排放途径和排放量、农田灌溉水质量、大气质量、土壤污染、农产品质量安全等污染状况资料。收集监测区域水土流失现状、侵蚀程度、沼泽化、盐渍化、酸化等土壤退化状况资料。收集监测区域土地利用总体规划、农业资源调查规划、行政区划图、土壤类型分布图、土壤环境质量图、地质图、水系图、交通图等其他相关资料和图件。

（2）监测单元测定

监测单元按土壤接纳污染物的途径划分，结合土壤类型、农作物种类、耕作制度、行政区划等要素进行划定。具体分为如下几类。

① 大气污染土壤监测单元：土壤中的污染物主要来源于大气污染沉降物。

② 灌溉水污染土壤监测单元：土壤中的污染物主要来源于农灌用水。

③ 固体废弃物堆存污染型土壤监测单元：土壤中的污染物主要来源于集中堆放的固体废弃物。

④ 农业投入品污染型土壤监测单元：土壤中的污染物主要来源于农药、化肥等农业投入品。

⑤ 高地质背景监测单元：土壤中的污染物主要来自自然成土母质。

⑥ 综合型土壤监测单元：土壤中的污染物主要来源于上述2种或2种以上途径。

⑦ 其他污染型土壤监测单元：土壤中的污染物无法判断污染来源。

（3）布点原则和方法

布点原则如下。

① 区域土壤背景监测点布设在没有受到人为污染或人为活动影响较少，且成土母质、土壤类型及农作历史等一致区域的中部位置。

② 农田土壤环境质量监测点原则上应在已经证实受到污染的或疑似受到污染的区域布设。

布点方法如下。

① 大气污染型土壤监测点：以大气污染源为中心，采用放射状布点法。布点密度自中心起由密渐稀，在同一密度圈内均匀布点。在大气污染源主导风下风方向应延长监测距离和增加布点数量。

② 灌溉水污染型土壤监测点：在纳污灌溉水体两侧，按水流方向采用带状布点法。布点密度自灌溉水体纳污口起由密渐稀，各引灌段相对均匀。

③固体废弃物堆存污染型土壤监测点：结合地表径流、地下水流向和主导风向，采用放射布点法和带状布点法，或综合判断布点法。

④ 农业投入品污染型土壤监测点：采用网格布点法。

⑤ 高地质背景监测单元：根据成土母质性质和土壤类型采用网格布点法。

⑥ 综合型土壤监测点：以主要污染物排放途径为主，综合采用放射布点法、带

状布点法及网格布点法。

⑦ 其他污染型土壤监测点：采用网格布点法或综合判断布点法。

（4）布点数量

布点数量根据监测目的、精度和区域环境状况等因素综合确定。精度要求越高、区域环境条件越复杂，污染越严重，布点数量越多。每个监测单元最少设 3 个点。

相关采样记录、样品登记及地理信息数据属性结构描述表见表 3-17~ 表 3-19。

表3-17　土壤及农产品采样记录表

采样日期：　　　年　　月　　日　　　天气：　　　　　　　　　　　　第　　页　　共　　页

<table>
<tr><td>项目名称</td><td colspan="2"></td><td>采样单位</td><td colspan="3"></td></tr>
<tr><td>采样地点</td><td colspan="2"></td><td>经度</td><td></td><td>纬度</td><td></td></tr>
<tr><td rowspan="4">土壤采样</td><td>土样编号</td><td></td><td colspan="4">农产品采样</td></tr>
<tr><td>采土深度</td><td></td><td>样品名称</td><td colspan="2"></td><td></td></tr>
<tr><td>土壤类型</td><td></td><td>样品编号</td><td colspan="2"></td><td></td></tr>
<tr><td>成土母质</td><td></td><td>采样部位</td><td colspan="2"></td><td></td></tr>
<tr><td>地形地貌</td><td colspan="2"></td><td rowspan="4">主要农作物品种类、播种面积、产量、所处生长期、生长情况等</td><td colspan="3" rowspan="4"></td></tr>
<tr><td>地下水位</td><td colspan="2"></td></tr>
<tr><td>地力水平</td><td colspan="2"></td></tr>
<tr><td>耕作制度</td><td colspan="2"></td></tr>
<tr><td>灌溉水源、方式、灌水时间、用水量等情况</td><td colspan="2"></td><td>废水、废气、废渣污染历史及现状</td><td colspan="3"></td></tr>
<tr><td>施用化肥、农药及其他化学品情况</td><td colspan="2"></td><td>固体废弃物污染情况</td><td colspan="3"></td></tr>
<tr><td colspan="3">现场采样情况</td><td colspan="4">采样点位示意图</td></tr>
</table>

校对人：　　　　　　　　　　记录人：　　　　　　　　　　采样人：

表3-18　土壤样品登记表

样品编号	样品名称	采样深度	土壤类型	采样地点	采样时间	待测项目	备注

收样人：　　　　送样人：　　　　采样人：
收样时间：　　　送样时间：　　　采样时间：

表3-19　地理信息数据属性结构描述表（部分）

序号	字段名称	字段说明	字段类型	字段长度	小数位数	值域	约束条件	备注
1	YDBM	样点编码	Char	20		非空	M	
2	LON	经度	Double	20	6	＞0	M	
3	LAT	纬度	Double	20	6	＞0	M	
4	PXZQDM	省级行政区代码	Char	2		非空	M	
	…							

3.2.1.3 《农区环境空气质量监测技术规范》(NY/T 397—2000)

该标准规定了农区环境空气质量监测的布点采样、分析方法、质量控制、数据处理与成果表达的基本要求。规定标准内定义的农区环境空气为一切从事农业生产活动所在区域内人群、植物、动物和建筑物所暴露的室外空气。设定监测项目及分析方法，规定监测重点项目为 GB 3095 中要求控制的，对农作物危害较大的污染物。监测结果根据监测区域环境空气状况进行分析，根据保护农作物的大气污染最高允许浓度标准，按类别进行统一评价。该标准提出综合污染指数评价，将农区空气质量划分为 5 个等级，1 级综合污染指数≤ 0.6，污染水平为清洁水平；2 级综合污染指数为 0.6 ～ 1.0，污染水平在标准限量内；3 级为轻污染，综合污染指数为 1.0 ～ 1.9，达警戒水平；4 级为中污染，综合污染指数为 1.9 ～ 2.8，达污染警报水平；5 级为重污染，综合污染指数≥ 2.8，达污染紧急水平。

（1）监测点布设原则

监测点的布设应具有较好的代表性，所设的监测点应反映一定范围地区的大气环境污染的水平和规律。

监测点的设置应考虑各监测点的设置条件，尽可能地一致或标准化，使各个监测点所取得的数据具有可比性；监测点的设置应充分满足国家农业环境监测网络的要求，特殊点位应达到该点位设置特殊性的要求。

农区大气环境监测点布设要考虑区域内的污染源可能对农区环境空气造成的影响，考虑自然地理、气象等自然环境要素，以掌握污染源状况、反映该区域环境污染水平为目的。

监测点的位置一经确定不宜轻易变动，以保证监测数据的连续性和可比性。

污染事故应急监测布点原则为哪里有污染就监测哪里，监测点应布设在怀疑或已证实有污染的地方。同时考虑设置参照点。

对于交叉型多途径大气环境污染和随时间变化污染程度变化明显的特殊情况，要特殊考虑(如增设监测点、增加监测项目或采样频次等)。

（2）监测点布设方法和具体要求

监测点位置的确定应先进行周密的调查研究，采用间断性监测等方法对监测区域内环境空气污染状况有粗略的了解后，再选择确定监测点的位置。

监测点的周围应开阔，采样口水平线与周围建筑物高度的夹角应不大于 30°，监测点周围无局部污染源并避开树木及吸附能力较强的建筑物。距装置 5 ～ 15 m 内不应有炉灶、烟囱等，远离公路以消除局部污染源对监测结果代表性的影响。采样口周围(水平面)应有 270° 以上的自由空间。

监测点的数据一般应满足方差、变异系数较小的条件，对所测污染物的污染特征和规律较明显，数据受周围环境因素干扰较小。同时也要求选择一个方差较大、影响因素主要来源于大区域污染源、非局部影响的点。

监测农区环境空气污染的时空分布特征及状况，用网格布点法。对于空旷地带和边远地区应适当降低布点的空间密度，在污染源主导风向下风方位应适当加大布点的空间密度。

污染事故应急监测布点方法，参照 GB 16297 和 GB/T 16157。无组织排放按照 GB 16297 中附录 C 执行。烟囱或排气管道排出的气态或气溶胶污染物对农区环境空气产生的影响，用同心圆轴线法或扇形法进行布点。对于污染因素复杂的区域，应采用随机布点法。

采样高度如下：

① 二氧化硫、氮氧化物、总悬浮颗粒物的采样高度一般为3～15 m，以5～10 m为宜，氟化物采样高度一般为 3.5 ～ 4 m，采样口与基础面应有 1.5 m 以上的相对高度，以减少扬尘的影响；

② 农业生产基地大气采样高度基本与植物高度相同；

③ 特殊地形地区可视情况选择适当的采样高度。

在例行监测的固定监测点处应安置配套的监测亭（室），并考虑有稳定可靠的电源供应。

（3）监测数量

① 监测区域采样点数量的确定，要根据监测目的、可代表面积的大小、分析测试能力、实际工作条件（如交通和电源）等，同时考虑数理统计和环境空气质量评价精度的要求。

② 农业生产基地大气环境质量监测，面积较小，布局相对集中，布设 3 个点；布局比较分散，面积较大适当增加点数；空旷地带和边远地区适当减少点数。同时还要考虑大气质量的稳定性以及污染物对农作物生长的影响适当增减监测点数。

③ 污染源对农业生产基地大气质量的影响监测，视污染源种类、废气排放方式、排放量而定。监测点一般控制在 5 ～ 7 个。无组织排放源：一般在下风方位设 4 个点，上风方位设 1 个对照点。烟囱或排气筒：污染物最高落地处浓度同污染源的距离与源强、源高（有效高度）、排出口的直径和温度，以及当时当地气象条件密切相关。一般情况下，高浓度出现的地点在距污染源下风方位，相当于排放源有效高度的 10 ～ 20 倍处，通常采用同心圆轴线法或扇形法布点。现场风向波动较大，宜用同心圆多方位布点法。以污染源为圆心，作 16 个或 8 个方位的放射线，同心圆数目不少于 5 ～ 7 个，二者交点处即为监测点。监测点数量根据需要适当取舍。现场风向变化不大，可用扇形布点法。以主导风向为轴线，在两侧扩出 30° 左右的放射线，不少于 3 ～ 5 条，在扇形区内作出不少于 5 ～ 7 个同心圆弧，二者交点处即为监测点，同时在污染源上风方位设置 1 ～ 2 个对照点。

（4）农区环境空气质量监测项目及分析方法

1）监测项目确定原则

① 重点项目：GB 3095 中要求控制的，而且是对农作物危害较大的污染物（重点项目包括氟化物、二氧化硫、氮氧化物、总悬浮颗粒物、臭氧）。

② 一般项目：GB 3095 中要求控制的，但对农作物危害不大的污染物；GB/T 16157 中未要求控制的，但对农作物危害较大的污染物（一般项目包括可吸入颗粒物、一氧化碳、铅、苯并 [*a*] 芘、硫酸盐化速率、氨、氯、氯化氢等）。

2）分析方法选择的原则

① 第一方法：标准方法（即仲裁方法），GB 3095 中选配的分析方法。

② 第二方法：由权威部门规定或推荐的方法。

③ 第三方法：根据各站实情，自选等效方法。但应做比对实验，其检出限、准确度、精密度不低于相应的通用方法要求水平或待测物准确定量的要求。

3）监测项目与分析方法

农区环境空气监测项目与分析方法见表 3-20。

表3-20　农区环境空气监测项目及分析方法一览表

监测项目	监测仪器	监测方法	方法来源
二氧化硫	分光光度计	甲醛 - 副玫瑰苯胺分光光度法	GB/T 15262
二氧化氮	分光光度计	Saltzman 法	GB/T 15436
氟化物	离子计	石灰滤纸氟离子选择电极法	GB/T 15433
	离子计	滤膜氟离子选择电极法	GB/T 15434
总悬浮颗粒物	分析天平	重量法	GB/T 15432
臭氧	分光光度计	靛蓝二磺酸钠	GB/T 15437
	分光光度计	紫外光度法	GB/T 15438
大气飘尘	分析天平	重量法	GB/T 6921
一氧化碳	红外分析仪	非分散红外法	GB/T 9801

续表

监测项目	监测仪器	监测方法	方法来源
苯并 [*a*] 芘	荧光光度计	乙酰化滤纸层析荧光分光光度法	GB/T 8971
	液相色谱	高效液相色谱法	GB/T 15439
铅	原子吸收仪	火焰原子吸收光谱法	GB/T 15264
硫酸盐化速率	分析天平	二氧化铅法	《空气和废气监测分析方法》
氯化氢	分光光度计	硫氰酸汞分光光度法	《空气和废气监测分析方法》
氨	分光光度计	纳氏试剂比色法	GB/T 14668
	离子计	离子选择电极法	GB/T 14669
	分光光度计	次氯酸钠 - 水杨酸分光光度法	GB/T 14679
氯	分光光度计	甲基橙分光光度法	《空气和废气监测分析方法》

（5）农区环境空气质量监测案例

为落实年度生态环境监测计划工作任务，紧盯“为民办实事”目标，切实做好农村空气环境质量季度性监测，近期，银川市生态环境监测站紧密结合党史学习教育，强化部署、统筹推进，经现场勘查、合理布点，对永宁县李俊镇友爱村、贺兰县立岗镇兰光村、灵武市临河镇二道沟村 3 个村庄 PM_{10}、$PM_{2.5}$、二氧化硫、氮氧化物 4 项污染因子进行为期 7d 不间断监测，顺利完成样品采集、实验室分析等工作，为农村环境空气质量管理与评价提供科学有效的技术支撑。

3.2.1.4　《农产品产地安全质量适宜性评价技术规范》（NY/T 2149—2012）

该标准规定了农产品产地安全质量适宜性评价方法、程序及等级划分技术，适用于种植业农产品产地安全质量适宜性评价，畜禽养殖业、水产养殖业的产地安全质量适宜性评价可参照执行。根据农产品产地环境判断产地土壤环境质量对种植作物的适宜程度和最大值。

（1）农产品产地安全质量适宜性判定

① 农产品产地各环境要素及其种植的农产品均不超标，为该种农产品生产的适宜区。

② 农产品产地环境要素中某项或某几项污染物超标，并导致所生产的农产品超过 GB 2762 规定的污染物限量标准，且超标率 >10% 时，为该种农产品的不适宜区，即重点调查区。

③ 对比分析产地污染与农产品超标情况。

④ 填写农产品产地重点调查区登记表。

（2）农产品产地安全质量适宜性等级划分

根据农产品产地各环境要素和农作物评价适宜指数划分 4 个等级：

① 规定产地各环境要素良好的为Ⅰ级地，适宜种植各类农作物；

② 产地环境要素存在超标现象，对叶菜类蔬菜已构成威胁的为Ⅱ级地，宜种植具有一定抗性的农作物；

③ 产地环境要素超标严重，对水稻等粮食作物生产构成威胁的为Ⅲ级地，宜种植果树或高秆农作物等具有较强抗性的农作物；

④ 污染物超标严重，各类食用农产品适宜指数均大于 1 的Ⅳ级地只能种植棉花、苎麻等抗性强的非食用农作物。

3.2.1.5 《肥料合理使用准则 通则》（NY/T 496—2010）

有资料显示，我国每公顷土地的化肥施用量接近欧洲的 3 倍，导致化肥、农药在土壤中的累积残留量是惊人的。农产品质量安全保证体系包括安全生产体系、安全标准体系、监督检验检测体系、农产品质量安全认证体系、执法体系、生产技术推广体系和市场信息体系。

肥料合理使用标准规定了肥料合理使用的通用准则。该标准适用于以提供植物养分为主要功效的各种物料，修改施肥目标为达到高产、优质、高效、改土培肥、保证农产品质量安全和保护生态环境；明确施肥原理依照矿质营养理论、养分归还学说、最小养分律、报酬递减律与因子综合作用律；要求在养分需求与供应平衡的基础上，坚持有机肥料和无机肥料相结合，平衡施肥。

（1）合理施肥原理和原则

1）合理施肥原理

① 矿质营养理论。植物生长除需要光照、水分、温度和空气等环境条件外，还需要氮、磷、钾、钙、镁、硫、铁、锰、铜、锌、硼、氯等必需营养元素。每种必需元素均有其特定的生理功能，相互之间同等重要，不可替代。有益元素也能促进植物

生长发育。

② 养分归还学说。植物收获从土壤中带走大量养分，使土壤中的养分越来越少，地力逐渐下降。为了维持地力和提高产量，应将植物带走的养分适当归还土壤。

③ 最小养分律。植物对必需营养元素的需要量有多有少，决定产量的是土壤中相对植物需要含量最少的有效养分。只有针对性地补充最小养分才能获得高产。最小养分随作物产量和施肥水平等条件的改变而变化。

④ 报酬递减律。在其他技术条件相对稳定的条件下，在一定施肥量范围内，植物产量随着施肥量的逐渐增加而增加，但单位施肥量的增产量却呈递减趋势。施肥量超过一定限度后将不再增产，甚至造成减产。

⑤ 因子综合作用律。植物生长受水分、养分、光照、温度、空气、品种以及耕作条件等多种因子制约，施肥仅是植物增产的措施之一，应与其他增产措施结合才能取得更好的效果。

2）合理施肥原则

在养分需求与供应平衡的基础上，坚持有机肥料与无机肥料相结合；坚持大量元素与中量元素、微量元素相结合；坚持基肥与追肥相结合；坚持施肥与其他措施相结合。

（2）合理施肥依据

1）植物营养特性

① 不同植物种类、品种，同一植物品种不同生育期、不同产量水平对养分需求数量和比例不同；

② 不同植物对养分种类有不同反应；

③ 不同植物对养分吸收利用的能力也有差异。

2）土壤性状

土壤类型、物理性质、化学性质和生物性质等因素导致土壤保肥和供肥能力不同，从而影响肥料效应。

3）肥料性质

不同肥料种类和品种及其施用后的土壤农化性质，决定该肥料适宜的土壤类型、植物种类和施肥方法。

（3）施肥技术

施肥技术内容主要包括肥料种类、施肥量、养分配比、施肥时期、施肥方法和施肥位置等。施肥量是施肥技术的核心，肥料效应是上述施肥技术的综合反映。根据土壤性状、植物营养特性和肥料性质确定肥料种类。确定施肥量的方法主要有肥料效应函数法、测土施肥法、植株营养诊断法等。根据植物营养特性和土壤性状调整肥料养分配比，实行平衡施肥。根据肥料性质和植物营养特性等因素适时施肥，植物生长旺盛和吸收养分的关键时期应重点施肥。根据土壤、作物和肥料性质选择施肥方法，注意氮肥深施、磷肥和钾肥集中施用等，以发挥肥料效应，减少养分损失。根据植物根系生长特性等因素选择适宜的施肥位置，提高养分空间有效性。

（4）合理施肥的效益评价

① 增产率。合理施肥产量与常规施肥或无肥区产量的差值占常规施肥或无肥区产量的百分数。

② 肥料利用率（养分回收率）。指施用的肥料养分被作物吸收的百分数，是评价肥料施用效果的一个重要指标。肥料利用率包括当季利用率和累积利用率。氮肥常用的是当季利用率，磷肥由于有后效，常用累积（叠加）利用率。

③ 施肥经济效益。纯收益：施肥增加的产值与施肥成本的差值，正值表示施肥获得了经济效益，数额越大，获利越多。投入产出比：简称投产比，是施肥成本与施肥增加产值之比。

3.2.1.6 《农业环境污染损害鉴定技术导则》（NY/T 3025—2016）

该标准规定了农业环境污染损害鉴定的原则、程序、资料收集、现场调查、因果关系鉴定及损失评估，特指出不适用于农业环境污染事故或农业环境污染突发事件引起的人体健康伤害鉴定。规定鉴定程序按照成立鉴定组并制定鉴定方案、资料收集、现场调查、监测采样、试验检测、因果关系判定、损失评估、编制鉴定意见书展开；明确了科学客观、公正、时效性和适应性相统一、程序规范与可追溯性的农业环境污染损害鉴定原则；可采用文献研究法、统计分析法、现场调查法、对照比对法、监测分析法、模拟推理法、专家评估法进行鉴定；资料内容应包括自然地理、土壤、水体、农业生物等基本资料，气象资料，污染源相关资料，生产资料以及其他资料，资料收集需充分、完整、真实、可靠、有针对性；同时规定了农业环境污染损害因果关系判断的依据。

（1）农业环境污染损害鉴定原则

① 科学客观原则。鉴定应从农业生物和农业环境的受害事实出发，通过症状辨认、现场调查、现场监测、实验检测等过程，科学分析受害原因和受害程度，既要使鉴定意见符合科学规律，也要与客观事实相符。

② 公正原则。鉴定人员应当遵守工作纪律、坚持原则，按照程序和有关规定开展工作。不受来自各个方面的干扰和影响，不偏袒任何一方，独立公正地做出判断。

③ 时效性和适用性相统一原则。鉴定应当遵循法定的时限要求，一般应当在法定时限内完成；形成的鉴定意见要有助于解决行政执法和环境司法中的农业环境问题。

④ 程序规范与可追溯性原则。鉴定应当依据科学规范的鉴定程序开展，鉴定的每个环节都应留有痕迹，实验应当具有可重复性，检测数据应当具有重现性。

（2）鉴定范围

鉴定范围是根据委托方的鉴定要求，结合污染物扩散规律和农业生物受害表征变化，综合确定鉴定的时间和空间范围：

① 以大气扩散为主的污染，要结合污染源存续时间、当地常年主导风向、排放

点最大落地浓度、农业生物受害表征及存续时间等综合确定；

② 以水体流动为主的污染，要结合污染存续时间、排污口位置与口径、水体流向、灌溉或养殖时间、农业生物受害表征及存续时间等综合确定；

③ 以农用土壤为主的污染，要结合污染源存续时间、土壤中污染物含量及其迁移方式、农业生物受害表征及存续时间等，采取加密监测等方法综合确定。

（3）鉴定程序与鉴定方法

1）鉴定程序

农业环境污染损害鉴定应按以下步骤展开：成立鉴定组并制订鉴定方案、资料收集、现场调查、监测采样、实验检测、因果关系判定、损失评估、编制鉴定意见书。详见图 3-1。

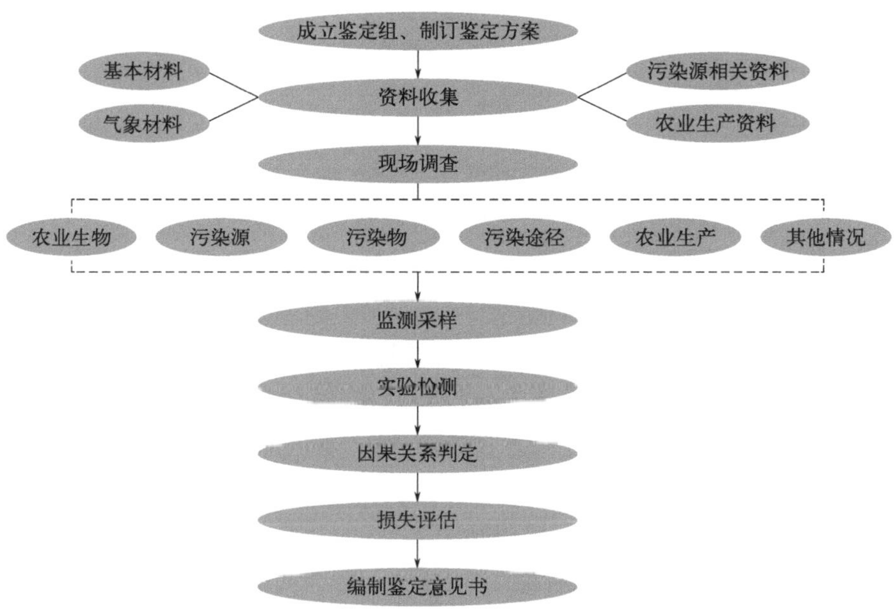

图 3-1　农业环境污染损害鉴定流程

污染源确定，受害情况比较清楚，可不进行监测采样和实验检测。

2）鉴定方法

① 文献研究法。搜集、鉴别、分析、整理相关文献和鉴定案件资料，获取鉴定相关领域研究成果、历史数据与技术方法等相关信息，形成鉴定所需科学知识的方法。

② 统计分析法。运用数学方式，建立数学模型，结合鉴定案件具体情况，对鉴定相关领域的统计资料及各种数据进行数理统计和分析，在诉讼双方没有相反证据的情况下，评测受损农业生物正常年份的产量、品级、市场价格、环境本底状况等，获取定量结论的方法。

③ 现场调查法。对鉴定范围内的农业生物和农业环境、污染源、污染路径、对

照区域等进行实地考察和现场勘查，获取鉴定资料，形成初步判断的方法。

④ 对照比对法。在标准缺失或技术依据不足的情况下，运用污染区与对照区对比的方式，识别污染物性质、类别，获取农业生物受损程度、减产量等鉴定信息的方法。

⑤ 监测分析法。运用监测检测仪器设备对鉴定现场情况及采集的样品进行分析测试，获取监测检测数据的方法。

⑥ 模拟推理法。受某些方面条件的限制，鉴定现场和受鉴对象部分缺失或不可再现，可采用模拟实验或遵循科学规律，进行逻辑推理，形成鉴定意见的方法。

⑦ 专家评估法。稀有农业生物或农业环境受损，无法通过常规方法获取鉴定信息时，遴选本领域专家，由不少于 5 人的单数组成专家组，根据历史文献资料、已有研究结果和与鉴定案件相关的资料等进行综合分析，形成鉴定意见的方法。

3.2.1.7 《农、畜、水产品污染监测技术规范》（NY/T 398—2000）

该标准规定了农、畜、水产品污染监测的布点采样、分析方法、质量控制、数据处理和成果表达的基本要求。坚持哪里有污染就在哪里布点的农作物类监测点布设原则；根据产地监测区域污染类型采用不同方法，大气污染型采用放射状布点法，灌溉水污染型采用带状布点法，固体废物堆污染型采用放射状布点法和带状布点法，农业污染型采用均匀布点法，综合污染型以主要污染物排放途径为主综合使用；农产品污染项目监测主要针对食品中卫生标准和残留限量标准中所要求控制的污染物以及当地污染情况，设定平行双样测定值精密度允许误差并规定分析方法。该标准根据农、畜、水产品的单向污染指数进行最终判定，将农、畜、水产品分为三级：一级产品单向污染指数≤ 0.6；二级产品单向污染指数为 0.6 ～ 1.0；三级产品单向污染指数≥ 1.0。

（1）农、畜、水产品污染监测采样技术

1）农作物类样品的采样技术

当农作物类监测与农田土壤监测同时进行时，农作物样品的采集应与农田土壤样品同步采集，农作物采样点就是农田土壤采样点。

当单一进行农作物监测时，采样前的现场调查与资料收集、监测单元的划分、采样点位的布设、采样方法都与农田土壤有相似之处，其具体步骤与方法如下。

① 采样前现场调查与资料收集。

Ⅰ. 区域自然环境特征：水文、气象、地形地貌、植被、自然灾害等。

Ⅱ. 农业生产土地利用状况：农作物种类、布局、面积、产量、农作物长势、耕作制度等。

Ⅲ. 土壤环境污染状况：工业污染源种类及分布、污染物种类及排放途径和年排放量、农灌水污染状况、大气污染状况、农业固体废物投入情况、农业化学物质投入情况、自然污染源情况等。

Ⅳ. 农作物污染监测资料：农作物污染元素背景值，农作物污染现状。

Ⅴ. 其他相关资料和图件：土地利用总体规划、农业资源调查规划、行政区划图、农作物种植分布图、土壤类型图等。

② 监测单元的划分。农作物监测单元应以监测区域农作物受污染的途径划分为基本单元，结合参考土壤污染类型、农作物种类、商品粮生产基地、保护区类别、行政区划等要素，由当地农业环境监测部门根据实际情况进行划定。同一单元的差别应尽可能缩小。

Ⅰ. 大气污染型农作物监测单元：监测区域污染主要来源于大气污染物致使农作物污染受害。

Ⅱ. 灌溉水污染型农作物监测单元。监测区域污染主要来源于被污染的农灌用水致使农作物污染受害。

Ⅲ. 农业污染型农作物监测单元：监测区域污染主要来源于垃圾、污泥、农药、化肥、生长素等农用物质致使农作物污染受害。

Ⅳ. 固体废物堆污染型农作物监测单元：监测区域污染主要来源于集中堆放的固体废物致使农作物污染受害。

Ⅴ. 综合污染型农作物监测单元：监测区域污染主要来源于上述两种或两种以上途径致使农作物污染受害。

③ 监测点的布设。

Ⅰ. 布点数量：当农作物监测和农田土壤监测同时进行时，农作物样点数和采样点位尽可能与土壤样点数和采样点位数保持一致，监测样点数可酌情减少。

当单一进行农作物监测时，农作物监测的布点数量要根据调查目的、调查精度和调查区域环境状况等因素确定。一般要求每个监测单元最少应设 3 个点。

Ⅱ. 布点方法：区域农作物类背景点（对照点）布点原则与方法：区域农作物类背景点布点是指在调查区域内或附近，相对未受污染，且耕作制度、农作历史与调查区域相似的地块上所采集的农作物样点。布点要求为代表性强、分布面积大的几种主要农作物污染类型分别布设同类农作物背景点；采用随机布点法，每种农作物污染类型不得低于 3 个背景点。

Ⅲ. 农作物类监测点布点原则与方法：农作物类监测点布设应坚持哪里有污染就在哪里布点的原则。把监测点布设在怀疑或已证实有污染的地方，根据经济和技术力量条件，布点应优先照顾农作物污染严重、影响大的粮食主要产区及商品生产基地。监测点布设的重点应是污水或污染水灌溉的地块；厂矿企业和乡镇周围的地块；大量堆放工业废渣、城市垃圾地点周围的地块；长期受工业废气和粉尘影响的地块；大量使用农用化学物质的地块；长期使用污泥、城市垃圾、固体废物及以废物为原料制成的肥料的地块。

Ⅳ. 农作物类监测点的布设要求：根据监测区域污染类型而定，具体要求为：a. 大气污染型监测区农作物监测点，以大气污染源为中心，采用放射状布点法。布点密度由中心起由密渐稀，在同一密度圈内均匀布点。此外，在大气污染源主导风下风方向应适当增加监测距离和布点数量。b. 灌溉水污染型监测区农作物监测点，在纳污灌溉水体两侧，按水流方向采用带状布点法。布点密度自灌溉水体纳污口起由密渐稀，各引灌段相对均匀。c. 固体废物堆污染型监测区农作物监测点，结合地表径流和当地常年主导风向，采用放射状布点法和带状布点法。d.农业污染型监测区农作物监测点，在施用种类、施用量、施用时间等基本一致的情况下采用均匀布点法。e.综合污染型农作物监测点，以主要污染物排放途径为主，综合采用放射布点法、带状布点法及均匀布点法。

2）畜禽水产品的采样

① 采样前现场调查与资料收集。

Ⅰ.畜禽、水产品生产现状：生产规模、品种、数量、商品率等。

Ⅱ.调查与收集生产基地环境污染现状：畜禽、水产养殖用水水体、土壤、农作物及饲料污染情况等。

Ⅲ.畜禽、水产品质量状况：环境污染对畜禽、鱼虾生长发育、产量、品质的影响及水产品受污染的程度和范围等情况。

② 采样物质准备。

Ⅰ.工具类：硅制小刀、不锈钢剪刀、不锈钢切刀、样品袋、冰壶等。

Ⅱ.文具类：样品标签、记录表格、文具夹、铅笔等小型用品。

③ 样品采集。

Ⅰ.肉类样品采样：大型畜禽(牛、羊等)要在产品生产基地的食品加工厂或食品站选取2～3头当地的畜禽，小型畜禽(鸡、鸭、鹅)从选定的养殖专业户或各家农户选取3～6只畜禽用硅制小刀(不锈钢刀)在背、腿部随机取约1 kg混合样，采后立即在0℃以下冷冻保存，且忌用福尔马林浸渍，以免金属污染。根据需要同步采集各脏器组织部位的样品。

Ⅱ.蛋类样品采样：从选定的养殖场(或养殖专业户)随机选取1kg新鲜蛋类。正常新鲜蛋外壳完整、洁净，内壳全白、无斑点或污浊，卵白透明、卵黄不裂、卵白卵黄分明、无血丝、无异臭味等。

Ⅲ.奶类样品采集：从选定的养殖场(或养殖专业户)选取4～5头畜禽采全脂奶，采样时应充分混匀、无奶油形成后采集。如有奶油形成，应把奶油从容器壁完全刮下搅拌至液体均匀乳化为止。

Ⅳ.水产品类样品采集：从选定的养鱼塘、水库选取鲜鱼、虾、螺、蚌等1kg混合样品。体重在500g左右的个体数不少于5个，体重在250g以下的个体数不少于10个。鱼去除鳞和鳃等不可食部位，沿脊椎纵剖后取其二分之一或数分之一（50g以下者取整体），剔去刺骨，切碎混匀。螺、蚌等贝类去硬壳，取其肌体（肉组织），切碎混匀。

④ 采样时间及频率。一般农作物样品在农作物收获时或与土壤同步采集，每茬农作物采样一次。必测污染项目一年一次，其他项目3～5年一次。畜禽水产品的采样时间及频率根据监测目的而定。污染事故监测时，应在收到事故报告后立即采样。科研性监测时可在不同生育期采样或视研究目的而定。

（2）农、畜、水产品污染监测项目与分析方法

1）监测项目确定的原则

① 重点项目：a.食品中卫生标准和残留限量标准中所要求控制的污染物；b.食品

中卫生标准和残留限量标准中未要求控制的污染物，但根据当地环境污染状况（如农区大气、农灌水等），确认在农畜水产品中积累较多，使农、畜、水产品产量下降、品质变劣、商品价值下跌，甚至不能食用。

② 一般项目由各地自己选择并测定。一般项目通常包括：a. 新纳入的在农、畜、水产品中积累较少的污染物；b. 由环境污染导致农、畜、水产品性状发生改变的指标；c. 农、畜、水产品品质质量指标。

2）分析方法选择的原则

① 第一方法：标准方法（即仲裁方法），为食品卫生标准和各种农药残留量允许值标准中选配的分析方法。

② 第二方法：由权威部门规定或推荐的方法。

③ 第三方法：根据各站实情，自选等效方法。但应做比对实验，其检出限、准确度、精密度不低于相应的通用方法要求水平或待测物准确定量的要求。

3）监测项目与分析方法

农、畜、水产品监测项目与分析方法见表 3-21。

表3-21 农作物品质监测项目及分析方法一览表

监测项目	监测仪器	监测方法	方法来源
汞	各种类型测汞仪	冷原子吸收光谱法	GB 5009.17
	原子荧光光度计	原子荧光光度法	《食品卫生理化检验标准手册》
砷	分光光度计	银盐法	GB 5009.11
	原子荧光光度计	氢化物原子荧光光度法	《食品卫生理化检验标准手册》
硒	荧光分光光度计	荧光法	GB 12399.20
	原子荧光光度计	氢化物原子荧光法	GB 12399.20
锌	原子吸收光谱仪	火焰原子吸收光谱法	GB 5009.14
铜	原子吸收光谱仪	石墨炉原子吸收光谱法	GB 5009.13
	原子吸收光谱仪	火焰原子吸收光谱法	GB 5009.13
铅	原子吸收光谱仪	石墨炉原子吸收光谱法	GB 5009.12
	原子吸收光谱仪	火焰原子吸收光谱法	GB 5009.12
镉	原子吸收光谱仪	石墨炉原子吸收光谱法	GB 5009.15
	原子吸收光谱仪	火焰原子吸收光谱法	GB 5009.15
铬	原子吸收光谱仪	石墨炉原子吸收光谱法	GB/T 14962
	示波极谱仪	极谱法	GB/T 14962
	分光光度计	二苯碳酰二肼光度法	农业部门选用
镍	原子吸收光谱仪	石墨炉原子吸收光谱法	GB/T 16343
氟	分光光度计	扩散 - 氟试剂比色法	GB/T 5009.18
	分光光度计	灰化蒸馏 - 氟试剂比色法	GB/T 5009.18
	离子计	氟离子选择电极法	GB/T 5009.18

续表

监测项目	监测仪器	监测方法	方法来源
氰化物	分光光度计	异烟酸吡唑啉酮光度法	GB 5009.36
亚硝酸盐	分光光度计	格里斯试剂比色法	GB 5009.33
硝酸盐	分光光度计	格里斯试剂比色法	GB 5009.33
苯并 [*a*] 芘	荧光分光光度计	荧光分光光度法	GB 5009.27
		目测法	GB 5009.27
七氯	气相色谱仪	气相色谱法	GB 5009.36
艾氏剂	气相色谱仪	气相色谱法	GB 5009.36
狄氏剂	气相色谱仪	气相色谱法	GB 5009.36
六六六	气相色谱仪	气相色谱法	GB/T 5009.19
滴滴涕	气相色谱仪	气相色谱法	GB/T 5009.19
敌敌畏	气相色谱仪	气相色谱法	GB/T 5009.20
乐果	气相色谱仪	气相色谱法	GB/T 5009.20
甲拌磷	气相色谱仪	气相色谱法	GB/T 5009.20
杀螟硫磷	气相色谱仪	气相色谱法	GB/T 5009.20
甲基对硫磷	气相色谱仪	气相色谱法	GB/T 5009.20
马拉硫磷	气相色谱仪	气相色谱法	GB/T 5009.20
对硫磷	气相色谱仪	气相色谱法	GB/T 5009.20
水胺硫磷	气相色谱仪	气相色谱法	GB/T 5009.20
氯氰菊酯	气相色谱仪	气相色谱法	GB/T 14929.4
溴氰菊酯	气相色谱仪	气相色谱法	GB/T 14929.4
氰戊菊酯	气相色谱仪	气相色谱法	GB/T 14929.4

（3）农、畜、水产品污染监测实验室分析质量控制与质量保证

1）实验室内常规分析质量控制程序

见 NY/T 395。

2）实验室基础

见 NY/T 395。

3）实验室内部质量控制

① 分析质量控制基础实验：见 NY/T 395。

② 校准曲线的绘制检查与使用：见 NY/T 395。

③ 精密度控制。

Ⅰ. 测定率：凡可以进行平行双样分析的项目，每批样品每个项目分析时均必须做 10% ～ 15% 平行样品，5 个样品以下，应增加到 50% 以上。

Ⅱ. 测定方式：由分析者自行编入的明码平行样，或由质控员在采样现场或实验室编入的密码平行样，二者等效，不必重复。

Ⅲ. 合格要求：平行双样测定结果的误差在允许误差范围之内者为合格，允许误差范围见表 3-22。对未列出允许误差的方法，当样品的均匀性和稳定性较好时，参考表 3-23 的规定。平行双样测定全部不合格者，重新进行平行双样的测定；平行双样测定合格率小于 95% 时，除对不合格者重新测定外，再增加 10% ～ 20% 的测定率，如此累进直至总合格率为 95%。

表3-22　农、畜、水产品监测平行双样测定值的精密度和准确度允许误差

监测项目	样品含量范围 /（mg/kg）	精密度		准确度			适用的分析方法
		室内相对标准偏差 /%	室间相对标准偏差 /%	加标回收率 /%	室内相对误差 /%	室间相对误差 /%	
镉	<0.1	35	40	75 ～ 110	35	40	原子吸收光谱法
	0.1 ～ 0.2	30	35	85 ～ 110	30	35	
	>0.2	25	30	90 ～ 105	25	30	
汞	<0.1	35	40	75 ～ 110	35	40	冷原子吸收法 原子荧光法
	0.1 ～ 0.2	30	35	85 ～ 110	30	35	
	>0.2	25	30	90 ～ 105	25	30	
砷	<0.1	35	40	90 ～ 105	35	40	原子荧光法 分光光度法
	0.1 ～ 1.0	30	35	90 ～ 105	30	35	
	>1.0	25	30	90 ～ 105	25	30	
铜	<20	20	30	90 ～ 105	20	30	原子吸收光谱法
	20 ～ 30	15	25	90 ～ 105	15	25	
	>30	15	20	90 ～ 105	15	20	
铅	<0.1	35	40	85 ～ 110	35	40	原子吸收光谱法
	0.1 ～ 1.0	30	35	85 ～ 110	30	35	
	>1.0	25	30	90 ～ 105	25	30	
铬	<0.1	35	40	85 ～ 110	35	40	原子吸收光谱法 分光光度法
	0.1 ～ 1.0	30	35	85 ～ 110	30	35	
	>1.0	25	30	90 ～ 105	25	30	
锌	<50	25	30	85 ～ 110	25	30	原子吸收光谱法
	50 ～ 90	20	30	85 ～ 110	20	30	
	>90	15	25	90 ～ 105	15	25	

表3-23　农、畜、水产品监测平行双样最大允许相对偏差

元素含量范围 /（mg/kg）	最大允许相对标准偏差 /%	元素含量范围 /（mg/kg）	最大允许相对标准偏差 /%
10 ～ 100	10	0.1 ～ 0.01	30
1.0 ～ 10	20	0.010 ～ 0.001	40
0.1 ～ 1.0	25	<0.001	50

（4）准确度控制

1）使用标准样品和质控样品

例行分析中，每批要带测质控平行双样，在测定的精密度合格的前提下，质控样测定值必须落在质控样保证值（在95%的置信水平）范围之内，否则本批结果无效，需重新分析测定。

2）加标回收率的测定

当选测的项目无标准物质或质控样品时，可用加标回收实验来检查测定准确度。

① 加标率：在一批试样中，随机抽取10%～20%试样进行加标回收测定。样品数不足10个时，适当增加加标比率。每批同类型试样中，加标试样数不应少于1个。

② 加标量：加标量视被测组分含量而定，含量高的加入被测组分含量的0.5～1.0倍，含量低的加2～3倍，但加标后被测组分的总量不得超出该方法的测定上限。加标浓度宜高，体积应小，不应超过原试样体积的1%。

③ 合格要求：农、畜、水产品监测各项加标回收率均在加标回收率允许范围之内者为合格。加标回收率允许范围见表3-22。当加标回收合格率小于70%时，对不合格者重新进行回收率的测定，并另增加10%～20%的试样做加标回收率测定，直至总合格率大于或等于60%。

3.2.1.8 《全国土壤污染状况评价技术规定》

该规定旨在指导和规范土壤污染状况评价工作，保证土壤污染状况评价的科学性，规定了统一的无机类项目和有机类项目评价标准值，采用单项污染指数法将土壤污染程度划分为5级，对土壤背景点环境变化进行分析，规定蔬菜地为重点区域，设定重点区域土壤污染评价标准值。

无机物类项目评价标准值见表3-24。

表3-24 土壤环境质量评价标准值（无机类项目）

单位：mg/kg

序号	项目		标准值			林地	参考值来源
			耕地、草地、未利用地				
			pH<6. 5	pH=6.5～7.5	pH>7.5		
1	镉		0.30	0.30	0.60	1.0	
2	汞		0.30	0.50	1.0	1.5	
3	砷	旱地	40	30	25	40	
		水田	30	25	20		
4	铅		80	80	80	100	

续表

序号	项目		标准值				参考值来源
			耕地、草地、未利用地			林地	
			pH<6. 5	pH=6.5～7.5	pH>7.5		
5	铬	旱地	150	200	250	400	
		水田	250	300	350		
6	铜		50	100	100	400	
7	锌		200	250	300	500	
8	镍		40	50	60	200	
9	锰①		1500				澳大利亚保护土壤及地下水调研值
10	钴①		40				加拿大土壤环境质量标准农用地标准值
11	硒①		1.0				加拿大土壤环境质量标准农用地标准值
12	钒①		130				加拿大土壤环境质量标准农用地标准值

① 评价参考值。

注：1. 重金属和砷均按元素量计，适用于阳离子交换量 >5cmol(+)/kg 的土壤；阳离子交换量 ≤ 5cmol (+) /kg 的土壤，评价标准为表内数值的半数。

2. 草地、未利用地，评价砷时执行旱地标准。

3.2.1.9　《全国农产品产地土壤重金属安全评估技术规定》

（1）技术规定

该规定用以指导农产品产地土壤安全评估、等级划分与区域安全性划定。规定农产品产地土壤安全评估参比值，划定农产品中重金属限量标准值，评估重点为土壤中镉、汞、砷（类金属）、铅、铬 5 项重金属，按单项指数法将其土壤安全属性划分为无风险、低风险、中度风险和高风险 4 级，指出各等级土壤主要特征，规定对应管理措施。土壤安全各等级主要特征及管理策略如表 3-25 所列。

表3-25　土壤安全各等级主要特征及管理策略

等级	土壤安全水平	主要特征	管理策略
1	无风险	土壤重金属含量较低，土壤及其周边环境污染对农产品质量基本没有影响，农产品中重金属含量符合食品卫生要求	实施重点保护，防止新增污染，维护安全状态

续表

等级	土壤安全水平	主要特征	管理策略
2	低风险	土壤重金属有一定积累，产地周边环境污染较少，农产品中重金属含量总体符合相关限量标准，优化农业生产措施可确保农产品质量安全	控制污染输入，监视污染动态，优化生产管理
3	中度风险	土壤重金属含量较高，土壤及其周边环境对农产品质量安全已构成明显威胁，导致部分农产品重金属含量超标，需要选择合适的修复方法对土壤进行修复	开展风险评估，实施风险管控，积极进行修复
4	高风险	土壤重金属含量高，并已成为农产品质量安全的主要影响因素，周边环境污染较重，农产品中重金属含量不符合相关限量标准，需要进行综合整治	开展综合整治，调整种植结构，消减污染危害

（2）相关案例

随着人口增长及社会经济的迅速发展，城市垃圾、工业废弃物等已成为土壤重金属污染的主要来源。

研究表明中国受重金属污染的耕地面积近两千万公顷，10% 的稻米遭受重金属镉污染。

在人均耕地面积少的情况下，如何既能满足消费者的安全食用需求又不影响生产者的经济效益成了当务之急。

在浙江省人民政府及科技厅资助下，项目组通过对浙江省农产品主产区土壤及农产品重金属污染现状进行调查、分析和评价，结合软件开发和计算机模型模拟技术，综合运用“3S”技术 [地理信息系统（GIS）、遥感（RS）、全球定位系统（GPS）]，开展了重金属评价系统和避害种植技术研究，建立了农产品安全管理咨询系统及蔬菜安全种植模式，实现了轻度污染土壤的可持续利用。

① 率先在国内系统开展了省级尺度的农业产地土壤与农产品重金属安全调查和研究工作，通过对五大类农产品及对应土壤大量样本的调查分析，明确了浙江省土壤和农产品重金属污染状况和分布特性，为各级部门掌握浙江省农产品安全现状提供了重要的基础背景。

② 综合运用“3S”技术和系统集成技术，首次研制开发了省级农产品产地安全管理咨询系统，开发系统软件 3 件（登记号：2007SR1479、2006SR16131、2009SR01460），提供了农产品产地安全数据查询、评价及决策咨询模块，为指导农产品安全生产提供了平台。

③ 首次对 Pb 胁迫下的番茄、茄子和辣椒受害叶片进行了超微结构研究，发现了畸变组织的细胞膜、叶绿体、线粒体均发生明显改变，为蔬菜 Pb 中毒的诊断提供科学依据。

④ 研发了重金属低积累 / 低富集蔬菜品种的筛选方法，申请发明专利 1 件。

筛选出重金属低积累蔬菜品种，明确了6大类21个蔬菜品种的重金属积累特性；将GIS技术（地理信息系统）构建的重金属空间分布与重金属低积累筛选结果相结合，构建了7个县市的蔬菜安全生产区划图，并付诸实践应用。

项目实施期间，制定农业农村部行业标准2项、省地方标准1项；建立核心示范基地1700亩，推广应用面积658万亩，新增效益1.57亿元。

3.2.1.10 《农用地土壤环境质量类别划分技术指南》

该指南坚持科学性、相似性、动态调整的划分原则，规定耕地土壤环境质量类别划分的主要技术路线，即基础资料和数据收集、基于详查结果初步划分、优化调整、边界核实、划分成果汇总与报送、动态调整等；根据土壤内镉、汞、砷、铅、铬的含量评价耕地土壤污染风险，将其环境质量分为3类，即优先保护类、安全利用类与严格管控类；根据土地用途变更、农产品产地土壤环境检测结果、受污染耕地修复效果等实际情况及时动态调整。耕地土壤环境质量类别划分流程如图3-2所示。

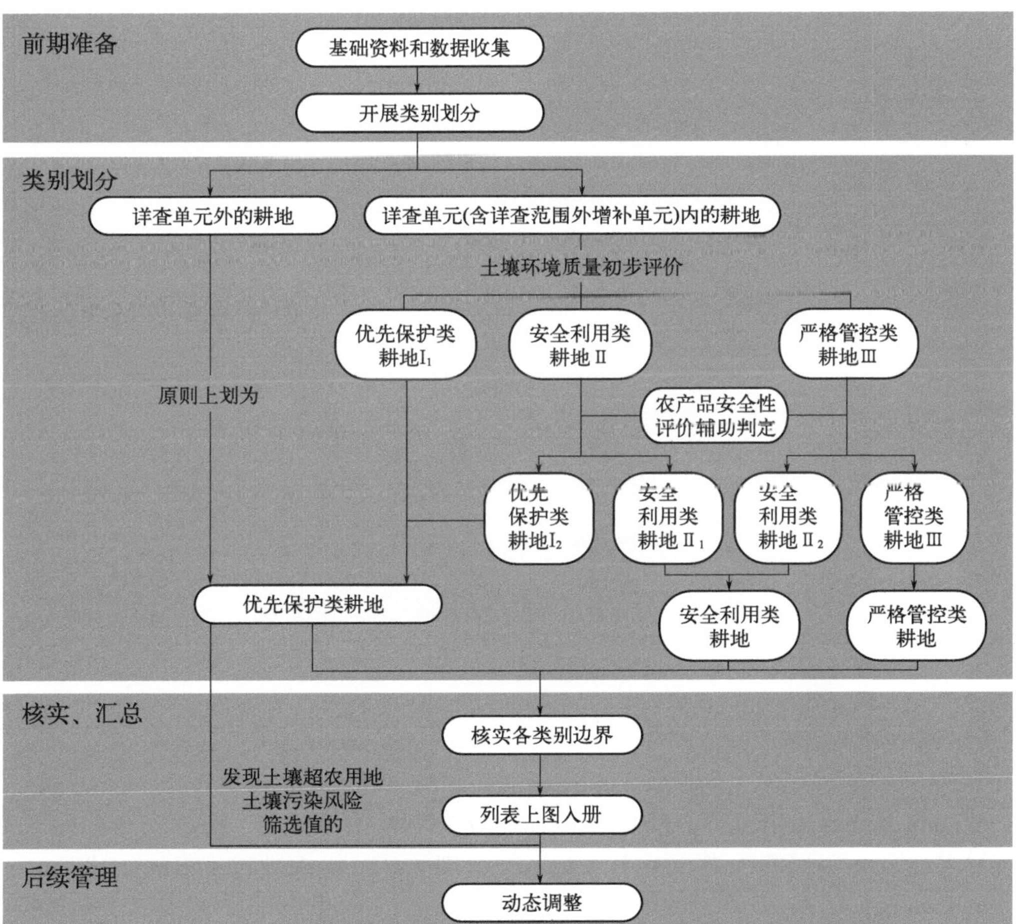

图3-2　耕地土壤环境质量类别划分流程

3.2.1.11 《特定农产品严格管控区划定技术导则（试行）》

该导则基于水稻、小麦超标情况，划定农产品严格管控区，规定了农产品严格管控区的技术流程、技术要求和管理措施以及特定农产品严格管控区划定工作程序。根据管控区监测点的特定农产品可食部位中目标污染物单因子污染指数算术平均值和单因子样本超标率，综合判定划分管控区。根据实际情况，对管控区拟实行种植结构调整、休耕或退耕还林还草措施，并开展定期巡视与检查，跟踪管理，动态调整。特定农产品严格管控区划定工作程序如图 3-3 所示。

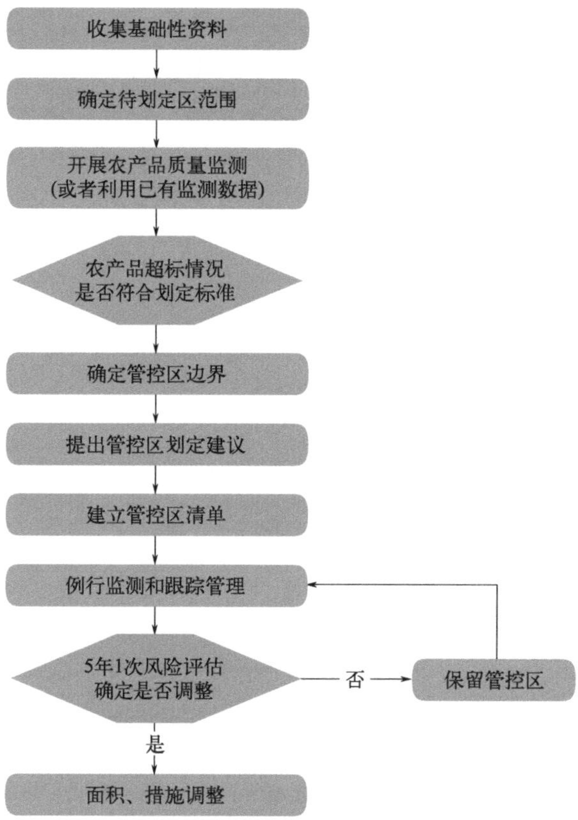

图 3-3 特定农产品严格管控区划定工作程序

3.2.2 环境标准（HJ）

按照我国环境标准管理办法，环境标准分为环境质量标准、污染物排放标准、环境保护基础和方法标准 3 类，本小节对不同类型的环境标准进行了系统阐述。

（1）环境质量标准

这类环境标准是对一定区域环境、一定时间内各种室内空气检测污染物的最高允许浓度所作的综合规定，是为实现国家环境政策要求而确定的环境质量目标，也是环境管理、评价和制定污染物排放标准的主要依据之一。我国已制定的环境质量标准包括《生活饮用水卫生标准》《环境空气质量标准》《工业企业厂界环境噪声排放标准》等。

（2）污染物排放标准

这类环境标准是按照环境质量标准，结合技术经济条件或环境特点而制定的，规定污染源容许排放污染物的最高限额，其目的是控制污染物的排放量，保护人体健康和生态良性循环，同时也要根据目前的工艺水平和技术水平，在经济上合理、技术上可行的情况下，达到技术上的先进性。我国已制定的污染物排放标准主要包括《制浆造纸工业水污染物排放标准》《制革及毛皮加工工业水污染物排放标准》《钢铁工业水污染物排放标准》等。

（3）环境保护基础和方法标准

这类标准是指为确定环境质量标准、污染物排放标准以及其他环境保护工作而制定的各种有指导意义的符号、指南、导则，以及抽样、分析、试验、监测的方法等。随着经济技术的发展和进步，以及环境保护工作不断深化的需要，环境标准越来越多，如各种行业排放标准，各种分析、测定方法标准和技术导则，以及部级颁发的标准，如国家卫生健康委（原卫生部）颁发的各种卫生标准和检验方法标准。在区域规划和环评过程中，某些项目没有国家或行业标准时允许使用推荐的标准。

3.2.2.1　《土壤环境监测技术规范》（HJ/T 166—2004）

根据《中华人民共和国环境保护法》（1989）第十一条“国务院环境保护行政主管部门建立监测制度、制定监测规范”的要求，制定该技术规范。规范对布点、样品采集、样品处理、样品测定、环境质量评价、质量保证等进行规定，规范了土壤监测的步骤和技术要求。规范适用于全国区域土壤背景、农田土壤环境、建设项目土壤环境评价、土壤污染事故等类型的监测。

（1）农田土壤采样

1）监测单元

土壤环境监测单元按土壤主要接纳污染物途径可划分为：大气污染型土壤监测单元；灌溉水污染监测单元；固体废物堆污染型土壤监测单元；农业固体废物污染型土壤监测单元；农用化学物质污染型土壤监测单元；综合污染型土壤监测单元（污染物主要来自上述两种以上途径）。

监测单元划分要参考土壤类型、农作物种类、耕作制度、商品生产基地、保护区类型、行政区划等要素的差异，同一单元的差别应尽可能地缩小。

2）布点

根据调查目的、调查精度和调查区域环境状况等因素确定监测单元。部门专项农业产品生产土壤环境监测布点按其专项监测要求进行。

大气污染型土壤监测单元和固体废物堆污染型土壤监测单元以污染源为中心放射状布点，在主导风向和地表水的径流方向适当增加采样点（离污染源的距离远于其他点）；灌溉水污染监测单元、农用固体废物污染型土壤监测单元和农用化学物质污染型土壤监测单元采用均匀布点；灌溉水污染监测单元采用按水流方向带状布点，采样点自纳污口起由密渐疏；综合污染型土壤监测单元布点采用综合放射状、均匀、带状布点法。

3）样品采集

① 剖面样。特定的调查研究监测需了解污染物在土壤中的垂直分布时采集土壤剖面样。

② 混合样。一般农田土壤环境监测采集耕作层土样，种植一般农作物采 0 ～ 20 cm，种植果林类农作物采 0 ～ 60 cm。为了保证样品的代表性，降低监测费用，采取采集混合样的方案。每个土壤单元设 3 ～ 7 个采样区，单个采样区可以是自然分割的一个田块，也可以由多个田块所构成，其范围以 200 m × 200 m 左右为宜。每个采样区的样品为农田土壤混合样。

混合样的采集主要有 4 种方法：

Ⅰ. 对角线法，适用于污灌农田土壤，对角线分 5 等份，以等分点为采样分点；

Ⅱ. 梅花点法，适用于面积较小、地势平坦、土壤组成和受污染程度相对比较均匀的地块，设分点 5 个左右；

Ⅲ. 棋盘式法，适宜中等面积、地势平坦、土壤不够均匀的地块，设分点 10 个左右，受污泥、垃圾等固体废物污染的土壤，分点应在 20 个以上；

Ⅳ. 蛇形法，适宜于面积较大、土壤不够均匀且地势不平坦的地块，设分点 15 个左右，多用于农业污染型土壤。各分点混匀后用四分法取 1kg 土样装入样品袋，多余部分弃去。

（2）土壤监测

农田采集混合样的样点数量参考混合样采集，采取混合采样，主要方法为对角线法、梅花点法、棋盘式法与蛇形法，监测项目分《土壤环境质量　农用地土壤污染风险管控标准（试行）》中所要求控制的污染物常规项目、特定项目和选测项目，监测频次与其相应。分析方法推荐使用由权威部门规定或推荐的方法［如 COL（分光比色法）、AAS（火焰原子吸收光谱法）、VOL（容量法）等］，也可根据各地实情自选方法，但精密度不得低于通用方法。最终土壤环境质量评价可采用污染指数、超标率（倍数）评价，内梅罗污染指数评价，背景值及标准偏差评价或综合污染指数法评价。土壤监测项目与监测频次如表 3-17 所列。

（3）布点与样品数容量

具体内容同 3.2.1.2（2）部分。

（4）土壤环境质量评价

土壤环境质量评价涉及评价因子、评价标准和评价模式。评价因子数量与项目类型取决于监测的目的和现实的经济和技术条件。评价标准常采用国家土壤环境质量标准、区域土壤背景值或部门（专业）土壤质量标准。评价模式常用污染指数法或者与其有关的评价方法。

1）污染指数、超标率（倍数）评价

土壤环境质量评价一般以单项污染指数为主，指数小污染轻，指数大污染则重。当区域内土壤环境质量作为一个整体与外区域进行比较或与历史资料进行比较时除用单项污染指数外，还常用综合污染指数。土壤由于地区背景差异较大，用土壤污染累积指数更能反映土壤的人为污染程度。土壤污染物分担率可评价确定土壤的主要污染项目，污染物分担率由大到小排序，污染物主次也同此序。除此之外，土壤污染超标倍数、样本超标率等统计量也能反映土壤的环境状况。

污染指数和超标率等计算公式如下：

土壤单项污染指数 = 土壤污染物实测值 / 土壤污染物质量标准

土壤污染累积指数 = 土壤污染物实测值 / 污染物背景值

土壤污染物分担率 =（土壤某项污染指数 / 各项污染指数之和）×100%

土壤污染超标倍数 =（土壤某污染物实测值 − 某污染物质量标准）/ 某污染物质量标准

土壤污染样本超标率 =（土壤样本超标总数 / 监测样本总数）×100%

2）内梅罗污染指数评价

内梅罗污染指数（P_N）$=\{[(PI_{均}^{2})+(PI_{最大}^{2})]/2\}^{1/2}$

式中　$PI_{均}$和 $PI_{最大}$——平均单项污染指数和最大单项污染指数。

内梅罗污染指数反映了各污染物对土壤的作用，同时突出了高浓度污染物对土壤环境质量的影响，可按内梅罗污染指数划定污染等级。内梅罗污染指数土壤污染评价标准见表 3-26。

表3-26　土壤内梅罗污染指数评价标准

等级	内梅罗污染指数	污染等级
Ⅰ	$P_N \leqslant 0.7$	清洁（安全）
Ⅱ	$0.7<P_N \leqslant 1.0$	尚清洁（警戒限）
Ⅲ	$1.0<P_N \leqslant 2.0$	轻度污染
Ⅳ	$2.0<P_N \leqslant 3.0$	中度污染
Ⅴ	$P_N > 3.0$	重污染

（5）准确度控制

1）使用标准物质或质控样品

例行分析中，每批要带测质控平行双样，在测定的精密度合格的前提下，质控样测定值必须落在质控样保证值（在 95% 的置信水平）范围之内，否则本批结果无效，需重新分析测定。

2）加标回收率的测定

当选测的项目无标准物质或质控样品时可用加标回收实验来检查测定准确度。

① 加标率：在一批试样中，随机抽取 10% ～ 20% 试样进行加标回收测定。样品数不足 10 个时，适当增加加标比率。每批同类型试样中，加标试样数不应少于 1 个。

② 加标量：加标量视被测组分含量而定，含量高的加入被测组分含量的 0.5 ～ 1.0 倍，含量低的加 2 ～ 3 倍，但加标后被测组分的总量不得超出该方法的测定上限。加标浓度宜高，体积应小，不应超过原试样体积的 1%，否则需进行体积校正。

③ 合格要求：加标回收率应在加标回收率允许范围之内。当加标回收合格率小于 70% 时，对不合格者重新进行回收率的测定，并另增加 10% ～ 20% 的试样做加标回收率测定，直至总合格率≥ 70%。

3）质量控制图

必测项目应作准确度质控图，用质控样的保证值 X 与标准偏差 S，在 95% 的置信水平，以 X 作为中心线、$X \pm 2S$ 作为上下警告线、$X \pm 3S$ 作为上下控制线的基本数据，绘制准确度质控图，用于分析质量的自控。

每批所带质控样的测定值落在中心附近、上下警告线之内，则表示分析正常，此批样品测定结果可靠；如果测定值落在上下控制线之外，表示分析失控，测定结果不可信，检查原因，纠正后重新测定；如果测定值落在上下警告线和上下控制线之间，虽分析结果可接受，但有失控倾向，应予以注意。

4）土壤标准样品

土壤标准样品是直接用土壤样品或模拟土壤样品制得的一种固体物质。土壤标准样品具有良好的均匀性、稳定性和长期的可保存性。土壤标准物质可用于分析方法的验证和标准化，校正并标定分析测定仪器，评价测定方法的准确度和测试人员的技术水平，进行质量保证工作，实现各实验室内及实验室间、行业之间、国家之间数据可比性和一致性。

我国已经拥有多种类型的土壤标准样品，如 ESS 系列和 GSS 系列等。使用土壤标准样品时，选择合适的标样，使标样的背景结构、组分、含量水平应尽可能与待测样品一致或近似。如果与标样在化学性质和基本组成方面差异很大，由于基体干扰，用土壤标样作为标定或校正仪器的标准，有可能产生一定的系统误差。

5）监测过程中受到干扰时的处理

检测过程中受到干扰时，按有关处理制度执行。一般要求如下：

① 停水、停电、停气等，凡影响到检测质量的，全部样品重新测定。

② 仪器发生故障时，可用相同等级并能满足检测要求的备用仪器重新测定。无备用仪器时，将仪器修复，重新检定合格后重测。

3.2.2.2 《食用农产品产地环境质量评价标准》（HJ/T 332—2006）

该标准为指导性标准，旨在保护农产品质量安全，保护生态环境，防治环境污染，保障人体健康，建立和完善食用农产品产地环境质量标准，主要依据《土壤环境质量标准》《农田灌溉水质标准》《保护农作物的大气污染物最高允许浓度》和《环境空气质量标准》等环境质量标准，针对食用农产品产地环境质量要求适当调整，将农作物分为水作、旱作、蔬菜 3 类，规定产品产地土壤环境质量、灌溉水质量及环境空气质量评价指标限值，并补充了监测与评价方法。标准评价指标分为严格控制指标和一般控制指标，土壤严格控制指标包括镉、汞、砷、铅、铬、铜、六六六、滴滴涕，灌溉水严格控制指标包括 pH 值、总汞、总镉、总砷、六价铬、总铅、三氯乙醛，环境空气严格控制指标包括二氧化硫、氟化物、铅、苯并 [*a*] 芘，严格控制项目按照各单项质量指数评定，一般控制项目按照综合质量指数分级评定，划分为清洁、尚清洁、超标 3 级环境质量等级。农产品产地环境质量分级划定如表 3-27 所列。

表3-27　农产品产地环境质量分级划定

环境质量等级	土壤各单项或综合质量指数	灌溉水各单项或综合质量指数	环境空气各单项或综合质量指数	等级名称
1	≤ 0.7	≤ 0.5	≤ 0.6	清洁
2	0.7 ～ 1.0	0.5 ～ 1.0	0.6 ～ 1.0	尚清洁
3	>1.0	>1.0	>1.0	超标

3.2.2.3　《农业固体废物污染控制技术导则》（HJ 588—2010）

《农业固体废物污染控制技术导则》是为贯彻《中华人民共和国环境保护法》和《中华人民共和国固体废物污染环境防治法》，防治农业固体废物污染，改善农村环境质量，促进新农村建设制定的标准。标准规定了农业植物性废物、畜禽养殖废物和农用薄膜 3 种农业废物的控制原则、技术与管制措施，旨在指导农业生产中产生的固体废物污染管理，防治农业固体废物污染，改善环境质量。标准坚持废物污染控制紧密结合生产，实现废物减量化、资源化、无害化原则。提出采取先进种植技术，推广集约化种植模式；实行秸秆还田，利用动植物废物堆肥；采用沼气发酵、生物质气化等减量化、资源化技术实现农业废弃物资源化；建议选用安全、适用、经济的农业薄膜，优化覆膜技术，农膜及时回收并推广适用可降解农膜。

3.2.2.4　《畜禽养殖产地评价规范》（HJ 568—2010）

为贯彻《中华人民共和国环境保护法》，落实国务院关于保护农产品质量安全的精神，防治环境污染，保障人体健康，保护生态环境，制定该标准。该标准是食用农产品产地环境系列评价标准之一，县级以上生态环境部门在食用农产品产地环境监督管理工作中，可以参照该系列标准中的指标和监测、评价方法评估食用农产品产地环境状况。该标准作为评价环境状况的技术规范，主要依据《环境空气质量标准》（GB 3095）、《声环境质量标准》（GB 3096）、《农田灌溉水质标准》（GB 5084）、《土壤环境质量标准》（GB 15618）等环境质量标准，以及畜禽养殖业标准等相关标准中的环境要求，提出了针对畜禽养殖产地的环境质量指标，同时规定了监测和评价方法。

标准规定了各类畜禽养殖产地的水环境质量、土壤环境质量、环境空气质量和声环境质量评价指标、限值、监测和评价方法。标准适用于全国畜禽养殖场、养殖小区、放牧区的养殖地环境质量评价与管理。标准仅适用于法律允许的畜禽养殖场、畜禽养殖小区和放牧区。标准不适用于畜禽产品加工生产地的环境质量评价与管理。规定水污染物监测时，采样布点及监测频率参照 HJ/T 91 和 HJ/T 164 进行；土壤监测时按照 HJ/T 166 进行；环境空气监测时按照 HJ/T 193 和 HJ/T 194 进行；噪声污染监测参照 GB 3096 进行。标准将环境质量指标分为严格控制指标和一般控制指标，分别采用单项污染指数法和综合污染指数法进行评价，单项污染指数或综合污染指数 ≤ 1，判定为合格，单项污染指数或综合污染指数 >1，判定为不合格。

3.2.3 地质调查技术标准（DD）

场地土壤与地下水污染问题是世界关注的重要环境问题，解决场地尺度的污染问题是治理区域污染的一把钥匙。近 30 年来，世界许多国家和地区如美国、英国、澳大利亚、日本、欧盟、新西兰等都已建立起了污染场地调查、风险评价与修复治理的技术体系。我国在此方面也编写了一些相关的技术标准，但尚未形成独立的场地土壤和地下水污染调查评价标准。本节标准借鉴了发达国家污染场地调查评价技术标准，结合我国现阶段场地土壤和地下水污染调查评价工作的实践编制而成。

3.2.3.1 《区域地质环境调查总则（试行）》（DD 2004—02）

该标准旨在查明工作区地质环境与人类活动相互作用产生的地质问题与地质灾害，服务生态建设与环境保护。农产品产地有关地质问题与地质灾害集中在水土流失（土壤侵蚀）、土地沙漠化、土地盐渍化、水土污染、地面沉降、地下水质污染等问题，该标准规定对存在地质问题的土地进行调查，如水土流失问题调查，需查明不同侵蚀类型分布面积、位置与侵蚀特征；了解土壤平均侵蚀模数和平均流失厚度，确定土壤侵蚀强度；分析控制水土流失的自然因素与人为因素；了解水土流失对当地造成的危害，如降低土壤肥力、破坏耕地等；了解水土保持现状并提出建议。规定区域地域地质调查方法以地面调查与遥感解译为主，结合应用相关的勘测、测试手段及 RS、GPS、GIS 等新技术，调查、评价地域地质条件和环境地质问题。标准强调进行地质环境质量评价，采用综合评测法将地质环境系统分解，依次测评。分别选取地质环境背景条件（A）、区域环境地质问题与地质灾害（B）和人类工程活动强度（C）作为评价的子系统，各子系统下再细分若干指标，按照不同类型、标准进行分级。土壤侵蚀强度分级如表 3-28 所列。

表3-28　土壤侵蚀强度分级表

级别	平均侵蚀模数 /[t/(km² · a)]	平均流失厚度 /(mm/a)
微度	<200，500，1000	0.15, 0.37, 0.74
轻度	200, 500，1000 ～ 2500	0.15, 0.37, 0.74 ～ 1.9
中度	2500 ～ 5000	1.9 ～ 3.7
强度	5000 ～ 8000	3.7 ～ 5.9
极强度	8000 ～ 15000	5.9 ～ 11.1
剧烈	>15000	>11.1

3.2.3.2　《污染场地土壤和地下水调查与风险评价规范》（DD 2014—06）

该标准规定了场地土壤和地下水污染调查与风险评价工作的目的、任务、方法，旨在通过污染调查与风险评估，为场地土壤与地下水使用安全与科学管理提供依据。规范提出从场地预研究阶段着手建立场地污染概念模型，场地污染概念模型是风险评价工作的基础与技术核心，应在污染风险评价与监测中不断完善。场地预研究收集的资料与信息应包括场地基本信息、土地利用、污染史、地质资料、水文资料、气象资料、土壤资料以及地下水使用情况，根据预研究资料绘制大比例尺土地利用与污染史信息图进行初步分析，编写设计书。农业类场地需访问农药化肥使用情况、生产用水情况、灌溉制度等，综合采用地面调查法与物探方法进行污染源样品采集与检测；地下水污染调查方法以钻探方法和成井方法为主。检测结果针对不同受体，选用不同方法评价，农田灌溉用水需符合标准 GB 5084—2005，检测结果与风险评估报告及时整理，进行资料数字化分析。场地污染调查与风险评价工作程序如图 3-4 所示。

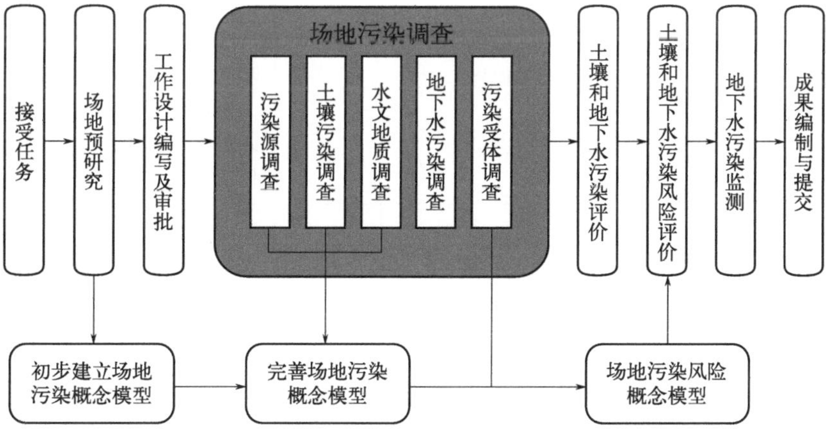

图 3-4　场地污染调查与风险评价工作程序

3.3 地方标准（DB）

地方标准是由地方（省、自治区、直辖市）标准化主管机构或专业主管部门批准、发布，在某一地区范围内统一的标准。

在1988年以前，我国标准化体系中还没有地方标准这一级标准。但其客观上已经存在，如在环境保护、工程建设、医药卫生等方面，由有关部门制定了一批地方一级的标准。它们分别由城乡建设部、环境保护部、国家计委、卫生部管理。另外，在全国现有的将近10万项地方企业标准中，有一部分属于地方性质的标准，如地域性强的农艺操作规程，一部分为具有地方特色的产品标准（如工艺品、食品、名酒标准）等。我国地域辽阔，各省、市、自治区和一些跨省市的地理区域，其自然条件、技术水平和经济发展程度差别很大，对某些具有地方特色的农产品、土特产和建筑材料，或只在本地区使用的产品，或只在本地区具有的环境要素等，有必要制定地方性的标准。制定地方标准一般有利于发挥地区优势，有利于提高地方产品的质量和竞争能力，同时也使标准更符合地方实际，有利于标准的贯彻执行。

各地在落实国家标准、农业标准与环境标准的同时，也根据地区发展与污染情况，推出更加细化、本地化的农产品产地环境安全管理技术规范与标准，如表3-29所列。

表3-29 农产品产地安全管理技术地方标准

名称	标准号	地区	内容
《农产品产地环境水中Hg(Ⅱ)的测定酶联免疫法》	DB32/T 3171—2017	江苏	规定了农产品产地环境水中Hg(Ⅱ)的测定酶联免疫检测方法，即采用间接竞争ELISA（酶联免疫吸收分析）方法；规定实验用水均为GB/T 6682中规定的三级水；明确判定标准为对照参考品OD450平均值
《农产品产地土壤重金属镉有效态提取梯度扩散薄膜（DGT）法》	DB52/T 1465—2019	贵州	规定了采用梯度扩散薄膜（DGT）方法提取农产品产地土壤重金属镉（Cd）有效态的材料、试剂与仪器设备、提取步骤、质量与控制和计算方法
《农产品产地重金属污染土壤采样技术规范》	DB51/T 2221—2016	四川	规定了农产品产地重金属污染土壤样品的布点、采集、处理和贮存等技术内容

续表

名称	标准号	地区	内容
《农产品产地土壤重金属污染程度的分级》	DB35/T 859—2016	福建	对农产品产地按照土壤重金属污染程度进行分级
《无公害农产品（种植业）产地环境监测与评价技术规范》	DB51/T 1068—2010	四川	规定了无公害农产品（种植业）产地环境条件、现状调查、样品采集、检测方法、评价原则和产地环境评价报告编制

3.4 限量标准

限量标准涉及土壤安全管理限量、农产品安全管理限量、水质安全管理限量、肥料安全管理限量 4 个主要方面。本节分别对以上 4 个方面的标准从不同的角度进行了梳理、分析。

3.4.1　土壤安全管理限量标准

为贯彻落实《中华人民共和国环境保护法》，加强建设用地土壤环境监管，管控污染地块对人体健康的风险，保障人居环境安全，制定了《土壤环境质量　农用地土壤污染风险管控标准（试行）》（GB 15618—2018）。该标准规定了保护人体健康的建设用地土壤污染风险筛选值和管制值，以及监测、实施与监督要求。该标准于 1995 年首次发布。

GB 15618—2018 针对土壤污染与农产品质量安全之间关系复杂的特点，创造性提出了筛选值和管制值的双线标准修订思路，将农用地划分为优先保护类、安全利用类和严格管控类。

农用地土壤中污染物含量等于或者低于风险筛选值的，被划分为优先保护类，土壤生态环境的风险低，一般情况下可以忽略；农用地土壤中污染物含量超过风险管控值的，被划分为严格管控类，原则上应当采取禁止种植食用农产品、退耕还林等严格管控措施；农用地土壤污染物含量介于筛选值和管制值之间的，被划分为安全利用类，原则上应当采取农艺调控、替代种植等安全利用措施，降低农产品超标风险。

农用地污染风险筛选值分为基本项目和其他项目，基本项目为必测项目，包括镉、汞、砷、铅、铬、铜、镍、锌。如表 3-7 所列。农用地土壤污染风险筛选值的其他项目为选测项目，包括六六六、滴滴涕和苯并 [*a*] 芘，见表 3-8。农用地污染风险管制值项目包括镉、汞、砷、铅、铬，见表3-9。农用地土壤污染风险筛选值和管制值的使用见本书3.1.3.3部分。

3.4.2 农产品安全管理限量标准

为规范蔬菜的生产、加工和销售，控制重金属、硝酸盐、亚硝酸盐、农药等有毒有害物质在蔬菜中的残留量，确保无公害蔬菜的食用安全，保护广大消费者的人体健康，促进无公害农产品的健康发展，国家特制定农产品安全质量无公害蔬菜安全要求GB 18406.1—2001（该标准已于2015年废止，目前暂无现行标准），对于蔬菜中农药、重金属及有害物质进行限量，见表3-30、表3-31。

表3-30 重金属及有害物质限量

项目	指标/(mg/kg)
铬（以Cr计）	≤0.5
镉（以Cd计）	≤0.05
汞（以Hg计）	≤0.01
砷（以As计）	≤0.5
铅（以Pb计）	≤0.2
氟（以F计）	≤1.0
亚硝酸盐（$NaNO_2$）	≤4.0
硝酸盐	≤600（瓜果类） ≤1200（根茎类） ≤3000（叶菜类）

表3-31 农药最大残留限量

通用名称	英文名称	商品名称	毒性	作物	最高残留限量/(mg/kg)
马拉硫磷	malathion	马拉松	低	蔬菜	不得检出
对硫磷	parathion	一六零五	高	蔬菜	不得检出
甲拌磷	phorate	三九一一	高	蔬菜	不得检出
甲胺磷	methamidophos	—	高	蔬菜	不得检出
久效磷	monocrotophos	纽瓦克	高	蔬菜	不得检出
氧化乐果	omethoate	—	高	蔬菜	不得检出
克百威	carbofuran	呋喃丹	高	蔬菜	不得检出
涕灭威	aldicarb	铁灭克	高	蔬菜	不得检出
六六六	BHC	—	中	蔬菜	0.2

续表

通用名称	英文名称	商品名称	毒性	作物	最高残留限量/（mg/kg）
滴滴涕	DDT	—	中	蔬菜	0.1
敌敌畏	dichlorvos	—	中	蔬菜	0.2
乐果	dimethoate	—	中	蔬菜	1.0
杀螟硫磷	fenitrothion	—	中	蔬菜	0.5
倍硫磷	fenthion	百治屠	中	蔬菜	0.05
辛硫磷	phoxim	肟硫磷	低	蔬菜	0.05
乙酰甲胺磷	acephate	高灭磷	低	蔬菜	0.2
二嗪磷	diazinon	二嗪农，地亚农	中	蔬菜	0.5
喹硫磷	quinalphos	爱卡士	中	蔬菜	0.2
敌百虫	trichlorphon	—	低	蔬菜	0.1
亚胺硫磷	phosmet	—	中	蔬菜	0.5
毒死蜱	chlorpyrifos	乐斯本	中	叶类菜	1.0
抗蚜威	pirimicarb	辟蚜雾	中	蔬菜	1.0
甲萘威	carbaryl	西维因，胺甲萘	中	蔬菜	2.0
二氯苯醚菊酯	permetthrin	氯菊酯，除虫精	低	蔬菜	1.0
溴氰菊酯	deltamethrin	敌杀死	中	叶类菜	0.5
				果类菜	0.2
氯氰菊酯	cypermethrin	灭百可，兴棉宝，赛波凯，安绿宝	中	叶类菜	1.0
				番茄	0.5
氰戊菊酯	fenvalerate	速灭杀丁	中	块根类	0.05
				果类菜	0.2
				叶类菜	0.5
氟氰戊菊酯	flucythrinate	保好鸿，氟氰菊酯	中	蔬菜	0.2
顺式氯氰菊酯	alphacypermethrin	快杀敌，高效安绿宝，高效灭百可	中	黄瓜	0.2
				叶类菜	1.0
联苯菊酯	biphenthrin	天王星	中	番茄	0.5
三氟氯氰菊酯	cyhalothrin	功夫	中	叶类菜	0.2
顺式氰戊菊酯	esfenvaerate	来福灵，双爱士	中	叶类菜	2.0
甲氰菊酯	fenpropathrin	灭扫利	中	叶类菜	0.5
氟胺氰菊酯	fluvalinate	马扑立克	中	叶类菜	1.0
三唑酮	triadimefon	粉锈宁，百理通	低	蔬菜	0.2
多菌灵	carbendazim	苯并咪唑 44 号	低	蔬菜	0.5

续表

通用名称	英文名称	商品名称	毒性	作物	最高残留限量/(mg/kg)
百菌清	chlorothalonil	Danconi12787	低	蔬菜	1.0
噻嗪酮	buprofezin	优乐得	低	蔬菜	0.3
五氯硝基苯	quintozene	—	低	蔬菜	0.2
除虫脲	diflubenzuron	敌灭灵	低	叶类菜	20.0
灭幼脲	—	灭幼脲三号	低	蔬菜	3.0

3.4.3 水质安全管理限量标准

3.4.3.1 《农田灌溉水质标准》

为贯彻《中华人民共和国环境保护法》《中华人民共和国土壤污染防治法》《中华人民共和国水污染防治法》，加强农田灌溉水质监管，保障耕地、地下水和农产品安全，制定 GB 5084—2021。标准规定了农田灌溉水质要求、监测和监督管理要求。标准控制项目分为基本控制项目和选择控制项目，其中基本控制项目为必测项目，选择控制项目由地方生态环境主管部门根据当地情况、用水类型和作物种类要求选择执行。

3.4.3.2 《渔业水质标准》

为防止和控制渔业水域水质污染，保证鱼、虾、贝、藻类正常生长、繁殖和水产品的质量，制定标准 GB 11607—89，设定各项目单项测定最高允许值，见表 3-32。

表3-32 渔业水质各项目单项测定最高允许值

序号	项目	标准值
1	色、臭、味	不得使鱼、虾、贝、藻类带有异色、异臭、异味
2	漂浮物质	水面不得出现明显油膜或浮沫
3	悬浮物质/(mg/L)	人为增加的量不得超过 10，而且悬浮物质沉积于底部后，不得对鱼、虾、贝类产生有害的影响
4	pH 值	淡水 6.5 ～ 8.5，海水 7.0 ～ 8.5
5	溶解氧/(mg/L)	连续 24h 中，16h 以上必须大于 5，其余任何时候不得低于 3，对于鲑科鱼类栖息水域冰封期其余任何时候不得低于 4
6	生化需氧量 (5d，20℃)/(mg/L)	不超过 5，冰封期不超过 3

续表

序号	项目	标准值
7	总大肠菌群 /(个 /L)	不超过 5000 (贝类养殖水质不超过 500)
8	汞 /(mg/L)	≤ 0.0005
9	镉 /(mg/L)	≤ 0.005
10	铅 /(mg/L)	≤ 0.05
11	铬 /(mg/L)	≤ 0.1
12	铜 /(mg/L)	≤ 0.01
13	锌 /(mg/L)	≤ 0.1
14	镍 /(mg/L)	≤ 0.05
15	砷 /(mg/L)	≤ 0.05
16	氰化物 /(mg/L)	≤ 0.005
17	硫化物 /(mg/L)	≤ 0.2
18	氟化物 (以 F^- 计) /(mg/L)	≤ 1
19	非离子氨 /(mg/L)	≤ 0.02
20	凯氏氮 /(mg/L)	≤ 0.05
21	挥发性酚 /(mg/L)	≤ 0.005
22	黄磷 /(mg/L)	≤ 0.001
23	石油类 /(mg/L)	≤ 0.05
24	丙烯腈 /(mg/L)	≤ 0.5
25	丙烯醛 /(mg/L)	≤ 0.02
26	六六六 (丙体)/(mg/L)	≤ 0.002
27	滴滴涕 /(mg/L)	≤ 0.001
28	马拉硫磷 /(mg/L)	≤ 0.005
29	五氯酚钠 /(mg/L)	≤ 0.01
30	乐果 /(mg/L)	≤ 0.1
31	甲胺磷 /(mg/L)	≤ 1
32	甲基对硫磷 /(mg/L)	≤ 0.0005
33	呋喃丹 /(mg/L)	≤ 0.01

3.4.4　肥料安全管理限量标准

肥料安全是粮食安全、食品安全的源头保证。随着科学技术的发展，肥料的原料来源越来越广，肥料的过度使用与滥用以及肥料中有害物质的堆积等肥料污染问题带来了食品安全和土壤污染等问题。

为保障生态环境安全和粮食安全，防止污染原料的非预期使用，提高我国肥料安全质量水平，我国制定《肥料中有毒有害物质的限量要求》（GB 38400—2019）。该标准规定了肥料中有毒有害物质的术语和定义、要求、试验方法和检验规则；强制性规定了商品肥料有毒有害物质含量的限量要求，将项目分为必测基本项目、可选项目和其他，根据标准判定为不合格即有毒有害物质超标的肥料，不得出售，不得施用。肥料中有毒有害物质基本项目（必测项目）限量要求见表3-33，肥料中有毒有害物质可选项目限量要求见表3-34。

表3-33　肥料中有毒有害物质基本项目（必测项目）限量要求

序号	项目	含量限值	
		无机肥料	其他肥料
1	总镉	≤ 10mg/kg	≤ 3mg/kg
2	总汞	≤ 5mg/kg	≤ 2mg/kg
3	总砷	≤ 50mg/kg	≤ 15mg/kg
4	总铅	≤ 200mg/kg	≤ 50mg/kg
5	总铬	≤ 500mg/kg	≤ 150mg/kg
6	总铊	≤ 2.5mg/kg	≤ 2.5mg/kg
7	缩二脲	≤ 1.5%	≤ 1.5%
8	蛔虫卵死亡率	不作要求	95%
9	粪大肠菌群数	不作要求	≤ 100 个 /g 或≤ 100 个 /mL

注：缩二脲仅在注明总氮含量时进行检测和判定。

表3-34　肥料中有毒有害物质可选项目限量要求

序号	项目	含量限值	
		无机肥料	其他肥料
1	总镍	≤ 600mg/kg	≤ 600mg/kg
2	总钴	≤ 100mg/kg	≤ 100mg/kg
3	总钒	≤ 325mg/kg	≤ 325mg/kg
4	总锑	≤ 25mg/kg	≤ 25mg/kg
5	苯并 [*a*] 芘	≤ 0.55mg/kg	≤ 0.55mg/kg
6	石油烃总量	≤ 0.25%	≤ 0.25%
7	邻苯二甲酸酯类总量	≤ 25mg/kg	≤ 25mg/kg
8	三氯乙醛	≤ 5.0mg/kg	不作要求

3.5 国外农产品产地安全管理质量监测标准与技术规范

本节首先对国外农产品产地安全管理质量监测标准与技术规范进行了系统梳理，并在此基础上探寻对我国的农产品产地标准制定的启示与建议。

3.5.1 国外农产品产地安全管理质量监测标准与技术规范综述

国外经过多年发展，形成了一套较为完善的农产品质量安全监测体系。美国农产品监管职责主要集中在农业部食品安全检查署（FSIS），在有关农产品中有害物质残留监控方面，美国强制实施 FSIS 的“国家残留计划”和 FDA（食品药品监督管理局）的农药残留监控计划；为保证食品原料生产的安全，美国积极推行 GAP（良好农业规范）；在农产品加工环节则重点采用 GMP（良好生产规范）和 HACCP（危害分析与关键控制点）管理[1]；加拿大也有国家抽样检验计划和有针对性的检验任务，由食品检验署专门负责检验检疫任务，并且形成了由政府出资建立的农产品质量安全例行监测制度[2]；英国强调农产品质量安全的风险分析和市场准入的有效性，将农药兽药残留检测机构分为欧盟级基准实验室、国家基准实验室和常规检测实验室 3 级，分别承担不同的检测工作和任务[2]；欧盟建立了完善的技术标准体系，最具代表性的食品管理标准是 HACCP 体系和 ISO22000 食品安全管理体系，并建立检测实验室和校准实验室认可体系[3]，用于预防与宏观控制，减少区域壁垒，确保农产品质量。

3.5.2 对我国的农产品产地标准制定的启示与建议

3.5.2.1 完善农产品质量安全现代治理制度

发达国家的经验表明，农产品质量安全技术标准在农产品质量安全治理过程中必不可少，该技术标准宜高不宜低，且需要互相配合与弥补[4]，因此，配合相应的法律法规推动农产品质量安全治理制度标准现代化十分必要。农业标准要做到立足实际、接轨国际、科学合理，对于农产品质量安全技术标准做到严格把控、实事求是，做到标准严格但不严苛；在标准统一的同时尊重差异，实施动态管理，按照实际情况及时调整；推进农业标准化示范区建设，适当鼓励优秀农产品产地，打造富有地域特色、具有竞争力与影响力的现代农业。

3.5.2.2 建立科学合理的机构布局

据调查，一方面目前食用农产品安全类质检机构检测承载力已大部分超过 50%，有的已超负荷运转，特别是畜禽食用农产品类产品检测机构；另一方面，投入品类检测机构普遍任务不足，如种子、农机类平均检测承载力不足最大检测能力的 20%[2]。由此可见，当前我国农产品质量安全检验检测机构职能不明晰，布局较为分散，存在检测效率低、能力不均、超高负荷等问题，检测机构布局不够合理。因此，若要提高农产品安全检测的准确性，提升监测能力，我国需建设界定分明、布局合理的农产品安全检测机构，并分门别类进行建设、检测与管理。可借鉴英国的实验室分类设置与建设经验以及欧盟的检测实验室和校准实验室认可体系，加强农业监督管理，规范农业生产检测技术。

3.5.2.3 建立健全农产品质量安全追溯制度与追责体系

农产品质量安全追溯制度是保证农产品质量安全的最有效的技术手段之一[5]，建立健全农产品质量安全追溯制度与追责体系，有利于保障农产品“从田间到餐桌”全链条安全。可参考美国、加拿大等西方发达国家的农产品质量安全追溯系统编码体系[5]，对农产品统一编码，生产全过程及时建档归档，建立完整、翔实的农产品生产数据档案库，保存农产品“从田间到餐桌”的全链条信息。出现问题可利用多维技术反馈追溯流程关键业务机制、数据处理系统追踪[6]，快速回溯定位追责，保障农产品质量安全。

3.6 我国农产品产地环境管理的质量监测标准与技术规范

本节在系统理解、掌握农产品产地环境管理的质量监测标准与技术规范的基础上，从不同的角度分析了标准体系存在的问题及改进措施。

3.6.1 我国农产品产地安全管理标准体系发展现状

我国农产品产地管理技术标准规范着眼于土壤、水源、大气等产地环境污染问题，按照相关标准划分等级，分级治理，标准与监管体系较为成熟。据统计，现行的农产品产地环境类标准有 60 余项，其中限量标准 40 余项，技术规范 20 余项。种植业标准涉及农产品产地土壤环境质量、农业用水、农区空气、农业投入品（农用城镇垃圾、畜禽粪便等）以及无公害食品和绿色食品产地环境标准等。畜禽产地环境相关标准16项，其中限量标准4项，规范类标准12项。渔业产地环境标准主要有6项[7]。土壤上尤其关注镉、汞、砷、铅、铬等重金属的风险管制，以及六六六、滴滴涕、苯并[*a*]芘等农业投入品管制；灌溉水资源尤其关注COD、BOD_5和pH值3项指标；大气尤其关注氟化物、二氧化硫、氮氧化物、总悬浮颗粒物、臭氧浓度。这些规范、标准的制定有利于保障农产品产地安全，保障农产品质量安全，促进农业绿色、可持续发展。

3.6.2 我国农产品产地安全管理标准体系存在的问题

3.6.2.1 统一的环境质量标准容易出现偏差

我国幅员辽阔，成土因素和土壤类型复杂多样，气候、植被等生态环境条件差异显著，同一元素在不同区域、不同类型土壤中的背景值存在较大差异[8]。同时，不同元素间的背景值与临界值之比并不一样，有的相差极大。如果完全依照一个统一的、全国通行的土壤环境质量标准，在实际应用中必然会出现偏差，可能会得出与实际不符的判断[9]。

3.6.2.2 部分标准不符合实际发展需要

与国外相比，我国土壤中镉的标准限值偏严是学术界公认的，其原因在于当时我国食品中镉的卫生标准偏严，导致几乎所有的产地环境标准中土壤镉的标准定值偏严。这个问题在加入WTO（世界贸易组织）以后已经影响到我国农产品的进出口贸易[9]。这类标准的制定和实施，可能会造成标准无法达标、执行不了等现实问题，若按照实际情况继续生产，则标准失去意义；若按照标准严格执行，可能就会阻碍生产。且伴随着工农业的发展，很多新型污染物或潜在污染物需要进行科学检验，及时更新。

3.6.2.3 标准的科学性与可操作性有待提升

污染物的迁移和影响过程十分复杂，受到众多因素的影响。污染物的种类众多，除重金属之外，还有持久性有机污染物等其他污染物，而且随着经济的发展，新污染物层出不穷，科学研究还不能完全清晰地解释这个过程，特别是生态环境风险和健康风险方面的研究还十分不足[10]。部分标准指标的制定缺少充分的研究和实验，导致科学性和执行性不强。例如土壤重金属，诸多研究表明，影响农产品重金属含量的并非重金属总量，而是其有效态含量[11]，但标准中仍限定的是总量值[7]。这就导致了许多标准的科学性有待商榷，缺乏现实可操作性，特别是在某些情况下科学性和可操作性可能发生对立，更不能单单参考国外标准，需要根据我国实际重新考察、验证各项元素对于环境的影响，并形成考虑各地差异性的实施体系，推动各区域因地制宜，制定符合实际情况的、科学的质量标准。

3.6.3 我国农产品产地安全管理标准体系改进措施

3.6.3.1 制定环境评价标准时应考虑差异化因素

我国从南到北地域性特点不同，土壤类型差异也很大，在标准制定时应考虑，能准确定值的给出全国标准，不能准确定值的则给出操作原则；未来的无公害、绿色等环境评价标准应考虑土壤重金属对农产品的实际危害情况和地方差异，可以按主要土壤类型或地区特点来定值，同时考虑用具有代表性农作物的临界值来制定环境评价标准[12]。推进产地安全管理标准与污染防治和农产品安全法规制度深度结合，与农产品产地实际情况深度结合。

3.6.3.2 加强农产品产地环境污染的预防与监管

必须进一步发挥环境标准的监管效能，严格执行农产品产地环境质量监测，配合定期抽检，以全面掌握农产品产地环境现状。针对已有问题及时改正，潜在风险及时发现，被污染环境及时修复；及时完善、调整农产品产地环境的检测标准和应对措施，建立预防为主、修复为辅的农产品产地环境保护体系及环境应急监测体系。

3.6.3.3 加强生产者技术培训，建立农业全过程环境管理机制

从源头减少污染，要增强农产品产地生产管理者的环保意识，加强农业清洁生产技术的推广和培训，明确环境污染追责溯源制度。农产品产地安全管理技术标准要紧紧围绕农产品质量安全提升、产地环境保护以及现代化可持续农业建设，产地执行严格的肥料、农药、农膜使用标准及灌溉水质标准，并对农用物质及废物的处理贮存等作出规定，从源头防止化肥、农药等化学品及农用废弃物污染环境，建立农业生产的全过程环境管理机制和农产品溯源机制[13]。

3.7 基于国家、农业、环境等标准的问题及改进措施

本节在掌握农产品产地环境管理国家标准、行业标准、地方标准等几个板块的基

础上，从宏观、系统的角度提出存在问题及改进措施。

3.7.1 存在问题

3.7.1.1 标准作为技术性法规的严肃性体现得不够充分

严格地说，产地环境标准是国家农业与环境法规体系的一个重要的组成部分，是相关法律法规实施的重要依据，因此标准的制定、颁布、实施是一件非常严肃的事情。由于对标准的严肃性认识不足，加之标准制定的时间紧、经费少，为数不少的产地环境标准是在资料占有、科学研究和试验验证尚不充分的情况下制定出来的，标准颁布前未能充分征求相关科研、推广、生产单位及社会公众的意见，以致在标准中出现了一些不应有的低级错误。以国家质量监督检验检疫总局 2001 年颁布的《农产品安全质量　无公害蔬菜产地环境要求》（GB/T 18407.1—2001）（已于 2015 年废止）为例，标准制定者直接引用《环境空气质量标准》（GB 3095—1996）规定了氮氧化物指标及其标准值，然而，国家环保总局 2000 年在环发〔2000〕1 号文《关于发布 <环境空气质量标准>（GB 3095—1996）修改单的通知》中取消了 NO_x 指标，并把 NO_2 的标准值做了修改，标准制定者在资料占有不充分的情况下，引用了过期的标准而导致了不应有的错误。

比较而言，发达国家环境标准作为技术法规的严肃性体现得相当充分。例如，美国 EPA 颁布的标准与其他法规一样同属于联邦法规，每年联邦公报办公室都将历年发布的联邦法规（标准）编纂为《联邦法规典》，环保法规为第 40 部分。美国工业界一度对 EPA 制定的关于细颗粒物和地面臭氧的标准提出诉讼，2002 年 3 月，美国哥伦比亚特区联邦上诉至法院，由 3 名法官组成的小组一致裁定 EPA 制定该标准不是随意的，制定这一标准对保护公共健康有极为重要的意义，裁定该标准有效。

3.7.1.2 标准的科学性有待提高

标准是科学技术成果与实践经验相结合的产物，科学技术研究成果是标准产生的重要基础，标准必须以大量的科学成果为依据。同时，标准又是实践经验的总结。并且这些成果和经验都是在经过分析、比较、综合和验证的基础上，予以规范化，这样制定出来的标准才具有科学性。目前，“速成标准”在中国已经不是个别的事情，一些标准从任务下达到审定通过不到半年的时间，基本上是对现有文献资料的分析汇总，谈不上试验验证，这样制定出来的标准其科学性是值得推敲的。值得借鉴的是，EPA 制定和修订环境空气质量标准大致要经过 57 个步骤。EPA 从 1978 年财政年度到 1986 年财政年度在环境空气质量标准方面已经花费了约 3.48 亿美元，其中 3.2 亿美元用于支持环境空气质量标准的科学基础研究。美国大气颗粒物标准的修订凝聚了数十个环保机构与实验室、数百名科学家与数千名研究者总共 3000 余人的心血和智慧。

就产地环境标准而言，与产品质量标准存在较大的差异，其标准体系的确立、标准的分类应以环境要素作为主要参考依据。但是，目前的产地环境标准多以农产品种类进行划分，如蔬菜产地、水稻产地、草莓产地、苹果产地等，这种标准在执行过程中可能会出现同一块地用水稻产地环境标准衡量合格而用草莓产地环境标准衡量不合格的现象。众所周知，中国耕地的复种指数非常高，同一地块可能会用于种植不同的农作物，因此在产地环境标准制定过程中照搬产品质量标准的方法和原则是不严谨的。

中国幅员辽阔，东西、南北差距都在5000km以上，在实际应用中必然会出现偏差。一方面，有许多地区土壤背景值高于国家标准值，即使土壤在没有受到任何污染的情况下也会出现超标现象；另一方面，有些地方背景值低于国家标准值的土壤可能已有相当程度的污染物累积，但仍然不超标，从而在环境质量评价时得出与实际不符的错误判断，影响土地的正常利用。在这方面，美国的经验值得我们借鉴。美国没有全国统一的水质标准，EPA只是负责建立各类水质基准，各州根据EPA提供的水质基准结合水体具体功能制定各州和流域的水质标准，避免了千篇一律，脱离实际。

3.7.1.3 标准的实用性和针对性不强

《环境空气质量标准》(GB 3095—1996)中规定了铅的季平均、年平均浓度值，规定了氟的月平均、植物生长季平均浓度值。根据规定，要测定空气中氟化物的月平均浓度，每月至少要采样15d，而要测定植物生长季平均浓度，每一个生长季至少有70%月平均值，这两项指标实际测定起来耗费的时间太长，要在农村开展监测工作难度很大。一些标准起草者为了回避这一矛盾，选用日平均、小时平均浓度，由于大气污染对植物的危害以慢性伤害为主，这种瞬时指标对保护农作物意义不大。

众所周知，中国是世界三大酸雨区之一，主要分布在长江以南、青藏高原以东的广大地区及四川盆地，其中华中酸雨区一直是全国酸雨污染最严重的区域，造成大面积的农作物减产甚至绝收。在酸雨严重地区，土壤中的重金属比较容易被激活，从而引起有害重金属在农作物体内富集。因此，对于这些地区土壤环境质量标准应该更为严格，而不应简单照搬GB 15618。

严格来说，只有土壤中有效态的污染元素才会对人体和生态环境产生影响，而土壤矿物晶格中包藏的重金属一般不会对植物和环境造成危害和污染。中国土壤环境质量标准规定了土壤中各重金属成分的全量，实际上，重金属总量高的土壤并不一定对作物的危害大。日本土壤环境质量标准规定通过测定浸出液来确定土壤中污染物的浓度，这种做法值得借鉴。

不少产地环境标准中对土壤中的六六六、DDT（滴滴涕）做了规定，而这两种农药从1983年全国停产禁用至今已有40多年时间，过去投放进入土壤的这两种农药绝大部分对土壤已不构成污染，各地采样分析结果也很少发现这两种物质超标。随着时间的推移，土壤中这两种农药的影响会越来越小，再对这两种农药做出规定意义不大。

各地生态环境条件复杂、差异显著，制定全国统一的产地环境标准不仅技术难度较大，而且容易在实际应用中产生问题。

此外，中国现行的产地环境标准在指标的选取方面缺乏创新，在一定程度上滞后于环境科学的发展。当前，一些严重影响人体健康的稀土元素（如镧、铈、钪等）、非金属物质（如硒等）和难降解有机物（如苯并[*a*]芘）等引起了国内外学者的广泛关注，而且在制定标准时列入了限制范围，中国目前还较少考虑。以土壤环境质量标准为例，中国绝大多数相关标准仅对镉、汞、铅、砷等重金属和六六六、DDT作出了规定，仅有10余项；而日本土壤环境质量标准共规定了25项控制指标，除重金属外，还对总氰、PCB、二氯甲烷、四氯化碳、苯等做了限定。

3.7.1.4　检验方法不配套

部分产地环境标准仅规定了技术指标要求，而缺乏相配套的检验方法，或检验方法在实践中很难执行，以至于标准执行过程中弹性过大，检验结果的可靠性难以把握。以《农田灌溉水质标准》（GB 5084—1992）中石油类的分析方法为例，如果采用该标准推荐的紫外分光光度法，将与国标分析方法GB/T 16488—1996矛盾。对于生化需氧量 (BOD_5) 的分析方法，尽管同样来自GB/T 7488，而在《地表水环境质量标准》（GB 3838—2002）中，测定下限为2 mg/L，在《农田灌溉水质标准》（GB 5084—92）中，检测范围为3 mg/L以上，在技术仲裁时容易引起争议。多数产地环境标准中规定土壤中汞、砷等重金属的测定必须采用原子吸收分光光度法，这种方法对仪器设备要求高，测试成本高、操作复杂，而在实际检测分析中应用较为广泛的原子荧光法却在很长一段时间未被列入正式标准方法中。环境标准与分析方法的脱节影响了标准的有效实施。

3.7.2　改进措施

3.7.2.1　细化铬、汞更高毒性价态指标

我国的土壤重金属质量标准目前还是以总量制定限值，但六价铬、甲基汞等更高毒性价态在我国的污染愈发普遍，且对作物、农田、地下水的危害极大。有机形态的甲基汞毒性最强，可在有机体中蓄积，进而在整个食物链中累积和放大[14]，土壤中的甲基汞污染影响稻米的生长，让甲基汞在稻米中蓄积，是稻米甲基汞污染的主要原因[15]；六价铬具有较高的活性，对植物的毒害作用较强，其钠、钾、铵盐均溶于水，向下迁移会对地下水造成污染，对水体中的植物区系和动物区系有致死作用[16]。这些毒性强、污染危害大的高毒性价态，与其他价态的蓄积方式以及对环境、

作物的影响大不相同，不能仅作为总量中的一部分统一限定与管理，而是有针对性地提出更高毒性价态细化指标，重视其污染源的排放与土壤、水源、农作物中的含量限量。

3.7.2.2 将土壤重金属有效态纳入农田土壤环境质量标准

目前，我国以土壤重金属全量测定值和农产品中重金属含量作为土壤重金属污染风险评价指标的规范体系已经较为成熟，但土壤重金属全量并不能直接反映土壤重金属对土壤 - 植物系统形成的生态风险与危害[11]。国内外学者的研究表明，重金属的生物毒性不仅与其总量有关，而且主要由其在介质中的形态分布决定[17]；而土壤重金属有效态更易于被植物体吸收利用，是造成土壤污染对植物产生效应的主要原因[18]。因此，利用重金属有效态含量来评价土壤污染风险较总量而言更为确切，可以更好地实现预测功能[19]。

3.7.2.3 细分农业用水的用途与界限

农业用水应包括农田灌溉和渔业用水，当前农业用水、农田灌溉和渔业用水间的界线不明确，以至于与之相关的 GB 3838—2002、GB/T 14848—2017、GB 5084—2021、GB 11607—1989 4 个水质标准中，对同一指标的限值不同。农业用水会直接作用于产地土壤、水源以及作物，标准不严极易造成产地环境污染、风险残留过高的问题，从而影响人体健康，造成产地环境破坏。限量标准应明确农业用水的具体定义，按照不同水源、不同产地状况、不同用途进行科学、精细划分，避免出现同一指标差值过大等问题。

3.7.2.4 科学制定农业投入品限量标准，正确对待农药残留

在农产品生产过程中，生产者因提高产量、保证经济效益的需要，常需要使用农药、化肥等农业投入品，从而不可避免地造成农产品农药残留问题，但并非只要存在农药残留，就会造成环境污染、危害人体健康，食用、接触在农药残留安全限量范围内的农产品，不会影响人畜健康。“十三五”末，我国农药残留限量标准数量达到 10000 项，形成基本覆盖主要农产品的完善配套的农药残留标准体系[20]，但随着科学技术的进步，新品种的诞生与人们需求水平的提升，就要求农产品的安全限量标准也与时俱进，不断完善。要做到农药登记和残留标准制定的同步衔接，国家标准和国际标准的合理衔接；更加注重标准的科学性、针对性、保护性，开展有针对性的风险监测评估研究，增强标准对农产品安全的保护作用[20]。

综上，在对农业生产实施“从田间到餐桌”的全程质量控制过程中，产地环境的好坏对农产品质量安全水平有着直接的影响。制定配套的产地环境标准并严格施行，已经成为农产品质量安全控制的重要手段之一。本章围绕我国现行的各级、各类农产

品产地环境类标准，系统梳理了各类标准的监测范围、评价方法等内容，分析了标准制定和实施过程中存在的主要问题，并提出了发展和完善现有农产品产地环境标准体系的建议。

参考文献

[1] 王敏 . 美国农产品质量安全管理的考察与启示 [J]. 农业质量标准 , 2006(01): 40-43.

[2] 王芳 , 王敏 . 国外农产品质量安全检测体系及对中国的启示 [J]. 中国农业科技导报 , 2008(05): 31-34.

[3] 杨洋 , 孙利 , 李立 , 等 . 欧盟食品安全检验检测体系评估 [J]. 食品安全质量检测学报 , 2019, 10(15): 5206-5210.

[4] 雷勋平 , 杜春晓 . 国外农产品质量安全治理的特点及启示 [J]. 黑龙江畜牧兽医 , 2017(22): 258-263.

[5] 孔令孜 , 李小红 , 宁夏 , 等 . 国外农产品质量安全管理现状及启示 [J]. 农村经济与科技 , 2018, 29(13): 166-169.

[6] 何秋蓉 . 农产品质量安全追溯关键技术研究 [D]. 广州 : 华南农业大学 , 2018.

[7] 李军幸 , 王跃华 , 师荣光 , 等 . 我国农产品产地环境标准体系现状及发展研究 [J]. 农产品质量与安全 , 2017(6): 9-12.

[8] 赵晓军 , 陆泗进 , 许人骥 , 等 . 土壤重金属镉标准值差异比较研究与建议 [J]. 环境科学 , 2014, 35(04): 1491-1497.

[9] 高怀友 , 赵玉杰 , 师荣光 , 等 . 区域土壤环境质量评价基准研究 [J]. 农业环境科学学报 , 2005(S1): 342-345.

[10] 张红振 , 骆永明 , 夏家淇 , 等 . 基于风险的土壤环境质量标准国际比较与启示 [J]. 环境科学 , 2011, 32(03): 795-802.

[11] 刘凤枝 , 师荣光 , 徐亚平 , 等 . 农产品产地土壤环境质量适宜性评价研究 [J]. 农业环境科学学报 , 2007(01): 6-14.

[12] 聂静茹 , 马友华 , 徐露露 , 等 . 我国《土壤环境质量标准》中重金属污染相关问题探讨 [J]. 农业资源与环境学报 , 2013, 30(06): 44-49.

[13] 华小梅 , 何跃 , 吴运金 , 等 . 我国设施农业产地环境问题与土壤环境保护管理对策 [C]//2013 中国环境科学学会学术年会论文集（第三卷）, 2013: 402-406.

[14] 曾少军 , 曾凯超 , 杨来 . 中国汞污染治理的现状与策略研究 [J]. 中国人口 • 资源与环境 , 2014, 24(S1): 92-96.

[15] Qiu G L,Feng X B, Wang S F, et al. Environmental contamination of mercury from Hg-mining areas in Wuchuan, northeastern Guizhou, China[J]. Environmental Pollution, 2006, 142: 549-55.

[16] 李爱琴 , 唐宏建 , 王阳峰 . 环境中铬污染的生态效应及其防治 [J]. 中国环境管理干部学院学报 , 2006(01): 74-77.

[17] 章海波 , 骆永明 , 李远 , 等 . 中国土壤环境质量标准中重金属指标的筛选研究 [J]. 土壤学报 , 2014, 51(03): 429-438.

[18] 张成丽，王阳，白银雪，等．禹州市废旧煤矿周边土壤重金属总量及有效态分析与评价 [J]. 安全与环境学报，2019, 19(06): 2183-2191.

[19] 高琳琳，鲍广灵，张宁，等．土壤重金属有效态纳入农田土壤环境质量标准探讨 [J]. 安徽农学通报，2021, 27(10): 105-109, 114.

[20] 佚名．我国制定 5450 项农药残留限量标准 2020 年将覆盖主要农产品 [J]. 中国标准导报，2016 (09): 10.

第4章

农产品产地环境管理的企业参与模式

农产品产地的资源环境是实现国家粮食安全和农业现代化发展的基础和保障，也是我国农业生态文明建设和农业可持续发展面临的关键瓶颈。早在2015年中央“一号文件”《关于加大改革创新力度加快农业现代化建设的若干意见》就提出，做强农业，必须走产出高效、产品安全、资源节约、环境友好的现代农业发展道路。2023年中央“一号文件”《关于做好2023年全面推进乡村振兴重点工作的意见》中再次强调要推动乡村产业高质量发展，要做大做强农产品加工流通业，加快发展现代乡村服务业，培育乡村新产业新业态，培育壮大县域富民产业。建设生态文明，形成节约能源资源和生态环境保护的农业产业结构，改变增长方式、消费模式，主要污染物排放得到有效控制，相关企业在其中发挥着至关重要的作用。自觉履行环保社会责任，积极参与建设生态文明的伟大实践，是企业落实科学发展观、实现可持续发展、建设环境友好型社会的必然选择。

然而长期高投入、高消耗、高排放的粗放型增长已使得我国农业自然资源与生态环境遭受了极大破坏，农业生产环境承载力迫近极限[1]。我国农产品产地环境面临着外源性污染和内源性污染的双重影响，如工矿业和生活污染向农业转移排放，农药化肥长期不合理地过量使用，畜禽粪污等养殖废弃物、农作物秸秆等资源综合利用率低下，以及新型农业生产化学品的投入（如地膜）等导致我国农业资源消耗和产地环境污染问题日益突出。因此，从事农业生产的相关企业要改变和优化农业发展模式，注重农业生产发展和环境保护的有机结合，加强土壤和产地环境治理，把“稳产量、强产能、可持续”和实现粮食及主要农产品有效供给安全、农产品质量安全、农产品产地资源环境安全相结合，创新农产品产地管理驱动机制，贯彻落实生态文明建设战略部署，把提高综合生产能力和可持续发展能力作为核心目标任务，走中国特色农业现代化道路，建设资源节约型、环境友好型和生态保育型农业，真正做到“藏粮于地，藏粮于技，藏粮于民”[2]。

4.1 企业参与农产品产地环境管理的必要性

企业是市场经济的主体，也是环境保护的主体，同时也是环境保护的重要参与者。在我国经济转向高质量发展的新阶段，企业主动担起环境治理责任谋发展才能有出路。新的《环境保护法》规定了企业环境保护的责任，从法律层面划出了企业生存发展的底线。知法、懂法、守法，主动防污治污，规规矩矩地按照法律法规去组织生产、完善工艺，促进生产经营活动健康开展，容不得在污染治理上做“数字游戏”与表面文章，否则必将自食苦果。

企业是环境保护的主体力量，在生产过程中，企业需要使用各种资源，而这些资源的利用对环境都会产生一定的影响。因此，企业应该负起保护环境的责任，通过采用环保技术、优化生产工艺、减少污染排放等方式，降低对环境的影响。环境管理是企业可持续发展的重要保障，环境的恶化不仅会影响企业的生产和经营，还会给企业带来法律诉讼风险和道德上遣责的双重压力。因此，企业需要积极参与环境管理，遵守环保法律法规和标准，控制污染和环境风险，从而保障企业的可持续发展。

企业的环保行为直接影响消费者的认可度和社会评价。当前，越来越多的消费者对环保产品和环保企业有更高的认可度。企业通过环保行为来提升消费者的信任感，不仅可以更好地满足市场需求，更能显著提升企业的品牌价值和竞争力。这种良性循环将产生积极的社会效应对于整个社会都有积极的影响。

企业是污染物排放的主体，也是环境治理中的关键环节，要自觉履行环境保护的社会责任，同时地方政府也要真正负起环境监管职责，不能放任企业随意污染环境。表面上看，问题源于企业，实则根源在于地方政府监管不到位。打好污染防治攻坚战，是一场全民共治的战役。政府积极发挥主导作用，企业主动承担环境治理主体责任，公众自觉践行绿色生活。不等不靠，不拖沓、不迟疑，只有政府、企业、公众各尽其责、共同发力，将对美好环境的向往转化为主动作为，才能最终打赢污染防治攻坚战。

4.2 参与农产品产地环境管理的企业类型

4.2.1　农业型企业

我国农业生产面临“小、散、乱”的现状，第二次全国农业普查显示，我国种植业从业生产经营户有 18414 万户，农业生产经营单位和企业仅有 39.5 万个 [3]。农户为主导的生产者在生产过程中受多种因素的影响，如自身能力水平、政府的农业政策和宣传、可以获得的预期收益、自然灾害和市场的风险因素等，这些均会影响生产者的生产行为，最终决定生产出来的产品安全与否。农产品生产者之间存在博弈，同行之间是竞争关系，为了占领市场，排挤对手，只能不断降低自己的利润，当其利润降得太低时，要么退出这个行业，承受自己投资的损失，要么破坏游戏规则，使用高毒农药等，例如海南毒豇豆事件和山东毒生姜事件。因此，农业标准化工作的推广和普及是提高我国农产品质量安全水平的基础，也是农产品产地环境管理的基础，农业生产型企业在其中发挥着重要作用 [4]。

农业型企业是指主要从事农业生产和加工的企业，包括种植业、畜牧业、渔业等。这些企业在农产品产地环境管理中发挥着重要作用，其作用不仅体现在保障农产品质量和安全、推动农业可持续发展、保护生态环境等方面，还可以推进农业产业升级，促进地区经济发展，主要表现在以下几个方面。

① 保障农产品质量安全。农业型企业是农产品生产和加工的重要组成部分，对于保障农产品质量安全具有重要意义。这些企业通过提高农产品生产和加工的环保标准和质量要求，推动农产品生产和加工的规范化和标准化，从而保障农产品的质量和安全。目前，我国虽然制定了很多农业标准，但是标准推行力度有限，没有落实到田间地头。生产者对于这些农业标准的认知不足，农产品质量安全信息存在不对称情况。很多生产者生产安全意识不足，虽然各级农业农村部门印发了很多明白纸，但是目前存在的问题是广大留守农村的一线生产者都是老弱病残，劳动力普遍低下，文化素质不高，甚至很多都不识字。农业型企业能够以一定载体为基础来推广农业标准化生产，提高工业标准化推广和普及率，并实现农产品可追溯，有效地解决农产品质量安全信息不对称的问题。

② 推动农业可持续发展。农业型企业在农产品产地环境管理中，通过科学种植、养殖和渔业等方式，实现农业的可持续发展。这些企业通过使用优质种子、化肥、农药等农资，推广有机农业和绿色农业等可持续农业模式，从而实现农业生产的可持续发展。

③ 保护生态环境。农业型企业在生产和加工过程中，需要大量的土地、水资源和能源，对环境的影响较大。这些企业通过建立和实施环境管理体系，开展生态恢复和保护工作，实现农业生产与环境的协调发展，保护生态环境。

④ 推进农业产业升级。农业型企业在农产品产地环境管理中，通过提高产品质量和生产效率，推进农业产业升级。这些企业通过开发新品种、推广新技术、提高产品附加值等方式，实现农产品的品牌化和市场化，推动农业产业升级和经济发展。

农业型企业在产地环境中发挥重要价值，但现阶段仍然存在一些问题。首先是农业型企业更加注重农业生产和经济效益，对环境保护的意识不足，往往忽视了环保对农业生产的重要性。在环保方面的投入相对较少，往往只满足最基本的环保标准，没有形成长远的环保计划和战略，部分农业生产型企业存在环保意识淡薄的问题，缺乏对环境保护法规和政策的了解和认识，存在对环境影响和生态系统价值认识不足的情况。在农业生产中，由于技术和资金限制，部分农业生产型企业在生产过程中缺乏规范的生产方式和生产管理体系，农业型企业往往会大量使用农药、化肥等农业化学品，这些物质的使用和排放会对环境造成一定的污染。农业生产需要大量的水资源，但农业型企业往往缺乏有效的水资源管理和利用计划，导致水资源的浪费和污染。一些农业型企业为了追求更高的产量和经济效益，过度开垦土地、大量使用化肥等农业化学品导致土地的生态环境被破坏。部分农业生产型企业在环境管理方面存在管理能力不足的问题，缺乏专业人才和环保知识，无法有效组织和开展环保工作。针对以上问题，农业生产型企业应加强环保意识培养，规范生产方式，积极争取环保资金支持，提高技术水平，加强环保管理，落实环保责任。同时，政府也应加大对农业生产型企业的环保宣传和监管力度，推动农业生产型企业逐步实现绿色化生产和可持续发展。

以新型家庭农场加入合作社为例，中国社会科学院农村发展研究所自 2014 年起对全国约 3000 个家庭农场开展长期固定的监测工作，剔除部分样本后，最终选用 1927 个家庭农场样本进行分析。研究发现，有 650 个样本家庭农场加入了合作社（占比为 34%）。与不加入合作社相比，加入合作社能够使家庭农场减量施用化肥和农药的概率分别提高 43.3% 和 43.7%。这些家庭农场从合作社获得的服务或福利有：生产技术支持（23.2%）、农资成本节约（18.1%）、销售价格提高（17.5%）、经营能力提升（17.5%）、产品质量改善（15.6%）、农业机械作业（14.3%）和年末利润分红（8.4%）。在加入合作社的家庭农场中，化肥减量施用的占 37.2%，农药减量施用的占 41.7%；在未加入合作社的家庭农场中，化肥减量施用的仅占 22.2%，农药减量施用的占 25.1%。总之，无论是化肥施用还是农药施用，加入合作社的家庭农场选择环境友好型生产方式的比例均相对较高[5]。

4.2.2　环保型企业

环保型企业在农产品产地环境管理中发挥着不可替代的作用，其参与可以推动整个产业的绿色转型和可持续发展，提升农产品的市场竞争力和附加值，也符合企业社会责任的要求。

① 环保型企业通常具备一定的环保技术和服务能力，可以向农业型企业提供技术支持和环保咨询服务，帮助农业型企业实现环境友好型生产。环保型企业还可以提供先进的技术支持，包括环境监测、污染治理、环境影响评价等方面的技术支持，帮助农业型企业更好地了解和掌握环境管理的相关技术知识和实践经验。

② 环保型企业可以推动农产品产业的绿色转型，建立绿色供应链，加强企业间环境保护合作，促进产业可持续发展。环保型企业还可以协助农业型企业推动农产品环保认证工作，帮助农产品打造环保品牌，提高农产品市场竞争力。同时，农业型企业也需要积极配合和支持环保型企业的工作，共同营造良好的环境管理氛围。

③ 环保型企业可以提供环境管理咨询服务，帮助农业型企业合理规划和制定环境管理方案，以确保农产品产地的环境安全和健康。环保型企业还可以对农业型企业的环境管理工作进行监督和管理，确保农产品生产过程中的环境质量符合相关标准和规定。环保型企业在参与农产品产地环境管理中，还承担着社会责任，通过环境保护和污染治理等措施，为当地居民提供更加安全、健康的生产和生活环境，推动产业生态化、绿色化和循环化发展。

环保型企业在农业产地环境保护中虽然发挥着重要作用，但也存在一些问题，主要包括以下几个方面。

① 环保型企业往往需要在环保方面增加投入，这可能会对企业的利润带来一定的影响，甚至会导致企业的亏损。因此，环保型企业需要在利润和环保之间做出平衡。此外，缺乏相应的标准和监管，环保型企业在环保方面的投入和效果缺乏标准化和监管，容易导致企业的环保措施不够规范和有效。因此，需要加强环保标准化和监管，以确保企业环保措施的有效性。

② 企业发展与环保的协调，环保型企业需要在发展和环保之间做出平衡。一方

面，企业需要发展自身实力，提高经济效益；另一方面，也需要积极参与环保事业，承担社会责任，确保企业的可持续发展。环保型企业与其他企业、政府和社会组织缺乏行业内的协作和信息共享。只有通过行业协作，才能更好地解决环保问题，推动企业的可持续发展。由于技术创新和人才培养不足，环保型企业需要不断进行技术创新，以提高环保措施的效果和降低成本。同时，也需要加强人才培养，提高员工的环保意识和技能水平，为企业的环保工作提供强有力的支持。

4.2.3 环境监测型企业

农产品产地环境监测是农产品产地环境保护和农产品质量安全保障的基础工作，农产品产地环境监测网络是开展监测工作的基本载体。随着经济社会的不断发展，农产品产地环境问题日渐突出，社会对环境保护的关注度越来越高。近年来，国家对环境检测行业的政策倾斜和资金投入不断加大，对水、大气和土壤环境的检测越来越重视，第三方检测机构客观公正的重要性也愈发得到认可。“十三五”期间，环境监测政策扶持力度持续加大，《大气污染防治行动计划》(简称“大气十条”)、《水污染防治行动计划》(简称“水十条”)、《土壤污染防治行动计划》(简称“土十条”)、生态环境监测网络等重磅政策陆续地出台。党的十九大报告中将生态文明建设提高至前所未有的高度，环保行业随着环保税的推进、落地，进入严格监管阶段。目前，以空气环境监测、水质监测、污染源监测为主体的国家环境监测网络，形成了我国环境监测的基本框架，环境监测行业迎来新的发展契机。随着技术的不断进步、产品更新加快和国际分工的不断深化，近年来全球检测行业保持 10% 以上的速率快速增长。据统计，2021 年全球检验检测行业市场规模达到 2342.6 亿欧元，同比增长 10.14%。从国内检验检测市场规模来看，根据认监委数据，2014 ～ 2020 年我国检测检验行业市场规模从 1630.89 亿元发展至 3585.92 亿元，CAGR（复合年均增长率）达到 14.03%。其中第三方检测市场规模从 2015 年的 720 亿元上升至 2020 年的 1391.94 亿元，其中环境监测营收达到 374 亿元，市场空间不断提升。

农产品产地环境管理需要对环境质量进行检测和评估，以便及时发现环境问题并采取措施进行修复，检测机构在其中发挥了重要作用。常见的农产品产地环境检测机构主要包括农业农村部下属的农业环境监测站、省级环境监测中心、食品质量安全检测机构及第三方检测机构等。

首先，检测机构可以对农产品中的有害物质进行检测，如农药残留、重金属污染、细菌病毒等，为消费者提供安全的食品保障，农产品是农业环境优劣的受体和验证者，农产品质量安全是农业环境监测工作的根本目标（见表 4-1 ～表 4-4）。2022 年，农业农村部在全国组织开展了两次国家农产品质量安全例行监测工作，共抽检了 31 个省份的 1478 个菜果茶生产基地、976 辆蔬菜和水果运输车、518 个屠宰场、315 个养殖场、1231 辆（个）水产品运输车和暂养池、1191 个农产品批发（农贸）市场，总体合格率为 97.6%。党的十八大以来，我国农产品品质持续优化升级，农产品质量安全例行监测合格率稳定在 97% 以上。

其次，检测机构可以对土壤、水源等环境进行检测，及时发现环境问题，并提供相应的环境修复建议和方案，防止污染扩散和加剧。目前，我国已初步完成农产品产地土壤环境质量监测点位布设，由国控监测点、国控例行监测点和省控监测点组成，覆盖全国 31 个省（区、市，不包括香港特别行政区、澳门特别行政区和台湾地区）。其中，国控监测点有 15.2 万个，主要开展农产品产地土壤重金属长期定位监测，涵盖全部产粮大县和主要土壤类型，主要集中在南方酸性水稻主产区、西南地质高背景地区、东北粮食功能主产区等地区[6]。

再次，通过检测机构的检测认证，可以提高农产品的品质保证，从而增加其附加值和市场竞争力。截至“十三五”末，我国绿色、有机和地理标志性农产品数量累计达 6.2 万个，随着质量兴农、绿色兴农、品牌强农的统筹推进，我国优质绿色产品供给能力持续提升，农业综合效益和竞争力不断提高，特别是启动了地理标志农产品保护工程，健全优化地理标志农产品保护工程协调推进和考核管理机制，累计落实资金 14.3 亿元，共支持 452 个产品发展，参与中欧地理标志协定签订，推动 35 个地理标志农产品纳入首批中欧地理标志协定保护名录，推动了更多中国的优质农产品走向世界。新登录名特优新农产品 831 种，全国已通过良好农业规范（GAP）农产品 1238 个。

最后，检测机构在对环境问题进行调查和分析的过程中，可以掌握各种环保技术的最新发展动态，并推广应用这些技术，促进环保产业的发展，检测机构可以对环保技术的各个方面进行检测和评估，如环境影响评价、生态风险评估、技术适用性评估等，为产地环境保护技术的应用提供全面的支持。

表4-1　农产品监测指标

类别	指标
金属	镉、汞、砷、铅、铬、铜、镍、锌等
农药	有机氯类：百菌清、五氯硝基苯、DDT、硫丹、六六六； 有机磷类：毒死蜱、三唑磷、马拉硫磷、甲拌磷、水胺硫磷、丙溴磷、甲基对硫磷、甲胺磷、特丁硫磷、对硫磷； 氨基甲酸酯类：克百威、涕灭威、灭多威； 拟除虫菊酯类：氯氰菊酯、氯氟氰菊酯、联苯菊酯、氰氯氰菊酯； 三唑类杀菌剂：三环唑、丙环唑、苯醚甲环唑、三唑酮、己唑醇、氟环唑、戊唑醇； 酰胺类除草剂：甲草胺、乙草胺、丁草胺； 其他：氟虫腈、噻嗪酮、炔螨特、多菌灵、莠去津
持久性有机物	多环芳烃、多氯联苯、邻苯二甲酸酯类等
其他污染物	亚硝酸盐、硝酸盐、*N*- 二甲基亚硝胺、3- 氯 -1,2- 丙二醇等
营养品质	淀粉、糖、蛋白质、脂肪、氨基酸、膳食纤维、维生素、酚类、矿物质（钙、镁、钾、铁、磷）等

表4-2　环境空气监测指标

类别	指标
金属	铅、镉、汞、砷等
有机污染物	苯并 [*a*] 芘、多环芳烃（16 种）、多氯联苯（7 种）等
其他污染物	总悬浮颗粒物、二氧化硫、二氧化氮、氟化物、臭氧、一氧化碳、硫酸盐、氯化氢、氨、氯等
温室气体	二氧化碳、甲烷、氧化亚氮、氢氟碳化合物、全氟碳化合物、六氟化硫等

表4-3　土壤环境监测指标

类别	指标
理化性质	pH 值、有机质、质地、容重、孔隙度、CEC（阳离子交换量）、全盐量、全氮 / 速效氮、全磷 / 速效磷、全钾 / 速效钾
金属（总量及有效态）	镉、汞、砷、铅、铬、铜、镍、锌、稀土总量、锡、钴、钒、锑、铁、锰等
农药	有机氯类：百菌清、五氯硝基苯、DDT、硫丹、六六六； 有机磷类：毒死蜱、三唑磷、马拉硫磷、甲拌磷、水胺硫磷、丙溴磷、甲基对硫磷、甲胺磷、特丁硫磷、对硫磷； 氨基甲酸酯类：克百威、涕灭威、灭多威； 拟除虫菊酯类：氯氰菊酯、氯氟氰菊酯、联苯菊酯、氟氯氰菊酯； 三唑类杀菌剂：三环唑、丙环唑、苯醚甲环唑、三唑酮、己唑醇、氟环唑、戊唑醇； 酰胺类除草剂：甲草胺、乙草胺、丁草胺； 其他：氟虫腈、噻嗪酮、炔螨特、多菌灵、莠去津
持久性有机物	多环芳烃（16 种）、多氯联苯（7 种）、邻苯二甲酸酯类总量等
生物	菌种有效活菌数、杂菌率、蚯蚓数量、土壤酶活性、微生物群落结构等

表4-4　水环境监测指标

类别	指标
常规	pH 值、水温、悬浮物、氮、磷、钾、溶解氧、五日生化需氧量、化学需氧量、全盐量、阳离子表面活性剂等
金属（总量及有效态）	镉、汞、砷、铅、铬、铜、镍、锌等
有机污染物	抗生素（硝基呋喃类、磺胺类、金霉素、土霉素、四环素、链霉素）、多环芳烃（16 种）、多氯联苯（7 种）、邻苯二甲酸酯类总量、苯、甲苯、二甲苯、异丙苯、氯苯、硝基苯、苯胺、三氯乙醛、丙烯醛等
其他污染物	氟化物、硫化物、氰化物、氰化物、挥发酚、硒等
生物	总大肠菌群、粪大肠菌群、细菌总数、蛔虫卵数等

农产品产地土壤环境质量监测点位建设，为我国开展产地土壤环境质量长期定位监测、例行监测，掌握产地土壤环境质量状况及变化趋势等提供了重要支撑，但也存在一些突出问题。如现有的检测技术和设备不够先进，无法满足高效、快速、准确的检测需求。检测范围和标准缺乏统一，导致不同检测机构的检测结果存在差异，难以达成共识。检测机构的资质认证问题，存在一些不具备资质的机构也参与了检测工作，影响了检测结果的准确性和公正性。检测成本高昂，一些中小型农业企业难以承担，导致无法进行规范化生产和环境管理。检测结果公开透明度不够，一些机构可能存在不公正行为，导致结果被质疑或者引发争议。

第三方检测机构多以常规指标监测为主，对新污染物、特征污染物等监测不足。

2012 ～ 2016 年，全国农产品产地土壤重金属污染防治，以土壤重金属总量、pH 值等为主要指标。2016 年，全国土壤污染状况详查，监测对象主要是土壤、地下水、农产品，监测指标主要是重金属总量、有机氯农药类、石油烃类、挥发性有机物类、酚类等。2016 年，农业部组织开展农产品产地土壤环境质量例行监测，监测指标主要是土壤理化性质和重金属总量。2017 年，农业部启动农业基础性长期性科技工作，对包括土壤质量、农业环境等在内的 10 个学科领域开展长期定位监测，监测对象主要是各领域的常规指标。2013 ～ 2021 年，在农业农村部指导下，农业农村部环境保护科研监测所等组织开展稻米质量安全重金属专项风险评估、食用农产品环境危害因子风险评估系列工作，监测指标主要包括重金属、土壤理化参数、多环芳烃、抗生素、农药等。检测型企业多以传统监测技术为主，检测手段单一，对现代科技与信息手段应用普遍不足。从已有的工作来看，我国农产品产地环境监测以传统的人工调查、物理分析、化学分析等手段为主，实行的是劳动密集型作业方式，整体工作效率和水平有待提高。

环境监测的新技术、新方法、新设备不断革新，遥感、物联网、传感器、原位快速检测、生物、大数据、5G 等现代科技与信息手段不断涌现、日趋成熟，推动环境监测由小范围领域向全方位领域，由地面向天地一体化，由常规向痕量和超痕量，由人工向自动化、智能化、网络化，由劳动密集型向技术密集型等方向发展，极大地提高了监测效率、精度和水平。我国的农产品产地环境监测对现代化的科技与信息技术应用还不足，亟须转型升级[6]。

针对以上问题，近年来农产品质量安全工作抓“牛鼻子”、啃“硬骨头”，拿出“长牙齿”的硬措施连续开展年度专项治理行动，五年来共出动执法人员 1833.5 万人次，检查生产企业 1017.5 万家（次），查处问题 12.8 万起，清理关闭生猪屠宰场 4471 个。联合开展农资打假专项治理行动，严打制售假劣农资违法行为，为农民挽回经济损失 38.3 亿元，种子、肥料、农药、兽药、饲料和饲料添加剂等农资质量持续稳定在较高水平。建立了涵盖部省市县四级的农产品质量安全应急管理平台，持续完善突发事件应急机制，充分发挥国家农产品质量安全风险评估专家委员会和农产品质量安全专家组的指导作用，强化了部级风险评估实验室和风险评估实验站的技术支撑，分品种组织实施了多项农产品质量安全风险评估项目，有效开展了风险排查和分析评价等工作。并建立了全天候舆情信息监测和风险交流机制。检测型企业在农产品产地环境管理中需要提高技术和设备水平，建立统一的检测标准和范围，加强资质认证管理，降低检测成本，提高检测结果公开透明度，以更好地服务于农产品产地环境保护。

4.2.4 农技推广型企业

近年来，农技推广工作的有序推进，农业技术的集成创新和应用，推广机制的不断完善，为农业机械化、高质量化发展打下了有利的基础，同时也为促进农业增效、农民增收以及保障粮食安全稳定做出了积极贡献。农业农村部办公厅《关于做好2021年基层农技推广体系改革与建设任务实施工作的通知》要求，坚持以习近平新时代中国特色社会主义思想为指导，围绕确保国家粮食安全和重要农副产品有效供给，推动脱贫地区与乡村振兴有效衔接等重点工作，坚持以农技推广体系改革建设为主线，以先进适用技术示范样板为载体，以提升农技推广服务效能为目标，强化公益性农技推广机构主责履行，推动农业科技社会化服务发展，加快信息化服务手段普及应用，构建“一主多元”农技推广体系，强化农技推广服务的公益性、专业化、社会化、市场化属性，为全面推进乡村振兴、加快农业农村现代化提供科技支撑和人才保障。

第一，农技推广型企业在农产品产地环境保护中扮演着重要的角色，可以为环保型农业生产的发展提供技术支持和推动力，引导农民树立环保意识，促进农产品产地环境的保护和治理。农技推广型企业可以利用其在农业技术和知识方面的优势，向农民普及环保知识，提高他们的环境保护意识。同时，农技推广型企业还可以通过技术咨询、技术培训等方式，向农民介绍环保型种植、养殖等技术，引导农民将环境保护融入生产实践中，从而促进可持续发展。第二，农技推广型企业可以向农民推广绿色生产技术和方法，指导他们在生产过程中减少化肥、农药和抗生素的使用，采用有机肥料、生物农药等绿色农业技术，降低农产品对环境的污染和危害，保障农产品的质量和安全。第三，农技推广型企业可以开展各种形式的培训活动，培训农民掌握环保农业技术，加强农民的环保意识和对环保法律法规的认识，提高农民的环保管理水平，从而推动农业生产的环保管理。第四，农技推广型企业可以帮助农民升级产业结构，推进农业生产向环保型、生态型的方向发展，从而提高产业的竞争力和农民的收入水平，实现农村经济的可持续发展。第五，农技推广型企业可以向农民介绍绿色金融产品和服务，促进农民采用环保型种植、养殖等技术，从而为银行等金融机构提供绿色金融业务需求，推动绿色金融的发展。

虽然农技推广型企业在农产品产地环境保护中发挥重要作用，但其在实践中也存在一些问题。例如，一些农技推广型企业在服务过程中缺乏专业技术，无法为农民提供有效的技术支持和指导，导致农业生产过程中存在环境问题。基层农技推广机构中，高级技术人员数量极少，并且存在着严重的人员老龄化现象，推广队伍整体素质、能力参差不齐，增加了推广工作难度。由于基层农技推广工作环境、条件和薪酬等一般，导致优秀人才并不愿意参与到该项工作当中，无法实现队伍的更新。一些农技推广型企业宣传推广不足，农民对环境保护重要性的认识不足，对环保技术的了解和使用也较少，调查发现当前基层地区在农技推广工作当中所采用的推广手段较为落后，推广方式单一、陈旧，推广人员主要通过发放宣传单页、手册及明白纸等方式进行农技推广，推广内容以理论性的知识为主，由于大部分农户文化水平不高，有的甚至是文盲或半文盲，无法很好地理解理论性的知识内容，进而影响先进农技的应用。同时，在农技推广工作中，农民虽然学习、掌握了一定的理论性知识，但是在实际应用环节却困难重重，极易出现先进技术、设备操作应用不当的问题，甚至会引发安全风险及环境污染问题。个别企业追求经济效益而忽视环保问题，或在推广环保技术的同时过度强调商业价值，导致其环保行动缺乏真实性和可持续性。落实力度仍然不足，一些农技推广型企业仅仅停留在宣传阶段，缺乏真正的行动和实施计划，无法在农产品产地环境保护方面发挥应有的作用[7]。

以湖北省和河南省的789份农户调研数据为例，运用内生转换概率模型构建“反事实”分析框架探讨线上和线下农技推广方式对农户生物农药施用行为的影响发现，从整体上看，“线下”传统农技推广方式和“线上”新媒体农技推广方式对农户生物农药施用行为促进效应存在差异。调研地区中，54.50%的农户采用生物农药，其中接受传统农技推广农户生物农药施用比例为37.77%，接受新媒体农技推广农户生物农药施用比例为28.77%。“线上”或“线下”农技推广方式对农户生物农药施用均具有显著促进效应，从平均处理效应来看，传统农技推广方式对农户生物农药施用行为促进效果最好，新媒体农技推广方式次之，二者对农户生物农药施用行为具有叠加效应和互补效应。针对小规模农户生物农药推广应该以传统农技推广方式为主，而对大规模农户则应采用传统和新媒体农技推广结合的方式[8]。

4.2.5　农业金融机构

农业金融机构在农产品产地环境管理中发挥着重要角色，通过提供资金支持、发挥风险管理和监督作用、支持可持续发展以及促进合作共赢等方式，推动农产品产地环境管理的发展，促进农业产业的可持续发展。农业金融机构主要包括以下几类：农村信用社，提供小额信贷、储蓄、理财等金融服务，是中国农村金融体系的基石；农业银行、国有大型商业银行，专注农业金融业务；农发行、中央政策性银行，专门为国家农业、农村经济和农民服务的金融机构；农保基金，以国家财政资金为主的、由政府出资设立的农业保险扶贫基金；农业保险公司，提供农业保险服务，为农民减轻灾害风险，保障农民的利益；农业合作金融机构，包括农民专业合作社、农业合作社、农民合作社等，提供金融服务和技术服务，促进农民自我发展；农村投资合作社，主要从事农村产业投资，支持农民自主创业和发展；农业基金，主要用于支持农业、农村和农民发展[9]。

首先，农业金融机构可以为生态农业提供资金支持，如提供低息贷款、发放生态农业补贴等，从而激励农民更多地参与农产品产地环境管理。其次，农业金融机构也可以发挥风险管理和监督作用，对农业企业的环境保护情况进行评估和监管，并提供相应的金融服务。例如，对农业企业的环境影响进行评估，对环境保护措施落实情况进行监督，并根据评估结果和监管情况调整金融支持措施，促进农业企业加强环境保护。再次，农业金融机构还可以支持可持续发展，为企业的可持续发展提供资金，如支持农产品产地环境管理的研究和技术创新，从而推动农业产业的可持续发展。最后，促进合作共赢，农业金融机构可以通过与农业企业和其他环保型企业的合作，共同推动农产品产地环境管理，实现环境效益与经济效益的“双赢”。

4.2.5.1　我国农业保险发展现状

农业保险是农户规避风险的一项重要措施，是指农业生产者在缴纳一定的保险金之后，其在生产经营过程中因为意外事故、自然灾害以及疫病情况所遭受的经济损失，能够得到保险人为其提供的经济损失赔偿[10]。农业保险作为现代农业风险规避的有效工具，在世界范围内都是各国政府稳定保障农业生产、支持农业经济发展的重要手段。农业保险制度既能分散农业生产风险、补偿农业生产损失，又能够通过影响农户生产行为，例如种植方式的变更、化学品投入量的变化从而影响产地环境的质量。作为化解农业生产风险的工具，其推广和普及会影响农业经营者的化学品投入行为，从而在一定程度上保护产地环境，从源头上减少农业污染的产生。

新中国成立初期就成立了正式的农业保险公司，中国人民财产保险股份有限公司（原中国人民保险公司）就在部分地区开展了农业保险的试点工作，在经历人民公社化运动后，直到 1982 年，农业保险工作才恢复发展，但由于当时保险公司对于灾害的认定缺乏相关的技术和经验，一直限制着我国农业保险的发展。21 世纪以来，我国政府开始通过补贴和推广农业保险来构建现代化的农业支持保护体系，我国的农业保险也得到了迅猛的发展。2003 年，随着国家对“三农”事业的重视，“三农”事业也引发了社会的广泛关注。2004 年中央“一号文件”提出，要开展政策性农业保险试点工作，农业保险才真正开始发展起来。2007 年启动中央财政补贴的农业保险开展试点工作。2013 年《农业保险条例》正式实施，为农业保险的健康发展提供了法律保障，至此政策性农业保险的发展形成了较为完善的体系。2016 年，农业保险实现新的发展，中央“一号文件”提出开始探索“保险 + 期货”的试点工作。2018 年提出丰富农业保险品种，创建多层次保险体系。2019 年发布的《关于加快农业保险高质量发展的指导意见》，提出到 2022 年基本建立运营规范、规模适度且与我国农业发展现状相匹配的农业保险保障体系，这为新时期我国农业保险的发展指明了方向、明确了目标，也昭示着我国整个农业生产经营系统对于自然风险与市场风险的规避能力将实现质的提升[11]。

在新的政策导向下，我国农业保险业务发展迅猛，几乎承保了全国所有省区的农、林、牧、渔等方面。根据 2013 ～ 2017 年银保监会数据，我国农业保险收入由 304.63 亿元上涨至 473.45 亿元，涨幅为 55.42%（如图 4-1 所示）。2020 年我国农业保险保费总额达到 815 亿元，保险赔偿及给付 592.52 亿元，为 1.88 亿户左右的投保人提供风险保障 4.13 万亿元，农业保险保费发展规模居于世界首位，稻谷、小麦和玉米三大粮食作物覆盖率达到 70%；农业保险深度和密度达到 1% 和 500 元 / 人 [12]。农业保险保费不断增加的同时，赔付率不断下降，越来越多的农户可以得到农业保险的保障，开展农业保险业务也能得到一定收益，农业保险公司的经营状况也得到了极大的改善，同时也将吸引更多的保险公司增设保险项目，扩大农业保险的保障覆盖范围。随着农业保险的快速发展，一些大型的综合性财产保险公司也在积极发展农业保险，如 2016 年中国人民财产保险股份有限公司农业保险收入 193.6 亿元，保险覆盖面扩大，承保的农作物种类也在逐渐增多。

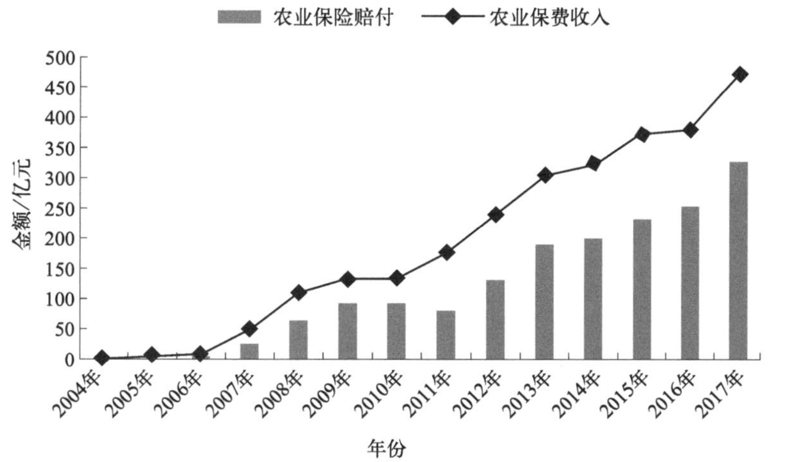

图 4-1　2004 ～ 2017 年农业保险保费和赔付支出

我国农业保险的发展状况受地域差异影响较大，由于我国幅员辽阔，各地经济发展、土壤条件、气象条件和作物结构都存在较大差异，不同地区的受灾情况也会影响农户的风险意识，这也决定了农业保险的需求。我国农业保险在东北、中部、西部和东部地区的发展水平存在较大差异。总体上看，各地区农业保险水平均得到极大的提升，主要原因得益于政府对农业保险的大力支持。具体而言，东北地区发展水平最高，其次为东部和西部地区，中部地区发展较为缓慢，不同地区政府对于农业保险的补贴也存在较大差异，缺乏统一标准，在区域内实施统一补贴标准。北京、上海由于两地经济发展速度较快，非农业化占比较高，加上政府的政策补贴，其农业保险发展水平较高。虽然江苏、浙江、广东、山东、福建等地也是我国重要的粮食产区，但上述地区农业保险的发展水平低下，保费收入占农林牧渔总产值的比重还不到 1%，主要原因是自然灾害较为严重、农民从事非农就业的比例高，农林牧渔收入所占家庭收入比重不高，工资性收入已经超过了农业收入。同样作为我国粮食主产区的辽宁、吉林、黑龙江三省农业保险整体速度发展较快，其平均水平远超其他地区，这与东北地区丰富的自然资源和政策扶持密切相关。中部地区整体上的农业保险发展水平相对较低，产业处于转型时期，调整结构压力巨大；并且中部地区人口输出较为明显，劳动力的外流使农业保险的需求性下降。西部地区虽然长期以来受到政策的大力支持，但农业保险发展出现两极分化的趋势。从地区来看，西南省市农业保险发展状况总体弱于西北地区，其中内蒙古、西藏、新疆等地的保险强度都高于2%，这些地区拥有丰富的自然资源，畜牧业发达，畜牧业在遭受损失以后能够获得较高的赔付额度，因此畜牧业保险需求大。贵州、重庆、广西等西南地区农业保险发展水平从全国范围内来看都处于较低水平。贵州省林业发达，而广西壮族自治区多为制糖业，种植甘蔗的农户较多，这些都还不属于政府主要承保品种的范围；而重庆多为山地，农林牧渔所占比重较小，造成了农业保险发展水平较低的情况。西南部地区的较多省市，自然灾害多发，经济发展水平不高、外出务工人员较多，对于土地的耕种稳定性不高，因此从农业保险的需求以及农业收入占家庭收入的比例来看，西南地区的农业保险发展状况较为落后。

4.2.5.2 农业保险对农产品产地环境的影响

农业保险制度对于农产品产地环境的影响主要分为三个阶段（图4-2）：第一阶段农业保险制度影响农户的生产行为，包括农作物种类选择、耕作方式、边际土地开拓以及农用化学要素的投入量；第二阶段农户的生产方式影响农业生产资源；第三阶段是农户的生产行为对产地环境因素包括土壤质量、水质量及野生生物居住环境的质量产生影响。

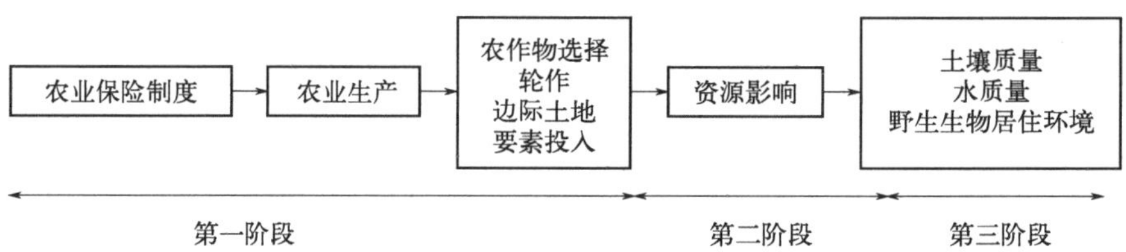

图4-2 农业保险制度的产地环境效果评价

农业保险在一定程度上可以推动区域内农业规模化经营，从而减少农药、化肥等农业生产要素的过量投入，在一定程度上降低了产地环境的面源污染，能够产生规模化的经营效益。农业保险因为可以为生产经营提供有效的保障，因此发展农业保险有助于农业生产者流入更多的土地或开垦荒地，从而推动适度规模经营主体和农业的规模化经营。土地的规模化经营有助于充分发挥化肥的规模效应，扩大农用地规模有助于生产者更加重视投入产出的效率，进而减少单位面积农药、化肥的施用量[13]。农业保险发展会影响农业生产者对不同农作物的资源配置，引导生产者调整作物结构，如农业保险的绝大多数是由政府补贴的政策性农业保险，这些农业保险所覆盖的作物品种主要与粮食作物有关，而粮食作物在一定程度上比其他作物的化肥用量更少，从而在一定程度上减少化肥面源污染的排放，实现农业生产结构的调整。农业保险发展会推动农业技术的进步，会提高农业农村部门的抗风险能力，促进农业生产者投资和使用先进的生产技术、经营技术、生物技术、服务技术等，促进生产者采纳更加绿色环保的生产技术，使用更多的新型农药化肥。农业保险的作用不仅表现在对农产品产地环境的保护上，还表现在对农业绿色生产效率的提高上[14]。

目前关于农业保险是否影响农业生产者对于农业化学品的投入从而增加或减少农产品环境污染仍存在争议。张哲晰等[15]基于黄淮海与环渤海农户设施蔬菜的数据发现，农业保险的投入会减少化学品的使用。其研究结论表明：购买农业保险的农民更加倾向于减少化肥产品的使用，对于农药的使用却没有明确的影响。而钟甫宁等[16]通过对新疆地区农户数据进行分析发现，农业保险对不同类型的农业化学品投入产生的影响不一，购买农业保险的农户对于化肥的需求量增大，而会显著减少农药施用。罗向明等[17]研究发现，农业保险会不断推动传统农户的种植和养殖分离，推动农业生产朝着集约化和专业化的方向发展，从而导致原有的农业生态体系中的农家肥使用量减少，进而增加化肥的使用量，从而加剧产地环境的面源污染。除此之外，陈俊聪等[18]的研究发现农业保险通过结构效应与技术效应减弱了农业生产中的化肥投入水平，却能够通过规模效应来使化肥投入水平提高；并且在影响效果上，农业保险对于农业绿色生产和农产品产地环境的保护具有积极影响，尤其是在农业经济较为发达地区。总体上看，农业保险是保护产地环境、减少面源污染、推动绿色发展的较为有效的途径。

4.2.6　土壤修复型企业

古人云“皮之不存，毛将焉附”。农产品产地环境是从事农产品生产及销售等相关企业的前提条件，其中土壤是人类经济社会可持续发展的重要基础，同时也是人类赖以生存的自然资源之一[19]。然而，在快速城市化与工业化进程中，由于生态环境有效保护措施的缺乏，诸多污染物伴随着生产过程如矿产资源不合理的开发、长期的污水灌溉、化学农药的滥用等相继进入土壤环境，从而引起土壤污染，最终通过地下水或生物富集直接和间接地进入食物链中，最终危害人体健康[20]。2016年5月国家颁布《土壤污染防治行动计划》为土壤环境保护作出了纲领性的指导意见，2019年1月《中华人民共和国土壤污染防治法》的颁布实施，明确了我国土壤污染预防、防控、修复的主要制度要求及各部门相关法律责任，我国土壤修复行业也迎来了新的发展机遇。中央修复财政资金有力支持了土壤污染状况详查、土壤污染源头防控、土壤污染风险管控和修复、土壤污染综合防治先行区建设、土壤污染治理与修复技术应用试点、土壤环境监管能力提升等工作。《土壤污染防治法》规定设立省级土壤污染防治基金，土壤污染防治专项资金使用范围也包括支持设立省级土壤污染防治基金。生态环境部将配合有关部门推动相关工作，鼓励民间资本和企业资金投入土壤修复领域。

4.2.6.1　我国土壤修复行业现状

我国土壤修复行业起步较晚，土壤修复资金来源严重不足，修复技术尚不完善，具备相关处理资质的企业的产能和规模无法满足当前社会生产和发展的需要，但我国土壤修复行业具有相当明显的后发优势，可以充分借鉴欧美等发达国家的经验和教训，实现土壤修复行业的高速发展[21]。土壤环境修复主要包括污染农用地和建设用地的修复，同时也包括矿山环境生态修复、固体废物、垃圾堆放场和尾矿修复等[20]。随之而来的土壤环境修复咨询服务业已成为农产品产地环境管理的重要支撑，其发展水平和规模是土壤环境修复产业成熟的重要标志，也是我国土壤污染防治目标和任务完成的重要支撑。土壤环境修复咨询服务企业的主要职责包括规划标准的指定、土壤环境调查与监测、环境影响评价、在产企业土壤污染防治咨询服务、突发事故应急处置服务、可行性分析、工程设计、环境监理、效果评估、修复技术研发、教育培训、会务、信息服务及其他与土壤环境修复相关的服务活动等[22]。

截至 2019 年，我国正式启动的土壤修复治理项目 1783 项，项目覆盖 31 个省、自治区或直辖市，涉及总金额 120.1 亿元。其中咨询服务类项目 1429 项，占总项目量的 80%，修复工程实施项目 354 项，占全国启动项目的 20%，项目金额占比超过 79.2%。在所有的咨询类服务项目中，调查评估、方案编制和技术服务等前期咨询服务类项目数量为 1344 个，占比 94%；后期效果评估项目数量 85 个，占比 6%，说明现阶段我国土壤修复治理项目总体以前期咨询服务类项目为主[22]。根据美国环境商务国际有限公司 2018 年发布的《美国环境修复产业报告：修复与产业服务》，2018 年美国土壤修复前端咨询服务等项目占总项目金额的 40.7%，而 2019 年我国前期咨询服务项目金额占当年修复行业项目金额的 15.1%，虽然从 2017 ～ 2019 年修复项目无论是项目数量还是项目金额均呈逐年上升的趋势（如图 4-3 所示），但相较于发达国家仍然存在较大差距，这也说明我国前期咨询服务市场还有很大的提升空间[23]。

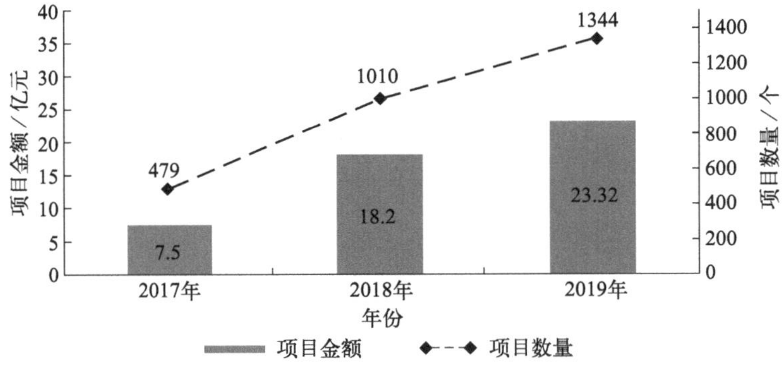

图 4-3　2017 ～ 2019 年前期咨询服务业项目数量和项目金额对比

4.2.6.2　土壤修复企业类型及特点

我国土壤修复产业仍处于初级发展阶段，土壤环境修复仍然面临不小挑战。“十三五”以来，虽然国家高度重视土壤环境修复工作，从事污染修复防治的单位数量迅速增加，但是当前我国咨询服务从业单位门槛低，总体从业水平较低，土壤治理修复管理、咨询服务和工程设计实施等多学科的专业背景人才缺乏已经逐渐成为制约行业发展的瓶颈[24]。土壤修复资金需求量较大，且目前过度依赖政府拨款，少量的资金来源于污染企业和地产企业，也制约着土壤修复产业的发展。现有的土壤修复咨询服务及组织实施模式的相关技术导则、指南等无法体现对新技术、新方法和新仪器的鼓励作用，组织管理单一，缺乏系统性和整体性的管理思维，造成新技术、新设备的验证和实践推动缓慢，可能会造成过度调查、过度修复和高投入等问题，总体技术含量仍处于保守状态，创新性不足[22]。从我国土壤修复行业代表性企业和特点可以看出（如表4-5所列），我国土壤修复行业参与者众多，各领域竞争压力大，其中既有综合性企业，也有专注于修复咨询、技术支撑、调查评估、修复工程、第三方检测，甚至学术研究、地质矿山、土壤肥料、土方工程、植物营养等某一方面的企业和机构。

表4-5　中国土壤修复行业代表企业及特点

类型	代表企业	特点
全能型公司	北京建工环境修复股份有限公司、中节能大地（杭州）环境修复有限公司、北京高能时代环境修复有限公司、北京金隅红树林环保技术有限责任公司、重庆利特环保工程有限公司等	规模大、业务范围广（往往覆盖污染场地调查、风险评估、修复施工等）
拥有独特技术的中型公司	北京瑞美德环境修复工程有限公司、北京邦源环保科技股份有限公司等	相比于第一类企业规模不大，但拥有独特技术，在修复市场中主要依托专有的植物修复技术、微生物修复技术和修复剂开展修复工程服务
科研院所	中国科学院地理科学与资源研究所、清华大学环境学院、中国科学院南京土壤研究所、各地环科院等	身为国家队在承接政府项目时具有一定的优势，通常参与场地的调查和风险评估环节，较少涉足施工环节
外资企业	ERM中国（伊尔姆）、ACOM公司、ESD（伊世特）公司、法国苏伊士集团、日本同和集团等	由于政策的限制，这些企业往往只能从事场地修复的咨询业务
第三方检测机构	SCS通标、澳实、CTI华测、PONY（谱尼）等	商业检测机构为辅，地方生态环境部门为主

技术创新和产业化是土壤修复企业未来发展的核心竞争力。目前在土壤修复行业内崭露头角的多数为具备集成技术与工程经验的综合型公司，在行业起步成长阶段，这些公司更容易获利。但成熟的土壤修复产业涉及检测、评估、技术设备研发及工程设计施工等环节，随着市场规模快速扩大，产业链上下游各个环节都将迎来市场需求。从短期来看，股东背景、过往业绩等仍将是企业获取项目的主要因素，从长期看技术的成熟度、适应性及产业化将是企业竞争力的核心。我国土壤修复技术和国际先进水平相比仍有很大差距，主要体现为市场主流土壤修复技术构成不同，随着土壤修复市场深化，新技术成本逐步下降，在土壤修复更加关注生态和社会效应的情况下，新的前沿的土壤修复技术将更受欢迎。

资金问题是土壤修复行业面临的一大难题。目前土壤修复资金主要来自政府，其次是污染企业和土地开发商，包括产业农业化开发商和房地产开发商。然而，依靠政府主导的资金投入无疑使得行业发展受到财政政策特别是财政负担影响，因此，探索土壤修复行业商业模式的过程中需要着重考虑资金来源的解决办法。从成熟发达国家来看，土壤修复企业可以选择多种商业模式——BOT（建造 - 运营 - 移交）/BT（建设 - 移交）模式、EPC（工程总承包）模式、PPP（政府与社会资本合作）模式。其中我国目前比较多见的是 EPC 模式。从我国土壤修复行业的发展前景来看，BOT 模式具有更加灵活的资金融通方法，同时对土壤修复企业的激励作用更为明显。而随着国内 PPP 模式的应用，修复产业的 PPP 模式为行业发展带来更多的创新思路。“特许经营、购买服务和股权投资” 3 种方式的政企合作能有效缓解政府财政压力，并通过财政资金杠杆作用撬动社会资本的投入，让社会资本融合到修复产业中，是未来我国积极探索的盈利模式。

4.2.6.3 土壤污染修复资金来源——以土壤污染防治专项资金为例

土壤是人类赖以生存和发展的物质基础，更是生态环境不可缺少的组成部分，土壤环境不仅影响我国经济发展，而且直接关系我国粮食安全和人体健康。近年来，国家高度重视环境污染治理和生态文明建设。土壤污染防治基金是指由省级财政通过预算安排，单独出资或者与社会资本共同出资设立，采用股权投资等市场化方式，引导投资土壤污染防治、支持土壤治理修复的政府投资型基金。

2016 年 5 月，国务院印发的《土壤污染防治行动计划》（国发〔2016〕31 号）（简称“土十条”）明确提出设立土壤污染防治专项资金（以下简称“土壤资金”）。根据“土十条”的工作内容，财政部设立了用于土壤污染防治的专项资金。2019 年 1 月 1 日颁布实施的《中华人民共和国土壤污染防治法》，提出设立中央土壤污染防治专项资金和省级土壤污染防治基金，奠定了我国土壤污染防治基金的法律地位[25]；2020 年 1 月六部委联合印发的《土壤污染防治基金管理办法》，为各地设立省级土壤污染防治基金提供了有效指引，二者与现行的政府投资基金管理制度一并构成了我国土壤污染防治基金制度的核心，对解决当前土壤污染防治资金不足、探索多元化资金筹措机制具有重大意义。土壤专项资金作为引导性的中央专项转移支付资金，还带动了地方与社会资金投入，对推动土壤污染治理产业发展起到了积极的促进作用，根据资金支持的项目信息统计，土壤资金带动地方财政、企业等资金投入约 195 亿元，带动系数约为 0.7。

（1）“十三五”中央土壤资金项目入库情况

“十三五”期间，我国土壤资金共计下达 285.3 亿元，获得资金支持的项目共计 5150 余个，重点支持土壤污染防治先行示范区建设、治理与修复技术应用等试点示范，以及土壤污染状况详查、重金属污染防控、土壤污染风险管控和修复等重点工作。资金主要支持地块调查及风险评估、土壤污染风险管控与修复、土壤污染源头防控、土壤详查和其他六类项目。其中土壤污染风险管控与修复、土壤污染源头防控及能力建设项目是“十三五”地方土壤资金支出的重点方向，3 类项目的土壤资金支出占总支出的 69%[26]。根据土壤污染防治工作总体安排、财政预算情况的不同，土壤资金的各年度下达资金量有一定的差异，资金规模在 35 亿～ 95 亿元（如图 4-4 所示）。

各省份因重点工作任务量、项目储备情况以及预算执行情况等不同，获得的专项资金额度差别较大，中央对于开展土壤污染综合防治先行区建设省份加大支持力度。浙江、湖北、湖南、广东、广西、贵州、河北、云南、四川、甘肃在“十三五”期间获得的土壤资金占下达资金总量的 67%（如图 4-5 所示）。各省（区、市）土壤资金在 3 类重点项目上的使用情况与其资源禀赋、产业发展特征紧密相关。例如贵州省矿产资源丰富，采矿产业历史悠久，采矿遗留的大量废渣堆存给土壤环境质量带来较高的风险，其用于历史遗留污染源治理的土壤资金占 3 类重点项目土壤资金支出的 65%（占全部土壤资金支出的 54%）；污染场地的土壤资金使用体现出历史遗留污染源整治和土壤污染风险管控与修复并重的特点，湖南省在这两类项目上的土壤资金支出占 3 类重点项目土壤资金支出的 95%（占全部土壤资金支出的 84%）；江苏省等东部沿海的发达省份则支持了一批化工场地的治理修复和农用地安全利用项目，江苏省在土壤污染风险管控与修复项目上的土壤资金支出占 3 类重点项目土壤资金支出的 76%（占全部土壤资金支出的 50%）；内蒙古等西部省份则借助土壤资金大力提升土壤环境监管能力，能力建设项目投资虽然不高，但其数量占 3 类重点项目总数的 60%（占支持项目总数的 48%）[26]。此外，“十三五”初期由于大部分地区的环境监测站仪器设备水平无法满足土壤环境日常监测需求，因此尚未对污染地块等相关信息进行系统管理，土壤管理能力严重不足。因此，“十三五”期间，约 10% 的土壤专项资金用于支持土壤环境监管能力建设，提升各地土壤环境监测监管能力，实现了土壤污染地块的信息化管理。约有 20% 的土壤资金用于土壤污染详查工作，农用地土壤污染状况详查工作已于 2019 年 6 月底如期保质完成；重点行业企业用地土壤污染状况调查已于 2020 年年底完成初步采样调查工作，各省（区、市）已向生态环境部报送省级成果。

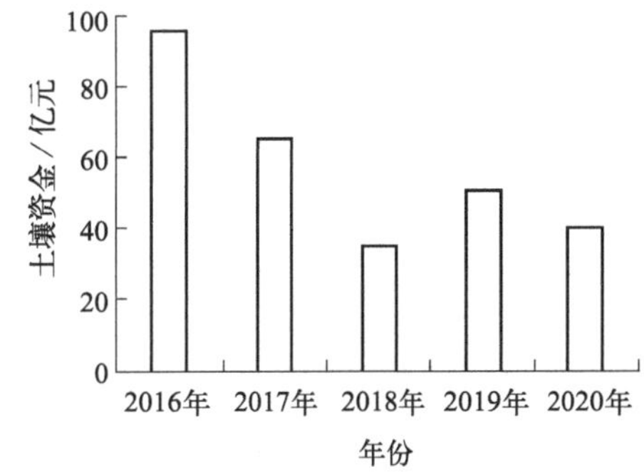

图 4-4 “十三五”时期土壤资金下达情况

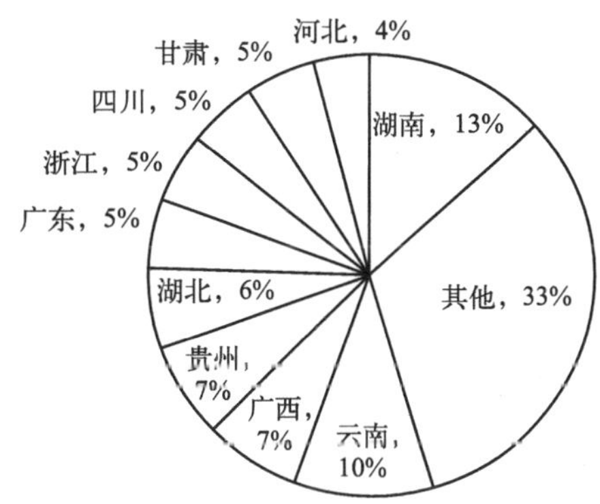

图 4-5 “十三五”期间重点省份土壤资金额度

（2）“十三五”中央土壤资金项目实施情况

“十三五”期间，在土壤资金的支持下，各地加大力度落实净土保卫战、“土十条”

相关任务，土壤污染加重趋势得到初步遏制，农用地土壤环境状况总体稳定，各地积极强化污染源头防控，推动农用地安全利用和污染地块治理，开展了农用地土壤环境质量类别划分试点及农用地安全利用和治理修复试点示范等工作。经过“十三五”时期的不断完善，土壤专项资金逐渐形成项目储备、资金分配、项目实施、监督管理的全过程管理体系。首先，地方根据土壤污染防治任务和需求开展项目储备，生态环境部对相关技术文件进行审核，省级生态环境部门对项目绩效目标表进行审核，审核通过后的项目纳入中央项目储备库。其次，财政部依据土壤污染防治支持重点结合项目储备情况、项目实施情况、资金绩效评价结果分解下达资金。省级生态环境部门会同财政部门在中央项目储备库中选择优秀的项目予以资金支持，形成拟支持项目清单及区域绩效目标表，经财政部、生态环境部核准后拨付资金给地方组织实施。再次，地方定期上报项目实施进展、资金预算执行率，生态环境部会同财政部根据反馈的相关情况指导后续资金分配，对于需要变更的项目经审核确定后予以调整。最后，生态环境部会同财政部定期开展项目监督检查及资金绩效评价，对资金使用和项目实施情况进行监督管理，根据评价结果指导资金的分配。土壤资金管理流程如图 4-6 所示[26]。

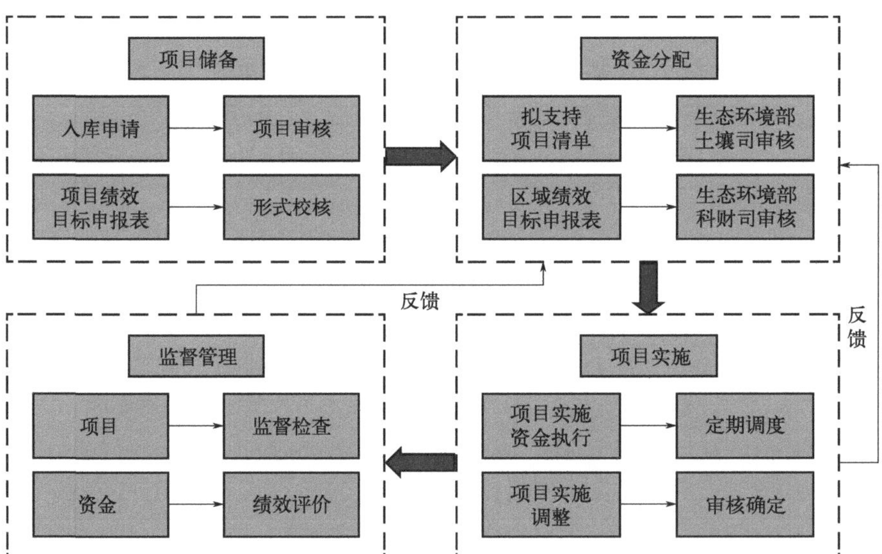

图 4-6 土壤资金管理流程

为提高项目质量，落实储备库建设要求，2018 年起，生态环境部对地方开展储备库技术指导。2020 年，生态环境部印发《关于加强生态环保资金管理 推动建立项目储备制度的通知》（财资环〔2020〕7 号）及《中央生态环境资金项目储备库入库指南（2020 年）》（环办科财函〔2020〕163 号）（以下简称《入库指南》），进一步强调资金管理，明确储备库项目入库要求，提高项目储备质量。截至 2021 年年初，储备库中已储备项目 552 个，总投资达 155.4 亿元。污染地块治理和污染源治理类项目占入库项目总数的 1/2 以上，占所有项目总投资的 80% 以上。

资金分配方面，2020 年以前，土壤资金采用项目法和因素法相结合的方式进行分配。土壤详查资金依据各地土壤详查工作量，按照项目法直接进行测算分配；剩余资金依据项目储备情况、资金预算执行情况及土壤污染防治先行区、技术应用试点等重点任务采用因素法进行分配。2020 年，财政部更新了《土壤污染防治专项资金管理办法》（财资环〔2020〕10 号），确定了土壤资金采用因素法进行分配，将土壤污染风险防控工作任务量、修复治理任务量、管理改革创新和项目储备情况作为分配因素，同时明确了相关因素的分配权重，将预算执行率、绩效评价结果作为参考依据。专项资金分配和管理的优化，进一步提高了资金分配的合理性。《入库指南》明确要求“项目清单”选择优秀的项目，直接将资金分解到项目，减少了资金的层层分解，缩短了资金下达时间，提高了资金分配的合理性和资金使用效益。

绩效评估方面，随着《中共中央　国务院关于全面实施预算绩效管理的意见》的出台，土壤资金管理更加重视绩效导向，注重资金的集中使用，突出重点、亮点，对申报项目的成熟度要求越来越高。2018 年起，财政部在下达土壤资金时一并印发《土壤污染防治专项资金整体绩效目标表》，同时要求各地填报《土壤污染防治专项资金区域绩效目标申报表》（以下简称《区域绩效目标申报表》），报财政部和生态环境部备案，做好绩效监控和绩效评价，确保财政资金安全有效。2020 年，财政部为强化土壤资金管理，提高资金的规范性、安全性和有效性，印发了《土壤污染防治专项资金绩效评价管理暂行办法》（财资环〔2020〕11 号）（以下简称《绩效评价办法》）。同时，《入库指南》进一步明确了地方申报项目应同时提交《项目绩效目标申报表》，要求《区域绩效目标申报表》随拟支持项目清单一并报送。生态环境部对各地上报的《区域绩效目标申报表》的完整性、相关性、适用性、可行性进行审核，并对《项目绩效目标申报表》进行形式校核。按照相关要求，财政部会同生态环境部每年对上一年度土壤资金开展绩效自评工作，完成年度资金的绩效自评报告。截至 2020 年，绩效自评工作已经连续开展了三年。土壤资金在 2020 年被财政部列为重点评价对象，由财政部各地监管局进行重点评价。通过绩效自评，地方可及时总结资金使用过程中存在的相关问题，并将绩效评价结果作为土壤污染防治政策进一步完善、项目实施管理及资金预算安排的重要依据。

“十三五”期间，土壤污染综合防治先行区建设取得显著成效，其中浙江、湖北、湖南、广东、广西、贵州、河北等省份及土壤污染防治任务较重的云南、四川、甘肃等省份，中央财政累计安排 33.4 亿元用于建设土壤污染先行区。各先行区成立了以主管副市长为组长的建设领导小组，与科研机构合作共建。例如，湖北省黄石市将土壤污染防治与城市转型发展密切结合，通过工业园区化聚集发展，提高企业准入门槛、加大源头防控力度；湖南省常德市将蜈蚣草植物修复与精准扶贫相结合，同时大力改良当地柑橘品种，使柑橘由低经济价值品种（0.4 元 /kg）向高经济价值品种（2.5 元 /kg）转型[27]；浙江省台州市温岭市对受污染耕地精细化分类施策，探索受污染耕地安全利用模式；贵州省铜仁市采取农艺调整结合生态扶贫的方式探索农用地安全利用；广东省韶关市在污染农用地上大力建设光伏发电设施，一边开展污染农用地的整治，一边发挥土地价值实施光伏发电，在两年内为该地区农民带来 400 万元的直接收益；广西壮族自治区河池市采用创新技术组合，对重点矿区开展生态修复，开展长期修复效果评估跟踪和风险管控效果量化评估模型的开发[28]。

（3）土壤污染防治专项资金管理中存在的问题

2020年财政部联合生态环境部等部门发布《土壤污染防治基金管理办法》，土壤污染防治基金制度由此成为我国土壤污染防治工作的重要一环。我国土壤污染防治基金制度建立不久，已设立基金的省份均处于刚刚启动投资阶段，相关的资金使用条件、范围和启用情形尚不具体，各地方对基金的运营、项目储备、制度构建、责任追究、信息公开等也鲜有详细规定，基金相关制度在实践中可操作性较低。虽然从立法上看，该制度正在不断成熟，但在实践中仍存在许多问题。

① 基金使用范围不明确，项目储备不足。土壤项目的储备问题一直是土壤污染防治工作比较薄弱的环节，目前尚存在项目缺乏、已储备项目不成熟等问题，需提前储备避免基金设立后无项目可投的尴尬境地。尽管项目储备工作已经开展多年，但部分地区项目储备数量依然不足，导致下达资金后出现“钱等项目”的现象。经营性用地治理项目不符合资金支持方向，而其他用地类型治理项目前期投入较高，在治理后收益不高，且资金管理逐步规范、严格，审计、监督检查频繁，导致地方存在畏难心理，项目申报积极性不高。

② 部分地区资金下达不及时、执行较慢。部分地区资金下达环节过多，加上土壤污染治理项目入场手续复杂，往往需要完成征地、财审、招投标等烦琐耗时的程序，导致往往在省级政府获得资金半年以后资金才下达到项目，未按照预算法要求及时下达；部分地区为项目入库仓促立项，调查、论证不充分，项目储备质量不高，导致在获得资金后项目方案频繁调整，影响项目推进进度；此外，土壤污染治理项目实施周期较长，通常为1～3年，建设用地风险管控和修复项目效果评估还需1～2年，资金全部支出往往需要2～5年的周期。

③ 土壤专项资金项目实施单位和管理部门之间沟通不够。土壤污染防治专项资金项目涉及多个部门，项目参与单位包括项目前期调查评估单位、项目工程施工单位、监理单位、效果评估单位、资金审计单位，项目管理部门主要为各级行政主管部门，包括相关市、县区人民政府，自治区、市、县生态环境、财政、农业农村、自然资源等行政主管部门。各部门虽有分工，但联动机制不足，沟通不畅，工作推进中存在进度不一、标准不一等问题，部分项目主体工程完工后，验收、效果评估、审计等工作不抓紧，导致在规定时限内完成验收的项目少，而结余资金调整不及时，又影响资金执行率。

④ 资金未发挥带动作用，过度依赖中央资金投入。土壤污染风险管控、治理修复项目需要开展大量的前期调查评估工作，部分地区缺乏项目的前期投入和地方配套资金，完全依赖中央资金开展相关工作。我国土壤污染防治基金制度明确规定资金的来源可以是政府单独出资或者与社会资本共同出资。但从实践来看，2018～2020年我国累计安排土壤污染防治专项资金125亿元，除此之外的资金来源难以查询。土壤资金带动系数仅为0.7，且带动的投入以地方财政资金为主，社会资金较少，未能充分发挥财政资金的杠杆和引导作用。考虑到土壤污染防护与治理工作具有长期性，其

需要由社会资金与政府出资相互补充以共同构建起防治基金制度，仅以财政预算作为防治基金的唯一来源是远远不够的。社会资本为了追求利益会承担较大的风险，在缺少资金使用方式和监督、监管等合法性程序的情况下，难以达到防治基金制度稳定、持续运行的要求[29]。

⑤ 绩效目标编制不实，自评质量有待提高。根据2020年对各地《项目绩效目标申报表》及《区域绩效目标申报表》的审核情况，地方存在对于绩效目标概念理解不透、混淆分类的问题，在项目申报过程中往往需要多次修改。例如，部分地区对数量指标、质量指标、生态效益指标概念理解不清，将绩效指标与指标值混淆；绩效目标值过低，与资金规模、任务不匹配；部分指标不具体、不可监测，指标值定性描述过于宽泛，难以在评价时进行认定。由于绩效目标编制不实，未按照《绩效评价办法》指标体系进行编制，对整体绩效指标支撑不足，影响资金整体绩效自评质量。各地在开展绩效自评时对于绩效目标和绩效指标未完成的原因、下一步改进措施等分析不透彻，未达到绩效自评的目的[26]。

（4）土壤污染防治专项资金管理对策、措施和建议

1）加强组织领导，壮大环保队伍，提高业务水平

土壤污染防治专项资金项目需要进行前期调查，编制调查报告、风险评估报告及项目实施方案。这部分工作对专业性的要求强，是目前存在问题最多、也最为薄弱的环节，但目前专家咨询服务人才队伍建设不足。此外，由于土壤污染防治的工作压力、资金使用审计和问责压力很大，部分地方生态环境部门重视程度不足。地方人民政府要充分认识到加快土壤污染防治项目实施进度和提高土壤污染防治专项资金执行率是推进生态文明建设、打好土壤污染防治攻坚战的着力点，各地方政府要充分分析当地环境保护工作实际，适当扩充环保工作人员数量，尤其是要提高县区生态环境部门专业人才的数量。开展环境保护相关专业的知识培训，特别是土壤污染防治等方面，进一步提高环保从业人员的专业技能[30]。

2）项目储备库建设有待加强

项目储备库建设是贯彻落实《土壤污染防治行动计划》，加快推进土壤污染防治和保护、加强和规范项目管理、提高项目质量的前提。要结合“十四五”时期生态环境保护重点任务的变化，及时修订《入库指南》，明确项目储备的重点领域及相关要求。省级生态环境部门结合区域重点任务和短板开展项目储备库建设，以目标导向、问题导向、任务导向为原则，自上而下统筹谋划项目储备布局，组织地市、区县重点储备对污染防治攻坚任务支撑作用大、环境效益显著的项目。同时，加强申报项目的审核，严格按照相关导则、技术规范加强土壤调查和对风险评估结果的论证，加强风险管控和对治理修复技术可行性的把关审核，夯实项目实施基础。

3）落实项目法资金分配方式，拓宽资金来源渠道，强化资金项目管理

进一步修订资金管理办法，按照资金跟着项目走的原则，明确要求省级部门采用项目法分配资金，加强监督检查，将资金分配方式作为监督检查内容。建立跨年度资金支持机制，避免由于项目实施周期长等原因影响预算执行进度。严格落实中央财政

对地方专项转移支付的相关要求，规范资金使用，落实《关于加强土壤污染防治项目管理的通知》（环办土壤〔2020〕23号）的相关要求；强化奖惩机制，建立“通报、约谈、督导”制度，加大资金安排与项目储备、预算执行、监督检查、绩效评价等情况的挂钩力度，倒逼项目储备、资金分配、项目实施等管理制度落地实施。

4）创新投融资模式，引导地方和社会资本投入

充分开展土壤改革模式创新，鼓励捆绑、资源组合开发等营利模式创新[31]。发展组合开发等创新模式，撬动社会资本投入环保，开发环境保护融资新手段。结合土壤污染防治项目的特点，在中央资金补助下，充分利用PPP、EOD（生态导向发展）、EPC＋O（工程总承包＋运营）等模式吸引社会资本投入[32]，努力构建PPP新运作模式制度，加强对PPP测评标准的建设；推动实现生态环境保护治理与产业发展的良性互动，构建生态导向的现代产业体系，培育EOD综合服务市场主体；优化资金使用方式，鼓励地方建立土壤污染防治基金，发挥中央资金的引导带动效应，参与土壤污染防治。

5）加强监督，推进项目进度，严把第三方质量关

为有效推进土壤污染防治专项资金项目实施，必须加大对项目的监督。

① 要加快推进项目实施。要完善项目的组织管理和监督工作，形成及时上报、及时推动和及时指导的动态管理机制，有效保障工作的有序开展。

② 要提高资金拨付率。相关部门负责人要积极协调财政部门，对已符合拨款条件的项目要及时拨付资金，同时，对资金使用中发现的问题，要及时反馈给财政等相关部门，尽快解决。

③ 强化项目实施过程的监督管理。各级生态环境部门要按照工作职责，依据相关要求，定期对项目实施进展及项目资金的使用情况进行调度，并组织现场监督检查，确保土壤专项资金能够按时、足额地拨付到项目实施单位。对于项目实施过程中存在的不规范建设内容，要及时纠正和指导，确保项目规范建设。为了保证项目后续施工的顺利开展，必须提高项目实施方案编制单位的准入门槛，完善项目实施方案编制标准，规范招投标流程。针对土壤污染治理与修复项目编制单位，建立终身负责制，杜绝不负责、无相关专业背景和能力的第三方机构进入土壤污染防治领域。

6）强化全过程绩效管理，落实绩效评价工作

加强对项目实施过程的绩效监管，形成完善的全过程绩效监控体系；建立绩效指标库，明确不同类型项目可供选择的绩效指标，为绩效目标指标填报提供参考，继续加大力度指导地方编制绩效目标，提高《项目绩效目标申报表》及《区域绩效目标申报表》的编制质量；进一步落实绩效评价，逐步提高绩效自评质量，对各地绩效自评结果进行审核，适时选择部分地区开展现场审核；完善结果应用制度，倒逼地方重视绩效管理工作。

4.3 企业参与农产品产地环境管理存在的问题

农产品产地是从事农业生产活动、获取农产品的场所，是农产品生产的“第一车间”。农产品产地环境安全事关千家万户的食品安全，也关系到农村长期发展的后劲。随着矿产开采、工业制造、农业生产和居民生活所造成的各类污染问题日益凸显，我国农产品产地环境受到不同程度的破坏，也反映了我国农产品产地环境管理中存在许多问题。习近平总书记在 2013 年 12 月 23 日中央农村工作会议上强调，食品安全，首先是“产”出来的，要把住生产环境安全关，治地治水，净化农产品产地环境，切断污染物进入农田的链条，对受污染严重的耕地、水等，要划定食用农产品生产禁止区域，进行集中修复。而企业是影响产地环境好坏的直接因素，因此，系统探讨企业参与农产品产地环境管理存在的问题，对加强农产品产地保护、促进农业可持续发展具有十分重要的现实意义。

4.3.1 企业对农产品产地环境管理认识不到位

农产品产地环境安全是农产品质量安全的基本保障，其产地环境条件的优劣直接影响农产品质量，因此必须重视对农产品产地环境的管理。企业，特别是为农产品生产提供生产资料和服务的农资企业和农产品生产企业普遍存在质量安全意识不强、对产地环境认识不够到位的问题。

① 在农业生产时更关心成本和产量以及农产品价格，对产地环境的选择和保护、农产品的质量安全不够重视，缺乏环保意识，在农产品生产和经营中违规使用农药和化肥、农业废弃物乱排乱堆等，危害产地环境，影响农产品质量安全。

② 一些企业还是习惯于传统的生产方式和营利模式，只注重自身的利益和生产效率，对于农产品产地环境的相关知识和标准掌握不足，出现产业规划不合理、未考虑耕地质量现状、污水处理要求不高、未实现实时监测等情况，这些企业往往也无法掌握市场发展和需求趋势变化情况。

③ 部分企业往往认为加强农产品产地环境管理，主要是工商局、质量检查部门等单位的工作重心，而忽视了产地环境管理需要多方协调与配合，企业作为产地环境管理的主体，更应该提高责任意识，严格管理农产品产地环境，积极配合相关综合执法检查，使农资市场实现规范化，使广大农民的合法权益得到切实保障。

4.3.2 现代农产品产地环境管理格局尚未形成

农产品质量安全管理涉及农业农村、卫生健康、质检、工商、商务、生态环境等多个部门，需要多方协同管理，农产品产地环境的管理也不例外。产地环境受水体、大气、土壤、外来物种入侵等多种因素的影响，且农业面源污染量大面广、复杂多样，污染防治工作起步也比较晚，产地环境的管理需要政府、市场与社会机制协同发挥作用，以提升管理体系的整体效能。国家对面源性污染高度重视，也制定和颁布了系列农产品产地环境相关标准，相关部门也进行了监管，但部门之间如何配合、企业应遵守哪些强制性标准、社会如何推动产地环境的监管和保护等仍旧存在一些亟待解决的问题，现代农产品产地环境管理格局尚未形成。

4.3.2.1 参与主体不够多元化

目前参与农产品产地环境管理的企业主要是农业型企业、环保型企业、检测型企业、农技推广型企业等，其他企业和社会组织的参与还不够充分和主动。其中，化肥、农药生产企业的法律意识较低，对相关要求把握不严，没有意识到自身产地环境管理的责任，对销售的农业生产资料种类没有严格把控。农业生产合作社等社会经济组织往往管理人员以及从业人员自身文化素质较低，受传统生产观念和生产模式的影响，降成本、增产量，质量安全意识偏低，没有意识到产地环境管理的重要性，没有参与到农产品产地环境管理中来。

4.3.2.2 监督和管理体系不够完善

（1）现有的产地环境管理体系还不够健全

目前已颁布施行的产地环境标准、评价指标、监测规则等还存在制定程序不严谨、相关标准之间衔接统一不够、科学技术水平不高、针对性与实用性不强、标准与分析检验方法不配套等问题。首先，缺乏适合我国国情、协调统一、易于实际操作且与国际接轨的标准体系和法律法规体系。且农产品产地安全标准在实际贯彻实施中存在落实不到位、监督力度不强、实施进程慢等问题。我国现行标准多为农产品质量标准，缺少产地环境安全控制标准、农产品生产过程控制标准以及与农产品质量安全标准相配套的产地环境检验监测方法标准。其次，农产品产地环境治理责任划定不明确。目前，涉及农产品产地环境管理的多个部门和领域之间缺乏有效的协调机制，治理责任缺乏明确的界定，容易出现各自为政、责任推诿、管理真空等问题。再次，缺乏专业的产地环境管理队伍。企业内部没有成立专门的产地安全管理部门，管理人员对于产地环境标准掌握不足、相关政策法规了解不多，难以开展有针对性的管理。小微企业和农村股份经济合作社等经济组织本身专业人才短缺，在监管人员上更是配备不足。

（2）农产品产地环境监督体系有待完善

现有的农产品产地环境监测体系存在监测设备不足、监测点不全、监测指标不够全面等问题，难以实现对农产品产地环境的全面监测和评估。同时监督反馈体系也有待完善。我国现有的产地环境监督体系中监督内容、监督领域、监督手段还不够全面、细化，目前主要是政府相关机构进行监督，没有将社会组织和其他企业纳入完整的监督管理体系中，没有建立信息反馈机制，消费者参与监督的途径有限，不能实时跟踪反馈监督效果。

4.3.2.3 农产品产地环境信息公开程度不高

农产品生产环节多、链条长，千千万万生产者和经营者很难按照统一的技术标准来生产和经营，亟需健全和完善农产品产地环境信息化体系。目前，农产品产地环境的相关信息不够公开透明，公开频率较低，回复公众问题较少，公众对农产品产地环境状况缺乏了解，对于市面上一些现有产地信息难以分辨真假，获取农产品产地信息的渠道、来源较少，难以有效地监督和参与农产品产地环境治理。例如，部分企业虽然建立了官方网站和微信公众号，拓宽了监督渠道，但仅在平台上更新新产品的特性、价格等信息，没有将产地环境具体数据信息、获得的相关资格认证等进行公开，未有效发挥信息公开平台的作用。同时对于市面上一些虚假产地信息，企业通常置之不理，未及时通过官方信息公开平台进行公开辟谣，影响市场环境的健康发展，对企业的形象也造成不利影响。

4.3.2.4 农产品产地环境管理经费不足

农产品产地环境管理需要大量的经费投入，但企业参与可能面临融资难、资金短缺等问题，难以独立承担这些成本，且政策支持扶持力度不足，无法保障环境治理和保护工作的顺利开展。对于一些企业，尤其是农业生产合作社等小型企业，本身的融资渠道有限，生产过程中由于利益限制，往往更重视发展，而且目前国家对于这类企业的扶持力度不够，重视不足，相应的政策优惠较少，导致部分企业在产地环境管理上投入有限。

4.3.3 其他问题

作为环境保护的重要主体之一，企业在农产品产地环境管理方面扮演着重要角色，通过参与农产品生产和经营，直接或间接地影响农产品产地环境。虽然环保企业可以为产地环境保护提供技术和服务支持，为农产品产地环境管理工作提供有力保障，但是对于一些特定企业，尤其是影响产地环境的关键主体涉农企业和环保企业，由于行业限制两者在参与农产品产地环境管理时也存在一些问题。

在利益冲突方面，企业之间缺乏合作与沟通，难以协调各自的利益。涉农企业可能更关注经济利益，而环保企业更关注环境保护，两者的目标并不完全一致，可能会产生利益冲突。如果彼此之间缺乏沟通和合作，很可能会出现相互推卸责任的现象，导致环保问题得不到有效解决。在角色定位方面，各企业在参与农产品产地环境管理中的角色定位不够清晰，难以明确各自的职责和任务，导致没有落实好在产地环境管理中应该承担的责任。例如，一些涉农企业没有明确自身作为农产品产地环境管理主体的主要责任，没有从源头避免污染产地环境。在技术水平方面，不同的企业有不同的行业属性和技术特点，技术水平存在明显差异。例如，环保企业缺乏了解农业生产现状和技术手段的经验，难以提供有效的、先进的环保技术服务，而涉农企业在环境治理方面，缺乏相关技术支持。尽管环保企业在其他领域中积累了丰富的环保经验，但是在农产品产地环境管理方面，由于农业生产的特殊性，往往缺乏经验和技术。另外，在基层地区仍存在农产品生产经营的组织化程度与规范化程度不高的问题。当前，农村地区农业生产规模化虽有所提高，但小规模、分散生产经营的现状仍然存在，实际农业生产中，这部分生产经营者受投入、规模的制约，难以实现标准化生产，导致在投入品使用及农产品安全生产记录方面难以做到规范、完整，安全监管工作也难以贯彻落实，甚至某些农产品生产经营者道德意识、法律意识较为淡薄，在利益的驱使之下会不择手段地实施假冒伪劣行为去牟取暴利，从而严重影响农产品的质量。

综上所述，企业作为参与农产品产地环境管理的关键主体，通过研究发现还存在对农产品产地环境认识不到位、产地综合环境现状不佳、产地环境管理格局还未形成、利益冲突、角色定位不清晰、技术水平较低等问题。我国企业参与产地环境管理模式还处于初级发展阶段，产地环境安全还面临着巨大挑战，企业参与产地环境管理的积极性、主动性、技术水平亟待提高，参与模式还需进一步探索优化。

4.4 企业参与农产品产地环境管理的改进措施

习近平总书记指出，把住生产环境安全关，就要治地治水，净化农产品产地环境；要全面落实《土壤污染防治行动计划》，强化土壤污染管控和修复，让老百姓吃得放心。各地企业要坚决贯彻党中央决策部署，进一步提高政治站位，切实把产地环境管理摆在工作重要位置。各领域企业要统筹农产品产地环境质量安全、粮食安全和农产品质量安全，对标《土壤污染防治行动计划》目标任务，强化责任担当，狠抓措施落地，助力全国实现耕地土壤环境状况总体保持稳定，使农用地土壤环境安全得到基本保障，对粮食生产和农业可持续发展的支撑能力明显提高。农产品质量安全问题已成为当今社会关注的热点，现阶段，建立健全产地环境安全制度，探索我国农产品标准化生产的技术支撑和保障，加强建设农业标准化示范区，强化农产品质量安全的信息服务，构建现代农产品产地环境管理格局，是保障农产品质量安全、增强企业农产品市场竞争力、促进农业可持续发展的必然要求。

4.4.1 建立健全产地环境安全制度

4.4.1.1 优化政策导向

（1）提供政策、法律保障

政府应出台并完善相关法律法规和配套政策，对监管体系的建设、各企业职责的落实以及管理体制的完善给予指导和规范。要建立严格的违法惩治机制，明确各部门和领域的责任和义务，建立统一的协调机制，推动各方有序参与农产品产地环境管理。不断完善、细化产地管理标准，为建立地方标准、行业标准、企业标准指引方向，推动各地政府和企业结合实际情况，从制定产地分级管理标准、编制产地分级电子地图、严控产地污染源头、加大产地环境修复力度、建立分级管理保障机制等方面入手，提出基于全国通用的农产品产地环境质量等级划分的综合方法与标准体系，建立我国产地环境质量等级与农产品产地安全准出制度，从而分级管理农产品产地环境，重点保护未受污染的产地不被破坏，改善轻度污染产地的整体种植结构，对严重污染的土地进行完整的生态修复。实施农产品产地分级管理是加强耕地保护、提高农产品质量安全与数量安全水平的重要途径，也是调节农产品买卖双方生产经营行为的指南。要按照有关技术规范，综合考虑利用方式、地形地貌、污染程度、集中连片度等因素，组织开展耕地土壤环境质量类别划分工作，并根据土地利用变更和土壤环境质量变化情况，定期对各类别农用地面积、分布等信息进行更新，分类管理产地环境。对优先保护类耕地集中区域，有色金属冶炼、石油加工、化工、焦化、电镀、制革等行业企业，应当按照有关规定采取措施，防止对耕地造成污染。对安全利用类耕地，应当优先采取农艺调控、替代种植、轮作、间作等措施，阻断或者减少污染物和其他有毒有害物质进入农作物可食部分，降低农产品超标风险。对严格管控类耕地，主要采取种植结构调整或者按照计划经批准后进行退耕还林还草等风险管控措施。对需要采取治理与修复工程措施的安全利用类或者严格管控类耕地，应当优先采取不影响农业生产、不降低土壤生产功能的生物修复措施，或辅助采取物理、化学治理与修复措施。各地方和各企业应当根据农产品产地安全利用相关技术规范要求，结合当地实际情况，组织制定农用地安全利用方案，报所在地人民政府批准后实施。

（2）加强政策引导和扶持力度

加强政策导向作用，鼓励企业重视产地环境安全，发展有机、绿色、无公害农产品，对于发展绿色循环农业的企业经认证后给予名誉表彰和政策优惠，对农户给予物质奖励，建立以绿色生态为导向的农业补贴制度，并对忽视产地质量甚至造成污染的严加惩处，为农产品产地环境的健康发展营造良好氛围。健全产地环境管理多元投入机制。坚持把农业农村作为一般公共预算优先保障领域，压实地方政府投入责任。支持以市场化方式设立产地管理基金。健全政府投资与金融、社会投入联动机制，鼓励将符合条件的项目打捆打包按规定由企业主体实施，撬动金融和社会资本按市场化原则更多投向农业农村。2023年中央“一号文件”提出，用好再贷款再贴现、差别化存款准备金、差异化金融监管和考核评估等政策，推动金融机构增加乡村振兴相关领域贷款投放，重点保障粮食安全信贷资金需求。发挥多层次资本市场支农作用，优化“保险+期货”。企业要充分利用好国家政策增加产地环境管理的资金来源。

（3）精细化政策内容

法规和政策应该包括环境保护、资源保护、土地管理、产地环境标准、环境信息依法披露制度等方方面面，并进一步细化，全面保障产地环境安全。例如，加快推进产地环境信息公开管理办法、格式准则等配套文件的制定和出台，进一步细化企业披露责任、规范披露行为、明确披露要求、界定信息边界，有效指导企业依法披露环境信息。

4.4.1.2 制定标准化生产发展规划

在农业生产实施“从田间到餐桌”的全程质量控制过程中，产地环境的好坏对农产品质量安全水平有着直接的影响。制定配套的产地环境标准和标准化生产发展规划并严格施行，已经成为农产品质量安全控制的重要手段之一。要加快制定完善产地环境、投入品、农产品一体化的标准体系，形成各地各企差异性的实施体系。依据国情和社会发展，结合法律法规、政策规划以及现有的产地环境标准逐步制定包括全程技术操作规范、农业废弃物资源化管理、产地安全预警应急在内的相衔接的产地环境安全标准制度，建立完善适合当地企业、协调统一、权责明晰、可操作性强的农产品产地环境质量安全管理体系。

制定和完善标准化生产发展规划总原则是把一些强制性标准作为相关法律法规及规章的配套技术性文件强制性执行；把另一些非强制性标准转化为各类经济组织内部的自律性标准以满足行业发展和市场自律需要，并根据形势发展随时进行调整。例如，对化肥、农药等农业投入品的管理，要深入贯彻落实国家关于农业投入品管理办法，建立健全肥料、农膜、农用添加剂、农产品防腐保鲜剂、农产品包装材料和农业机械等农业投入品禁用、限用制度，实行严格谨慎且动态循环的登记制度，对农业投入品执行宽松登记与严格追溯相结合的质量控制制度，不仅仅关注使用的有效性和适应性，更要开展其使用后对农产品质量安全的影响评价和鉴定，建立严格、全要素的安全准入制度和考核评价机制，在确保农业投入品满足农产品生产需要的同时，确保农产品质量安全、农业生态环境安全和动植物本身的安全。再如，对于畜牧业环境污染的监管，通过对畜牧养殖业污染减排制定管理考核制度，对养殖企业以及养殖户畜禽征收排污费用，有效控制畜禽粪便的排放量。

4.4.1.3 注重监管制度建设

2023年中央“一号文件”提出，加大食品安全、农产品质量安全监管力度，健全追溯管理制度。农产品质量安全必须从源头入手，抓好过程管理，建立健全的监管机制，确保各方遵守相关法规和政策，推进各项方针政策的落地落实，且监管机构应当权威、独立和专业，执法力度要强化，对违规企业和个人要依法处罚。利用物联网技术、现代通信技术和卫星定位技术，借助经度和纬度对不同等级的农产品产地进行精准定位，实现"互联网＋农业"的产地分级管理模式，既有利于提高农业执法队伍的监管效率，也有利于指导农产品流通商和农户的生产经营行为，改善我国农产品质量安全水平。

（1）建立环境安全监管和惩戒机制

要从产地环境污染防治、污染修复等方面，从环境因子的生态环境监测、环境污染调查与评估、污染减量排放和达标排放、环境应急监测等方面制定和修订监管制度，进一步建立完善农田氮磷流失、畜禽养殖废弃物排放、农田地膜残留、耕地重金属污染等农业面源污染监测技术标准，对摸清产地环境污染的组成、发生特征、影响因素以及保护农产品产地环境有着重要的作用。还要建立农产品产地环境信用体系，聚焦重点企业监管，加强对农业生产主体的环保管理和信用评价，每年抽取一定比例的企业开展数据真实性核查，对环境违法行为进行针对性惩罚，推动企业环保行为规范化，形成良好的产业环保氛围和有效的监管机制。对排放污染物的企业事业单位和其他生产经营者加强监督，确保废水、废气排放和固体废物处理、处置符合国家有关规定要求，防止对周边农用地土壤造成污染。对从事固体废物和化学品贮存、运输、处置的企业，加强督促防止固体废物和化学品的泄漏、渗漏、遗撒、扬散污染农用地的情况出现。对从事规模化畜禽养殖和农产品加工的单位和个人，应当监督其实现废物无害化处理和消纳场地，加强畜禽养殖污染防治工作，指导畜禽养殖废弃物综合利用，防止畜禽养殖活动对农用地土壤环境造成污染。在违规责任追究与处罚机制方面，完善生态环境部门行政罚款、法院民事罚款以及公民诉讼等责任追究机制，对违法经营者实行资质吊销、高额罚款与法人监禁甚至判刑等配套措施，对农药化肥等产品实行全生命周期监管。加强产地环境管理执法，加大执法机构和执法队伍的能力建设，加强执法力度，纠正有法不依、执法不严、违法不究的现象，不断强化企业生态环境责任，提升企业现代产地环境治理水平。

（2）加强农产品质量安全监管

首先，完善产地环境质量与农产品质量监督检测体系建设，包括产地环境质量监督检测、农产品安全生产过程监督和农产品质量监督检测，强化农产品的产地环境、农业投入品和生产过程等关键环节的监管体系建设，建立产前 - 产中 - 产后监督检测机制，完善从源头治理到最终消费的农产品监控体系，实现"从田间到餐桌"的全过程管理。其次，要从农产品产地安全准出证制度、农产品安全市场准入证制度和农产品质量安全追溯制度三个环节入手，开展农产品质量安全认证体系建设，设立农产品的身份证、准出证和准入证，实现农产品准出、准入和追溯的对接。探索实施市场"生产准入"制度，强化对农产品入市的规范和管理，规避安全风险，从产地环境切断有害物质对农产品质量安全的危害途径，强化对农产品质量安全源头的管理。

（3）建立企业内部监督体系

监管不仅仅是政府和社会的责任，企业自身也要结合当地农产品产地情况，建立农产品生产档案和诚信档案，健全农产品质量安全责任追溯体系，把产地环境及企业生产农产品的全过程及各阶段农产品质量安全监管情况等信息利用数据库生成“生产者身份证”，倒逼企业落实产地环境保护主体责任。

（4）建立农产品产地环境信息公开机制

结合《环境信息依法披露制度改革方案》紧扣企业生态环境保护责任，从服务好产地环境保护工作，便于社会公众获取相关信息出发，逐步建立企业自律、管理有效、监督严格、支撑有力的农产品产地环境信息公开机制。通过建立信息公开机制，强化企业环保责任。要求企业尤其是以往污染较重的企业主动披露履行生态环保法律法规执行情况和环境治理情况，引导和督促企业自觉守法、履行责任，全面提升环保意识、改进环境行为。通过建立信息公开机制，推动形成环境保护的长效市场机制。通过环境信息公开，为市场相关方提供全面准确的环境信息，发挥市场对环境资源的配置作用，有利于绿色技术的研发应用和环境污染治理第三方市场的发展。通过建立信息公开机制，推动社会公众参与。根据有毒有害物质排放等情况，制定各区域内重点监管单位名录，向社会公开并动态更新。加强对产地环境数据和信息的公开，可以消除信息不对称，提高公众对农产品产地环境安全的知情度和参与度，促进群众监督，同时还可以广泛听取群众的意见建议，分析群众的实际需求，不断完善农产品产地环境信息公开制度，保障农产品质量安全。通过建立信息公开机制，进一步凝聚社会共识，引导社会公众对企业绿色低碳产品的判断与选择，提升公众对企业污染排放监督的积极性和有效性，形成全社会绿色转型合力。

（5）建立完善风险监测和预警机制

加强农业环境和农产品的协同监测和评估，建立农产品产地环境监测和评估体系，对环境质量进行全面监测和评估，及时发现问题并采取针对性措施，优化调整安全利用措施，确保环境安全，并将监测结果及时上传至产地环境信息系统。同时完善农产品产地环境安全应急预案，建立应急预警机制，对可能发生的环境安全事件进行预警，及时应对突发事件，保障农产品产地环境安全。

4.4.1.4 推动社会共治

（1）政府加大资金技术支持力度

针对农产品产地环境污染问题，政府应增加农产品产地环境治理经费投入，加大财政支持力度，帮助企业探索多种投资渠道和模式，吸引社会资本参与农产品产地环境治理。政府还应加大科技研发力度，提供技术支持。鼓励企业主动参与研究和探索新技术，为农业生产提供环境友好型技术和方案，推动农产品产地环境管理的现代化和智能化，提高管理效率和治理水平。

（2）社会加强教育宣传

为营造产地环境健康发展良好社会氛围，应该加强农业环境安全的宣传教育，让公众了解农业环境保护的重要性，引导消费者购买安全、健康的农产品，增强公众环保意识和环保素养，培养广大农民环保意识和环保行为习惯，促进农产品产地环境治理的有效开展。还可以鼓励企业联合高校举办科普宣传、有机农产品会展，提高群众的知晓度和整体素质。

（3）加强各方交流合作

要加强政府、企业、科研机构和社会组织的合作，形成产地环境安全共治的局面，营造环境保护人人有责、农产品安全人人重视的氛围，促进产业可持续发展和环境保护。另外，还要推动国际合作和交流，加强各企业对于农产品产地环境治理经验的交流和学习，促进多元化参与主体的加入，借鉴和吸收国际先进的环保理念和技术，提高各企业农产品产地环境治理的水平和能力。

4.4.2 加大质量安全生产技术的推广应用力度

农产品产地环境是农业生产的基础条件，农产品产地安全是农产品质量安全的根本保证。农产品产地安全状况不仅直接影响国民经济发展，而且直接关系到农产品安全和人体健康。因此推广和应用质量安全生产技术是保障农产品安全的必然要求。

4.4.2.1 建立质量安全生产技术示范基地

通过建设示范基地、展示厅等形式，展示和推广质量安全生产技术的应用成果，带动企业和农民积极应用质量安全生产技术。

（1）推广和普及农业清洁生产技术，从源头保护产地环境

2021年10月29日印发的《“十四五”全国清洁生产推行方案》指出，推行清洁生产是加快形成绿色生产方式、促进经济社会发展全面绿色转型的有效途径。同时也提出建立健全清洁生产激励制度，按照国家有关规定对工作成效突出的单位和个人依法给予表彰和奖励。企业应参照2023年1月9日提出的《国家清洁生产先进技术目录（2022）》加大资金和科技投入，向安全生产技术示范基地借鉴经验，积极运用清洁生产技术。

首先，引进清洁生产装备。推广引进精准施肥施药装备、水肥一体化技术装备、精准光改技术装备，推广肥料精量施用技术、缓/控释肥使用技术、农田养分精准管理技术、实时和实地氮肥管理等，推动农药、化肥、农用薄膜和饲料添加剂等农业生产投入品减量，减少农业生产资料的投入。

其次，推广有机农业，实行高效、清洁的农业生产模式。在加强水资源保护和管理方面，建立农业生产和环保协调机制，推动农田水利设施建设，全面推广节水技

术，提高水资源利用效率。在实施生态施肥方面，实现节本增效。一方面引导农户科学施用有机肥料，有效增加土壤中的微生物和有机质含量，提高土壤肥力，从内部改善土壤结构，确保土壤理化性质良好，在延长肥期的同时保障农作物增产。目前，随着生活水平的提高，市场对有机农产品的需求量逐渐加大，而且农业生产时使用有机肥料能够提高农作物品质，增加农民收益。另一方面深化测土配方施肥，根据农作物生长的需肥规律、土壤供肥的性能，在施用以有机肥为主的前提条件下，农作物生产前规划出施肥种类、用量和方法，有利于确保土壤中的营养成分均衡，降低化学肥料的用量，在实现节本增效的同时也确保了环境安全。在推广健康养殖技术方面，大力推广种养加一体化发展模式。例如，在畜禽不同阶段运用不同的饲养方式，减少冲洗用水。冲洗后的废水经污水处理工程处理后，可作为农田灌溉水。还可以投喂含有生物活性物质饲料，提升饲料养分的利用率，有效减少畜禽排泄粪便的数量。在应用生物防治技术方面，大力推广绿色防治。生物防治技术利用生物学的基本原理和部分物种的生物特性，重新编辑农作物或害虫天敌物种的基因，达到驱虫、杀虫效果，在不影响农作物正常生长的前提下，消除农田发生病虫害的风险。该技术能保证农田周边的水体环境、土壤环境不受化学药剂的污染，使得农业生产基地周边的生态系统保持稳定。常见的生物防治技术类型有植物性农药、害虫天敌、微生物防治等。应用该技术时，应当进行系统性的调查研究，参考当地农业病虫害的发生规律，把握病虫害的传播范围、生物载体类型、负面作用大小，按照相应规律调整生物防治计划，综合应用各种治理手段，在保证农产品的绿色健康以及环境的可持续发展的同时，降低土地的负载率，控制生物制剂的使用范围，降低农户的经营成本。例如，在治理农田中的虫害时，农户必须提前了解害虫的生物属性、生长规律、发育条件，引入可快速繁殖的害虫天敌物种，在农业大棚中出现蚜虫等害虫时可引入黄蜂等物种，做好配套的防治工作，降低病虫害的发生概率。在加强绿色农业技术研发和推广方面，采用生态循环农业模式，促进土壤恢复和生态系统保护，提高农业生产的可持续性和环境友好性[33]。

最后，加强农业废弃物的资源化利用。推动秸秆还田，发挥秸秆还田耕地保育、秸秆燃料节能减排功能。应用可降解地膜，推广农膜专业化回收和资源化利用。推进沼气工程建设，发展循环农业。推进养殖场建立沼气工程，畜禽粪便等养殖废弃物通过厌氧发酵可产生沼气、沼液与沼渣。沼气可以作为生活能源，用于生产、生活；沼液与沼渣可用于种植生产，实现资源的有效循环利用。完善农业垃圾分类处理系统，建设农业废弃物、畜禽养殖废弃物、污泥等垃圾处理设施，实现资源化利用和环境友好型处理。

（2）推广产地环境质量安全预警系统，提高农产品产地环境监测技术水平

面向产地环境形势要求与前沿科技，建立自动、高效、精准的监测技术与方法体系，实现农产品产地环境全要素、全域化、全天候监测，有利于全面提高产地环境监测精准度水平和工作效率。安全预警系统要重点关注农产品产地环境质量是否满足农产品安全生产的需求；生产过程中是否有有害物质的污染等。在长期定位监测的基础上，建立监测信息资源数据库，通过共享平台来形成对产地环境的安全预警，提前规避风险。

我国福建省福安市巨峰葡萄近年来推广安全生产与质量控制技术，取得显著成效，不仅农药、化肥使用量大幅减少，环境污染明显改善，而且葡萄外观美、品质好、质量安全，得到广大消费者的信赖和认可。连续 8 年在全国鲜食巨峰葡萄质量评比中荣获金奖，享有“南国葡萄之乡”“全国优质葡萄生产基地”之美誉。至 2020 年，福安市葡萄种植面积达 3910 hm^2，产量 58660 t，产值 5.866 亿元，葡萄产区遍布全市 13 个乡镇、129 个村庄，是目前福建省栽培面积最大、效益最好的鲜食葡萄生产基地。其采用的特色安全生产技术有避雨栽培 + 果穗套袋和测土配方施肥 +N。前者是通过建造标准钢架大棚，选用厚度 0.05 ～ 0.06 mm 的聚乙烯（PE）高透光无滴膜，在葡萄开花前 15 d 的无风天气盖膜，覆膜后温度调控在 18 ～ 30℃，超过 30℃时进行通风，湿度控制在 60% ～ 85%。在果实硬核期，选用葡萄专用果袋，疏果后选择晴天早晚套袋。通过实施避雨栽培 + 果穗套袋技术，大大地减轻了病、虫、鸟害，使果色亮丽、品质提升，同时也减少了农药使用量，减轻环境污染。至 2020 年全市避雨栽培面积 3533 hm^2，占葡萄种植面积的 90.35%；果实套袋面积 3911 亩，占总面积的 100.00%。而测土配方施肥 +N 技术即推广测土配方施肥结合有机肥、水肥一体化、土壤调节剂、微肥、绿肥等。具体操作是首先通过开展野外调查、采样测试、田间试验、配方设计、校正试验、示范推广、宣传培训、数据库建设、效果评价和技术研发等，做到科学施肥，达到增产、优质、高效、生态、改土的目的。其次，在冬季结合深翻土壤，施用商品有机肥 500kg/ 亩，以增加土壤有机质含量，改善土壤结构，提高土壤中氮、钾供给能力和降低土壤中磷的流失，从而提高土壤地力，改善葡萄产品品质。再次，推行水肥一体化，达到精准施肥和适时灌溉的目的，大大节省劳动力。另外福安市葡萄园土壤酸化较严重，结合施用白云石粉、贝壳粉、石灰及草木灰等酸化调理剂，改善土壤环境。还可以施用微肥、绿肥来改善土壤理化性状，提高肥力。

福安市巨峰葡萄在生产过程中还实行质量安全控制措施，如加强农残检测。在葡萄上市前必须进行农残检测，杜绝不合格葡萄产品流入市场。从 2014 年开始全市 22 个乡镇（街道办事处）均设有农产品质量监管中心，配备 2 名专职检测人员和农残快检设备加强对葡萄农残的检测。2019 年、2020 年依据国标 GB 2763—2019 检测标准，定量分析检测葡萄样品各 47 个，样品合格率为 100%。2019 年检测的 47 个葡萄样品中检测出农药残留数 360 个，2020 年 47 个样品中检测出农药残留数 196 个，检测值多在国标的 1/10 以下，两年抽检的样品中未检出禁、限用农药，也未检出膨大剂氯吡脲，说明经过质量控制技术管控，福安市葡萄安全性较高，产品质量安全有保障。

福安市采取质量保护和生产发展并举的措施，形成“小葡萄、大产业”的现代葡萄产业高质量绿色发展新格局，提高了巨峰葡萄的知名度，增强了产业综合竞争力。福安市巨峰葡萄的快速崛起主要得益于安全生产技术的投入、产业融合发展，得益于走可持续发展之路。各企业可以以此为参考，借鉴优秀经验，加大质量安全生产技术的推广应用，助推产业振兴[34]。

4.4.2.2 加强宣传和培训

一方面通过宣传推广、技术培训、示范推广、线上＋线下的科普宣传等多种形式宣传和推广质量安全生产技术和可持续农业发展理念，提高全社会尤其是从业人员对安全生产技术的认可度，促进企业主动参与推广和应用如物联网、人工智能、大数据等新技术，结合现代信息技术手段，提高质量安全生产技术的效率和智能化水平，从而提高农产品生产和质量管理的精细化程度。另一方面组织开展培训和技术交流，提高从业人员的技术水平和应用能力，增强技术推广的针对性和实效性，将先进的生产技术和管理经验向更多的农业生产经营主体传递和普及。尤其是加强小微企业和新型职业农民的教育和培训，提高农民的环保意识和技能，引导农民采用清洁生产技术，实现农业可持续发展和环保共赢。

4.4.2.3 提供制度保障

① 建立健全的技术服务体系。成立技术服务平台，为各类农业生产经营主体以及生产技术的应用提供专业化、个性化的技术服务支持。

② 建立质量安全生产技术评价体系，通过建立评价指标体系、开展质量安全生产技术评价等手段，提高质量安全生产技术的评价水平和科学性，推动质量安全生产技术的有效应用。

③ 建立健全质量安全管理体系。逐步建立和完善质量安全管理体系，明确各单位以及从业人员的质量安全责任，加强监管执法力度，为安全生产技术的应用提供制度保障，提高质量安全生产水平。

④ 不断健全质量安全生产技术推广机制。依据相关政策和法规，加大资金投入，加强科技攻关和成果转化，丰富推广形式，推动企业主动应用和推广安全生产技术。同时对推广过程中遇到的问题及时进行归纳总结，进一步完善推广机制，全面促进安全生产技术的应用。

4.4.2.4 强化合作交流

一方面加强产业协同。促进涉农企业、环保企业、科研机构、技术服务机构和政府部门的合作交流，建立农产品产地环境综合治理体系，共同推动质量安全生产技术的应用和推广，提高农产品的品质和安全水平。另一方面加强产学研合作。鼓励高校、科研机构与企业共同建立以市场为导向的企业研发创新平台，加强以应用为导向的基础研究与共性技术研发的投入，并与高校、科研院所和企业形成优势互补的协同创新体系，从而加速研发成果的商业化、产业化，推动质量安全生产技术的进一步应用和推广。例如，由京基智农与华南农业大学联合成立的产学研合作创新平台——华南农业大学京基智农技术研究院，华南农业大学提供技术与人才服务，京基智农有着现代养殖产业优势，双方深化产学研合作，实现技术成果转化并推广应用，推动企业生产力持续提升和行业健康高效发展，双方还计划将技术研究院建设成现代畜牧业重大应用性和前瞻性技术研究开发策源地，打造科技成果转移转化的输出和示范基地，聚集、培养、输出行业高端人才，为加快我国农业现代化，实现产业兴旺、乡村振兴贡献力量。

4.4.3　加强农业标准化示范区的建设

现代农业的发展离不开标准化生产模式，需要用标准来推动农业措施的落实、规范生产经营、衡量质量安全。农业标准化示范区是指按照国家或地方制定的农业标准化规范和标准化体系，对农业生产、经营和管理进行全方位、多层次的示范引导。其作为农业结构战略性调整的一项基本工作，直接关系农业市场化、产业化、集约化和现代化战略目标的实现。建设农业标准化示范区也是建设社会主义新农村、发展现代农业的需要。

加快推动如“大同市云州区国家黄花种植与加工标准化示范区”“上海市青浦区水稻种植综合标准化示范区”等农业标准化示范区的建设，有助于通过典型示范带动农业发展，增加农业效益，还能促进农业结构战略性调整。农业标准化示范区将农产品产业发展中的优秀经验总结提炼为当地甚至全国产业发展的标准，促进塑造优势品牌，加快农产品产业化发展，为农产品产业的科学化、规范化、快速化发展提供了标准参考。

以沾化冬枣标准化示范区为例。沾化区通过建设冬枣标准化示范区，从山东省最后一个“脱贫摘帽”的国家级贫困县，一举成为“全国人均林果收入第一县”和“中国冬枣之乡”。具体做法如下：

① 政府引导，制定完善的标准体系。制定并实施国家标准《地理标志产品　沾化冬枣》《沾化冬枣水肥一体化生产技术规程》等山东省地方标准以及《沾冬 2 号》《沾化冬枣建园、栽植技术规程》《沾化冬枣病虫害防治技术规程》等团体标准，规范沾化冬枣各环节标准化生产和管理，促进沾化冬枣通过标准化实现品牌化。沾化冬枣获得国家地理标志保护产品官方标志，连续两届荣获山东省省长质量奖提名奖。

② 提高土地流转标准化和集约化程度。大力推广“龙头企业＋合作社＋基地＋农户＋标准”的经营模式，以村为单位，组建农村土地股份合作社，农户以土地入股，合作社再将土地租赁给龙头企业进行统一经营管理。当地以平均每亩 1500 元的标准流转土地 10 万余亩，建成适度规模经营标准化枣园 500 余个，惠及农户 6 万余家，全面释放了农村劳动力。

③ 强化培训和服务。大力实施“111”培训工程，强化三级网格标准化培训和服务。龙头企业对种植农户进行统一的技术标准指导，对冬枣全产业链全过程实行标准化管理，确保种植过程的可控性、科学性和追溯性，调动了农户应用标准的积极性、主动性。示范区每年依托专业合作社建成 100 处培训基地，行业协会组织 100 次大型培训会，培训枣农 10 万人次，宣贯冬枣标准化种植、病虫害管理、仓储加工和电子商务标准，让沾化冬枣“依标生产”。

④ 推动二、三产业融合发展。通过建设冬枣深加工智慧园区，推行标准化管理模式，研发冬枣休闲食品、冬枣饮品、果醋、啤酒等，拉长产业链，提升附加值。发展电商 4000 余家，采用线上、线下标准化营销，年销售冬枣近 4000 万公斤。同时，带动辐射旅游、餐饮、仓储、物流等相关产业蓬勃发展。示范区的创建，示范带动当地建成 50 多万亩标准化种植园，年产沾化冬枣近 5 亿公斤，销售收入近 40 亿元，相关产业产值超过 60 亿元，提供就业岗位 10 万余个，带动 20 余万枣农年人均收入突破 1 万元，沾化冬枣生态园被评为 4A 级景区，年接待游客近 50 万人次[35]。沾化冬枣标准化示范区的成功给我们建设农业标准化示范区提供了科学示范和明确方向。

4.4.3.1 优化规划设计

① 科学规划示范区建设布局，根据当地气候、土地利用、农业产业等特点，结合农业标准化示范区的目标和要求，明确示范区的布局、建设内容、投资规模等，合理设计标准化生产流程和标准化生产设施，提高标准化生产的技术含量和效率。还可以探索布局模式的转变，尝试打破单个主体申报模式，联合相邻县、区、市进行区域合作、资源共享，整合特色优势项目，实现共同发展壮大。

② 探索农业标准化示范区的运营模式。建立公私合作、联合经营、股份合作等多种运营模式，促进农业标准化示范区的良性发展和可持续发展。例如，大同市云州区有机黄花标准化种植基地，成立以龙头企业为主体，农村合作社带动农户的黄花菜产业化实体组织。采取“公司＋农户＋基地”“合作社＋农户”“龙头企业＋集体＋产业”等模式，扩大黄花种植，提高生产规模。建成集培育开发于一体的全国黄花种苗培育中心，新建黄花产业基地 31 个，培育龙头企业 15 家，示范区黄花标准化种植面积达 2.08 万亩，辐射带动周边乡镇黄花标准化种植达 10 万亩。特别是带动贫困户种植黄花 3.8 万亩，全区农民人均增收约 3500 元，黄花产业规模化发展趋势明显，取得了显著的经济效益、社会效益和生态效益。

③ 促进产业融合发展。推动一二三产业融合发展，推动农业生产标准化、供给多元化、产业融合化，提升新型农业经营主体标准化生产能力，促进农业产业链重塑、价值链升级[36]。例如，沈阳锡伯龙地农业标准化示范区，深度挖掘锡伯族文化、农耕文化、生态文化的精髓，编制景区的服务标准，形成种植基地＋旅游＋品牌产品加工融合发展模式，现在与沈飞集团、宝马等公司形成常年合作，电影《我和我的家乡》以稻梦空间作为拍摄地，沈腾、马丽等众明星在此为公司直播带货，浙江卫视综艺节目《青春环游记》在基地取景拍摄，这些活动带动地区旅游发展。

④ 推进科技创新。要加强技术创新和示范应用，在良种培育、生产优化、品质评价等方面加强科研投入，引进新技术、新设备，推广新品种、新品质、新工艺，提高农业标准化示范区的技术含量和经济效益。

⑤ 加强宣传和培训。一方面深入开展宣传工作。可以通过建立微信公众号、开展线下科普讲座、制作科普小视频、开展纪实直播、举行展销会等多种宣传形式，加强对标准化生产理念、标准化生产流程、标准化设施使用等方面的宣传和推广，提高群

众对标准化生产的认识和理解，增强他们的标准化生产能力。另一方面建立农业标准化培训队伍。引进专业化人才，加强多层次标准化培训，努力为农村人口、农业技术人员、农产品企业员工提供多样化、针对性的培训，提高他们对农业标准化的认识[37]。

4.4.3.2　创新创建具有地域特色的农业标准化品牌

通过创建特色品牌，来提高产业核心竞争力，推动农业高质量发展。如第七批国家农业综合标准化示范市江苏省句容市，按照“品种特色化、基地规模化、生产标准化、经营产业化、投入科技化”战略，以农业企业为龙头，以统一生产管理标准为纽带，带动周边农民合作社、家庭农场等，开展应时鲜果、稻米、苗木等标准化生产项目，增强品牌化发展意识，扩大品牌农产品生产规模。全市累计培育区域公用品牌11个，其中“丁庄葡萄”获批国家地理标志产品并入选我国农业品牌目录农产品区域公用品牌，“茅山长青”获得国家地理标志保护产品官方标志。茅宝葛根茶、东方紫桑葚入选江苏农业品牌目录产品品牌。“茅山长青”“丁庄葡萄”“西冯草坪”和“戴庄大米”成功注册国家地理标志商标。“中国葡萄之乡”“中国草莓之乡”等品牌荣誉已成为句容城市名片[35]。

4.4.3.3　建立完善的管理体系

（1）建立领导小组

成立专门的农业标准化示范区建设领导小组或工作办公室，参与项目的组织管理，明确规定各部门、各成员的分工和管理职责，通过部门之间的协同和联动，做好示范区建设过程中各项工作的统筹、协调和考核。

（2）完善标准化管理体系

首先，要按照国家或地方制定的标准化规范和体系，结合地方实际，建立标准化生产、质量控制、环境保护、食品安全等方面的管理制度和工作流程，形成符合自身需求的农业生产、经营和管理标准化体系，包括标准制定、推广应用、培训等环节，确保农产品的质量和安全。其次，按照标准化体系加强示范区的管理和服务，确保规划落地实施，标准得到有效贯彻，技术得到实际应用，取得实效。最后，在示范建设过程中要根据生产实际，做好种、养殖关键环节的标准体系制修订工作，抓好全过程标准化生产，奠定坚实技术基础。在标准化建设工作中不断挖掘生产、经营、管理、服务过程的亮点并将其转化为标准，以标准化手段助推企业品牌化、规模化发展。例如，三江侗族自治县国家稻田养鱼标准化示范区，将当地“稻＋鱼”立体生态综合种养开发的关键技术总结提炼形成标准，创新建立了“稻＋鱼”立体生态综合种养标准体系，包括通用基础标准子体系、农产品生产标准子体系、旅游服务标准子体系和经营管理标准子体系等标准子体系，共计123项标准，其中国家标准63项、行业标准47项、地方标准3项、企业标准10项，使传统的稻田养鱼模式在产前、产中、产后各环节均有标准可依。示范区还制定了广西地方标准《三江稻田鲤鱼养殖生产技术规程》，为当地农民脱贫致富增强持续造血能力。示范区每年每亩增收 3000 元以上，农户年人均增收 1000 元以上。该县立足标准化探索稻田综合种养的“三江模式”已作为全国脱贫攻坚典型案例在全国推广。

（3）成立标准化示范区工作专家委员会

聘请相关领域技术专家，组成农业标准化示范区工作专家委员会，解读各级政府相关政策，对园区标准体系、专业技术生产运营进行跟踪指导。

（4）加强对标准化生产的监督和检查

企业要建立完善示范区的监督和检查机制，严格基地投入品管理，对每次用肥用药安排专人监督和记录，堵住农药残留源头。可以定期对农业标准化示范区进行质量抽查和检测，确保标准化生产的质量和安全。还可以发挥群众监督职能，鼓励举报使用违禁投入品行为，如情况查证属实，对举报者给予一定奖励，对已经核实的被举报者拒收种植产品并给予处罚。

4.4.4 强化农产品质量安全的信息服务

利用“互联网 +”，构建一个无线移动、宽带传输、互联互通、智能互动的农产品产地环境安全信息化体系，加强产前 - 产中 - 产后全过程管理，主动化解农业环境污染的危害。特别是及时了解和掌握农产品产地环境安全状况，规范农产品质量安全管理，实现检测办公信息化，提高各企业农产品市场竞争力。

4.4.4.1 加强信息收集和分析

在建立农产品质量安全数据库方面，将农产品的生产记录、产地环境数据、生产过程相关信息、基地准出监测报告等实时采集、整理与分析，整合产地污染现状、污染源分布、产地种植结构、产地土壤、水、大气、农产品监测等的属性信息和空间信息，建立基于 GPS、RS 和 GIS 的农产品产地信息数据库，并针对每个字段属性建立元数据和数据字典，形成农产品质量安全基础数据信息，实现产地信息相关数据内部交换和调度，为后期的信息追溯和监督管理提供基础数据平台。例如，企业将农作物农药的施用量、化肥的使用量、产地中地膜的处理情况等均上传到数据库中。在强化农产品质量安全的监测预警方面，以互联网与 GIS 为综合开发平台，依托中国生态农业网，构建以“3S”技术、光谱无损检测技术、数据挖掘技术为支撑，以县 – 省 – 农业农村部环境监测总站为主体的三级全国农产品产地安全预警平台，以实现农产品产地基础数据库的更新、指标化数据共享、挖掘模型的管理、农产品产地安全信息管理与预警、专题图的自动生成与输出，并实现网络多级别共享、预警信息分级发布等。通过完善信息收集和分析系统，及时准确收集各地区农产品生产、加工、流通和销售等方面的信息，分析和评估农产品质量和安全情况。利用“互联网 +”对农产品质量安全数据库进行智能分析，及时发现农产品质量安全的潜在风险，针对风险对象进行精准监管。不断更新农产品质量安全应急预案，完善相关应急体系，提升应急预案实用性和可操作性，建立快速反应、信息畅通、多方联动的应急机制。通过构建全国农产品产地安全质量综合评价和预警平台，开展农产品产地种植结构的适宜性调整，从而达到在合理利用宝贵耕地资源的基础上，保障农产品安全生产的目的[38]。

另外，要按照国家有关规定，利用好生态环境部会同农业农村部等部门组织建立的全国农用地土壤环境管理信息系统，完善本企业的农产品质量安全数据库，并加强农用地土壤环境信息统计工作，健全农用地土壤环境信息档案，定期上传产地环境信息系统，实现信息共享。

4.4.4.2 建立农产品质量安全信息公开平台

一方面建立统一的农产品质量安全信息发布平台，为消费者、生产经营者和监管部门提供便捷的查询和发布服务，及时公开农产品质量安全信息，尤其是产地环境数据，加强信息的透明度和公开性。另一方面强化信息监督和检查。建立农产品质量安全信息监督和检查机制，开发基于大数据、云计算的企业环境信息甄别与校核技术，加强对信息发布、信息共享和信息服务的监督和检查，及时发现和处理信息不实、不准确、不全面的问题，确保农产品质量安全信息服务的真实性和可靠性。企业要妥善应对农产品质量安全虚假信息和谣言传言，及时在信息公开平台进行科普辟谣。同时完善农产品质量安全信息反馈机制，建立投诉举报渠道，及时处理并反馈问题，提高监管的有效性和公信力。企业对于农产品质量安全事故及其处理情况、公众反映问题的调查核实及处理情况等信息，要定期向公众公开。针对公众关注的热点敏感问题，积极利用平台开展科普宣传，提升公众质量安全意识和科学识别判断能力。

4.4.4.3 建立农产品追溯体系

综合应用农产品电子标签及条码标识技术、信息采集与传输技术、移动数据采集技术与可靠传输技术，实现农产品从生产到餐桌的完整产业链质量信息全程追溯。通过农产品追溯信息化，辐射带动以“三品一标”获证企业等示范龙头企业与农民专业合作社为核心的农产品生产的标准化、规范化管理。

① 积极参与建设链接全国、兼容各部门的全国农产品统一追溯平台。完善质量安全追溯体系。各企业要结合农产品开发有针对性的农产品追溯系统，提高可持续服务能力。通过引进先进农业环境传感器等追溯信息采集设备，增加追溯信息的宽度、深度和精度，对生产环境、生产过程开展监测，提供全程、全面和精确的追溯信息，为消费者提供更加可靠的质量安全保障。还要按照农业农村部印发的《农产品质量安全信息化追溯管理办法（试行）》要求，遵循国家标准化管理委员会发布的相关标准，规范采集、使用、保存追溯信息，保证追溯标签与农产品对应。

② 加强信息共享和互通。创新农产品追溯运营和服务机制，开放共享农产品追

溯信息，打造可持续发展的农产品追溯生态圈，实现农产品“来源可追溯、流向可追踪、风险可预警、产品可召回、责任可追究”。要不断完善农产品质量安全信息共享和互通机制，促进各地区和部门之间信息资源的互通和共享，加强监管部门之间的协调和合作，形成多方合力，共同推动农产品质量安全的提升。

4.4.4.4 建立农产品质量安全应急管理信息化系统

建设农产品质量安全应急管理信息化系统，实现支撑企业乃至整个行业农产品质量安全应急预案体系的公共安全应急风险评价、监测监控、预测预警、动态决策、综合协调、应急联动与总结评估的功能，促进我国农产品质量安全从被动应对型向主动保障型的战略转变。一是建立风险预警子系统。基于农产品质量安全数据库，从行业类别、信息来源、涉及范围、危害程度等内容进行初步识别，确定质量安全信息等级，帮助风险处置部门根据质量安全信息分级，分别采取处置措施。二是建立应急控制子系统。建立快速反应机制，实现企业间、企业与政府、企业与专家的互动，及时对出现的技术壁垒采取应对措施。在农产品质量安全应急事件发生后，帮助各企业根据事故发生情况，通过大数据分析，调出前期准备的各项应急预案，使企业及时采取必要的应急措施做好应急处理工作。

4.4.4.5 加强信息宣传和培训

及时总结和推广地方经验，通过线上＋线下的宣传形式，加强对农产品质量安全信息服务的宣传和推广，提高广大生产经营者和消费者对农产品质量安全信息服务的认识和理解，提高他们对农产品质量安全的关注度和意识，引导消费者选择安全可靠的农产品。同时，还要加强对农产品质量安全信息服务人员的培训和管理，加快专业人才培养，加强对典型案例的研究学习，开展各企业和行业协会间的交流，总结各企业开展农产品质量安全信息服务的经验教训，探索应对技术壁垒的一般规律，真正提高他们的专业水平和服务质量，为公众提供更加优质的服务。

4.4.5 其他改进措施

在提高环保意识方面，定期开展宣传教育，通过发放填写调查问卷、送法上门、寓教于案等方式，提高企业对产地环境保护的认识，尤其强化涉农企业的环保意识，推进绿色转型发展，采用环保设施和技术减少环境污染。例如采用有机农业、生态农业的方式，严格按照规定使用农药、化肥和兽药，并加强废弃物和污水的处理，运用生态灌溉系统等，从根本上减少污染。在加强沟通合作方面，为了促进各企业之间的合作与沟通，可以建立产业联盟，将双方的利益联系在一起，形成利益共同体。通过设立沟通平台，定期召开会议，交流各自的意见和建议，共同研究解决环保问题的方案，合力制定产业发展规划，促进企业之间的信息流通，增强企业之间的合作关系，实现双赢局面。大力培育第三方产地环境治理保护产业，充分发挥市场作用，调动管理部门、科研单位、涉农企业以及农业生产者各类主体的积极性，实现产地环境保护的大联合、大协作。在明确角色定位方面，在参与农产品产地环境管理前，各企业首先要主动明确各自的角色和职责，明确任务分工，避免产生混淆和冲突，推动各方落实生态环境保护主体责任。在产业协同发展方面，建立产业联盟或协作机制。通过加强合作，共同参与技术研发和应用，推进技术创新，共享资源和技术，提高各方在农产品产地环境管理方面的综合能力，实现农业可持续发展和环境保护的双重目标。例如开展涉农企业和环保企业的联合培训，增进双方的交流和合作，促进环保企业深入了解农产品产地的环保现状和环保需求，为涉农企业提供更好的环保技术服务。

综上所述，企业参与农产品产地环境管理有其必要性，不仅可以减少对环境的污染，还可以提高品牌影响力和市场竞争力，促进企业的可持续发展。企业对农产品产地环境的质量安全管控是生产过程管控的基础和终端农产品消费安全的首要关口，是企业参与农产品质量安全监管最重要的环节和切入点，本章依据我国农业发展和农产品产地环境特点，深入了解参与农产品产地环境管理的 6 种企业类型和农产品产地环境质量现状，探究农产品产地环境存在的问题，以此为基础进一步分析企业参与产地环境管理存在的一系列问题，并且以此为依据，有的放矢地完善农产品产地环境管理措施，拓宽企业参与管理模式，以实例分析为基础提出可行性建议，从而更为科学、高效地提高企业农产品质量安全管理能力，将包括“人为因素”在内的各种影响农产品产地环境的因素纳入农产品质量监管范围中来，从源头抑制“问题农产品”的出现，提供一个“绿色、安全”的产地环境。

针对农业资源约束趋紧、投入品过度消耗、环境污染加剧等突出问题，加快企业农业发展方式转变，更加注重生产发展与生态保护的有机结合，把“稳产量、强产能、可持续”和实现“三个安全”（即粮食及主要农产品有效供给安全、农产品质量安全、农产品产地资源环境安全），尤其是把提高综合生产能力和可持续发展能力作为核心目标任务，做到“藏粮于地”。

具体而言，为了针对性解决企业参与农产品产地环境管理过程中出现的问题，逐步提高企业参与农产品产地环境管理水平，优化企业参与产地管理模式，全面保障农产品质量安全，关键是要做好四个方面，以建立健全产地环境安全制度为保障、以应用推广质量安全生产技术为基础、以建设农业标准化示范区为标准、以强化农产品质量安全信息服务为支撑，同时以提高环保意识、加强沟通合作、明确角色定位、产业协同发展为补充，不断提高企业参与产地环境管理的积极性和技术水平，建立农产品产地环境质量安全管理体系，推动形成农产品产地环境管理共治格局，促进农业可持续发展，保障农产品质量安全。

参考文献

[1] 韩长赋 . 加快转变农业发展方式　推进农业现代化 [J]. 山东农机化 , 2015, 306(01): 11-12.

[2] 张桃林 . 加强土壤和产地环境管理　促进农业可持续发展 [J]. 中国科学院院刊 , 2015, 30(04):

435-444.

[3] 费威 . 供应链生产、流通和消费利益博弈及其农产品质量安全 [J]. 改革 , 2013, 236(10): 94-101.

[4] 胡蝶 . 种植业农产品质量安全源头监管研究 [D]. 重庆 : 西南政法大学 , 2016.

[5] 蔡荣 , 汪紫钰 , 钱龙 , 等 . 加入合作社促进了家庭农场选择环境友好型生产方式吗 ?——以化肥、农药减量施用为例 [J]. 中国农村观察 , 2019, 145(01): 51-65.

[6] 张铁亮 , 王敬 , 刘潇威 , 等 . 构建新时代农产品产地环境监测网络的思考 [J]. 环境保护 , 2022, 50(05): 19-24.

[7] 杨久涛 , 张辉 , 邢晓飞 , 等 . 新形势下农技推广工作的思路与对策 [J]. 基层农技推广 , 2022, 10(12): 1-3.

[8] 王建鑫 , 罗小锋 , 唐林 , 等 . 线上与线下：农技推广方式对农户生物农药施用行为的影响 [J]. 中国农业资源与区划 , 2023, 44(02): 43-53.

[9] 李凯 . 农业面源污染与农产品质量安全源头综合治理 [D]. 杭州 : 浙江大学 , 2016.

[10] 曾玉珍 , 穆月英 . 农业风险分类及风险管理工具适用性分析 [J]. 经济经纬 , 2011, 141(02): 128-132.

[11] 李京蓉 . 农业保险发展水平对化肥与农药面源污染的影响研究 [D]. 成都 : 西南财经大学 , 2020.

[12] 丁晓东 . 农业保险对农业生产影响的机制研究 [J]. 现代农业研究 , 2022, 28(10): 64-66.

[13] 诸培新 , 苏敏 , 颜杰 . 转入农地经营规模及稳定性对农户化肥投入的影响——以江苏四县 (市) 水稻生产为例 [J]. 南京农业大学学报 (社会科学版), 2017, 17(04): 85-94, 158.

[14] 张伟 , 易沛 , 徐静 , 等 . 政策性农业保险对粮食产出的激励效应 [J]. 保险研究 , 2019, 369(01): 32-44.

[15] 张哲晰 , 穆月英 , 侯玲玲 . 参加农业保险能优化要素配置吗 ?——农户投保行为内生化的生产效应分析 [J]. 中国农村经济 , 2018, 406(10): 53-70.

[16] 钟甫宁 , 宁满秀 , 邢鹂 , 等 . 农业保险与农用化学品施用关系研究——对新疆玛纳斯河流域农户的经验分析 [J]. 经济学 (季刊), 2007, 23(01): 291-308.

[17] 罗向明 , 张伟 , 谭莹 . 政策性农业保险的环境效应与绿色补贴模式 [J]. 农村经济 , 2016, 409(11): 13-21.

[18] 陈俊聪 , 王怀明 . 农业保险与农业面源污染 : 影响因素及其度量——基于联立方程组模型的情景模拟 [J]. 上海财经大学学报 , 2015, 17(05): 34-43, 56.

[19] 刘颖 . 我国污染土壤修复技术及产业现状 [J]. 皮革制作与环保科技 , 2021, 2(14): 110-111.

[20] 陈进斌 , 陈建宏 , 刘洋 , 等 . 我国土壤修复现状与产业发展趋势 [J]. 科技创新与应用 , 2019, 258(02): 65-66.

[21] 刘建军 , 朱玉玲 . 土壤环境监测及污染修复技术综述 [J]. 中国资源综合利用 , 2021, 39(07): 107-109.

[22] 徐怒潮 , 孙宁 , 丁贞玉 . 我国土壤环境修复咨询服务业发展研究 [J]. 中国环境管理 , 2021, 13(02): 39-46.

[23] 刘飞琴 , 李婉秋 . 我国土壤污染防治地方立法实践及其完善建议 [J]. 环境保护 , 2021, 49(20): 62-65.

[24] 吴春发 , 骆永明 . 我国污染场地含水层监测现状与技术研发趋势 [J]. 环境监测管理与技术 ,

2011, 23(03): 77-80.

[25] 刘阳生，李书鹏，邢轶兰，等．2019 年土壤修复行业发展评述及展望 [J]. 中国环保产业，2020, 261(03): 26-30.

[26] 王兆苏，宋玲玲，武娟妮，等．土壤污染防治专项资金使用管理的现状、问题与对策 [J]. 环境保护，2021, 49(13): 39-45.

[27] 孙宁，张岩坤，丁贞玉，等．土壤污染防治先行区建设进展、问题与对策 [J]. 环境保护科学，2020, 46(01): 14-20.

[28] 肖友程，许超，王扬，等．河池市某砒霜厂污染土壤固化 / 稳定化修复工程实例 [J]. 环境工程，2018, 36(03): 176-179.

[29] 张姝，李义松．土壤污染防治基金制度及其完善 [J]. 江苏警官学院学报，2021, 36(04): 30-35.

[30] 卢玉秋，狄瑜，高何凤，等．广西土壤污染防治专项资金使用管理现状及对策研究 [J]. 中国资源综合利用，2021, 39(12): 37-41.

[31] 徐顺青，逯元堂，陈鹏，等．我国环保投融资实践及发展趋势 [J]. 生态经济，2020, 36(01): 161-165.

[32] 辛璐，赵云皓，卢静，等．生态导向开发 (EOD) 模式内涵特征初探 [C]//2020 中国环境科学学会科学技术年会论文集 (第一卷), 2020: 4.

[33] 刘锦如．浅谈农作物病虫害生物防治技术与推广 [J]. 农村实用技术，2022, 246(05): 90-92.

[34] 林长征．福安巨峰葡萄安全生产与质量控制技术 [J]. 农业科技通讯，2021(09): 297-300.

[35] 国家市场监督管理总局办公厅．国家农业标准化示范区典型案例 [R/OL]. (2021-04-14).

[36] 王燕利，刘晓楠，赵永明．标准助力特色农业产业高质量发展——以大同市云州区建设国家级农业标准化示范区为例 [J]. 中国标准化，2021(06): 60-62.

[37] 王磊，刘艳，张柳．沈阳锡伯龙地农业标准化示范的实践与启示 [J]. 中国标准化，2022 (14): 100-103.

[38] 杨雅萍，姜侯，胡云锋，等．“互联网 +” 农产品质量安全追溯发展研究 [J]. 中国工程科学，2020, 22(04): 58-64.

第5章

农产品产地环境管理的公众参与和舆论引导

>> 农产品产地环境管理的公众参与情况

>> 农产品产地环境的舆情管理

>> 公众参与和舆论引导在农产品产地环境管理中存在的问题及改进措施

农产品产地环境关系到人民群众的身体健康，关系到构建社会主义和谐社会，提高农产品产地环境管理水平，对于加快农业增长方式转变和保障广大城乡居民的消费环境意义重大[1]。多年的实践证明，农产品产地环境管理需要建立长效机制、落实责任管理。公众参与既是构建农产品产地环境管理长效机制的重要内容，又是落实责任管理的重要保障，同时也是发达国家的通行做法和发展趋势。公众参与是协调农产品产地环境管理和社会影响的一种重要手段，公众参与可以动员社会各方面的人员关心农产品产地环境管理，参与农产品产地环境管理系统建设。

公众参与程度是判断农产品产地环境管理体系成熟程度的重要依据之一，同时也是农产品产地环境管理体系建设的重要组成部分[2]。2022年9月2日，十三届全国人大常委会第三十六次会议通过新修订的《中华人民共和国农产品质量安全法》，其中第五十六条明确指出："国家鼓励消费者协会和其他单位或者个人对农产品质量安全进行社会监督，对农产品质量安全监督管理工作提出意见和建议。任何单位和个人有权对违反本法的行为进行检举控告、投诉举报。县级以上人民政府农业农村主管部门应当建立农产品质量安全投诉举报制度。"广泛的公众参与不仅为农产品产地环境管理体系建设带来经济效益和社会效益，还可通过反馈各种意见和建议，积极为农产品产地环境管理体系建设献计献策，从而充分发挥了公众对农产品产地环境保护工作的监督作用。

近年来，以微信、微博、短视频和新闻客户端为代表的"三微一端"类自媒体在公众参与方面的作用较为突出。"三微一端"传递的农产品产地环境舆情信息数量已超过广播电视，成为农产品产地环境问题舆情传播的主要场所。加强农业新闻舆论工作是推进农业农村经济稳定发展的重大举措。农业新闻舆论工作是党的新闻舆论工作的重要组成部分[3]，同时也是农产品产地环境舆论引导的"主战场"，担负着统一思想、凝聚力量的重大任务，是促进政策出台、推动工作开展、调动各方力量重视支持"三农"工作的重大举措。多年来，各级农业部门牢牢把握正确的舆论导向，始终围绕党的"三农"工作大局，大力宣传"三农"工作的新理论、新政策，大力宣传农产品产地环境的新观点、新思路，大力宣传现代农业发展的新进展、新经验，为农产品产地环境持续健康发展提供了有力的舆论支撑。

5.1 农产品产地环境管理的公众参与情况

5.1.1 公众参与农产品产地环境管理的情况

5.1.1.1 公众参与的概念

随着我国社会体制的进步和发展，公众逐渐成为社会各行各业行业规范的有力监督者，公众参与也是顺应时代发展潮流的趋势。公众参与就是政府行政主体之外的群体或个人利用自身资源发现并监督社会问题，从而使问题得到有效的规范和控制。公众参与的重要组成部分包括参与主体、参与途径以及参与领域，通过发挥公众在决策中的作用，可以对公共事件做出合理判断，从而达到协助社会治理的目的[4]。另外值得注意的是，公众参与的领域必须是社会公共问题，公众在对公共事务的参与讨论中发表自己的观点和评价，这也是一个国家民主化的集中表现。

公众参与是指任何公民按照一定的法律程序参与的权利和义务[5]。从社会学的角度看，公众参与是指以社会群体、社会组织、单位或个人为主体，在其权利、义务范围内开展的具有特定目的的社会行为。因此，公众参与的对象并不局限于公民个人，广义上的公众参与还包括公共事务工作单位、部门和群众组织。公众参与由“公众”和“参与”两个概念组成。

① 公众作为一个日常概念，通常是指具有共同的利益基础、共同的兴趣或关注某些共同问题的社会大众或群体。“公众”一词在不同的场合具有不同的含义，其内涵和外延都难以确定，然而必须明确的是：a. 在一国特定的政治构建内，公众从本质上来说仍然是私权主体，但与通常表征私权主体的“公民”一词仍有区别，公民更多以法学概念的形式出现且主要以国籍为标准，公民是公众的主要构成要素，公众的范围要明显大于公民；b.“公众”一词既可以用于日常生活，也可以用于严谨的法律条文，其适用范围广泛；c. 公众在公共关系学中代表某种集合体，表明基于共同的利益需求或价值取向，将若干个人的力量集结在一起并最终以“1+1>2”的形式呈现出来，使该集合体的力量大于若干个人力量的简单累加。

② 如果说“公众”指明了参与主体的话，那么“参与”则从范围与路径两个方面明确了公众参与的含义。首先，从范围上讲，公众参与的范围应当包括政治、文化、经济及社会生活的各个方面，具有一定公共性的领域即可被认为是公众参与的领域。其次，从路径上讲，“参与”不仅是主体的共同意识外化的形式，还展现了公众的力量向社会生活逐渐渗入的过程，这种渗入可以通过诸如听证、座谈、咨询等制度表达出来。由此可见，参与是一个过程，通过这一过程，利益相关者可以共同影响并控制发展的导向、决策权及其所控制的资源[6]。从本质上说，参与是以协商为基础的各种正式与非正式的制度组合。

只有增强全民族对农产品产地环境管理的参与意识，使公众参与成为共同的责任和使命，才能促使全社会成员树立共同参与的文化观念，自觉约束行为，协助政府推动健康发展。只有将“公众”与“参与”有机结合起来，并有效运用到农产品产地环境管理中来，群策群力，才能真正实现社会经济和环境的可持续发展。

5.1.1.2 公众参与农产品产地环境管理的意义

农产品产地环境管理范围广、数量大，这对监管机构来说是巨大的挑战，难以实现全方位的监督和管理。然而，公众作为社会中无处不在的群体，参与农产品产地环境监管是一种可靠且有效的方法。在农产品产地环境监管中，虽然政府相关部门是主导力量，但也离不开广大社会成员的监督，消费者、媒体等都是大众监督的主力军。公众参与可通过多种途径来实现，将政府部门和农产品产地环境置于被监管的核心位置，不仅可使其受法律约束，还能进一步规范自身行为，从而推动农产品产地环境管理的进一步发展。

农产品产地环境关系到农产品质量安全，是其生产链条的先决条件[7]。公众参与到农产品产地环境管理当中要求对人员、机器、原料、方法、环境等各种生产要素进行配置和优化组合，以保证农产品产地环境按预定的目标实现优质、高效、低耗、文明生产，这就为整个体系提高效益提供了保证。对公众参与农产品产地环境管理的精心计划和组织，可以缩短无效的管理时间，提高生产效率，提高社会自觉遵守农产品产地环境管理法律法规的效率，从而形成互相监督、相互信任的社会风气。公众参与可以有效提高劳动生产率、降低监管成本，并为提高经济效益创造条件。因此，若农产品产地环境管理不善，不仅难以降低成本，还会导致市场竞争力不足，即使遇到有利的市场机遇，也可能会因为管理不规范而错失良机。因此，要提高农产品的质量，必须严管农产品产地环境，扎实推进各项工作，而公众参与是其中至关重要的一项措施。

5.1.1.3 公众参与农产品产地环境管理的现状

我国的农产品产地环境管理模式比较落后，原产地环境污染治理采取“政府决策、行政部门主管、部门协调”的管理模式，这导致多部门分开管理、相互制约，部门权限交义和混乱，阻碍农产品产地环境管理和调控。

截至目前，国内关于农产品产地环境管理的相关法律法规，如《中华人民共和国土地管理法》《中华人民共和国土地管理法实施条例》等，对公众参与的内容仅做出零星且原则性的规定。贵州、广西等部分省份制定的地方规范性文件涉及公众参与的内容也多是原则性的条款，缺乏具体可操作的细则。在国家层面以及多数省份，公众参与的主体地位尚未以法律法规的形式加以明确，同时也缺乏具体的实施细则和程序性规范。因此，农民在土地整治中的参与形式、程序、内容未得到明确的法律保障，其作为重要参与主体的地位难以得到法律上的确认，这导致农民的需求和意见容易被忽视[8]。

我国公众参与农产品产地环境管理缺乏相应的组织和平台。在欧美等一些发达国家或地区，公众可以依托相应的非政府组织或机构参与到农产品产地环境管理实施中，例如德国的参加者联合会、荷兰的农产品产地环境管理委员会、日本的全国农业协同组合联合会等。相比之下，目前在我国农村地区，非政府组织发展比较缓慢，关于农产品产地环境管理的非政府组织更是少之又少，其参与的力量也比较薄弱。多数农民作为个体参与全域农产品产地环境管理整治工作，在与政府部门或机构谈判中显得势单力薄，这使得公众参与的作用大大受限。此外，农民获取信息的渠道单一，主要依赖宣传栏、政务信息公开栏等张贴公告的方式获取信息，这种方式获取的信息既不全面也不及时，直接制约了农民的参与深度及参与时效性。

我国公众参与农产品产地环境管理的深度和广度不够。根据谢里·安斯坦的公众参与阶梯理论，公众参与的程度从低到高分为三个层次，即非实质性参与、象征性参与和实质性参与。政府制定好方案，公众被动接受属于最低程度的参与。象征性参与是指政府将方案的部分信息告知公众，在接到公众反馈后做部分调整。实质性参与是指公众在充分获取信息的情况下，全过程发表意见并参与决策。目前，农产品产地环境管理的公众参与主要通过实地调研或访谈、成果公示的形式，让公众参与到相关环节中，这种参与方式的信息流动基本上是从政府机构向公众的单向流动，公众缺乏反馈的渠道和谈判的权利，实际上属于象征性参与。公众参与的根本目的是最大程度地调动各方的资源与积极性，平衡各方的利益，使各利益主体都能够参与其中，共同推进项目实施[9]。我国公众普遍认为农产品产地环境管理是一项政府工作，对于自身参与的重要性认识不足。目前农产品产地环境管理工作中，政府机构占据着绝对的主导地位，投资资金大部分是政府筹集，忽视了农民的参与主体地位。当农民诉求得不到回应时，就会大大挫伤公众参与的积极性。此外，由于农产品产地环境管理具有较强的专业性与复杂性，而农民自身文化素质及专业基础知识相对缺乏，也降低了农民参与的主动性和积极性。在这种情况下，公众参与的作用被忽视，政府机构单方面推进农产品产地环境管理工作，导致实施效果难以得到长期的巩固和深化。因此，为了提高公众参与的水平和政府管理的有效性，需要增强公众参与意识和责任感，确保公众在关键环节中能够充分发表意见和主动参与。

5.1.2　公众参与农产品产地环境管理的特征及评价

20 世纪 60 年代开始，随着西方国家民权运动的蓬勃发展，人们开始越来越多地关注公众参与的理论与实践，命令式社会管理开始逐渐向公众参与式社会治理转型。在此过程中，许多学者对公众参与理论的发展做出了贡献，其中值得一提的是谢里·安斯坦于 1969 年发表的著名论文《市民参与的阶梯》。在这篇文章中，谢里提出了公众参与的八个阶梯，即操纵、引导、通告、咨询、劝解、合作、代理权力和市民控制。这八个阶梯由浅到深地表明了公众参与的不断深入。在过去相当长的时间里，西方社会对民主理论的践行都是以精英民主的形式展现出来的，各种标榜民主的程序伴随着周期性的选举，演绎了一出又一出“参与式民主”的经典剧目。参与式民主强调构建一个基于政治参与的民主社会，其实质是对精英民主理论的一种规范理性的回应，在缺乏平等政治参与的社会格局中，参与式民主无疑对西方宪政体系的构建起到举足轻重的作用。然而，随着社会规模的不断扩大以及开放性的逐步增强，参与式民主理论似乎通常困扰于一种模糊不清的“乌托邦主义”，它未能满足发达工业社会的复杂性、大小和规模，这种民主形式由于规模狭小、效率低下，在民主实践的过程中越来越不能满足公共领域自治的需求，因而受到了诸多批判。直至 20 世纪 80 年代，在对参与式民主理论此起彼伏的批判声中，西方社会才迎来了民主理论的新发展，也就是协商民主理论。

在马克思社会冲突理论的基础上，科塞将其进行了巩固和发扬，并提出由于社会冲突是“冲突产生于社会报酬的分配不均以及人们对这种分配不均表现出的失望”“冲突中的一方的目的在于企图伤害或消除另一方”，因而必须重视对公共冲突的研究，使其尽可能发挥正向作用。现代社会中，通过宽容灵活的社会结构以及由此而生的具有相当包容性的社会关系来解决社会冲突，是促进冲突各方相互适应、整合利益失调、推动社会发展的有效方式。这就要求社会各阶层之间相互沟通、有效交流，积极参与到社会发展的各个方面中，这样反过来又能不断促进社会结构的整合。换句话说，现代民主社会和平发展的特性决定了公众参与在解决社会冲突方面的必要性。在动态的公众参与实践中协调各方利益，从而使政府决策能够满足多样化的价值需求，以此促进民主实践和社会发展，是现代社会必然的发展趋势。

在参与能力方面，受到农民基层政治发展水平以及农民文化素质等诸多因素的制约，我国农民的政治参与一直处于弱势地位，尤其是在农村公共政策执行过程中，农民的弱势地位更为明显[10]。这种弱势状态不仅不利于农村民主政治的发展，而且也对农村公共政策的执行效果产生了诸多负面影响。在新农村建设中，农民对各种惠农政策执行的参与不足直接影响了新农村建设的实际效果。

① 公共政策执行信息的获得渠道不畅。在我国公共政策执行过程中，信息不对称一直是普遍存在的客观现象，在农村公共政策执行过程中，农民的知情权得不到保障的现象更为突出。有时出于对自身利益的保护或迫于某些利益集团的压力，一些涉农的政府部门不愿公开有关农村政策的详细信息。也有一些官员的思想还停留在“民可使由之，不可使知之”的落后观念上，政务公开程度较低，导致了政府与农民之间的信息不对称状态[11]。

② 公共政策执行中农民的利益表达手段有限。公众参与的成功与否取决于其能否有效地表达利益诉求，取决于他们与其他利益主体进行竞争和博弈能力的强弱，以及政府对其利益诉求的认可和吸纳程度。在农村公共政策执行过程中，农民与基层政府等执行主体之间难免会产生利益矛盾与冲突，农民通过制度化机制表达利益诉求就成为保证公共政策有效执行的重要方式。但在现实中处于弱势地位的农民所能采取的手段和表达自己意愿的方式十分有限。虽然农民通过人民代表大会制度可以影响公共政策的制定和执行过程，但由于种种原因，人大代表的代表性受到一定程度的影响，使得这种代理型农民参与效果大打折扣。农民在人民代表大会中的代表比例不足，造成了农民参政议政的缺失。虽然近年来社会媒体对于“三农”问题予以了更多关注，农民的很多意见与主张都由新闻媒体提出而引起社会反响，但新闻媒体的参与作用仍然是间接的手段，农民缺乏制度化的利益表达渠道是制约农民参与公共政策过程的现实因素。

③ 公共政策执行中农民参与的层级低、效能差。地方政府是农村公共政策精神的解读者、内容的转化者，也是农村公共政策执行的监督者。农村公共政策的主要执行主体是县级政府以及乡镇政府。但是当公共政策的执行出现不符合农村的实际情况时，农民对县级和乡镇政府的决策却几乎很难产生直接的影响。农民政治参与大部分仍集中在村一级。由于参与层级较低，农民更多地以自己的策略对公共政策执行产生影响，所产生的自上而下的“政策变形”，又在很大程度上消减了公共政策的应有功

效。虽然近年来不少经济发达地区的农民对自己在农村政治生活中的主体地位有了一定的认识，希望自己能在其中有所作为，但是农民实际参与能力的低下仍使得农民在公共政策执行过程中处于被动的境地。

④ 公共政策执行中农民参与的组织基础薄弱。村民自治组织是连接政府执行主体与农民目标群体之间最为重要的环节，农民对于村庄公共事务决策和管理的直接参与也是农民接受与配合农村公共政策执行的过程。农民参与村民大会的主要目的是了解政策或监督政策的制定与执行。但是现实中村民自治的原则和内容往往被大打折扣，这也使得农民对于农村政策执行的参与流于形式。另外，农民也缺乏更高层面上正式组织制度的支持，其参政的意愿无法通过正式组织表达出来。农民对农村公共事务的参与很大程度上受到宗族、家族、私人关系等初级群体的影响，农民仍习惯于通过政治体系中的个人力量而非组织之间的互动来实现参与。

⑤ 农民非制度化参与有扩大的趋势。自从《中华人民共和国行政诉讼法》等法律颁布实施以来，农民提出行政复议、行政诉讼的案件逐渐增多，说明农民对于公共政策执行过程的参与愿望越来越强烈[12]。但是由于广大农民对法律知识的不熟悉，再加上我国司法体系本身不是很完善，存在有法不依、执法不严的现象，诉诸法律往往要使农民付出较高的代价。近年来，农村各种利益矛盾与纠纷增多，而农民参与的制度化渠道不能满足其日益增长的需求，农民的正当利益诉求难以通过合法途径解决，这成为个别农民非制度化参与并导致农村社会不稳定的主要根源。非制度化参与不仅无益于农民利益的维护，而且会对公共政策执行主体的合法性与权威性构成威胁，直接影响到农村社会的政治稳定。如果不尽快在公共政策执行中建立农民参与的有效机制，农民非制度化参与的困境还会有增加的趋势。

在参与环节上，“发展为了人民、发展依靠人民、发展成果由人民共享”是党和政府一切工作的出发点和落脚点[13]。享有建设国家和享受国家发展带来的实惠是人民的基本权利，这一权利的体现就是民主。建设社会主义新农村是运用科学发展观解决“三农”问题的战略新思路。它强调必须坚持以人为本，就是要把人民的利益作为一切工作的出发点和落脚点，要把解决人民群众切身利益问题放在首位，在发展过程中充分体现和代表人民群众的意愿。新农村建设主要在县乡进行，我国绝大多数的人口集中在县乡[14]。在新农村建设过程中要充分尊重农民的民主权利，这一权利的有效实施需要农民的积极参与，新农村建设中公众参与的程度是衡量新农村建设民主化水平的标准。历史经验告诉我们，仅靠政府而没有作为农村利益主体的农民参与去搞建设是行不通的。公众参与为农民建设新农村提供了表达利益诉求的平台，为保护个人和组织的合法权益创造了条件。新农村建设是一项浩大的惠民工程，建设好这一工程的首要任务就是要保障农民的民主权利，让农民参与到新农村建设中来，充分保障农民的合法权益，确保新农村建设的扎实推进。

从博弈理论模型来分析，公共政策的执行过程不是单方意志行为的过程，而是各种势力及因素参与博弈互动的动态过程。一般而言，获得利益的目标群体不仅不会反对政策的执行，还会积极支持和配合；但是失去利益的目标群体的行为则变得复杂。通常情况下，目标群体会根据政策对自己利益损害的多少，以及削弱自己实力的大小，来决定干扰甚至破坏公共政策执行行为的程度[10]。在农村公共政策的执行过程中，农民对于公共政策的态度在很大程度上源于政策执行对其利益的影响，由利益关系所左右，取决于现实的利益、对政策执行成本的权衡及其自身实际承受力。随着新农村建设的推进，农村公共政策的执行效果与农民利益实现的关联愈加密切。如近年来全国各地都推行了农村社区化政策，这些政策的执行对农民的生产生活方式产生了深远的影响，与农民的经济利益直接相关。调查显示在农村社区化政策执行过程中，经济上个人支付费用过高是农民最为担心的事情。因而，在农村政策的执行过程中，政策执行者应把农民作为最直接的利益相关者，充分考虑农民的经济承受力，立足于农民的利益诉求，更多采取农民自愿的方式，尽量不采用强制性措施。让农民充分了解公共政策的执行过程，并选择其经济上能够接受的执行方式，有助于维护农民利益，提升农村公共政策的执行效果。

在农村公共政策执行过程中，不仅应考虑物质利益分配，更应考虑农村公共政策的价值权威性分配。农民长期以来形成的思维方式、行为模式或风俗习惯往往蕴含着强劲的势能，如果农村公共政策与农民传统价值观和文化观相冲突，那么政策在执行过程中则会遇到很大的阻力而步履维艰。农民的广泛参与以及与政府之间的有效互动可以缓解公共政策执行中的价值冲突，提高公共政策的执行效果。很多为农民所固守的农村文化传统对于农村公共政策执行具有制约作用。政府在决策与政策执行之前，应了解农村的实际情况和农民的价值取向，充分尊重农民的选择。让农民广泛参与到政策决策与执行过程中，可以在很大程度上减少公共政策执行中的偏差和失误。农村公共政策大多是发展性政策，而非限制性政策。对于发展性政策，政策的支持扶助因素大大超过了限制因素，政策原则也比较宽泛。在政策执行中，执行组织与执行人员完全可以不失原则地与政策调适对象形成密切的关系。农民对于公共政策执行过程的有效参与，可以改善农民与政策执行主体之间的互动关系，避免将对政策执行者的不信任通过态度泛化机制投射到其传递的政策信息上，从而减少公共政策执行中的矛盾与冲突，提高农民对于公共政策执行的认同度与接受度。

相对于一般公共政策而言，农村公共政策存在着政策目标难以度量、公共部门激励不足、政策不完备等特点，从而给了执行者扭曲政策、谋取个人和集团利益的机会。近年来在农村政策执行过程中出现了诸多问题，如普遍存在的“上有政策、下有对策”“土政策”以及强制执行等问题。事实上，农民对政府及其公共政策的制定初衷还是比较信任的，但对政策执行的担忧却远远超出了政策的制定过程。因此，在农村政策执行中，除了要健全相应的监督机制、评估机制以及责任追究机制之外，还要让农民亲身参与到这些机制运行过程中。农民对政策执行过程的有效参与，有助于防止农村公共政策执行评估结果的失真，确保政策执行信息反馈的完整性和科学性；同时也有利于加强政策执行的责任追究和行为监控，防止不良结果的恶化，维护农村公共政策的权威性，实现农村公共利益最大化的目标[15]。

我国农民的政治参与就是指我国农民参与政治生活、影响各级部门的干部及其决策的行为。我国是一个以农民为主体的国家，农民人口占我国总人口的大半，因此，农民的政治参与程度直接影响着我国政治民主化的进程，对我国民主政治的发展起着至关重要的作用[16]。但是，我国农民政治参与还存在如下问题：参与的主动性和自觉程度低；参与的指向性高；参与要求与能力之间的反差大；参与的程度和水平仍然很低，基本上是手段参与，非制度化参与有扩大的危险，非制度化参与、抗议性参与和暴力参与往往合而为一[17]。促进我国农民有序政治参与，提升其参与水平，需要从增强农民政治参与的主体意识及能力、加强农民政治参与的制度化建设以及着力营造农民政治参与的整体环境等方面入手。

农村公共服务是为满足农业、农村发展或农民生产、生活而提供的具有一定非排他性和非竞争性的社会服务，是以农业信息、农业技术或劳务等服务形式表现出来的一种农村公共物品。各农村地区经济发展水平不同，区域特征不同，生产及生活方式也不同，村民对基本公共服务的需求与偏好自然也不同。所以，各农村地区应在保障基本公共服务供给的前提下，按照“贴近需求、相对集中、便民利民”的基本原则，为广大农民群众提供更多层次、更多种类的公共服务，以更好地适应农民群众的需求与偏好，实现“城乡基本公共服务均等化”。

5.1.3 公众参与农产品产地环境管理的目标诉求

农民参与意识薄弱主要表现在农村公共服务供给中农民参与供需表达和供给积极性的缺乏，小农户意识强烈。小农户公共服务供给意识的主要影响：

① 农民经常依赖政府提供公共服务，对公共服务供给有较高的期望；

② 农民往往局限于最迫切需要的公共服务部分，对于其他包括用于提高生活质量的公共服务没有期望；

③ 农民对短期利益的公共服务比较重视，而很少考虑具有长期利益、外部效应强的公共服务，如用于环保的公共服务。

在公民权利意识高涨与网络信息技术发达的今天，面对日益复杂的社会问题和多样化的公共服务需求，传统的政府单方面、封闭式管理与决策模式已经难以适应，公众参与已成为现代民主国家政策制定和公共管理的必由之路。改革开放尤其是进入21世纪以来，我国公众参与受到了党和政府的高度重视，各级政府和职能部门开展了形式多样的公众参与实践。但公众有效参与不足问题也较为明显，已成为制约公众参与影响力的重要因素。推动公众有效参与是理论界和实务界迫切需要研究与解决的现实问题。

公众参与包括有序参与和有效参与两个方面。自党的十六大报告首次提出“扩大公民有序的政治参与”以来，在中央政策导引下，倡导公民有序参与已经成为社会各界的普遍共识。所谓公众有序参与，是指公民在认同现有政治制度的前提下，为促进国家与社会关系良性互动，提高政府治理公共事务的能力与绩效而进行的各种有秩序的活动[10]。之所以强调有序参与，是因为公众参与在促进决策科学化和民主化、提升决策合法性的同时，有可能会引发一定的社会风险或政治冲突。因此，确保公众参与在法律与制度的框架内进行是发展公众参与的题中之义。在重视公众有序参与的同时，一个不可忽视的问题是公众有效参与的严重缺失。所谓公众有效参与，是指在政府治理与公共决策制度过程中，政府与公众通过互动的形式，使得公众参与主体能够达成预期的目标，公众参与机制能够发挥应有的作用，公众参与结果能够对最终的决策制定产生实质性影响[18]。如果政府开展公众参与活动仅是为参与而参与，仅有形式而无内容，这样的参与显然是无效的。

就社会公众来讲，首先应强化自身的参与意识。社会公众应充分认识到自身作为社会主体，具有影响政策制定的合理力量，公共政策制定不只是政府单方面的行为，而且是公众和政府两者之间的互动行为。参与政策制定，是公民自身的权利，应该妥善运用。同时，公众必须提高自身的参与能力[11]。在公共政策的制定过程中，公众参与能力的高低，直接决定了政策在多大程度上能保障公众自身的权益。社会公众应该不断增加自己的知识储备，了解公共政策方面的相关知识，从而更好地参与到公共政策制定的过程中来（表 5-1）。

表5-1　典型农产品产地环境事件中的公众参与评价

编号	参与特征	参与评价
1	态度	(1) 公众被动式参与情况较为多见； (2) 除网络参与外，以其他形式主动介入参与的情况较少
2	参与能力	(1) 有效参与所需的各类专业知识和能力（专业知识、法律及公共事务介入能力等）较为欠缺； (2) 网络参与及合作能力较强
3	参与环节	(1) 中间过程参与多； (2) 事前预防性参与、政策制定参与及事后决策性参与较少
4	关注利益及角度	(1) 关切自身利益参与的程度深； (2) 关切其他公众群体利益参与的程度较浅
5	积极性	参与的积极性高
6	效果	(1) 对环境管理发挥的实际效果较不明显； (2) 参与的可持续性较差
7	渠道及方法	(1) 多通过网络等间接方式参与； (2) 直接线下参与的渠道、方法少

注：根据典型农产品产地环境事件的过程整理汇总。

就政府来讲，首先需要转变决策观念，即从单一的决策观念转变到公众参与的决策观念上来。决策观念决定了政府公共政策的发展方向，以及政府、社会、公民三者在决策中的地位、作用和关系。决策部门只有在决策过程中坚持以人为本，切实服务百姓，充分地认识到公众在政策制定和执行中的地位，尊重公民的合法权益，才能推进社会公众的广泛参与。其次，政府应当切实扩大公众参与的途径。听证制度是促进公众参与公共政策制定过程的有效途径[19]。在此基础上，网络近年来成为一种公众和政府沟通的新手段，具有及时、高效的特点，网络征询公众意见、微博问政等正在成为全新的公众参与方式。公众通过网络可以直接与政府沟通，享受充分的参与自由，政府也可以就某项议题在网上咨询意见，节省了时间和成本。网络参与制度的建立将会是未来公众参与的新趋势。

就社会环境来讲，首先应当加强公众参与的法治化建设，明确规定公众参与公共政策制定的权利和义务，对公众参与公共政策制定和执行的内容、方式、途径等作出明确且具有可操作性的规定，并用法律的形式固定下来，使公众参与公共政策制定常规化、制度化。其次，应当建立公众参与的文化。政府应积极引导公众树立平等观念、自主意识、责任感和法治意识，增强公众的主体意识，引导其积极主动地参与各项政策的制定和执行，使公众对公共政策的制定有高度的使命感、认同感和一致的价值取向，最终形成积极有效的参与文化。

从公众参与的过程来看，可以发现其参与动机主要来源于两类驱动：一是“利益”驱动，即公众基于自身作为农产品产地环境管理的实际受益者，对关切自身利益的农产品产地环境问题、过程及最终结果等事务，赋予较高的关注度并有着较为积极的参与管理动力；二是“看客”驱动，即公众对农产品产地环境事件的内容本身产生兴趣，引发对相关农产品产地环境事件的进展及结果进行关注和追踪的意愿及欲望，继而基于“看客”角度产生对相关农产品产地环境事件的进展及相关当事人的行为进行评价、评判的动力[19]。

物质生活和精神生活的物质生产和创造是每一种社会形态中人们参与社会生活的基本动机和出发点。正如马克思在《德意志意识形态》中所分析的，“全部人类历史的第一个前提无疑是有生命的个人的存在”[20]。因此，首先需要确认的事实是，这些个人的肉体组织以及由此产生的个人与其他自然的关系。不同的社会形态下，人们所处的物质生活条件不同，因而由其所决定的人与自然的关系也有所不同，公众参与生态文明建设的动力机制也表现出不同的特点，对生态的影响和参与的结果也各不相同。

社会主义生态文明的本质要求是实现人与自然的和谐发展。因此，人与自然的关系作为辩证统一关系的二元主体，是公众参与生态文明建设的前提认识论，而公众理性地参与生态文明建设则是科学实践指导下的认识论过程。可以说，公众参与生态文明建设的过程是科学理性与科学实践的统一过程，这一过程是为了实现对生态异化的扬弃和达到生态和谐的目的，最终实现人与自然的辩证统一关系。

当前我国农产品产地环境社会管理倾向于以政府监管为主导来推动开展，从公众角度看，政府社会管理的规制绩效评价主要涉及执行力和公信力的评价。在农产品产地环境管理领域，可以考虑政府在该领域投入的行政运作成本、政府效率、政策效果以及最终转化为公众对政府行为的公信力评价。

通常情况下公众对政府的规制绩效有其相对稳定的心理预期值，而政府的实际规制绩效和公众预期绩效一般存在着差距。实际规制绩效高于或低于公众预期绩效，进而公众对政府行为也会产生相应的正面或负面的信任评价，从而导致公众对政府公信力判断的调整。

博弈模式是指在某一问题的决策过程中，地方政府建立了一种公众参与机制，允许公众参与决策，这种机制通常是经过与公众反复博弈和理性选择的结果。在这类问题中，利益相关者通常是少数直接利益相关者[21]。博弈模式通常发生在涉及特定人群、具有显著直接利益（如城市房屋拆迁、农村土地征收等）的问题上。直接利益相关者受到政府决策的影响具有强烈的参与动机和高度的积极性。然而地方政府对于公众参与的态度往往是矛盾的，既有正面的也有负面的。在这种模式下，地方政府外部压力模式是指在某一特定主体的决策过程中，地方政府要承受来自社会的压力和力量，被迫让公众参与决策[22]。这类事件的特点是少量的直接利益相关者与大量的间接利益相关者相互关联。外部压力模式所包含的问题（如焚烧厂、化工厂、核电站建设等）虽然只涉及一系列重大利益相关者，但由于其可能造成的环境污染或环境风险，往往会引起间接利益相关者的广泛关注。公众出于自身利益和环境保护的需要，对参与决策具有强烈的意愿和热情，而地方政府则往往为了经济利益而限制公众参与。在这种模式下，地方政府可以采取包括公众听证会、咨询建议、环境影响评估以及社会稳定风险评估等公众参与机制，但由于公众的“集体行动”能力有限，对最终决策的影响力往往较小。

社会压力是指与公共决策相关的利益相关者在政府机构中对决策的影响，主要包括直接行动、间接利益相关者和社会利益相关者[4]。不同的外部压力对政府的影响程度存在差异，并非所有的外部压力都能影响政府的行为决策。在大多数情况下，政府的行为决策并不完全由政府机构的成员独立做出，而是各利益相关方之间博弈的产物。在外部压力因素的作用下，政府会基于利益相关者的行为特征、可用资源和社会舆论，来调整和开展适当的公众参与活动。

领导者性格对政府的行为选择也有重要影响。事实上，虽然政府行为最终是由集体领导决定的，但领导者的心理性格和认知倾向也会直接影响其行为选择。相关研究指出，在地方参与式预算的过程中，地方政府或部门领导的个人特质、担当勇气和战略眼光往往是决定参与预算实施与否的关键因素。一般来说，领导者越具有担当精神和责任意识，越会认可公众参与的价值，对公众参与的态度越积极，也就越有可能发起或开展公众参与的活动，并能最大程度地实现公共利益。

从剩余价值学说和博弈的角度来看，生产者及相关利益群体阻碍公众参与农产品产地环境管理是为了获得相应的经济利益，这种行为不仅有其经济逻辑基础，而且在实践中也常常能够达到预期目的（图 5-1）。

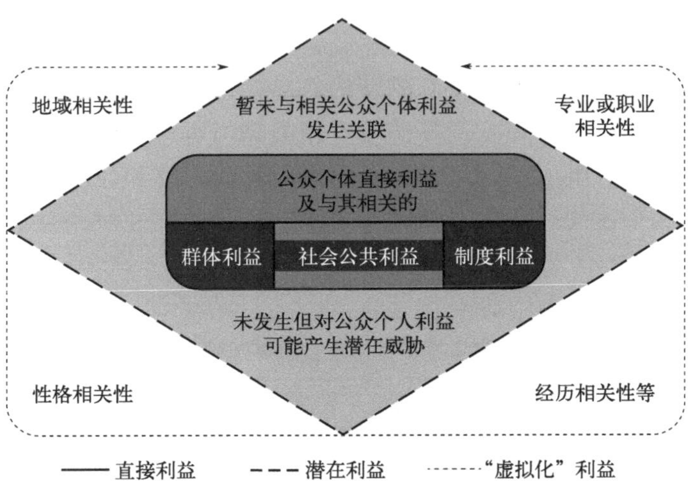

图 5-1　直接利益、潜在利益和“虚拟化”利益

公众参与作为以政府监管为主导的社会管理体制的补充，能够发挥积极作用。公众参与农产品产地环境管理所采取的自上而下的规制模式面临诸多挑战，有必要向相互合作的规制模式转型。公众参与农产品产地环境管理规制主体的多元化催生了行政性、经济性及社会性等多种规制模式，其评估的法律规制要兼顾科学理性和社会理性。社会监督可以有效提高公众参与农产品产地环境管理的效率。作为社会监督的主要手段，公众参与可以弥补政府对农产品产地环境监管的“失灵”，从而构建知情、表达、监督等公众参与机制。朱瑛等[19]通过分析公众参与管理的不良状态来源发现，其涉及了政府、生产者及相关利益者、公众自身等各关键利益相关者，而各利益相关者的行为结果共同导致了现阶段中国公众参与的不良状况。为此，依据因素来源及相关性，可将公众参与农产品产地环境管理的不利因素划分为政府规制不足、公众行为缺陷、生产者及相关经济利益群体阻碍三类因素（表 5-2）。

表5-2　公众参与农产品产地环境管理的阻碍因素

因素类别	因素描述
政府规制不足	立法、执法、监管等环节的规制配套不完善和缺失
公众行为缺陷	能力不足、信息不对称、参与意愿不足等
生产者及相关经济利益群体阻碍	生产者及相关经济利益群体为获得经济利益，采取扭曲、掩盖、造假等对公众参与产生阻碍的各类违法或不当行为

生产者及相关经济利益群体如果能够阻碍公众参与，将会降低公众对农产品产地环境的关注度，并至少获得四个方面的利益。第一，可以直接降低潜在的农产品产地环境威胁被曝光的概率。第二，对于已经曝光的农产品产地环境事件，可以将相关环境事故的影响局限在较小范围内，降低被政府部门处罚的概率或从轻处罚。第三，降低了对环境产品销售的不利影响，让消费者认为相关农产品产地环境事件是小概率事件，从而不至于对现有产品销售造成较明显冲击，而事件过后又可继续维持原状开展生产经营。第四，政府部门的监管行为能直接影响生产者及相关经济利益群体的经营决策，若监管频率及规模降低，企业违法经营的可能性就越高。如果公众对农产品产地环境事件的关注度降低，那么政府监管的效果就无法通过公众对政府公信力的评价来充分体现，势必会在一定程度上挫伤政府相关部门监管工作的积极性，继而影响其对待监管工作的态度，事实上，这会导致政府监管的频率和环境保护力度降低，从而在一定程度上降低企业的违法成本，纵容了生产者及相关经济利益群体的违法生产经营行为（表 5-3）。

表5-3　生产者及相关经济利益群体阻碍公众参与分析

作用对象	行为分析	行为动机
公众	减少参与，降低曝光概率	降低环境问题的曝光概率，直接降低公众知情的概率

续表

作用对象	行为分析	行为动机
政府（行政执法部门）	减小事故影响力，给政府行政执法部门以“小概率事件”的错觉	降低被处罚的概率或从轻处罚
公众（消费者）	减轻影响，隐瞒真相	控制不利局势，维持原状开展经营
公众 - 政府	公众缺乏关注，监管效果和公信力的评价调整无关，影响政府监管的工作积极性	影响监管的工作态度，降低政府监管的频率和环境保护力度

5.2 农产品产地环境的舆情管理

农产品产地环境是决定农产品质量安全的关键因素，关系到国计民生的重大问题，近年来已成为政府、消费者、生产者及媒体共同关注的焦点。有效控制农产品产地环境的潜在风险，从源头上把关，是预防及减少农产品产地环境突发事件的重要措施。

农产品产地环境的舆情是围绕与农产品产地环境紧密相关的事件，经由媒体、互联网渠道进行传播与扩散的一种社会现象。它体现了公众对于农业活动中产出的植物、动物、微生物及其产品是否满足人类健康及环境保护标准的多样化情绪、态度、意见与观点的集合，这些表达、传播与互动，以及随之产生的后续影响力，共同构成了农产品产地环境舆情的丰富内涵，其主要分为安全风险类、谣言炒作类、政策法规类三类。

安全风险类舆情是指由于生产者违规或违法操作、使用农业投入品，造成农产品质量出现风险隐患，并对公众健康造成危害或潜在危害的舆情，是产地环节最受关注和多发的农产品质量安全舆情。谣言炒作类舆情多是由于部分网民和媒体记者缺乏农产品生产、消费科学知识，偏听偏信，以讹传讹，盲目跟风甚至恶意炒作，导致谣言滋生蔓延，并对相关产业造成较大的负面影响。政策法规类舆情主要包括国家及各级农业部门发布的与农产品产地环境管理有关的重大决策部署、重要法律法规、制度措施、标准制定修订等，以及突发事件的应急处置情况及农产品产地环境安全监管、检测、评估和认证等部门及行政执法人员职责履行情况等[23]。

产地环节是农产品质量安全的源头，也是负面舆情的起点。作为农产品生产的源头，产地环节包括产地环境、种植养殖过程、投入品使用、收储运及初加工等环节，每一个环节都有可能引发农产品质量安全舆情，从而影响农产品质量安全及相关产业的健康发展，妥善处理农产品产地环境问题才能有效保障民众“舌尖上的安全”。产地环节的农产品质量安全问题常常易引发舆情事件，例如“毒生姜”“药袋苹果”等产地环境事件，这类事件不仅影响消费者信心，还可能会对当地农业经济造成严重冲击。尽管事后证实很多是谣言、传言，但经媒体负面渲染所产生的舆情灾害仍给相关产业及农村经济发展和政府公信力造成了十分严重的负面影响[7]。

在新媒体环境下，互联网已近乎成为信息传播的首要途径，网络作为主要的传播手段，具有舆情传播速度快、数量高发、突发性、碎片性及复杂性等特征。公众借助互联网与其他媒介工具分享和传播关于农产品产地环境的各种情绪、态度及意见，这一现象若不加以妥善管理，可能会削弱政府的应急响应能力，损害政府公信力，误导公众认知，进而引发社会经济秩序的潜在混乱。在没有查证问题真伪的情况下，严重影响了消费者判断和产业经济，给农产品产地环境监管带来了麻烦，同时增加了政府监督的难度，这也使得及时做出正面回应和引导舆论变得尤为困难[24]。

5.2.1 农产品产地环境舆情的发生与发展

农产品网络舆情是指网民对发生的农产品环境事件通过网络传播和表达的各种观点、情感态度以及意见的集合。公众的高敏感度和关注度使得农产品环境事件容易产生情绪化的报道以及炒作，干扰公众对农产品环境事件的理性认识，引发农产品环境恐慌[24]。

农产品的质量环境状况与人们的身体健康息息相关，因此备受社会广泛关注。一旦相关问题发生，其传播速度和范围会迅速扩大，极易引发公众对农产品环境的恐慌情绪。鉴于对健康风险的深切防范意识，人们在面对农产品环境事件时更容易产生负面情绪，且在信息传播过程中，负面态度的影响力尤为显著，常常导致明显的“羊群效应”。在此情境下，相关企业或单位及时、准确地进行信息披露，成为减轻农产品环境事件信息不对称性和不完整性的有效策略。这不仅有助于引导人们的态度朝着客观、公正的方向发展，还能有效控制和引导舆情走向，从而避免网络舆情的激烈爆发。

民以食为天，食以安为先。一旦有农产品舆情出现，就会快速呈现出舆情热潮，甚至形成短时间的恐慌。从曾经的“致癌草莓”到“问题西瓜”再到“催熟香蕉”，层出不穷的问题农产品事件不仅让消费者闻声色变，也给产地农民、产地企业造成了损失，给整个农产品产业带来负面影响[25]。具体分析农产品产地环境舆情（简称产地舆情）的发展可以分为舆情发生期、舆情发酵期、舆情高涨期和舆情回落期四个阶段。

（1）舆情发生期

舆情发生期指的是能够触发舆情的因素已经显现的阶段，具体表现为农产品产地环境问题或相关事件的原创帖子首次出现在传统媒体或网络媒体上，随后人们开始对这些信息进行转发、评述及讨论，初步形成了零散而多样的意见。这一阶段的主要特征是陈述性意见和新闻评论的大量涌现，它们详细揭示了热点事件的真实细节。尽管由于舆情力量尚未充分累积或缺乏强有力的触发因素，这些问题或事件尚未实现大规模、大范围的广泛传播，但它们已经展现出了成为舆论热点事件的潜力和典型特征。

（2）舆情发酵期

舆情发酵期是一个关键阶段，原本分散、缺乏联系的个体意见逐渐汇聚成一类或几类被广泛认为是“正确”或“准确”的群体意见，进而触发这些倾向性意见在更大规模和更广范围内迅速传播。在这一阶段，少数传统媒体开始介入报道，与网络舆情相互呼应，共同推动形成舆情热点。舆情发酵期的显著标志是，在大众传媒的推动下，公众通过转载、评论等方式对问题事件保持高度且持续的关注。每一次的转发、评论通常伴随着个人主观意见或情绪的加入，使得议题迅速扩散，在更广泛的范围内产生深远影响。若舆情监控部门未能及时做出响应，舆情事件可能会进一步升级，形成负面的舆论聚合，给相关部门带来显著的舆论压力。

（3）舆情高涨期

舆情高涨期标志着随着事件的不断演变，舆情在数量和内容上经历了显著的变化或转折。此阶段，大量最新的、与事件紧密相关的信息不断涌入原有的舆情体系之中，为舆情注入了新的活力。同时，一些信息不对称的言论也会趁机介入，试图搅动局势，进一步增加了舆情的观点多样性，并导致舆情信息量呈现倍数增长的趋势。

（4）舆情回落期

舆情回落期是指随着突发事件本身的平息，相关事实和信息得到了及时、全面的公布与澄清，事件真相得以明朗，进而使得舆论逐渐趋于平静的阶段。在这一阶段，负面舆论往往逐渐消退，而正面宣传开始占据主导地位。鉴于农产品产地环境舆情与大众的健康和生活环境息息相关，公众舆论通常会持续关注，直至事件得到圆满解决。

所谓农产品产地环境舆情，是指民众对农产品行业的态度，用以客观反映农产品行业状态及其运营情况的资讯、消息、音信、情报、指令、数据和信号。随着微博等新媒体的兴起，传统的信息传播方式发生了巨大变化，这对企业及相关机构的信息获取、网络声誉管理、舆情应对、客户关系管理等提出了新挑战。由于农产品产地环境的重要性和环保问题的复杂性，农牧企业尤其是上市公司面临的舆情环境更加复杂。如何在信息泛滥的时代，为决策者在最有限的时间内提供最具价值的舆情预警、信息服务、危机公关和决策支持，帮助企业提高洞察力，做出更加明智的决策以及进行更加有效的管理，也就成为企业可持续发展的一个重要课题。

就我国农产品产地环境舆情的发展现状而言，迄今为止，无论是在企业层面还是政务舆情层面都尚未形成一个独立的农牧舆情行业。各自为政、缺乏专业团队运作的现象仍十分普遍。尽管部分部委和少数大型企业已经初步建立了舆情信息的采集、监测、研判、处置、预警及信息化通报制度，但与房地产、互联网、教育等行业在舆情管理应用的深度和广度上相比，仍存在一定的差距。当前，服务于农牧舆情领域的服务商多为行业外的第三方机构，它们因缺乏在农牧领域的深厚积累，在舆情研判和处置上往往难以精准发力。与此同时，大型企业在互联网早期的公关优势正迅速减弱。

一个显著的趋势是媒体自组织化的加强，这使得大型企业在舆情管理能力上也面临着巨大的挑战。在此背景下，行业内意见领袖的价值日益凸显，“知识网红”正成为一股新的重要力量。

随着大众维权意识增强，对食品环境和环保的敏感度提高，以及移动互联网新技术的普及扩展，目前单纯依赖外部传统平台的舆情监测方式正在迅速滞后于农牧舆情的快速变化，深耕于农牧领域的专业化舆情团队寥寥无几。2010 年，《农产品质量安全信息发布管理办法（试行）》中提出：省级人民政府农业行政主管部门应当开展农产品质量安全有关的舆情收集和分析[26]。2011 年，国务院食品安全委员会办公室下发了《食品安全舆情处置指导意见（试行）》，要求各地区、各有关部门应当建立食品安全舆情监测制度，主动、密切监测舆情，从国家层面对舆情监测提出了制度性要求。2012 年发生“速成鸡”事件、2013 年发生黄浦江“漂流猪”事件、2013 年发生 H7N9 事件，在惨烈现实面前，业内人士认识到了舆情的重要性。2013 年，《关于进一步加强政府信息公开完善新闻发布制度的意见》提出：建立健全涉农舆情回应机制；积极开展专家解读工作。2014 年，“要强化网上舆论引导，不断增强应对网络舆论的能力，建立健全一套行之有效的舆情监测、研判和回应机制，做到早发现、早报告、早处置”的倡导在农业部会议上被提出。2015 年，畜牧大集网推出农牧舆情服务，这是国内唯一的专业化农牧舆情服务提供商，其预示着专业化的农牧舆情服务进入了新时代。

农牧舆情市场发展潜力巨大、价值较高，其原因有：a. 农牧行业身处食品环境、环保两大舆论中心；b. 农牧行业上市企业多；c. 农产品在期交所的交易品种多。但质疑和困惑仍然存在，例如，在工作定位上，认为“舆情监测”就是“舆情监控”，即借助舆情监测软件帮助客户删除负面信息。这种错误认知会导致舆情工作的公共价值降低，认为舆情监测等同于危机公关、事后处置，没有现实的推动力。在产品内容上，认为舆情报告就是负面新闻的堆砌、网帖标题和链接的简单罗列，产品的价值不高，对农牧舆情的理解浮于表面。

舆情信息主要分为行业信息、口碑信息、竞争对手信息等，每类信息对企业都有不同影响。具体价值体现在以下几个方面。

① 监测农牧业相关舆情，追踪事件，及时研判发展趋势，主动预警，第一时间处置应对，脱敏止谣，预测农牧舆情长期规律。

② 可借助舆论、竞争对手宣传，提升正面舆论的传播与媒体的主动关注程度，重塑农业部门、企业责任和大众形象。严防负面声音的扩散及负面事件的形成，维护政府、企业和公众相关利益共同体关系，避免造成经济社会秩序的混乱。

③ 提供社会和消费者真实信息，反馈改进产品质量，优化政策效果，提供产业链新建议和彻底的解决方案，不止于“舆情”。

④ 有效监测营销传播效果，舆情监测可以让企业知道广告投放的效果、用户对于产品的认可度以及产品的口碑等。随着移动互联时代的到来，企业的市场部、公关人员不再需要大量地翻看报纸、新闻，整理舆情资料，提高了工作效率。

当前企业获取信息有 3 种情况：a. 获取优质信息比竞争对手快；b. 获取优质信息

比竞争对手慢；c. 没有获取优质信息，而竞争对手获取。如何选用高效的手段，让专业的人做专业的事，是决定企业舆情控制与发展的重要因素。总之，新常态、新技术、新经济条件下，舆情是互联网 + 农牧业应该完善的一块“拼图”。

政策、行业舆论涉及的主要内容包括农业、畜牧业的各种政策法规和行业发展趋势。涉及农业或者与农业相关联的思潮、话题、事件的监测目的：及时把握战略政策变动及行业发展趋势，寻找有利于企业发展的机遇，及时预警可能出现的危机；收集农产品产地环境舆情发展的经验与策略，总结负面事件发生规律、处理策略，为自身发展提供策略指导，其主要包括媒体关注方向、核心报道情况等，及时分析媒体观点，发现潜在危机，将其消灭在正式爆发之前；总结媒体报道规律、对企业的友好程度及以往宣传的优势与不足，为下一步企业形象塑造提供依据。自身负面报道涉及内容：对企业形象不利的各种信息，尤其是微博、微信、论坛等社会化媒体，出现不利倾向应立即预警，及时发现负面信息和媒体报道中的不利倾向，将负面影响降到最低。

根据畜牧舆情监测系统数据，2016 年上半年中国农牧舆情内容，主要涉及重大政策、行业突发舆情、上市企业、猪场拆迁、违法贪腐、食品环境、灾害污染七大领域。其发展规律呈现“三大特点、七大方向、五种趋势”的新传播特征。

（1）三大特点

① 产业弱质性的特点极易传导至舆情传播过程。例如，山东疫苗事件牵连动物疫苗政策发生颠覆性变化。

② 农牧舆情的代表性人群截然分化成两类。农牧业舆情的参与人群，职业特征明显，业内、业外群体观点、意见、态度和利益存在显著差别，但随着农业互联网的深入，该特征有可能会被打破。行业内的热点话题，表现为“圈子”和地理分割的小群体，其有着相对独立的话语权，人数少，以专业话语居多，负面评价不多，行动力强。行业外的意见领袖、网民的参与感和存在感有限，仅在少数话题（如动物伦理、环境治理、食品消费）中扮演重要角色，但情绪性表达偏多，负面舆论破坏性极强。

③ 移动互联网平台分化背景下，舆情存在新的危机和挑战。随着移动互联网不断开拓网络空间，基于地理位置和仿生视觉技术智能终端设备的广泛普及，微信、微博和视频平台突发舆情事件逐渐增多，借助社交网络扩散的模式条件逐渐成熟。

（2）七大方向

① 在“互联网 +”战略框架下，农牧业与信息技术的深度融合导致了信息流的急剧膨胀，带来了前所未有的发展机遇与显著的舆情风险。

② 企业经营损失收益以及品牌、商誉等无形资产价值大小，同舆情投入高度相关。

③ 养殖业污染、环境治理成为农牧舆情高发区，“稳猪，保禽，促牛羊”是迫于环境舆论压力的艰难选择。

④ 食品环境成“高压线”，从餐桌到农场，消费者和媒体需要每一个环节的透明和可追溯，需要可信赖的第三方信息源。

⑤ 自媒体、直播平台话语权上升，进入视听舆情时代。

⑥ 农牧领域垂直反腐，农牧舆情新闻关注度、内容识别度不断提高。

⑦ 新形势下，农牧舆情和农业政策监管正反馈的科学机制有待建立，政府、企业和个人舆情工作的建设性、可操作性制度和方法亟待形成。

（3）五种趋势

① 规模企业、上市公司的舆情风险升高。在供给侧结构性改革驱动下，大中型农牧企业大幅扩张，兼并重组节奏加快，管理和经营链条脱节，内部隐患暴露问题显著，成为舆情热点的可能性增加。如饲料、养猪、动保企业舆情高度关联，此消彼长。特别是证监会新政策要求公司三年内环保违法不得上市，有意上市的农牧企业舆情风险陡然增加。

② 突发性舆情进入爆发期。随着智能终端硬件性能增强以及第三方检测技术应用成本的下降，"突发舆情"分布愈加广泛，"云舆情"或将很快实现。

③ 舆情社会化进程加速。大众维权意识以及环境敏感度水平提高，推动了农牧产品、行业各项标准频繁升级换代，企业和政府承受了空前的舆情压力。

④ 专业舆情成为趋势。行业媒体将更多向地发布信息分配资源；舆情研判、处置干预的专业化分工加快；专业、专职、专注的舆情团队，才能综合处理各种复杂多变的舆情事件，以成熟妥善的解决方案来解决问题，降低企业和社会的负面损失。

⑤ 舆情大数据应用已成为农牧行业网络信息化的关键组成部分。在大数据的形态下，正面信息和企业的程式化管理信息价值较小，以"弱点、风险、问题"为导向的有价值的信息数据，天然属于舆情的一部分，是企业增值提效的新工具、新资源。

对舆情信息掌握得越早、越全面，越有利于舆情的管控。网络突发舆情处置，要时刻把握"黄金 24 小时"原则，即从发现舆情到正式回应和反馈尽可能在 24 小时内完成。舆情应急处置预案和平台建设，必须专业、专人、专岗，定时、定标、定量。应该培养自己的专业舆情人员，提高舆情管理水平，降低风险。对于农业政务舆情，应加速平台的硬件建设，在招标工作中，优先选择行业内有一定技术储备和资源优势的农牧舆情监测和大数据平台。迅速改变各级农业系统舆情信息各自为政、互补共享的割裂分离状态，加速各级部门舆情数据共享和组织合作，加快农业部门官方媒体矩阵群建设，培养农牧舆情后备人力资源。对于企业而言，随着产业规模化、现代化进程加速，农牧舆情专业化已经是必然的选择，企业应当将大数据和舆情视作企业人力、财力、物力、信息资源整合中的重要环节。主动用好舆情，改变被动监测的落后观念，要随时分析舆情、利用舆情、转化舆情，真正把舆情作为有价值的生产决策信息，将其应用到实际工作中。

5.2.2　农产品产地环境舆情的关键要素

5.2.2.1　农业投入品

在种植、养殖环节，农业投入品（包括农药、兽药、渔药及肥料等）的使用直接影响农产品的质量环境。农药残留受关注程度较高，虽然目前生物农药的使用比例在逐年提高，但在个别的蔬菜种植和储存中仍存在使用高毒高残留农药的现象。此外，由兽（渔）药残留引发的农产品产地环境舆情也相对较多。

农业投入品涵盖肥料、农药、兽药、饲料及其添加剂等农用生产资料，是在农产品生产过程中不可或缺且至关重要的物质元素，它们的使用直接关系到食用农产品的环境质量与安全。因此，依法严格监管农业投入品的使用，对于从源头上保障食品环境安全具有举足轻重的意义。为强化这一管理，《食品安全法》明确规定：食用农产品生产者应当按照食品安全标准和国家有关法规使用农药、肥料、兽药、饲料和饲料添加剂等农业投入品，严格执行农业投入品使用安全间隔期或者休药期的规定，不得使用国家明令禁止的农业投入品；禁止将剧毒、高毒农药用于蔬菜、瓜果、茶叶和中草药材等国家规定的农作物[27]。在食品安全国家标准中，对农药残留、兽药残留、重金属等污染物的限量值有着明确而严格的规定。食用农产品的生产者在种植、养殖过程中，必须依照这些标准来使用农业投入品。例如，使用农药时需严格按照规定的用量、次数及方法进行，以避免农药残留超标[28]。除了遵循食品安全国家标准外，农业投入品的使用还需符合国家相关法律法规及其他规范性文件的要求。在法律与行政法规层面，除《食品安全法》外，《农产品质量安全法》《农药管理条例》《兽药管理条例》及《饲料和饲料添加剂管理条例》等也对农业投入品的使用作出了具体规范。例如，《农药管理条例》要求使用农药时，应遵守国家关于农药安全与合理使用的规定，确保用药量、次数、方法及安全间隔期的合规性，防止农副产品受到污染[29]。《兽药管理条例》则规定，有休药期规定兽药用于食用动物时，饲养者应当向购买者或者屠宰者提供准确、真实的用药记录；购买者或者屠宰者应当确保动物及其产品在用药期、休药期内不被用于食品消费；同时，禁止在饲料和动物饮用水中添加激素类药品和国务院兽医行政管理部门规定的其他禁用药品；经批准可在饲料中添加的兽药，应当由兽药生产企业制成药物饲料添加剂后方可添加，禁止将原料药直接添加到饲料及动物饮用水中或者直接饲喂动物。总之，食用农产品的生产者在使用农药、兽药等农业投入品时，必须严格遵守上述法律法规的规定，以确保农产品生产的安全与质量。

5.2.2.2　产地环境

农产品产地环境是农业生产的基础条件，也是农产品质量安全的根本保证。农产品产地环境状况不仅直接影响到国民经济发展，而且直接关系到农产品质量和人体健康。一旦农产品产地被污染，由于其具有隐蔽性、滞后性、累积性和难恢复性等特征，所带来的危害将是灾难性的，主要表现在加剧土地资源短缺，导致农作物减产和农产品污染，威胁食品环境，直接或间接危害人体健康等方面。近年来，由农药、肥料、激素、添加剂等农业投入品引起的农产品产地环境问题，已引起党和政府的高度重视和人们的普遍关注。同样，由农产品产地环境污染导致的农产品产地环境问题已日益凸显。这一问题如不得到妥善解决，将严重影响农产品质量、危害人民群众身体健康、诱发群体性事件、危及社会稳定。因此，重点抓好农产品产地环境的监管和保护工作已刻不容缓[30]。

农产品产地分为适宜生产区、警戒生产区以及禁止生产区。

适宜生产区即农产品产地土壤中重金属均符合国家标准，适宜农作物生产的区域。对于适宜生产区而言，一是建立基本农田保护区，切实加强农产品产地环境的保护，防止点源、面源污染向适宜生产区的扩散和蔓延；二是加大农产品适宜生产区的无公害农产品产地认定力度，对认定的产地实行 GIS（地理信息系统）卫星定位监控管理[31]；三是推广节水、节肥、节药技术和生态栽培技术，防止农业面源污染的产生；四是推广绿肥，实行水旱轮作，修复农产品产地环境，提高土地生产能力。

而对于警戒生产区，即农产品产地土壤重金属中轻度污染区域而言，一是对于重金属中轻度污染的耕地，推广重金属原位钝化技术，施用石灰、碱性磷酸盐、碳酸盐和硫化物等化学钝化剂或有机肥、腐殖质等有机钝化剂及化学 - 有机钝化剂，络合、沉淀和固定土壤重金属，降低土壤重金属的生物有效性[32]；二是推广重金属低吸收的蔬菜、水稻、水果和茶叶品种，降低农产品中重金属的含量；三是加强土壤的肥水耦合调控，改善耕地氧化还原电位，创造作物低吸收重金属的田间环境；四是加强警戒生产区农产品重金属含量快速检测的能力，实时监控农产品重金属的含量，并实行基地准出。

对于禁止生产区，即农产品产地土壤重金属重度污染区域而言，一是在食用农产品禁止生产区域，设立禁止生产标识，禁止生产蔬菜、水果、茶叶等食用农产品，对区域内生产的食用农产品就地销毁，禁止高污染的食用农产品上市销售；二是切断食用农产品供应链，改种棉花、麻类非食用经济作物或观赏林木、花卉等，并切实加强非食用棉麻作物秸秆和观赏林木、花卉修枝落叶的无害化处理，防止对周围环境造成污染；三是对重金属污染十分严重的耕地切实加大区域综合治理和生态修复力度，防止污染向周围扩散和蔓延[33]。

农产品质量涉及面广、链条长、环节多，存在农兽药残留超标、非法添加和土壤及农产品产地环境污染等问题。目前已在部分地区、部分品种推进农业由增产导向转向提质导向，主要从三方面入手着力确保农产品产地环境和农产品质量环境：一是做好源头保障，实现农产品产地环境的清洁化；二是做好生产管控，实现生产过程的绿色化；三是做好全程监管，实现质量环境的可追溯化。

5.2.3 农产品产地环境舆情应急处置建议

5.2.3.1 建立农产品产地舆情风险监控机构，准确把握舆情

农产品产地环境舆情风险的监控是一项涉及社会复杂系统的挑战，需要精准识别舆情的发展阶段和类型。为此，建立一个监测预警系统是至关重要的。在舆情的敏感时期和地区，预警机制需要得到加强。这涉及对当地舆情的关键因素和触发因素的深

入理解，并据此确定需要收集的舆情信息。通过网络舆情信息的搜集，可以对信息进行自动的主题分类和聚类，同时根据评论数量和讨论的密集程度来识别热点话题。利用关键词监控和语义分析技术可以识别出敏感话题。通过对高敏感主体的反应进行分析，可以判断舆情信息的倾向性，从而获取更深入、更高质量的舆情信息。最后，将舆情分析的结果及时通报给相关部门，以便他们能够迅速采取行动，防止群体性的非理性行为[34]。

强化环境监测，切实增强风险预警能力。充分发挥省、市、县和乡四级监测网络作用，建立和完善风险监测、专项监测和监督抽查“三位一体”监测体系，提高监测的时效性、准确性、真实性，扩大其覆盖面。监测要突出随机性，由监测机构现场随机确定监测地点；要突出普遍性，加大对农产品产地小农户的抽样力度，抽样比例在10%左右，提高监测的覆盖面；突出对“三前”（从种植养殖生产到进入批发、零售市场或生产加工企业前）环节、运输车辆和禁用药物的抽检，提高抽检比例。充分发挥监测“雷达”作用，及时发现和排除风险隐患。灵活机动调整监测方式，确保监测工作快速高效。积极配合农业农村部开展季度例行监测。建立监测信息报告制度，监测数据要上传至省级追溯管理信息平台，实现监测数据网络化监管。加强监测结果会商分析和情况通报，针对问题突出地区加大专项整治力度，切实增强风险预警能力。

围绕畜禽产品和水产品中环境污染物、粮油产品中生物毒素、蔬菜中农药残留、畜禽产品中兽药残留、水产品中违禁药物等重点品种风险隐患，开展农产品产地环境风险评估，掌握风险关键控制点，制定管控技术措施。围绕产业发展和执法监管需求，提高风险评估发现问题的速度、探索研究的深度、成果应用的广度和工作连接的宽度。对未知风险进行全面排查，研究风险来源，及时提出预警建议。

5.2.3.2 构建农产品产地环境舆情信息数据库，加强舆情监测

针对农产品产地环境的网络热点和典型事件，进行科学分析与梳理，构建农产品产地环境舆情信息数据库，包括关于农产品产地舆情的网络头条、热点事件、博文推荐、论坛焦点、热帖等，对数据库数据进行抽取、挖掘、分析，明确产生舆情的关键因素和关键主体，确定监测范围和信息源，对诱发舆情的高敏因素进行重点监控。根据数据库信息，快速做出应对。

强化舆情监测，加强舆情应对能力，针对重点舆情应做到快速反应、持续跟踪、全面研判、积极引导，妥善处理农产品产地环境突发事件。构建属地负责、行业主导、上下协同的应急响应机制，针对问题多发地区和重点品种，及时排查风险隐患，做到早发现、早处置，尽量降低系统性农产品产地环境风险。建立长效监控机制，推动农产品产地环境网络舆情风险管控从被动处置转向事前预警。建立常态化科普宣传机制，充分利用融媒体平台，宣传普及农产品产地环境政策和生产消费知识。积极回应社会关切，发挥农产品产地环境专家库作用，为农产品产地环境应急处置、技术咨询、科普解读、及时识别并快速破除谣言提供强有力的技术支撑。

针对农产品产地在舆情不同阶段的特点，制定应对方案。在舆情发生期，需要对

具体事件进行溯源，找出舆情事件的传播源头、主要传播媒介、初始信息细节等。在舆情发酵期，需要政府有关部门及时介入，澄清事实真相，及时公布事件处理的最新进展，消除误解，正确引导舆情走向。在舆情高涨期，需要启动应急机制和问责机制，有效缓解矛盾，控制舆情事态发展。在舆情回落期，需要继续实施舆情监测，注意安抚民意，预防舆情复燃，同时，还要进行舆情风险评估，以供借鉴。目前我国已构建农产品产地环境风险评估与监测数据平台，形成国家农产品产地环境监测信息平台数据上报系统、国家农产品产地环境监测信息平台数据分析系统、国家农产品产地环境监测信息平台综合管理系统以及农产品产地环境风险评估系统。

5.2.3.3 分级、分类评估农产品产地环境舆情，促进事件良性发展

农产品产地环境舆情的种类有很多，主要有缓控消解型、严查速打型、查控结合型以及科学引导型，针对不同的农产品产地环境问题要采取不同的应对措施。缓控消解型主要针对农产品产地环境中重金属和持久性有机污染物等长期存在、治理比较困难的危害因子所引发农产品产地环境舆情的处置方式；严查速打型主要针对人为添加有害物质造成的农产品产地环境问题的应对措施；查控结合型主要针对农产品生产过程中违规使用农业投入品而造成的农产品产地环境舆情的处置措施；科学引导型主要针对媒体报道不实或夸大风险的农产品产地环境舆情的应对措施。

农产品产地舆情信息也可通过农产品风险评价的方法对其进行敏感分级，从而确定其预警等级。这需要构建舆情敏感分级指标体系，根据网络舆情的历史数据和监测经验，确定各因素的风险阈值和权重系数，并将数据导入模型，计算其综合风险分值，并获取相应的预警信号。综合学者的研究成果，根据舆情发生环节的多少、主体的关注程度、风险危害程度进行分级。

农产品产地环境涉及环节众多，今后仍会不可避免地发生农产品质量环境舆情事件。面对舆情发生，相关政府部门要及时采取应急处置措施并做出回应，适时、规范地发布正面信息，引导社会舆情良性发展；主流媒体应在对农产品产地环境事件进行曝光的同时发挥舆论监督功能，并在面对各类谣言时积极发挥还原事件真相、正面引导舆论的作用，及时纠正错误言论和不实猜测，从而有效缓解公众恐慌情绪，对维护农业产业良性发展、保护农民切身利益发挥积极作用。

加强农业新闻舆论工作是推动农业农村经济稳步前行的关键策略。作为党的新闻舆论工作体系中不可或缺的一环，农业新闻舆论工作承载着统一思想共识、汇聚发展力量的重要使命，是促进政策制定、推动工作实施、动员社会各界关注与支持“三农”工作的有力抓手。多年来，各级农业部门始终坚守正确的舆论导向，紧密围绕党的“三农”工作总体部署，积极宣传“三农”领域的新理论、新政策，广泛传播农业农村经济工作的新见解、新路径，深入报道现代农业发展的新成就、新经验。这一系列举措为农业农村经济的持续健康发展，以及深化农村改革、加速农村进步、维护农村社会和谐稳定，提供了坚实的舆论保障与强大动力[35]。

强化农业新闻舆论工作是应对舆论环境深刻变化的紧迫需求。随着互联网等现代

传播技术的飞速进步，农业新闻舆论工作正面临前所未有的新挑战与新考验。微博、微信、短视频等新媒体的广泛普及，正深刻重塑着媒体格局与舆论生态。互联网已演变成为一个集信息发布、舆论传播、社会动员功能于一体的综合平台，成了舆论斗争的“核心战场”和新闻宣传的关键领域。在此背景下，如何适应新媒体发展的新形势，积极转变思路，有效提升利用互联网等新媒体的能力，扎实推动农业新闻舆论工作，对各级农业部门提出了新的考验。加强农业新闻舆论工作，是增强舆论引导能力的现实需求。利用舆论工具宣传政策、动员群众、分享经验、指导实践，应成为领导干部的基本素养。近年来，重大动物疫情、农产品质量安全、重大农业自然灾害等涉农突发事件时有发生，引起了新闻媒体与社会公众的广泛关注。在有效应对和处置这些涉农突发事件时，舆论引导已成为不可或缺的一环。如何优化信息发布，确保公众能够清晰了解、正确理解并信任涉农重大政策，如何增强农业部门领导干部与媒体沟通的能力，善于通过媒体阐释政策意图、发现矛盾问题、引导社会情绪、促进实际工作，是对各级农业部门领导干部执政能力的重大挑战。

5.3 公众参与和舆论引导在农产品产地环境管理中存在的问题及改进措施

5.3.1　公众参与和舆论引导在农产品产地环境管理中的重要性

农产品产地环境管理是农业可持续发展的重要环节，直接影响着农产品质量、食品安全以及生态环境健康。在这一过程中，公众参与和舆论引导作为现代环境治理体系中的关键要素，发挥着不可替代的作用。公众的广泛参与不仅能够为环境管理工作提供更强大的监督力量，还能增加信息透明度、促进科学决策的落实。而舆论引导则是通过信息传播和社会监督机制的完善，推动公众对农产品产地环境问题的认知与关注[36]。

近年来，公众参与和舆论引导在农产品产地环境管理中取得了一定进展。例如，环保组织的行动、媒体曝光的污染事件以及社交网络中环保话题的传播，都表明公众在环境治理中的角色日益重要。然而，与此相对的是，由于机制不健全、教育普及不足等原因，公众参与的深度与广度尚显不足，舆论引导的科学性和系统性也有待提升。这些问题直接影响了农产品产地环境管理的效率和效果。

农产品产地环境管理不仅需要专业技术的支持，更需要公众积极参与及舆论的合理引导，以实现多方协同、资源优化的综合治理目标。因此，深入分析公众参与和舆论引导中存在的问题，提出改进措施，是推动农产品产地环境管理走向科学化、制度化、可持续化的关键路径。本节将围绕公众参与和舆论引导在农产品产地环境管理中的实际表现，系统梳理其存在的问题，并结合国内外经验，提出针对性的改进策略，旨在为完善公众参与机制、增强舆论引导效果提供理论支持和实践参考。

5.3.2 公众参与和舆论引导在农产品产地环境管理中的局限性

在农产品产地环境管理中，公众参与是一项至关重要的措施。它不仅有助于提升管理的透明度、推动社会监督的实施，还能增强消费者的信任感。然而，在实际操作过程中，这一机制也面临诸多挑战，主要体现在以下几个方面。

（1）公众参与的深度与广度往往不足

这一问题严重制约了农产品质量安全管理效果的提高和社会治理水平的提升。公众往往仅限于对某些具体事件的反馈，而缺少对政策制定、法规修订等更高层次的参与。例如，许多农民和消费者虽然在实际生产中直接受到农产品环境质量的影响，但他们的声音往往难以传递到政策制定者的耳中，无法影响到政策的制定和实施。公众的参与更多是被动的，缺乏主动性和积极性。从网络行为主体来看，新闻媒体和普通网民的参与较多，社会团体和相关业内人士的参与较少。在农产品质量安全网络舆情的形成和发展过程中，参与最多的是新闻媒体和普通网民。当然，这与在利用网络媒体传播时普通网民占多数有关，但要挖掘舆情真相，维护公共利益，仅靠有限的几类主体是远远不够的。治理理论强调多元主体的参与，当其他主体或一部分人的意见被压制或者没有得到表达时，舆论就会失去客观公正，偏离公共利益，甚至形成“舆论暴力”。因此，参与农产品产地环境管理的主体多元性和专业性有待加强。其次，公众参与方式单一、形式化，当前的公众参与多为简单的意见反馈、投诉举报等形式，深度参与的机制和渠道不完善。对于农民和消费者来说，大多数公众参与仍然是基于一些突发事件的反应，而非日常监管的自觉行为。这种形式化的参与并不能达到促进农产品质量安全长效管理的目的[37]。

（2）信息不对称

农产品产地的环境管理信息往往掌握在相关政府部门和企业手中，普通公众难以及时获取准确的环境质量数据和生产过程信息。此外，信息发布的透明度较低，尤其是一些不利信息可能会被刻意隐瞒或忽略。由于信息的不对称，公众对农产品环境质量的判断往往依据有限的资料或主观臆断，容易引发误解和过度反应，影响公众对政府的信任程度及其参与积极性。很多农民、消费者和普通公众由于缺乏相关的专业知识和意识，无法有效参与到环境管理的具体过程中。例如，农民可能对环境管理政策和标准不了解，无法对农产品产地环境进行有效的自我监管；而消费者的参与则更多集中于消费后的反馈，而非对源头管理的监督。部分农民和生产企业因受到短期经济利益的驱动，缺乏主动参与环境保护和可持续管理的动力，导致参与度和监管力度不足。由于公众参与所获得的信息通常是间接的，存在信息不对称、不充分的问题，同时易受网络舆情的导向影响，容易导致其对相关农产品产地环境事件的内容及关键利益相关者的行为做出不准确的判定和评价[38]。

（3）缺乏有效的公众教育和培训

公众教育和培训缺失导致农民、消费者和其他利益相关群体对农产品产地环境管理的重要性和具体要求认识不足。由于缺乏教育和培训，许多农民和消费者对农产品环境质量的认知仍然不足，无法正确理解农产品质量与环境管理的关系，也不清楚相关法律法规或技术要求，从而难以发挥有效作用。例如，部分农民可能不了解农药、化肥等化学物质的不当使用会对环境和健康产生危害，而消费者可能缺乏辨别安全农产品的能力。这种知识的匮乏使公众难以认识到自身在农产品产地环境管理中的角色，削弱了其参与的意愿与能力。另外，农民对于生态环境保护的法律法规及其重要性缺乏足够的理解和认识，导致部分农业生产者在日常生产过程中忽视环境保护的要求。同时，普通消费者对农产品的生产过程和质量标准也知之甚少，无法进行有效的监督与反馈。此外，农产品产地环境管理政策和措施的实施往往需要农民和公众的积极配合。然而，由于教育和培训的缺失，许多人不了解政策的重要性及科学依据，甚至产生误解，从而对政策执行产生抵触心理，更加难以对农产品产地环境管理中存在的问题提出科学合理的监督意见。这使得公众的监督流于形式，甚至出现错误的舆论引导。因此，缺乏有效的公众教育和培训在一定程度上制约了公众对农产品产地环境管理的深度参与，影响了政策落实效果和监督能力的提升。

（4）公众参与机制和平台建设不完善，政府部门与社会各方协作不足

现有公众参与机制以线下座谈会、问卷调查等传统方式为主，数字化参与平台建设滞后，难以适应公众对便捷性和时效性的需求。尤其是在农产品产地环境管理等领域，公众难以通过有效平台表达意见或提出建议，缺乏有效的沟通机制和反馈渠道。农民和消费者如果有意见或发现了问题，往往不知道该向哪个部门反映，或者即便反映了问题，也难以得到及时和有效的回应。同时，公众参与的形式单一，缺少系统化的参与途径和教育培训，导致公众的参与更多是零散的、偶然性的，缺乏持续性和稳定性。参与主体受限，在许多地方，公众参与机制未能充分覆盖消费者、企业等多元主体，作为农产品产地环境管理中关键利益相关者的农民群体往往未被有效纳入参与机制。公共事务的信息披露不足，公众难以获取全面的政策或环境管理信息。例如，农产品产地污染状况或治理进展数据常因技术或资源问题未公开，导致公众缺乏参与基础。农产品产地环境管理是一个系统工程，需要政府、企业、农民和消费者等多方力量的共同参与。然而，目前各方之间的协作和互动仍然不够紧密。政府部门有时倾向于“单打独斗”，缺乏与社会组织、媒体以及公众的有效沟通，导致政策落实不到位，社会参与热情得不到充分激发。同时，企业的环保责任也常常被忽视，企业对于环保政策的遵循往往是被动的、应付式的，而缺乏真正的社会责任感[37]。

（5）舆论监管和法律保障机制不健全

农产品产地安全管理涉及生产、流通和消费全过程的综合治理。然而，舆论监管和法律保障机制的不完善是这一过程中的薄弱环节，对农产品安全的可持续发展构成挑战。在农产品产地环境管理过程中，虽然舆论具有一定的引导作用，但舆论的管理和法律保障仍显不足。舆论往往过度聚焦于农产品安全事件的负面新闻，对正面典型案例和成功经验的宣传不足，易导致公众对农产品安全的信任感下降。对于媒体和社交平台上的不实言论、恶意炒作和虚假信息，缺乏有效的监管和制约机制。公众的监督作用在某些时候易被过度炒作或曲解，导致其合理诉求无法得到及时有效的响应。

在法律保障上，虽然我们国家在与农产品产地相关的许多领域已经形成了一些相关的法规、政策、规划和标准，但总体看来还不太完善，更缺乏体系，可操作性也比较差，虽然有相关法规支持公众参与，但这些法律法规的执行力度、普及程度和执行效果仍然有限。法律体系碎片化，现行农产品安全相关法律法规（如《食品安全法》《农产品质量安全法》）虽覆盖部分关键环节，但整体缺乏系统性设计，尤其是针对农产品产地环境安全管理的专门法规尚待完善。执法力度不足，基层执法机构在人员配备、技术支持和执法权限等方面存在不足，导致法律执行效果难以达到预期。责任追溯机制薄弱，对于农产品产地安全问题中的责任主体（如污染企业、监管机构）缺乏明确的法律追责框架，责任界定模糊，影响违法成本和法律震慑力。

5.3.3 公众参与和舆论引导在农产品产地环境管理中的启示和建议

5.3.3.1 优化公众参与渠道，建立健全公众参与农产品产地环境管理机制

农产品产地环境关乎公众健康，更关乎公共利益和公共秩序，参与农产品质量安全的治理既是公众的权利，又是公众的义务。目前，我国公众参与农产品产地环境监管的渠道较为单一，应当大力拓展公众参与的渠道，确保渠道的多样性是促进公众参与机制可操作的重要前提条件。畅通参与渠道的当务之急是使公众理性参与，网络舆情中出现的网络从众和失范行为，很大程度上是由参与渠道的缺失导致的。如今，信息网络高速发展，智能手机和电脑都已广泛使用，因此，可通过网络交流，提高公众参与度，从而加大对农产品产地环境的监管力度。另外，通过互联网的交流，还可以增强政府与公众之间的互动，便于有关部门对农产品产地环境进行及时详细的了解，从而提高监管效率。此外，公众参与机制的可操作性还可以通过落实公众的听证权来进一步实施。政府可以通过设立农产品产地安全免费咨询投诉电话、开辟专门的咨询投诉网站、开设微博账号、聘请协管员及信息员等方式实现方便快捷的公众参与。信息公开是公众参与取得实效的基础条件，信息开放的程度和方式直接影响着公众参与的效果。农产品产地环境相关法律法规的建立，需要广泛听取社会各方的意见，积极鼓励民众通过网络等渠道进行参与，让专家学者、新闻媒体、消费者协会、行业协会等多元主体参与到农产品产地环境安全管理工作中来，共同建立和健全公众参与机制。

5.3.3.2 完善公众参与的平台建设，强化公众教育和培训

积极营造公众参与农产品产地环境管理的有利环境。公众参与农产品产地环境管理过程中，教育非常关键，而教育必须是一个渐进的过程，整个过程与国家政治经济文化发展有非常密切的关系。公众参与农产品产地环境管理首先需要加强这方面的教育力度，进一步加强社会农产品产地环境管理的意识。另外，农产品产地环境管理负责人员也需要改变观念，其业务综合素质非常重要，要以专业知识耐心解答社会公众对农产品产地环境管理的疑问，要将农产品产地环境管理的意义与个体或者团体的切实利益关系阐述清楚，必要时可以请求各级政府的帮助。

（1）提高公众参与的组织化程度

① 培育社会专业力量参与规划。应积极培育社会组织，以宣传普及、教育培训的方式提升公众对农产品产地环境管理的认识，成立公众参与农产品产地环境管理服务领域的民办非企业组织，并在各区各街镇，甚至各村居设立相应的服务站和联络点[1]。

② 积极利用社区作为公众参与农产品产地环境管理的重要平台。在规划的立项、方案搜寻和编制阶段，需要依托社区向居民和社区组织做好信息发布、调查、咨询、协商和意见收集工作。在规划的执行阶段，需要社区组织公众对规划的实施进行监督、纠正、意见反馈等。同时，政府需要充分利用社区做好公众参与意识和参与能力的培养工作，实现政府政策引导和支持公民主动参与的上下良性互动。需要政府在规划中更重视对社区的扶持，通过在财政上给予更多投入，培育和引导社区社会组织的发展，合理利用社会组织的注册和申请等手段来增强公众在社区生活中的归属感和角色感。

③ 借助社会组织扩大公众参与。各街镇社区的社会组织不仅在日常可以辅助开展农产品产地环境管理知识的培训和讲座，同时在需要开展公众参与农产品产地环境管理时，也可更积极有效地开展问卷调查、市民访谈、草案公示、利益协商等工作。

（2）建立公众参与农产品产地环境管理操作指南

① 农产品产地环境管理具有较强的专业性和较高的门槛，对于普通大众而言，有效和便利地参与农产品产地环境管理的决策，需要编制指导公众参与农产品产地环境管理的政策解读文本、通俗易懂和形式活泼的规划技术辅导手册以及参与的指南。

② 在具体操作路径上，可采用线上和线下两种方式来推进。线上通过建立专业的公众参与规划编制网站进行手册指南的下载和演示，并且在农产品产地环境管理规划编制前通过主流媒体来宣传手册和指南的获取和使用方式；线下则可以依托农产品产地环境管理部门以及街镇和村居等社区载体进行宣传介绍和培训，特别是在与社区联动过程中，可通过社区学校、社区宣传栏、自治议事厅等不同载体，组织开展相关的知识培训和内容讲解。

（3）借助新技术增强公众参与的有效性

① 借助大数据提取相关信息。在不涉及隐私的情况下，可通过视频和网站等搜

集居民日常生活中与农产品产地环境管理相关的大数据，并分析提取可用于农产品产地环境管理编制的相关信息，这种“无意识”的参与，可能能够更加真实全面地反映公众参与的情况。

② 强化公众参与农产品产地环境管理过程中的“众筹众规”。强化公众参与中的“众筹众规”，通过在专业的公众参与农产品产地环境管理网站上安装 PPGIS（公众参与地理信息系统）、可视化、智能化等软件，让市民更为便捷、直观地参与规划。同时组织开展丰富的农产品产地环境管理创新活动，激发公众的参与热情和兴趣，降低公众参与的技术性门槛，逐渐将公众参与工作升级到协同规划层面。

③ 开发公众参与意见的快速识别软件。对于海量的非结构化公众参与数据，快速地识别、甄选和提炼是促进公众参与并提升参与效率的关键。因此，应加大数据识别软件的开发力度，及时高效地将海量公众参与数据转化为可识别且有价值的信息，以供专业的农产品产地环境管理技术人员参考。

（4）提高公众参与农产品产地环境管理的机制匹配度

目前的公众参与农产品产地环境管理的机制和方法是多样化的，提高公众参与有效性的关键在于提高公众参与农产品产地环境管理的机制匹配度。本文提出将农产品产地环境管理作为政策过程，以过程作为机制匹配的主要标准。我们将农产品产地环境管理过程划分为确定开发价值和目标、方案比较和择优、规划实施以及规划实施评估四个阶段：

① 在确定开发价值和目标阶段，适用的公众参与机制有居民顾问委员会、意愿调查、邻里规划议会和机动小组等；

② 在方案比较和择优阶段，适用的公众参与机制有公众投票复决、社区专业协助、直观设计和游戏模拟等；

③ 在规划实施阶段，适用的公众参与机制有市民雇员和市民培训；

④ 在规划实施评估阶段，适用的公众参与机制有巡访中心和热线[10]。

5.3.3.3 提高舆论引导的科学性和透明度

农产品产地环境舆情（简称产地舆情）主要包括生产经营（农产品产地环境、种植养殖过程、投入品使用）、收储运及初加工等环节，是农产品质量安全管控的关键环节。从农产品产地环境管理的源头上控制农产品质量安全隐患，是减少或避免农产品质量安全突发事件的重要措施，而准确把握和控制产地舆情是保障农产品质量安全突发事件的应急处置和减小负面影响的重要举措之一。

（1）建立农产品产地环境舆情风险监控机构，准确把握舆情

建立农产品产地舆情风险监控机构是一个系统工程，它需要整合实时监测、预警、多维度分析、热点识别、倾向性分析以及信息通报等多个环节，形成一个闭环的舆情管理流程。这个机构将利用先进的技术手段，如机器学习和大数据分析，来自动收集和分析网络上的舆情信息，识别出关键的舆情发展阶段和类型。通过对舆情信息的自动分类和聚类，结合新闻评论的数量和发言的密集度，机构能够迅速识别出热点话题，并利用关键字布控和语义分析技术来识别敏感话题。此外，机构还会对高敏主体的反应进行分析，以判断舆情信息的倾向性，从而获取更深层次、更高质量的舆情信息。这些信息将被及时通报给相关部门，以便他们迅速采取行动，预防和应对可能的群体非理性行为，确保农产品产地的舆情风险得到有效管理和控制。

（2）构建农产品产地环境舆情信息数据库，加强舆情监测

在数字化时代，农产品产地环境舆情信息数据库的构建对于加强舆情监测、及时响应市场变化和公众关切具有重要意义。数据库不仅是信息的集合体，更是一个动态、多维度的分析工具，它能够为农产品产地提供一个全面、系统的舆情监控解决方案。

构建数据库，需要跨部门的合作和严格的数据保护措施。农业、环保、市场监管等部门应共同参与，确保数据库的信息来源广泛、准确，并且能够及时更新。安全性也是构建数据库时必须要考虑的重要因素，需要采取严格的数据保护措施，防止数据泄露或被恶意篡改。通过构建数据库能够更好地保护农产品产地环境，维护公众健康和安全，从而实现可持续发展。

（3）分级、分类评估农产品产地环境舆情，促进事件良性发展

在当前复杂的信息环境中，对农产品产地舆情进行分级、分类评估是引导事件良性发展的关键步骤。这种评估体系能够为决策者提供一个清晰的框架，以识别和响应不同级别的舆情风险。通过对舆情信息的细致分析，可以确定哪些是轻微的、局部的争议，哪些是可能演变成影响广泛的危机。这样的分级不仅有助于优先处理最紧迫的问题，还能确保资源得到合理分配，以及时应对可能的挑战。

分类评估则进一步细化了舆情的类型，比如将舆情分为正面、负面或中性，以及根据主题或来源进行分类。这种分类有助于深入理解公众情绪和市场动态，从而制定更有针对性的沟通策略。例如，对于正面舆情，可以加强传播，扩大影响力；对于负面舆情，则需要迅速响应，采取措施以减轻负面影响。

通过这样的分级、分类评估，能够更加精准地把握农产品产地舆情“脉搏”，及时调整策略，引导事件朝着良性方向发展，保护农产品产地声誉，促进农产品市场的稳定和健康发展。

（4）建立网络舆情快速反应机制，及时化解舆论危机

建立网络舆情快速反应机制对于及时化解舆论危机至关重要。在瞬息万变的网络环境中，能够迅速识别和响应舆情变化是维护农产品产地形象和稳定市场的关键。这一机制要求我们不仅要实时监控网络上的讨论和反馈，还要能够迅速分析舆情的发展趋势和潜在影响。通过先进的数据分析技术和机器学习算法，我们可以对舆情进行快速的分级和分类，从而确定应对策略的优先级和性质。

快速反应机制的核心在于能够及时准确地评估舆情的严重性和紧迫性，以及其对农产品产地可能产生的影响。这样，一旦检测到负面或具有危机性的舆情，相关部门就能立即启动预案，采取有效的沟通和干预措施。这可能包括发布官方声明、组织媒体沟通会，或者通过社交媒体平台直接与公众互动，以澄清误解、回应公众关切，并在必要时纠正错误信息。通过这种机制，不仅能够减少农产品产地舆情对品牌和市场的负面影响，还能够在公众中建立起积极、负责任的形象，从而在危机中保持主动，维护农产品产地的长期利益和声誉。

5.3.3.4 强化法律保障和舆论监管，完善公众参与农产品产地环境管理的机制

可从以下几个方面来强化法律保障和舆论监管。

（1）提升公众参与度，重视外部因素

研究证明，“参与渠道”和“生活受影响”是两个重要的外部因素，解决这两个问题显得相当重要。解决这两个问题最有效的方法是建立一个公众参与的长期机制并努力对其进行改善，将公众参与设置到当地的立法之中。值得注意的是，法规设置要体现公众的主体地位，尊重公众，广泛征求公众的意见，最大程度保障公众的利益；要改变目前参与渠道不畅的现状；要创造一切条件让公众参与到农产品产地环境管理工作的全过程当中，包括决策制定参与、实施过程参与以及监督举报参与；要以法律的形式，保障公众参与的途径和权利。另外，总体来说我们国家在行政管理上的官方回应还不够及时，建立有效的信息反馈机制是畅通参与渠道的关键，及时公开监督举报途径、公布公众反馈意见和公众投诉处理结果，会更加激发公众参与的积极性[39]。

（2）加强公众参与农产品产地环境管理法治化建设程度

要推动公众参与农产品产地环境管理法治化，各个城市要制定与公众参与农产品产地环境管理有关的法律法规，在确认公众参与农产品产地环境管理的法律地位基础上，明确公众参与农产品产地环境管理的内容和范围。

① 根据不同类型和层级的农产品产地环境管理，明确公众参与的范围、程度和方式。

② 积极鼓励第三方参与到公众参与工作中。为保障公众参与的客观性和真实性，可通过政府购买服务的方式鼓励第三方参与到公众参与农产品产地环境管理工作中。一方面提升了公众对参与工作的认可，另一方面也增强了对农产品产地环境管理中利益相关方的信任，同时也是发挥专业优势并推动政府职能转变的需要。

③ 明确相应的工作职责机制。要明确公众参与工作的职能部门、各部门之间的权责利关系、对公众参与工作的考核监督方式等，对涉及公众参与农产品产地环境管理中的相关部门要强化沟通协调，分工负责、相互协同。

（3）完善公众参与农产品产地环境管理相关制度的规范

从宏观角度来分析，立法明确规定社会公众参与农产品产地环境管理的性质、目标、职能、机构、组织、权限、程序、内容等，可最大限度地保障公众参与农产品产地环境管理的权利能够充分实现。基于微观角度来分析，立法的提出也就明确了公众

参与农产品产地环境管理的主体关系，将基层群众、利益团体、规划人员以及相关政府部门在农产品产地环境管理中的作用与地位充分体现并发挥出来，进一步将各方的利益进行平衡。

（4）对公众参与农产品产地环境管理带来的负面影响进行规制

凡事都具有两面性，公众参与农产品产地环境管理自然也不例外。农产品产地环境管理主管部门的行政目的一旦与社会公众意见发生冲突，主管部门很可能就会全力关注行政目的是否能够实现，而对社会公众意见避而不谈，也存在农产品产地环境管理过程中为了最大限度满足社会公众的切身利益，而导致行政目标失效的情况。因此，主管部门要把握这个度，要坚持遵循利益平衡的发展原则，要对农产品产地环境管理中存在的各种利弊进行分析与研究，坚决不能以法律或者公意的名义而损害某些社会弱势群体的合法权益，尽可能在国家利益、公共利益与个体利益之间寻求利益平衡点，进一步提升农产品产地环境管理的实用性与有效性。

政府相关部门在处理相关事件时，应及时、准确地将事件的真实情况向公众反馈并安排必要的沟通交流，在条件许可的情况下，应构建专业化的舆情监控和引导系统，及时、有效地与公众建立沟通平台及渠道。在处理具体事务的过程中，应积极、及时地回应公众的问题，关注食品环境的风险交流，为公众排解专业及行为上的疑虑，落实自律、协调的有效性。应坚持依法合规正当履职，对公众参与进行合理疏导及沟通，避免执法过程及结果过多地受公众错误的情感及道德倾向的“捆绑”，导致处置不当。政府相关部门应积极构建公众全面参与机制，鼓励、保障并优化公众参与农产品产地环境管理事务的全过程。通过强化公众参与的专业性、充分调动公众的积极性、提升公众的关注度，能够对生产者及其相关经济利益群体的生产经营活动过程进行有效监督，破解违法、违规者所设置的各类阻碍。在公众积极协助下及时发现农产品产地环境问题，合理、合法、有序地开展环境事故处理工作，通过公众的评价完善相关监管机制，实现农产品产地环境社会管理事务的良性、可持续发展。

① 明确农产品的生产企业、农业专业合作社、从事农产品收购的单位或者个人应当根据农产品产地环境控制、检测结果等开具承诺达标合格证，承诺的内容有不使用禁用和停用的农药兽药及其他化合物、使用的常规农药兽药残留不超标等，将开具承诺达标合格证确定为一项法律义务。同时，因为普通的农户可能不具备这方面的条件，所以应鼓励和支持农户开具承诺达标合格证，引导农户加强对农产品的质量控制，提高农产品产地环境保护意识。

② 在销售环节，规定从事农产品收购的单位或者个人应当按照规定收取、保存承诺达标合格证或者其他农产品产地环境合格证明，农产品批发市场应当建立健全农产品承诺达标合格证查验等制度，并明确交易流通环节的管理措施。

③ 规定农业农村主管部门应当做好承诺达标合格证有关工作的指导服务，加强日常的监督检查，确保承诺达标合格证制度发挥实效。

④ 明确未按照规定开具、收取承诺达标合格证的法律责任。

以下五项制度机制，是从当前监管领域的一些薄弱环节和关键节点出发，对健全制度机制、提升农产品产地环境治理能力所做的一些思考。希望结合《农产品质量安全法》宣贯工作，进一步健全监管制度机制，不断织密依法监管、全程监管防护网，切实保障人民群众“舌尖上的安全”。

① 构建全面的监测预警系统。为了确保农产品产地环境的安全，必须建立一个全国性的监测预警系统。这个系统需要明确各级职责，中央和省级层面负责整体的风险监测，而地市级和县级层面则负责监督抽查，乡镇层面则负责上市前的快速检测。通过这种方式，可以全面推进风险管理和科学监管，防止重大的系统性或区域性农产品产地环境事件发生。同时，应增强监测抽检的科学性，全面系统地制订监测计划，加强分析和综合研判，并有效利用监测结果指导后续工作。

② 完善风险评估与管理工作。在风险评估方面，需要制定顶层设计方案，出台风险评估指南和能力提升指导意见，逐步规范此项工作。将风险监测、评估和管理相结合，针对问题提出技术管控措施和标准修订建议，从全产业链角度提升农产品产地环境水平。

③ 建立严格的检打联动机制。针对监测评估发现的问题，应跟进监督抽查并加大执法力度，遏制非法添加和违禁药物使用等违法违规行为，解决主要矛盾。检验检测和监督抽查应加强衔接，对风险监测发现的问题应进行跟进抽查，并可采取飞行检查、暗查暗访、抽检分离等措施，以掌握真实情况。执法打击力度应加强，依托农业综合执法机构，对不合格产品进行重罚和曝光，实现精准打击和严惩重处。

④ 构建以承诺达标合格证为核心的准出准入衔接机制。这是压实主体责任、实现全链条监管的重要支撑。农业农村部门和市场监管部门应同向而行，推动承诺达标合格证制度取得更大实效。在产地准出方面，农业农村部门应加强源头管控，推进标准化生产，加强对农民的教育培训，督促生产经营者加强自控自检。在市场准入方面，市场监管部门应把住关，发挥集中交易市场开办者的“把门”作用，督促强化市场准入管理。

⑤ 建立更加协同高效的行刑衔接机制。这是实现“四个最严”中“最严厉的处罚”的重要保障。针对农产品产地环境监管中存在的问题，需要建立健全行政执法与刑事司法衔接制度，统一明确和要求线索通报、案件移送、证据固定、涉案物品处置、案件材料补充等方面，提高刑事打击效率和威慑力。

综上，农产品产地环境管理的公众参与和舆论引导关系到人民群众的身体健康，关系到构建社会主义和谐社会。本章系统梳理了农产品产地环境公众参与和舆论引导的概念、现状及存在问题，并提出相应的改进措施。公众参与是协调农产品产地环境管理和社会影响的一种重要手段，公众参与可以动员社会各方人员关心农产品产地环境管理问题，促进农产品产地环境的健康发展；农产品产地环境舆情引导是通过客观反映农产品行业状态及其运营情况的资讯、消息、音信、情报、指令、数据和信号来产生影响的手段，在数据爆炸的当今时代，充分发挥舆论引导的作用对于农产品产地环境的发展至关重要。公众参与是基石，舆论引导是关键，应充分衔接二者的作用，来共同维持农产品的安全。

参考文献

[1] 马祝峰 . 谈农产品质量追溯系统建设 [J]. 现代农业科技 , 2009(22):345,347.

[2] 梁秋月 . 土地利用总体规划与城市总体规划协调研究 [D]. 保定：河北农业大学 , 2011.

[3] 蒋佩操 . 试论建筑工程施工现场管理 [J]. 大科技・科技天地 , 2010(11):92-93.

[4] 苏昕 . 我国农产品质量安全体系研究 [D]. 青岛：中国海洋大学 , 2007.

[5] 陈海秋 . 转型期中国城市环境治理模式研究 [D]. 南京：南京农业大学 , 2012.

[6] 贾峰 , 沈明生 . 扶贫开发中“群众参与”问题探讨 [J]. 山西农业大学学报 (社会科学版), 2010, 9(02):152-155,204.

[7] 杨建辉 . 农业园区规划技术规程研究 [D]. 上海：同济大学 , 2004.

[8] 李恩重 , 张伟 , 史佩京 , 等 . 基于上海自贸区的我国再制造产业发展模式研究 [J]. 检验检疫学刊 , 2017,27(01):32-36,58.

[9] 陈志鼎 , 王优 . PPP 项目社会风险事故树分析 [J]. 工程研究——跨学科视野中的工程 , 2018, 10(02):159-167.

[10] 周晨虹 . 农村公共政策执行中的农民参与研究 [J]. 山东社会科学 , 2011(10): 35-38.

[11] 徐元善 , 居欣 . 公众参与公共政策制定过程的问题及对策研究 [J]. 理论探讨 , 2009(05):143-146.

[12] 郑东旭 . 公众参与城市社区规划管理 [D]. 上海：复旦大学 , 2008.

[13] 王平波 . 民生优先理念下的城市社区管理体制研究 [D]. 武汉：武汉理工大学 , 2012.

[14] 彭震伟 , 陆嘉 . 城镇密集地区农村居住模式的思考 [J]. 城市规划学刊 , 2006(01):18-21,44.

[15] 王晓庆 . 我国公共政策执行过程中的公民参与研究 [D]. 南京：东南大学 , 2008.

[16] 刘丽娇 . 我国公共政策执行过程中的公民参与问题研究 [J]. 中国市场， 2018(34):92-93.

[17] 王仁永 , 贾宇星 . 城乡和谐的公平维度研析 [J]. 黄河科技大学学报 , 2011, 13(05):83-85,125.

[18] 田舒 . 社会组织扩大公民有序政治参与的功能机制研究 [J]. 北京化工大学学报 (社会科学版), 2017(01):39-44.

[19] 朱瑛 , 江剑敏 , 郭锦全 . 食品安全管理的规制倾向与公众参与研究 [J]. 武汉轻工大学学报 , 2020,39(01):22-29.

[20] 李辉山 , 曹富雄 . 论习近平新时代中国特色社会主义经济思想的逻辑意蕴——马克思主义发展的当代中国形态研究 [J]. 生产力研究 , 2018(03):1-6.

[21] 刘利 . 利益相关者理论各阶段主要观点的评析 [J]. 石家庄经济学院学报 , 2009,32(02):63-69.

[22] 陈宁 . 电子民主背景下公众参与地方政府公共决策研究 [D]. 成都：西南交通大学 , 2011.

[23] 李祥洲 . 农产品质量安全舆情监测分析概论 [M]. 北京：中国农业出版社 , 2015.

[24] 李晨曦 . 基于大数据的农产品网络舆情监测系统研究与实现 [D]. 长春：吉林农业大学 , 2020.

[25] 傅丽芳 , 裴城妍 , 郭永瑞 , 等 . 农产品安全网络舆情演化分析与导控策略 [J]. 科学技术与工程 , 2020,20(07):2801-2809.

[26] 郭林宇 , 戚亚梅 , 李艳 , 等 . 农产品质量安全网络舆情监控体制机制研究 [J]. 食品科学 , 2013, 34(03):312-316.

[27] 栗婷 , 汪庆华 , 黄东亚 , 等 . 西安市农业产地环境农田灌溉水重金属污染评价 [J]. 黑龙江农业

科学 , 2018(11):94-96.

[28] 王超群 . 亳州牡丹皮中药材原产地追溯体系的构建 [D]. 合肥：安徽农业大学 , 2016.

[29] 吴鹏 , 宋凯利 , 任荣波 .《食品安全法》修订中的十大问题 [J]. 食品科学 , 2015,36(03):289-295.

[30] 周靖涵 . 关于定海区农产品质量安全体系建设的探索和思考 [J]. 上海农业科技 , 2021(05):37-38,72.

[31] 刘建军 . 关于加强农产品质量安全监督管理的思考 [J]. 作物研究 , 2010,24(04):315-318.

[32] 陆胜龙 , 王志春 . 原子荧光法测定土壤中总铅的标准化改进 [J]. 现代科学仪器 , 2012(06):147-150.

[33] 孙凤珍 , 李淑静 , 赵小清 , 等 . 认真做好农产品质量安全监管工作 [J]. 中国食物与营养 , 2008(04):9-11.

[34] 赵善仓 , 赵领军 , 董燕婕 , 等 . 产地农产品质量安全舆情及应急处置 [J]. 中国食物与营养 , 2018, 24(05):10-13.

[35] 周孝兵 . 农村食品安全监管的公众参与研究——以衡阳市某县为例 [D]. 衡阳：南华大学 , 2015.

[36] 曹海林 , 赖慧苏 . 公众环境参与 : 类型、研究议题及展望 [J]. 中国人口 · 资源与环境 ,2021,31(07):116-126.

[37] 张美云 , 刘洋 . 农产品质量安全网络舆情的公众参与行为研究 [J]. 福建农林大学学报（哲学社会科学版）,2016,19(03):19-23.

[38] 张维平 , 郑波 , 孔垂乾 . 危机管理的民众技能 [J]. 城市与减灾 , 2007(02):5-8.

[39] 梁婧婧 . 土壤污染防治中公众参与行为影响因素研究——以公众参与污染场地修复项目为例 [D]. 杭州：浙江工商大学 , 2018.

第6章

政产学研用一体化新机制

- 农产品产地环境管理中的政产学研用协作创新体系
- 农产品产地环境管理的创新驱动机制
- 农产品产地环境管理与模式的典型案例分析——国家农产品产地重金属污染综合防治协同创新联盟

农产品产地环境管理的政产学研用协作创新体系中，“政”指政府，“产”指企业，“学”指大学或高校，“研”指科研机构，“用”指用户，在农产品产地环境管理中指农民和农业生产经营组织。政产学研用协作体系是指政府通过政策指导、监管协调、平台服务等方式，促进高校、科研机构围绕产地环境保护相关课题进行科学创新与技术研发，推进企业面向产地环境的质量要求和利用需求开展科技成果落地转化，最终满足农民和农业生产经营组织的农产品生产需求。我国在农产品产地环境管理实践中逐渐形成了以知识创新为先导的创新机制、以技术创新为动力的驱动机制和以信息平台为载体的管理机制。在“国家农业科技创新联盟”框架下，国家农产品产地重金属污染综合防治协同创新联盟的创建与运行是政产学研用协作创新的典型实践案例，其由国家级、省级和地市级涉农行政主管部门、科研机构、高校、技术推广优势单位和企业共同参与，重点开展农产品产地重金属污染综合防治的科研协同创新与示范应用，为解决我国农产品产地重金属污染综合防治研究和应用中的重大战略和关键技术问题发挥了重要支撑作用。

6.1 农产品产地环境管理中的政产学研用协作创新体系

党的十九届四中全会审议通过的《中共中央关于坚持和完善中国特色社会主义制度　推进国家治理体系和治理能力现代化若干重大问题的决定》，立足加快建设创新型国家，重申党的十九大报告关于“建立以企业为主体、市场为导向、产学研深度融合的技术创新体系”的总体要求，将其作为“完善科技创新体制机制”系列部署中的关键环节，对新时代我国企业、高校、科研院所的协同创新，开创合作共赢新局面，提出了更高的新要求，意义非常重大。

政产学研用协作创新体系是指政府、生产者、学术界和应用研究机构之间形成的一种合作创新模式，旨在推动农产品产地环境管理的科技创新和实际应用，促进农产品产地的可持续发展。该体系以政府引导、市场导向、高校与科研机构牵头以及企业参与为主要模式，主张不同主体间资源有效整合，并利用激励机制与市场资源配置等，推动知识、资源在政府、企业、高校和科研机构之间的流动，更好地服务各项创新活动[1]，实现政、产、学、研、用之间的协同互动，促进农产品产地环境管理的科技创新和可持续发展。

政产学研用协作创新体系运行的原则有风险共担原则、公平互利原则和信息互通原则三个[2]。具体表现为：政府、企业、高校、科研机构以及农民和农业生产经营组织相互合作，共同承担风险，减小外部因素对产地环境保护科技创新、技术产品展示以及成果转化等的影响；政府发挥监督职责，对科技成果转化过程中科研项目知识产权的转移规则、科研成果转化后的利益分配、合作研发中各方的责任等进行明确的规定，保障公平公正、互惠互利；各协作主体之间紧密联系，发现有市场前景的科研项目、制定详细的投资计划、协商科技成果的转化原则等，通过信息共享增加协作过程的畅通性，最大程度地发挥科技成果的价值。

该创新体系的特点和创新之处包括以下四点。

① 政策支持。该体系强调政策支持和政府引导，通过政策激励、投资扶持、产业政策等方式，推动政府在农产品产地环境管理中的引导和支持作用，促进各主体之间的协同创新。加入政府这一社会团体，使政产学研用体系根据社会发展状况的变化和社会政策的变化，实时进行更新，其动态性使科技转化成果进一步满足消费者的需求。

② 多方合作。该创新体系将政府、生产者、学术界和应用研究机构的研究目标紧密结合，通过明确共同的研究目标和需求，推动科研和实际应用的深度融合，实现科技成果转化和产业化，形成政产学研用多方合作的创新网络，促进不同领域和部门之间的跨界合作，实现资源优化配置和协同创新。通过多方合作，促进不同主体间信息交流和沟通，实现包括科研设施、技术专利、数据信息等的资源共享，提高科研效率和创新水平，推动科技成果的广泛传播和应用。

③ 以实践指导创新。该创新机制强调实践导向，即将科研成果与生产实践紧密结合，注重解决实际问题和满足生产者需求，推动包括项目申报、评审和管理等方面的创新，形成良性的创新生态系统，推动科技创新在农产品产地环境管理中的应用和实际效果。同时该创新体系还强调将科技成果转化为实际应用，推动科技创新与生产实践的深度结合，促进农产品产地环境管理的技术推广和应用。

④ 可持续发展。该体系注重农产品产地的可持续发展，推动环境友好型、资源高效型和生态可持续型的农业生产方式和管理模式的创新和应用，促进农产品产地的长期健康发展。

在农产品产地环境管理实践中开展协作创新，一方面可以促使政府加大科技管理部门之间的协调力度，建立科学合理、运行高效的科技管理体制，解决科研资源分散、重复配置和利用效率低的问题，建立促进科技资源共享、风险共担、利益共享的政策法规体系；另一方面可以促使各创新主体积极发挥各自优势，坚持政府主导与市场机制相结合，突破制约创新的体制机制障碍，打破不同创新主体之间的体制壁垒，改变小而散的科研组织管理模式，在目标一致的基础上明确各方权责和人员、资源、成果、知识产权等的归属，实现产地环境管理的开放共享和可持续发展。

6.1.1 政府的角色与职责

6.1.1.1 政策支持

政府具有政治属性，其行为以服务社会、满足社会需求为主，因而更关注协作体系的社会效用，在合作中往往表现出较强的主导性与强制性，常以制定、实施相关政策和法规的方式督促其他主体，引导和规范农产品产地环境管理的行为。政产学研用协作创新的社会环境主要包括政策支持、创新氛围、技术环境等，政府在其中发挥着举足轻重的作用，通过提供政策激励措施、税收优惠政策、合理资金支持等，支持发展优势产业、推动新业态发展、促进广泛开展市场化合作，对农产品产地环境管理进行激励或惩罚，以推动生产者、农业企业合规经营和环保管理。政府的政策支持和资金投入可以有效推动科研机构和企业的基础研究，进而为产业创新与技术升级提供支撑。对企业来说，其研发投入与创新平台建设离不开政府的政策引导和资金补助，政府出台的各类融资政策、税收减免政策、各类专项基金等都为企业在农产品产地环境管理中的技术研发、示范推广和技术转化提供支持。对高校和科研机构来说，政府为引进高质量人才提供政策支持，搭建知识共享平台，也为高校的高质量研发提供资助。例如，政府制定相关政策引导科研机构、大专院校积极培养现代农业实用型人才；设立专项基金，鼓励掌握现代农业技术的人才参与农业农村建设，到农产品质量安全追溯等农业发展岗位上去；建立职业化农民培养体系，建设新型职业化高素质农民队伍，使农业从业者不断掌握新技术。

6.1.1.2 引导监督

在政产学研用协作模式中，政府除了发挥政策引导作用之外，还具备监督管理职责。政府通过政策作用，加强对农产品产地环境的监管和执法力度，完善农产品产地环境一体化监管体系，运用法律的硬性制约和道德的软性约束加强对环境的管理和各主体之间的合作，引导协作创新。政府的引导监督职责体现在制定法律法规和相应标准上，为各主体开展监督提供方向和要求，鼓励企业、社会经济组织、公民积极参与环境的监管，对污染企业及时进行公开披露，保护农产品产地环境的生态安全和资源可持续利用。例如，对科研项目知识产权的转移转让规则和科研成果转化后科研人员的利益分配等做出规定，保障科技成果转化过程公平公正，维护各方权益。再如，政府通过构建完善农产品产地环境质量安全标准体系，推进农业环境监测常态化、全面化，明确监管要点，指导各个主体开展农产品产地环境质量安全管理工作，引导各地方成立专业监管队伍，配齐监管人员，引导各主体开展监督，尤其是在基层，政府除了要在镇上明确监管部门，各乡村也要配备管理人员，确保政产学研用协作创新体系的末端管理“件件有着落”“事事有人管”，走好监管“最后一公里”。同时加强对监管队伍的培训，定期邀请相关农业专家在基层政府对监管人员开展面对面理论培训和实地教学，对监管手段、监管重点、监管程序等进行详细说明，并不定期进行考察、评估监管水平，从而全面提高基层监管水平。

政府发挥引导作用的路径包括：a. 统筹科技创新资源，支持“科技孵化器”建设，持续推进创新园区发展，提高科研成果转化率；b. 加大资金投入力度，拓展融资渠道，构建多元化投资结构，科学谋划基础研究和应用研发的资助比例；c. 完善法律法规，注重知识产权保护，规范风险评估、科技成果评价体制，促成多主体协同监督的科技管理体制[3]。

6.1.1.3 服务桥梁

政府在协作创新体系中的服务桥梁作用主要体现在推动各主体之间的合作和提供信息服务上。政府制定政策和实施监督的目的是整体提升协作创新体系的效率和效益，其协调企业、高校和科研机构的目标是提升国家和地区的科技创新水平。一方面，政府通过加强农产品产地环境的规划和管理，完善土地利用规划、农业生产管理和环境监测等，建立相应的管理协作机制，确保农业生产活动与环境保护相协调，促进产、学、研、用各方的合作，推动政府、生产者、学术界和应用研究机构之间的协作和信息交流，加速形成政产学研用协作创新体系，共同推动农产品产地环境管理的科技创新和可持续发展。另一方面，政府还通过主导搭建科研平台、建立信息共享服务平台、建设科技产业园、审批重大创新项目等方式，宣传和推广相关政策法规、科技成果、经济社会发展的其他重要信息等，针对科研成果转化过程中各个主体的合作意向与选择，为其提供必要的科技成果市场信息、科技成果转化过程法律咨询、科学技术评估、科技成果知识产权评估、科技成果转化融资服务等，从而为生产者、农业企业和应用机构等提供科技支持和决策参考，促进农产品产地环境管理中的信息多方共享和有效交流。例如，政府通过信息共享服务平台及时公开、汇总农产品产地环境管理相关政策法规，从参与对象、管理阶段、各部门职责等方面进行分门别类的说明，还可邀请专家录制讲解视频等，方便各主体尤其是生产者及时、准确地查询对照政策，帮助完善生产发展规划。

6.1.2 企业的角色与职责

6.1.2.1 面向产业的创新主体

企业是市场活动的直接参与者，对市场信息有最敏锐的反应力，能够迅速捕捉市场的变化，并将其转化为创新灵感。企业在市场需求和市场竞争中开展研发活动，因而企业是面向产业的创新主体，有大量的研发成果应用于企业。所以，企业既是生产者，也是新技术、新设备、新材料的使用者。企业作为政产学研用协作创新体系的创新主体，在参与农产品产地环境管理时应高度重视科技创新，立足中国式现代化的新场景，因地制宜，因势利导，充分发挥创新资源集中、创新创业活跃以及市场主体优势，既加强设施制造又注重产业创新，充分考虑自身的生产能力与生产成本，参与项目研发，提高创新成果转化的效率和质量。与科研机构、高等院校等加强合作，进行科技研发、技术转化和推广应用，推动农产品产地环境管理技术的创新和应用。例如，企业科研人员具备较强的社会经验，通过企业科研人员到高校进行专业知识的学习和产品的研发，提高企业科研人员的专业技能，从而保障企业科研产品的科学性和实用性，同时有利于提高高校研究生的社会实践能力，通过两者的结合，增强科研组织团体与社会企业团体之间的联系，体现了政产学研用的信息互通原则。

6.1.2.2 科研成果转化的主力军

企业承担着科技创新成果转化和产业化推广的重任，是落实高校和科研机构创新成果的重要载体，同时也是连接市场需求和创新研发的桥梁。产地环境保护领域的基础研究和技术研发成果只有通过具体实施转化为生产实效才能发挥其真正的价值。企业对科技成果转化的自觉意识和需求强烈，重视科技人才培养，科技研发动力足，实践应用投入大，可以有效助推科研成果转化。企业在科研成果转化中具有主体意识，从节约成本和追求经济利益的角度来看，企业对环境保护研究成果和技术的采纳与实施首先基于成本效益考虑，其次才是基于环境保护与生态修复考虑。因此，政府在平台建设、产学研用结合、共性关键技术攻关等方面的支持力度，在很大程度上影响着企业对科技成果落地、转移、转化的积极性和实践性。

6.1.2.3 履行产地环境管理义务的关键主体

政产学研用协作创新体系的目的是推动农产品产地环境管理的科技创新和实际应用，促进农产品产地的可持续发展，而企业通过参与农产品生产和经营，直接或间接地影响农产品产地环境。企业行为是落实源头保护农产品产地环境安全的重要抓手，其作为农产品产地环境管理的重要参与者，关系着政产学研用协作创新体系的实施效果，因此为了实现农产品产地环境可持续发展的最终目标，企业应当主动落实农产品产地环境管理主体责任。

① 增强意识，合规经营。企业应增强责任意识，遵循相关法律法规，申请并获得合法的生产和经营许可，按照相关规定开展生产和经营活动，确保农产品产地环境管理行为合法、规范和环保，确保农产品产地环境管理活动符合法律法规的要求。

② 科学规划，绿色发展。企业行为直接影响农产品产地环境安全，因此企业要立足区域资源禀赋、功能定位，选准主导产业，发展绿色循环农业，科学谋划产业布局，提升招商引资质效，形成高附加值产业、业态的集聚效应。首先，应提高环保意识，树立节约资源和高效利用资源的管理理念，减少能源、水资源和土地等资源的浪费，优化生产工艺和管理方式，提高资源利用效率，推动生产过程的绿色、环保和可持续发展。其次，应加强自身管理，建立健全的内部环境管理制度，定期进行环境审核和评估，确保生产活动符合环境保护要求，落实环境管理措施，并积极与利益相关方沟通和合作，共同推动农产品产地环境管理的可持续发展。最后，应推动环保管理措施的落实，通过减少和控制污染物排放、合理使用农药和化肥、合理利用资源、推行循环经济、推广安全生产技术、加强建设农业标准化示范区等，减小对农产品产地环境的不良影响。企业尤其是污染较重的企业，要加强对生产过程的监控和管理，防止造成环境污染，并采取措施减少或修复环境污染。

③ 加强合作，主动承担社会责任。企业应明确自身角色，主动加强与政府、学术界和应用研究机构等的合作与协调，共同推动协作创新体系的实践。企业可以通过参与政府和社会组织等组织的环境管理项目，与利益相关方建立合作关系，共同推动

农产品产地环境管理的改进和创新。企业还要勇于承担社会责任，关注农产品产地环境的社会、经济和生态效益，积极参与环保公益活动，配合社会举办农产品产地环境保护科普宣传活动，增强广大从业人员的环保意识；主动配合政府相关部门的督导检查，对于指出的问题，提高重视，积极整改；联合高校和科研机构开展人才培养，在高校专门设立以企业名称命名的软件和电子商务等专业定制班，在企业设立科研院所学生实习基地和博士后创新实践基地等，促进双方相互交流学术界和产业界的知识、技能和经验，短期内可以解决企业的农产品产地环境管理人力资源不足的问题，从长期来看可为企业储备专业技术人才，提升企业管理水平，推动企业可持续发展和社会可持续发展相统一。

总体来说，企业在农产品产地环境管理的政产学研用协作创新体系中应积极履行合规经营、绿色发展、社会责任等职责，以促进农产品产地环境的可持续管理和发展。需要注意的是，不同地区和不同产业的农产品产地环境管理存在差异，企业的角色与职责也可能有所不同。因此，企业在参与农产品产地环境管理时应具体问题具体分析，根据当地的法律法规和实际情况，合理履行自身的职责，推动农产品产地环境管理的可持续发展。

6.1.3　高校的角色与职责

6.1.3.1　国家战略和行业需求的人才培育基地

高校具有教学资源优势，能够构建多层次、多类型、多样化的卓越人才培养体系，并能建立服务于经济结构转型、经济增长方式变革的新型办学机制。高等教育是科技第一生产力和人才第一资源的重要结合点，具有集聚和培养拔尖创新人才的属性和多学科交叉、人才队伍强、研究积累厚的优势。高校是我国农产品产地环境保护领域科学研究和人才培养水平与能力的学术高地，可以通过开设相关课程和专业，全面提高人才的实践应用能力、科学研究能力、创新创业能力，培养具有环境保护、资源管理、农业可持续发展等方面专业知识和实践能力的高级人才。高校还可以开展培训和继续教育，提升从业人员的环境管理水平和专业素养。

面向农产品产地环境管理国家战略和行业需求，高校发挥着人才培养基地的作用。例如，具有特色产学研用融合机制的上海交通大学溥渊未来技术学院，整合校内外资源，提供领域内重大问题的解决方案，培养引领行业发展的人才。学院注重加强产教融合协同育人，与宁德时代新能源科技股份有限公司、上海联影医疗科技股份有限公司、西门子（中国）有限公司、腾讯云计算（北京）有限责任公司、施耐德电气（中国）有限公司、中微半导体设备（上海）股份有限公司、朗基控股集团有限公司、四川省商业投资集团有限责任公司等中外知名企业，以及瑞金医院、无锡锡山政府等事业单位加强校企和校地合作，共同探索交叉学科人才培养规律，建设世界一流的教学科研高地，努力打造良性互动的科技成果转化新生态，目标是建设成为国际产学研用深度融合的新典范。

6.1.3.2 农产品产地环境治理科技创新的驱动平台

教育、科技、人才是国家的基础性、战略性支撑，高校作为农产品产地环境管理和成果转化的重要科技力量，是整个政产学研用体系的核心，是创新资源和要素的持续性汇聚平台，具有人才、学科、科研“三位一体”的创新能力和驱动作用。协作创新系统中如果缺少高校与政府、企业、科研院所、用户等的合作，就难以在全社会形成协作创新的机制体制，难以构建同我国经济社会发展需求相适应、同产业发展相衔接的结构合理、类型多样、机制灵活、充满活力的创新体系。高校作为农产品产地环境管理科技创新的驱动平台，可以进行农业科研与技术创新，开展基础研究和应用研究，提供科学依据和技术支持，为企业和应用机构参与农产品产地环境管理提供科学指导和技术解决方案。

6.1.3.3 协作创新体系社会推广与服务的合作平台

高校参与政产学研用协作创新体系时，除了承担人才培育基地和创新驱动平台的职责，还为协作创新体系推广社会服务提供合作平台，为政府牵头成立的合作机制提供有效补充。一方面，高校可以加强与政府、企业、社会组织等的合作，提供农产品产地环境管理方面的技术咨询、技术服务和政策建议，组织和参与环境保护和农业可持续发展的实践项目，为农产品产地环境管理提供实际支持和解决方案。另一方面，高校可以开展环境保护和农业可持续发展的宣传与推广工作，组织专家开展校内讲座，提高大学生和研究生对农产品产地环境管理的认知和关注度，倡导环保理念和可持续发展观念，推动社会各界对农产品产地环境管理的支持和参与。

总而言之，高校应根据自身的学科优势、科研实力和地域特点等，合理发挥在农产品产地环境管理中的作用，与政府、企业和社会组织等各方开展合作，形成协同创新体系，促进农产品产地环境管理的科学、有效、可持续发展。

6.1.4 科研机构的角色与职责

6.1.4.1 基础理论研究的核心

科研机构是我国科技资源的主要承载者，其在科技创新、人才培养和学科建设等方面与高校的角色和职责类似。但科研机构拥有专业的科研场所、仪器设备、实验条件，配备有专业的科研人员，因而科研资源更聚焦、科研优势更突出。科研机构的基础科研具有一定前瞻性，能够为政产学研用创新体系成果奠定理论基础，并促成基础研究成果有效转化为技术应用，为政产学研用系统创新提供核心技术支撑。例如，科研机构可以提供政策咨询和评估服务，为政府和利益相关方提供科学的政策建议和决策支持，推动农产品产地环境管理政策的科学制定和实施。

6.1.4.2　科技创新研发的保障

协作创新是一项系统的过程，科研机构开展的应用性研究及关键核心技术攻关，能够提供科学、有效、实用的技术支持、科学评估和解决方案，是实现科技创新研发的技术保障，在协作创新的研发阶段起主导作用。科研机构以科研成果的学术价值为导向，在协作创新体系的科技研发环节发挥重要作用，在项目立项、开发和调试的各个阶段，科研机构提供共享知识、研发人才和技术支持。例如，科研机构通过加强人才培养和培训，培养具有农产品产地环境管理专业知识和技能的科研人员和技术人才，推动人才的交流与合作，提高协作创新体系的人才储备和综合素质。

6.1.5　农民和农业生产经营组织的角色与职责

6.1.5.1　科研成果的应用与示范

农民和农业生产经营组织是农产品产地环境管理政产学研用体系中的用户，协作创新必须以满足用户需求为目的，及时掌握用户需求、有效整合利用资源是协作创新的落脚点。农民和农业生产经营组织参与协作创新并对技术模式进行应用与示范，可以减小技术研究的盲目性，降低技术研究投入的风险和成本。因此，农民和农业生产经营组织应该积极参与知识学习和技能提升，提高农业生产与经营的科学化、现代化水平，不断提升环保意识和环保技能，加强合作与合作社建设，发挥集体经济和合作的优势，通过共同经营、共同管理和共同保护的方式，促进农业生产与经营的可持续发展，为科研成果的应用与示范做好准备。例如，农民和农业生产经营组织通过运用最新的现代农业生产技术和管理方法，在生产、经营过程中发现、总结遇到的各类问题，为技术攻关提供改进和突破方向。而耕地污染修复与安全利用以及水资源保护、大气环保领域的科研成果最终会应用到农民和农业生产经营组织的农产品产地环境当中，发挥实践应用价值或示范作用。

6.1.5.2　技术应用效果的实践与反馈

农民和农业生产经营组织的需求代表市场需求，在协作创新中体现市场的导向性作用，也是创新的源动力。农民和农业生产经营组织也是技术实践的反馈者，对科研成果的体验感有较高的话语权。农民和农业生产经营组织是农产品产地环境管理的直接参与者和实施者，通过落实协作创新体系，农业生产和经营是否可持续，农产品产地环境质量的好坏，一定程度上反映了协作创新体系的科学性和实用性。因此，农民和农业生产经营组织参与的协作创新体系可以纠正创新偏差，确保创新的优质高效。最终农民和农业生产经营组织的及时反馈可以给创新体系提供准确的技术应用信息，体系中的各方根据反馈信息可及时优化调整农产品产地环境管理的基础研究和技术研发路径。

6.1.6 政产学研用协作典型案例

6.1.6.1 湖北省黄石市大冶市：绿色种养促循环 修复耕地保安全

（1）基本情况

大冶市位于湖北省东南部，是湖北粮食主产县和畜牧大县。近年来，大冶市坚持“绿色发展、生态富民”，推进国家农业绿色发展先行区建设，以改善生态环境和保障粮食安全为目标，实施绿色种养循环和耕地生产障碍修复利用，推进农业绿色发展水平不断提升。

（2）主要做法

1）以规划为引领

摸清全市 12 个乡镇 171 个村的土壤环境质量，完成耕地类别划分，绘制市、镇、村三级耕地障碍修复利用分布图。根据全市受污染耕地状况、现代农业产业优势、区域特点等，规划产业方向和布局。

2）以项目为载体

推进绿色种养循环农业试点项目。培育粪肥还田服务组织，建设一批田间粪肥临时储存池、粪肥还田管网等设施，构建粪污“收集 - 处理 - 施用”全链条组织运行模式，减少化肥施用。实施受污染耕地安全利用项目。针对可安全利用类受污染耕地，采取深翻耕、土壤调理、低吸收作物品种、叶面调理等农艺措施，确保农产品达标。针对严格管控类受污染耕地，采取经济作物替代种植等结构调整措施，严控重金属向可食用农产品转移。

3）以制度为保障

成立大冶市耕地障碍修复利用领导小组和工作专班，压实工作职责，建立日常督导监管机制。选择全国优势科研院所为技术支撑，建立专家团队服务机制。创建耕地安全利用试验示范区，建立耕地安全利用联合攻关试验示范基地，聘请专家开展讲座和现场指导，提高新型农业经营主体和农户绿色生产技术水平。

（3）工作成效

推进绿色种养循环农业试点，2021 年粪肥还田利用率达到 90% 以上，化肥施用量减少 30% 以上，形成了可复制、可推广的种养结合循环农业发展模式。受污染耕地得到修复利用，2021 年全市受污染耕地安全利用率达到 90% 以上，农产品质量安全检测总体合格率常年保持在 99% 以上，农业生态环境显著改善。

6.1.6.2　河南省平顶山市宝丰县：畅通种养循环关键节点 推进农业绿色发展

（1）基本情况

宝丰县位于河南省平顶山市，西倚伏牛山脉，东瞰黄淮平原，以丘陵、平原地形为主，耕地面积 54 万亩，是生猪奶牛养殖大县。近年来，宝丰县坚持“绿水青山就是金山银山”发展理念，按照“农牧结合、生态循环”发展思路，聚焦粪污综合利用，创新种养结合模式，全面提升废弃物资源化利用水平，探索出一条安全、高效、绿色、生态的现代农业发展新道路。

（2）主要做法

1）强化政策引导，明确激励约束基点

编制印发《宝丰县绿色种养循环农业试点实施方案》，引导农户和新型农业经营主体发展农牧结合、林牧结合等绿色生产方式。在河南省率先出台《宝丰县农业产业负面行为清单》，明确区域内限制类、禁止类农业产业目录，划定农业绿色发展约束“底线”。与华中农业大学、河南科技大学等院校签订了战略合作协议，强化农业绿色发展技术指导。

2）创新发展模式，扩大种养结合试点

在全国首创“百亩千头生态方”种养结合循环发展模式，以 100 ～ 200 亩耕地为一个单元，配套建设一个占地 2 ～ 3 亩（含粪水发酵池等设施）一次出栏 1000 头生猪的育肥生产线，每年养殖两茬，共出栏 2000 头，养殖粪便经发酵处理后就地利用于农田。种养结合实行 2 ～ 3 年后，中低产田地力水平可提升 1 ～ 2 个等级，农作物产量可提高 10% ～ 30%。

3）建立服务体系，打通粪肥还田堵点

依据规模化养殖企业产生的粪污量、土壤消纳能力和运输成本等因素，科学规划粪污还田地域和面积。通过以奖代补等方式，建立“政府 + 养殖主体 + 服务组织 + 种植主体”有机衔接的畜禽粪污还田利用综合服务体系。公开遴选 14 家社会化服务组织，由服务组织链接养殖和种植主体，开展粪肥施用全过程专业化服务。成立技术服务小组，设立 22 个监测点，建立还田信息台账，对粪肥质量、土壤理化指标长期跟踪监测。

4）聚合资源要素，解决贷款融资难点

通过构建多元化投入机制，为农业绿色发展提供资金保障，解决农业企业“贷款难、融资难”问题。整合粪污资源化利用、秸秆综合利用、全国绿色种养循环农业、高标准农田建设等各项财政资金，通过设立贷款贴息、以奖代补等方式引导社会资本投资支持农业绿色发展。

（3）工作成效

1）产地环境明显改善

截至 2021 年，宝丰县种养循环覆盖面积近 20 万亩，有机肥施用量亩均达 15% 以上，化肥用量亩均减少 10% 以上，有效提高土壤有机质（腐殖质）含量，遏制长期使用化肥带来的耕地退化问题。

2）废弃物利用水平显著提升

完善配套了畜禽粪污处理设施，提高了粪污资源化利用水平，2021 年畜禽粪污综合利用率达 93% 以上。推进秸秆饲料化、基料化利用，2021 年全县秸秆综合利用率达到 93.2%。

3）农产品质量大幅提高

截至 2021 年，建设全国绿色食品原料标准化生产基地 30 万亩，绿色食品总数达到 33 个，宝丰梨、小米醋、羊肚菌、花生、大球盖菇等一大批农产品入选全国名特优新农产品名录。

6.1.6.3 安徽省阜阳市颍上县：加快生产加工绿色升级 实现稻米产业“绿色蝶变”

（1）基本情况

颍上县位于淮河、颍河交汇处，面积为 1987km^2，耕地面积 12.5 万公顷，常年种植水稻面积 70 万亩。近年来，颍上县坚持以“生态产业化、产业生态化”为引领，积极推进稻米产业全链条质量变革、效率变革、动力变革，取得了明显成效。

（2）主要做法

1）在生产环节上，扎实推进稻米生产“三品一标”提升行动

制定《水稻绿色氮高效碳减排品种评价技术规范》，筛选推广优良食味水稻绿色品种 6 个。构建“增汇优先、降耗为主、减排为重、循环利用”低碳稻作技术体系，至 2021 年推广面积达 30 万亩次；集成稻麦轮作土壤碳汇 - 农田地力 - 产能品质多目标协同跨越技术，应用面积达 150 万亩次。培育稻米区域公共品牌 1 个，认证“颍上大米”等“三品一标”农产品 12 个，“阜淮”“国望”等优质稻米品牌市场带动能力显著增强。制定《湿地生态景观稻田建设技术规范》等作物健康栽培、稻麦适度加工等技术规范 26 项；遴选命名“享心园”等 16 家新型农业经营主体为全产业链标准化基地。

2）在产业链布局上，全面推进稻米产业集聚循环发展

聚焦现代要素集聚、产业融合发展等 5 大任务，建设加工集群培育、物流商贸提升等 10 大工程，融合生产、加工等 6 大环节，创建了以稻米为主导产业的颍上国家现代农业产业园。2020 年，产业园实现总产值 52 亿元，三次产业结构比为 16.8 ∶ 50.7 ∶ 32.5。以产业循环式生产发展为核心，建设“地下管道 + 智能配肥 +

精准灌溉”稻田水肥（沼液）一体化绿色生产基地3.5万亩、茬稻鸭萍鹅等“稻田+N”新型农作模式30.5万亩；以企业循环式组合发展为核心，加大稻米加工副产品高效增值利用项目奖补力度，开发了米乳饮料、碎米高蛋白粉等高值新产品，提升了稻米加工增值能力。

（3）工作成效

1）科技支撑更为稳固

颍上县不断强化科技支撑能力，与科研院所建立稳固的产学研合作关系，至2021年建成院士工作站1个、省级产业创新团队1个、产学研合作基地5个、市级以上企业工程技术中心3个、博士后工作站1个。

2）利益联结更加紧密

颍上县积极推进农民分享二、三产业增值收益的机制构建，至2021年组建现代生态稻米产业化联合体3家，农户参加合作社比例达65%，稻米订单生产比例达75%以上。

3）产业发展趋于融合

形成了“生产＋加工＋销售一条龙”“科研＋示范＋推广三结合”“市场＋龙头＋基地”“市场＋龙头＋合作社＋农户”的“全产业链融合、多功能聚合”现代稻米生态产业化发展格局。

6.1.6.4 浙江省嘉兴市桐乡市：实行农业投入品全周期管理 守好绿色责任田

（1）基本情况

桐乡市位于浙江省北部，地处浙北杭嘉湖平原腹地。2020年全市粮食播种面积30.5万亩，生猪存栏6.5万头。近年来，桐乡市围绕农业绿色高质量发展，通过聚焦化肥农药源头减量、废弃物资源循环利用和农田退水末端治理三个关键环节，全链式推进农业面源污染治理。

（2）主要做法

① 守好源头责任田。依托“肥药两制”数字化管理平台，推行肥药实名购买、定额施用。推进统防统治与绿色防控融合体系建设，集成推广有机肥、配方肥、按方施肥、水肥一体化等新技术，推广稻渔综合种养和沼液还田等生态模式，有效减少化肥农药施用。建立农产品质量安全全程追溯体系，推行化肥农药等农业投入品“进—销—用—回”全周期的闭环管理，对全市280家农业主体实现主体追溯和过程追溯，189家肥药两制改革试点主体进行红、黄、绿码三色动态管理，加强肥药数字化管控。

② 打通资源循环链。巩固全国农作物秸秆全量化利用试点县建设成果，强化秸秆多元化利用区域布局，培育龙头利用主体，健全“合作社＋企业”的市场化收储运体系，提升农作物秸秆高值利用。以就地消纳、能量循环为原则，以点扩面，利用两

步纤维化技术，将蔬菜尾菜、废弃果树枝条和畜禽粪便等原料用于生产有机肥，拓宽农业废弃物资源化利用途径。构建政府引导、主体参与、市场运作的农业废弃包装物回收体系，统一回收处置农药包装废弃物和废旧农膜。

③ 筑牢末端防护堤。以“生态沟渠”和“生态沟渠 +”的形式，建设农田氮磷生态拦截沟渠系统和稻田退水“零直排”工程，全域推进农田退水治理。围绕“健康土壤、健康生产、健康生活”的理念，启动全国县域首个“健康土壤行动”，创新推出耕地地力指数保险，建立耕地质量用地养地责任制。全市布设 121 个耕地质量常规监测点和 6 个长期定位监测点，建立 2 个省级农产品产地环境监测点和 1 个地方性监测点，完善农业面源污染监测体系，提升环境监测预警能力。

（3）工作成效

① 农业投入品减量增效。截至 2021 年，建立水稻化肥和农药定额施用示范区 11 个、示范面积 2.2 万亩，年推广配方肥和按方施肥 1.17 万吨、商品有机肥 7800 吨，2020 年减少不合理施用化肥 1267 吨、农药 76.8 吨。

② 农业废弃物资源化利用。2021 年秸秆综合利用率达 97.19%，离田利用率达 43.6%，畜禽粪污综合处理率达 98%，农药包装废弃物和废旧农膜回收处置率保持在 90% 以上。

③ 农田环境质量提升。建立全市耕地质量监测网络，2021 年受污染耕地安全利用率达到 100%。建成农田氮磷生态拦截沟渠 8 条、稻田退水“零直排”工程 3 个，累计治理农田面积 1.2 万亩，总氮和总磷分别下降 10% 和 30% 以上。

6.1.6.5 内蒙古自治区兴安盟科尔沁右翼前旗：推广“321” 模式 推进农药包装废弃物处理

（1）基本情况

科尔沁右翼前旗（简称科右前旗）位于内蒙古自治区东北部，地处大兴安岭南麓，耕地面积 461.6 万亩，2021 年粮食作物种植面积 396.5 万亩，粮食产量 15.65 亿公斤。近年来，科右前旗紧紧围绕农业环境突出问题，持续推进“四控”行动，针对农药包装废弃物问题，探索了“321”回收处置模式，有效改善了农业产地环境。

（2）主要做法

科右前旗启动农药包装废弃物回收处置工作，探索“321”模式。发展 3 类回收站点，包括经营企业回收点、嘎查村回收点、乡镇临时存储站。建立 2 本监督台账，包括进销存电子台账、废弃物回收台账。建设 1 个处理中心，引进一家专业处理单位，进行农药包装废弃物无害化集中处理。

① 加强组织领导，层层压实责任。成立由旗长任组长、相关部门和乡镇参与的领导小组，做到专事有专人、专人有专责。严格落实各级党政领导干部生态环境损害责任追究问责制度，逐级签订责任状，层层压实责任。将回收处理工作纳入年度量化

考核，占考核总分的 20%。

② 加强资金保障，推动工作落地。2021 年旗财政列支资金 60 万元用于制作回收凭据、回收点标识、收集袋等专用材料，租赁乡镇临时存储站和无害化处理中心场所，购买无害化处理服务，开展宣传培训、督导检查等，为回收处置工作提供了资金保障。

③ 加强督促引导，促进监督实效。制定负面清单，明确农药经营者和使用者的包装废弃物回收处理义务 9 条。统一规范要求，至 2021 年制作并发放“回收凭据”、回收台账、回收点标识、有毒有害垃圾标识和废弃物专用收集袋 6000 余份次。严格回收过程，累计出动 50 余人进村到田开展监督核查 200 余次，督促各回收站点详实记录回收台账，设置专门场所或容器存放农药包装废弃物，存放和转运过程中必须采取防扬散、防流失、防渗漏等措施。

④ 建立回收机制，完善处理模式。明确农药经营者和使用者的包装废弃物回收义务，压实乡村两级的属地管理责任。初步形成了一套切实可行的农药包装废弃物回收处置机制和模式。

⑤ 加强教育宣传，提高回收效率。通过电视、广播、公众号、村内广播站、集中培训班等途径，张贴宣传标语、发放宣传资料，讲解回收处置方法，充分宣传农药包装废弃物乱丢乱弃的危害性和无害化处理的重要性，促使农药经营者自觉履行回收义务，农药使用者主动交回农药包装废弃物，各级回收主体回收意识得到明显增强。

（3）工作成效

建立“谁使用谁交回、谁销售谁回收、专业机构处置、公共财政扶持”的回收处置机制，至 2021 年在 15 个苏木乡镇设立 28 个集中回收点，在 235 个嘎查村及 182 家农药经营店设立 417 个分散回收点，两年累计回收农药包装废弃物 123.85 吨，回收比例达到 97.38%。

6.2 农产品产地环境管理的创新驱动机制

通过知识、技术、机制、模式等多个维度，创新驱动农产品产地环境管理，做大做强农产品安全产业，助力农业产业高质量、高效益、现代化发展是时代之需、社会之要。消化吸收国际国内先进经验，自主研发或整合国际国内先进技术，为农业生产、环境改善等提供全方位的技术支持是创新驱动的科技根本。结合农产品生产、加工、流通的环境现状，制定发布符合国情和产业现状的安全标准是创新驱动的标准依据。通过发布农产品安全指数，建立以质量信用为核心的社会化、市场化激励机制，引导农产品产地的产销者提升质量管理水平，形成良性发展的农产品产地环境安全管理是创新驱动的信用基础。通过联合保险机构，提供农产品产地环境安全责任保险服务，打消消费顾虑，畅通流通渠道是创新驱动的底线思维。以现代科技创新为支撑，运用现代农业生产组织形式和管理手段，建立以知识创新为先导的创新机制，以技术创新为动力的驱动机制，以信息平台为载体的管理机制，是实现农产品的安全、营养、健康，使优质农业成为现代化农业的重要标志。

6.2.1 以知识创新为先导的创新机制

农产品产地环境管理知识创新包括其科学知识创新和科技知识系统集成创新等，建立以知识创新为先导的农产品产地环境安全管理创新机制是激励行业领域内形成追求新发现、探索新规律、创立新学说、创造新方法、积累新知识的不竭动力。

6.2.1.1 建设知识创新的组织化机制

农产品产地环境管理知识是通过隐性知识与显性知识的社会交互作用进行创新和扩张，建设知识创新的组织化机制，促进隐性知识和显性知识的形态转换，以及创新过程社会化、外部化、组合化和内部化的模式转换，使农产品产地环境管理知识创新实现连续自我升级的螺旋式运动过程。

（1）建立政府、企业及各类社会组织的对话机制

建立农产品产地环境管理对话机制可使产地产销双方实现知识创新的组织沟通和协作，实质是坚持问题导向和有解思维，目的是促进农产品产地环境知识形态转换，实现产销者和消费者的和谐共赢。

① 无公害农产品、绿色食品、有机农产品、农产品地理标志等与农产品产地环境息息相关的知识形态尚未被推广普及为家喻户晓的显性知识。需要建立政府、企业及各类社会组织的普及性对话机制，使与农产品产地安全有关的“冷（隐含类）知识”变成“热学问”。

② 通过各类组织的对话机制，将农产品产地环境管理的隐含类知识转换为显性类知识，实现农产品产地环境管理知识的显性化，使与其相关的知识创新体系成为群众自觉遵守的日常行为。

③ 通过政府主导的常态对话机制，能够稳定达到农产品产地市场主体的安全预期，形成集思广益的知识创新平台，从而形成常谈常新的农产品产地安全知识的闭环管理，撬动政府和企业的改革创新，使农产品产地环境安全管理知识创新成果能够客观真实地得到应用。激发党委政府的“关键变量”，通过改革创新使经济发展更有质量，农产品产地环境管理更有成效，更能够满足市场和民众的需要。同时，也能够推动政府部门主动履职，使农产品产地环境安全管理的问题矛盾得到分级处置。

（2）建立行业组织的培训和学习机制

农产品产地环境安全管理任重而道远，建立行业组织的培训和学习机制，既能为农产品产地环境安全管理工作奠定良好的社会基础，也能提高民众农产品质量安全意识，发动全社会参与到农产品产地环境管理工作中来，为我国的农产品质量安全水平不断提升提供保障。

① 通过学习培训，让农产品产地的生产者和销售者首先在业务流程中进行内部演讲，然后通过知识问答和组织统一梳理的方式，推广知识社区、博客、微博、WIKI 等显性化和信息化的知识创新方式。

② 通过学习培训，使相关消费群体既得到良好的用户体验，又能在知识库、论坛等知识创新体系中发表知识或者评论，还可以同步发表在博客、微博等栏目中，使农产品产地环境安全管理的显性类知识转化为信息类知识，实现知识创新的关联化和价值显性化展示。

③ 通过学习培训，将农产品产地环境知识创新成果的价值显性化呈现出来，能够直接感知并触发消费者的行动力，营造良好的农产品产地环境安全用户心智，形成能够赋能、驱动、指导，并融入生产者、销售者、消费者所有日常行为的共同农产品产地安全价值观和行为自觉中。

（3）建立农产品产地环境管理工作体验机制

组织企业、学校及相关社会团体开展农业生产监管体验开放日活动，让学生、家长等走进田间地头，深入了解农产品产地环境安全、农产品生产安全、食用农产品承诺达标合格证推广成效、农产品质量安全以及检测水平，提高广大群众对农产品质量安全的信任感、满意度，共享农产品产地环境管理成果。完成农产品产地环境管理的显性类知识转换为隐含类知识，实现农产品产地环境安全知识的内化。

① 使用“承诺达标合格证”，产品安全有保障。通过参与农业生产监管体验活动，了解农产品质量安全生产知识创新情况，迎合市场需求，探索生产无公害农产品，为产地周边群众提供了良好的农旅体验环境，使其成为农业产业的一张亮丽名片。通过活动体验，产地农产品经过检查确认没有损坏后，工作人员会在产品包装上贴上“承诺达标合格证”。食用农产品承诺达标合格证制度，是借鉴工业品合格证管理模式，由生产者自主开具，并承诺其生产的农产品符合国家农药兽药残留限量强制性标准的制度。“承诺达标合格证”是对产地农产品的认可，同时也可推动加强农业安全生产监管工作能力，确保消费者吃上绿色健康的农产品。贴上“承诺达标合格证”可以溯源关于产地农产品的相关信息，了解其健康安全状况。

② 通过线上线下对试行主体进行全面培训和体验，使体验者亲自感受到采用“公司+基地+农户”的模式，建立农产品生产供应链管理系统，可以查到农产品的来源、运输车辆、运输时间以及农产品的流向，让产地农产品做到真正可溯源。

③ 多重检测给农产品开了“质量身份证”，使体验者切身感受到农产品质量安全保障和农产品安全检测技术，零距离观看农产品检测，向专业人员学习传播农产品产地环境管理的知识。

（4）建立农产品产地环境文化宣传共享机制

以“共创食安新发展，共享美好新生活”为主题，大力宣传国家禁限用农药、畜产品等相关农产品产地环境管理的政策法规，着眼于绿色安全农业发展，建立企业和社会的农产品产地环境安全文化氛围共享机制。坚持不懈开展农产品产地安全宣传，使农产品质量安全意识不断深入人心，完成农产品产地环境安全知识的共享化，形成由组织成员共享的知识系统和平台。

① 坚持“走进群众”宣传。深入街道、农村、农产品生产大户和农资店，全面宣传生产经营台账、种子经营备案等法律法规和购买、经营农资的注意事项，不断提高群众防范意识、维权意识和守法意识。

② 坚持“培训科普”宣传。通过开设“直播课”“培训班”和“农技下乡”等活动，邀请专家讲授农产品产地安全科普知识，指导群众农业生产“减肥减药”，不断引导群众走科技、安全、绿色、高效的农业生产之路。

③ 坚持“反面典型”宣传。结合日常工作，向群众通报农产品及农资领域典型案例，及时查办和公布群众反映的身边农资打假及农产品质量案件，切实发挥案件的警示作用和综合效应。

6.2.1.2 创新农产品产地环境绿色发展机制

创新农产品产地环境绿色发展机制，提升安全管理水平，使行业和领域的知识与财产通过知识创新和知识产权而相互联系在一起。

（1）创新农产品产地环境绿色生产机制

通过构建农产品监测网络、农产品质量安全监管信息平台与预警系统，推广标准化生产与管理技术，建设农产品标准化生产示范基地、实施农产品产地准出与市场准入控制技术协调与对接，开展“三品”认证（无公害农产品认证、绿色食品认证、有机农产品认证），完善农产品质量追溯体系，创新农产品绿色生产管理机制，并进行大面积推广，降低产地与产品污染风险、提高产品质量，保护生态环境，实现农业可持续发展。

① 把农产品按产业关联度，拓展为一个系列，在绿色种植、养殖、加工、流通等方面实行一体化经营，既强调产前的环境监测，又强调产中的投入品标准，还强调产后的绿色加工、销售，既具有种养业的环境标准、生产标准，又有加工、包装、储藏、运输的生产标准和环境标准，通过建立绿色农产品生产基地，保证加工原料的品质划一，质量达标。

② 以生态经济学原理为指导，以协调经济、社会、资源环境建设为主要对象，在农产品产地区域内生态良性循环的基础上，建立经济社会全面健康持续发展的，相对独立又对外开放的，社会、经济、自然的复合生态系统。把产地安全的绿色农产品知识价值转换成收购价，使其收购价明显高于普通农产品价格，保证产地安全的绿色农业生产具有高增值性。

③ 产地安全的绿色农业生产倡导以保护优良生态环境为基础，以生产安全优质产品为核心，坚持合理开发利用资源，协调人与自然的关系，实现农业生产的良性互

动和可持续发展。

（2）创新农产品产地环境绿色防控机制

实施农产品产地环境病虫草鼠害绿色防控是保障农产品质量安全的现实选择，集成创新绿色防控知识体系的关键是加强绿色防控示范引导，探索有效的绿色防控推广机制，可采取生态控制、生物防治、物理防治、科学用药等环境友好型措施来控制有害生物的有效行为。实施绿色防控是发展现代农业，建设“资源节约，环境友好”两型农业，促进农业生产安全、农产品质量安全、农业生态安全和农业贸易安全的有效途径。

① 减量与保产并举。在农产品产地环境农业生产中减少化学农药使用量的同时，建立病虫害综合防治技术体系，做到既不降低病虫害防治效果，也可促进粮食和重要农产品生产的稳定发展，保障有效供给。

② 数量与质量并重。在保障农产品产地环境农业生产安全的同时，更加注重农产品质量的提升，推进绿色防控技术和科学用药，保障农产品质量安全。

③ 生产与生态统筹。在保障农产品产地粮食和农业生产稳定发展的同时，统筹考虑生态环境安全，减少农业面源污染，保护生物多样性，促进生态文明建设。

④ 节本与增效兼顾。在减少农产品产地农业生产中化学农药使用量的同时，大力推广新药剂、新药械、新技术，做到保产增效、提质增效，促进农业增产、农民增收。

（3）创新产地绿色有机农产品产业发展机制

创新产地绿色有机农产品产业发展是乡村振兴的关键之举。加快发展乡村农产品产地农业绿色产业，顺应产业发展规律，立足不同区域农产品产地特色资源，推动乡村农业绿色产业发展壮大，优化农产品产地环境农业绿色产业布局。按照国家政策导向和市场消费需求，坚守环保、安全、营养、健康的经营理念，打造“从田间到餐桌”的有机健康生态农业产品产业链。创新完善农产品产地环境农业绿色产业利益联结的知识体系和相关机制，实现产销者和消费者经济效益、社会效益、生态效益“共赢”。

① 建设绿色有机农产品生产基地。协同开展国家农产品质量安全县、国家农业绿色发展试点先行区、绿色食品原料标准化生产基地和有机农产品基地创建。整县整乡推进绿色有机农产品生产基地建设，稳步扩大绿色有机农产品生产基地规模。坚持年度检查和随机抽检相结合，加强基地建后监管，确保基地建设制度化和规范化。

② 壮大农业绿色产业生产经营主体。围绕绿色有机农业优势产业，大力发展相关生产经营主体，打造一批绿色有机农产品生产型、加工型、销售型及三产融合发展型的示范龙头企业，鼓励家庭农场、农民专业合作社等新型农业经营主体发展绿色有机农产品，不断扩大绿色有机农业发展规模。

③ 构建绿色有机农产品产业链。大力推进农产品产地初加工，加强烘干、分类分级包装等初加工设施装备建设。结合产业发展需求，大力推进绿色农产品精深加工，引导畜禽、水产加工产品向绿色有机产品发展，提高绿色有机农业产业化水

平，推进产业集群发展。加快农产品仓储保鲜冷链物流设施建设，完善相关市场流通体系。

6.2.1.3 鼓励农产品产地利益相关者参与的分配机制

农产品产地环境利益相关者本质上是为了追求各自利益以及整体利益的最大化而形成的契约合作关系，各主体成员合作的前提是基于对利益获得的考虑。因此，在利益合作分配的知识体系和创新机制中要充分考虑价值规律，使知识创新的显性化价值得到充分展示。

农产品产地环境利益相关者在遵循平等互利、公平兼顾效率和共赢的原则下，获得自身预期效益。农产品产地供应链上的相关利益者虽然在规模、资金投入、技术实力等方面存在差异，但其在参与供应链的合作过程中，都追求地位的平等和角色的对等，以及平等地获得利益分配的权利，每个供应链的合作成员都希望按照自身对整条供应链的贡献比例平等地参与利益分配，彼此能够互惠互利，以达到平等互利、促进共同发展的目的。农产品产地供应链的各利益相关者不但要保证公平，也要兼顾效率，力求在公平与效率之间寻求一种平衡。供应链整体利益的实现离不开相关成员的相互合作和团队合作，由于各自所处的环节和所承担的风险和责任不同，各成员的收益与所承担的责任与风险也不同，从而可激励各成员企业为实现供应链的整体效益而努力多做贡献。农产品产地供应链在利益分配过程中，要保证各利益相关者都能获得各自的预期利益，需要各成员从供应链的整体利益出发考虑，长期保持信任合作共赢关系，实现整条供应链的整体收益最大化。

（1）落实市场准入制度、建立生态补偿机制

通过优化信息传播、优化技术推广、健全生态补偿、落实市场准入制度等措施，整合政府、生产主体质量安全控制相关信息，建立全国统一的专业信息发布平台，向消费者公开，从根本上提升农业面源污染和源头的农产品产地环境安全治理效率。

① 建立健全生态补偿制度，调整农产品产地安全友好型生产管理技术的补贴方式。依据环境友好与质量安全双重标准将传统的补贴项目进行分解，针对生产中的投入品、生产管理措施与信息追溯管理，制定差异化的补贴项目组合，优化对环境友好型技术的激励，改变补贴政策对化肥、农药等化学投入品使用的激励，避免扭曲要素市场价格。

② 建立环境友好型生产政策补贴制度。农产品产地环境友好型生产中的测土配方、绿色防控等关键技术和高标准生产的补贴额度要求非常高，这与安全友好型技术的实施成本有关，但要推进环境友好型生产，适当的政策补贴是不可或缺的。在明确生产者的责任与义务的基础上，整合环境和农业部门的财政补贴项目，成立统一的农业面源污染/重金属污染等农业环境污染防治专项基金，最大限度地提升补贴额度，对推动环境友好型农业生产会产生积极的激励作用。

（2）保障市场有效运行的监管资源配置机制

把农产品产地环境安全监管资源重点投向保障农产品市场有效运行，建立高效的监管资源配置和保障机制，有利于提高农产品产地环境知识水平，可有效地增强生产者对安全友好型技术管理的采纳意愿。

① 建立有效权威的农产品产地环境评估与信息发布平台，使生产者能够对农产品产地环境中与质量安全密切相关的知识创新和具体要求有准确的了解，进而形成自觉行为。

② 加强宣传教育，强化农产品产地环境检测、投入品管理与产品品质检测，大力推广标准化生产，使得无公害农产品、有机农产品等认证标准的知识体系得到知识价值的显性展示，进而落到实处。

③ 以问题为导向，按网格化监管方式普及农产品产地安全知识。强化重点区域、重点产品、突出问题的监督检查，建立生产经营主体监管名录和诚信档案，推进农产品产地安全知识显性化、信息化，普及实施风险分级管理。按照网格化监管方式，开展定期巡查，完善监督检查日志，督促产销者实施生产档案记录、投入品购买使用记录和休药期制度。以创新普及农产品产地安全网格化监管知识，促进农产品产地安全监管资源的有效配置。

（3）强化农产品安全管理的市场倒逼机制

农产品产地环境安全管理和畅通农产品生产销售是有机整体，关乎群众健康、农业发展。实施农产品产地环境管理知识创新，畅通农产品产销渠道，统筹兼顾，分类施策，提升农产品产地安全生产管理水平以及商品化处理和错峰销售能力，在大宗农产品产地，建设集配中心、产地仓库等，通过冷藏、加工等手段，延长农产品的保存期，增加农产品的附加值，提高农产品抗风险能力，用市场的倒逼机制，促进农产品产地环境管理既是新时代行业知识创新的应有之义，也是有效的创新主导之机。

① 加快建设现代化农产品批发市场。从我国农业产业链各环节来看，生产与销售环节存在相互矛盾，形成了小生产对接大市场的农产品流通基本格局，其中农产品批发市场是促进产销衔接的核心环节。以加快建设现代化农产品批发市场为突破口，推进形成区域性和全国性统一市场，通过助力农产品供应链“补链”“强链”“延链”，有效打破市场壁垒，促进要素自由流动。发挥其对农业产业链的核心带动作用，促进农业产业链、价值链和利益链“三链耦合”，最终培育出强大产业链自发形成的内生动力，进而保障农产品产地安全。

② 有效实施农产品承诺达标合格证制度。信用承诺是推进国家治理体系和治理能力现代化的重要内容，农产品承诺达标合格证制度是顺应新形势、新要求，加强农产品产地环境管理的重要创新。实施农产品承诺达标合格证制度的关键是生产者切实落实主体责任，特别是在农产品生产过程中严格执行投入品使用等强制性规定，保证销售的农产品符合国家质量安全强制性标准，是生产者必须做到的底线要求。2022年修订后的《农产品质量安全法》要求生产者在自控自检的基础上开具承诺达标合格证，体现了生产者落实主体责任的内在要求。

③ 发挥农产品质量追溯机制倒逼作用。建立农产品质量可追溯机制，实际上就相当于给每个农产品建立了一份“履历”，由此可以对其生产、加工和销售等各环节流向及时监控，并且在必要时进行召回。但这只是流程环节上的监管，要让农产品追溯制度形成约束力，首先要形成对应的农产品产地环境安全准入机制，从而形成名副其实的源头控制，以此界定农产品产地环境安全准入是追溯的前提。一套行之有效的追溯机制，既需要按照统一标准来管理生产、加工、包装、存储、运输和销售等的各个环节，还需要打通各部门之间的协作和配合。

④ 建设安全防线，促进农产品产地环境与市场有效衔接。农产品“从农田到餐桌”要经过诸多环节，确保流通中的农产品来源可溯、去向可追，是实现质量安全责任可究的前提条件。农产品产地生产者和对农产品进行混装或分装销售的收购者，在每批次产品上市时开具承诺达标合格证，承诺不使用禁用的农药、兽药及其他化合物，承诺使用的常规农药、兽药残留不超标，有利于把自警自律融入日常。从事农产品购销的各类主体建立收取保存和查验承诺达标合格证的制度，有利于落实农产品生产者的主体责任，形成常态化的倒逼机制。根据承诺达标合格证上的相关信息，有关部门可以进行更有效、更精准的监管，社会各方面可以更方便地行使监督权力。这些自律、他律和国律的力量汇聚起来，可形成一道新的质量安全防线。

6.2.2 以技术创新为动力的驱动机制

技术创新是从产生新产品或新工艺的设想到市场应用的完整过程，它包括新设想的产生、研究、开发、商业化生产到扩散的系列活动，是一个科技、经济一体化过程，是技术进步与应用创新并行齐驱的双轮。技术进步为应用创新创造了新的技术，而应用创新往往很快就会触到技术的极限，进而推动技术的进一步演进，当技术和应用的激烈碰撞达到一定的融合程度就会诞生引人入胜的模式创新和行业发展的新热点。农产品产地环境安全管理的技术创新是行业领域技术进步与应用创新“双螺旋结构”共同演进催生的结果，以此为动力的驱动机制是围绕技术创新与市场需求之间矛盾不断展开和解决的一系列动力、规则、程序和制度的复杂系统。

在现代绿色农业发展理念下，农产品产地环境安全的全过程管控技术创新需要围绕安全技术措施方法及相关要素，结合农产品质量安全管理的技术类型加以分类，在此基础上进行相应的更新。农产品生产及交易过程需要创新的技术措施主要有以下几方面。

① 基于农产品质量安全的评估鉴定技术。对农产品进行评估鉴定时，应扩大相应的范围及鉴定角度，在具体实施时可邀请第三方机构对农产品进行客观中立的评估鉴定。例如，在对农产品的质量安全加以评估时，其安全性主要参考农作物农药残留数据，在这一环节可以综合运用快检技术、药剂测试技术、自动提取技术等，对数据真实性加以验证。

② 基于农产品质量安全的检验技术。根据农产品的类型及检验技术层次等级，综合采用粗指标测定法、目测法及快检法，对农产品的安全指数进行检验和界定。

③ 基于农产品质量安全的警示标识技术。农产品在种植、生产、流通等的各个阶段可能会因阶段性需要而用药，用药会产生一定的真菌毒素，针对这些质量安全风险指标，可以通过警示标识技术进行预警及预防，降低工作人员的操作风险隐患。例如，在农产品田间加装用药警示标识，起到提醒作用。

④ 基于农产品质量安全的追溯技术。农产品的质量安全追溯已经在意识层面受到广泛重视，在农产品的生产过程中，质量追溯技术也得以应用。随着物联网、自控技术、智能传感技术趋于成熟，对农产品进行全过程的信息采集已具备可行性，这为农产品质量安全的保障增添了砝码。

6.2.2.1 创新农产品产地安全生产技术，驱动优化评价机制

创新以有机食品、绿色食品、无公害食品为代表的农产品产地安全生产技术，驱动优化评价机制，协调资源、环境、食物、健康之间的关系，减少和防止农药、兽药、化肥、饲料添加剂等农用化学品对环境的污染，保障人民身体健康，满足国内和国际市场的需求，这是我国农业和食品工业生产方式的一场革命。需要把好产地环境生产准出的出口和市场准入的入口，科学评估危害，及时开展风险预警，提出防范措施，指导生产，引导消费。

（1）优化农产品产地生产的生态环境安全评价机制

现代化农业生产发展要求高产、优质、高效、生态、安全，需要在农产品生产过程中对每一环节都进行严格细致的管理和监控，形成规范化的农产品产地安全生产技术管理体系和农业生态环境评价机制，及时有效地解决相关问题，从而促进现代农业的持续健康发展。

① 优化选择农产品产地安全生产的评价指标。选择无污染的农产品产地安全生产基地，其生态环境中大气、水体、土壤中的有害物质均应低于国家允许标准。选择高产、优质、性状优良并兼顾能效及抗性强的优势品种，以增强抗病虫和抗逆的能力，发挥优势品种的作用。选择优质有机肥料及具有特定活性的微生物制剂。选择清洁的地下水或无污染的自然水进行灌溉，杜绝污水灌溉，避免造成水污染、土壤污染、作物污染，采用喷灌或滴灌，减少用水损失。

② 优化应用农产品产地安全生产的技术和物质。创新应用正确的生产、收获、储存、运输方式和恰当的技术措施，避免产生毒素、重金属、放射性物质等生物或化学品污染危害。农产品生产、收获、运输的机械设备和车辆要进行清洁和必要的消毒处理。认真记录农产品生产过程中所采取的一系列保护性活动，尤其是施用肥料和其他农业投入品的情况，以及实施农产品取样分析或其他分析的结果等。对来自土地、饲养场或收获的未经加工的初级农产品进行加热、烘干、熏烤、浸渍、腌制、提取、挤压等处理过程中的质量安全检测。用于农产品加工的厂房、设备、运输工具，从事农产品加工的操作人员和企业所在地周围的卫生状况都要符合有关规定的要求。

③ 优化构建农产品产地安全生产的技术体系。借助现代物理、化学、信息技术、

生物学等理论，优化构建农产品产地生产中农药、兽药、污染物、生物毒素、环境激素、功能成分、营养品质等方面的安全使用和防控新技术。根据农产品类型及其遭受污染的主要途径及机理，优化构建农产品产地产销全过程安全生产控制技术和风险评估技术。

（2）优化农产品产地环境标准化生产机制

实现绿色农业标准化生产，当前在于解决农产品产地安全和生产全过程质量安全问题，长远在于提升农业产业素质。

① 加快标准制修订工作。围绕农产品产地安全和产业发展需要，加快制定符合各地生产实际的技术规范和操作规程，突出其实用性，使广大农产品生产者真正看得懂、用得了，实施效果好。

② 大规模开展产品标准化园区建设。以标准化园区创建为基础，由点及面，不断扩大生产面积和总量规模。

③ 规范龙头企业、农民专业合作组织的生产行为。加大宣传工作力度，普及质量安全科学知识，推广农业标准化生产技术，形成良好的社会氛围。

④ 大力推进品牌农产品发展。以品牌化带动标准化、推进产业化，实现农业标准化与市场效益直接挂钩，形成优质优价的市场激励机制，促进农业增效、农民增收。

6.2.2.2 创新农产品产地安全认证技术，驱动优化运行机制

创新农产品产地安全认证技术，加强农产品产地环境保护，突破“绿色壁垒”，按国际标准规范技术体系，获得国际市场的通行证，驱动优化运行机制，是提升农产品的质量安全水平，促进农业可持续发展，提高农产品的国际市场竞争力的重要举措和保障。

农产品产地安全认证是为保障农产品生产和消费安全而实施的政府质量安全担保制度，主要解决农产品产地环境和生产过程中的质量安全控制问题，是产品认证的前提和基础，产品认证主要解决产品安全和市场准入问题。农产品产地安全认定需要省级农业行政主管部门组织完成农产品产地环境监测，审查材料是否齐全、完整，核实材料内容是否真实、准确，生产过程中是否有农业投入品使用不规范的行为；农业农村部农产品质量安全中心所属专业认证分中心对省级承办机构提交的初审情况和相关申请材料进行复查，对生产过程控制措施的可行性、生产记录档案和产品（检测报告）的符合性进行审查；根据专业认证分中心的审查情况，组织召开认证评审专家会，进行最终评审；颁发认证证书、核发认证标志，并报农业农村部和国家认监委联合公告。

为了使我国农产品生产质量更加符合国际化标准，创建农业生产基地，创新农产品产地环境管理技术，使其生产标准符合国际标准。创新传统的生产经营模式，使其转变为符合瞬息万变的国际市场需要的联合型、产业化生产营销模式。通过对先进的

生产技术进行引进学习和再创新，使农产品的质量得到有效提升。对国际上的农产品产地安全认证和检验检疫标准进行研究，对关于国际贸易“绿色壁垒”进行学习，将绿色环保的理念融入农产品生产当中，为农产品生产的各个环节提供参考和相关的技术支持，生产出更多符合国际化产品标准的高质量农产品。提升农产品产地农业生产的绿色技术水平，发展绿色生态农业，提升农业生产链的价值，创建集团化的生产经营方式，提升农产品产地生产的技术水平，优化农产品产地安全认证技术，使农产品产地安全和产品质量得到有效保障。

（1）优化农产品质量安全管理认证的运行机制

国际上对农产品质量安全要求从最终产品合格向种植养殖环节规范、安全、可靠等转变，我国也随之推行相应的生产管理和控制体系及相应的体系认证，在生产环节主要推广中国良好农业规范（good agricultural practices，GAP）管理体系，在加工环节主要推行有关食品生产、加工、储藏、运输和销售的良好加工规范（good manufacturing practice，简称 GMP），严格执行卫生标准的危害分析与关键控制点（hazard analysis and critical control point，HACCP）体系等，农产品产地生产者和销售者可根据自身情况申请相关的体系认证。GAP 强调从源头抓起，解决农产品、食品安全问题，是提高农产品生产全过程质量安全管理水平的有效手段和工具，该标准主要涉及作物种植、畜禽养殖、水产养殖等各农业领域。GAP 认证分为一级认证和二级认证，且一级认证高于二级认证。GMP 是为保证食品质量安全而制定的贯彻于食品生产全过程的一系列方法、技术要求和监控措施，是政府强制性的有关食品生产、加工、储藏、运输和销售的卫生规范。创新农产品产地环境管理技术，优化农产品安全认证运行机制，推行国际统一的认证标准有助于我国农产品走向世界。

① 优化农产品产地生产者申请认证的动力机制。生产者是农产品产地安全和质量安全认证的申请主体，生产者申请认证的驱动力、意愿、能力和生产者组织特征等要素相互促进，相互制约，共同形成了农产品质量安全认证的动力机制。其中，生产者是否具有足够的申请认证意愿和申请认证能力决定了生产者能否进行申请认证，而申请认证的意愿是由外部驱动力和内部驱动力促成的，申请认证能力又受生产者的组织特征影响。对农产品产地环境安全认证的驱动力主要是政府管制、市场要求和模仿性外驱动力，内驱动力明显不足。因此，可通过培育优质优价的市场，提高农产品产地生产者收益，加强可持续发展、保护环境等公益宣传，增强社会责任感来增加农产品产地生产者申请认证的内驱动力。提高政府管制和市场准入的要求，并扩大规模，充分发挥模仿性驱动力作用，进一步增强生产者申请认证的外驱动力；提高农产品生产和经营的规模化水平，培育规模化生产主体，提升生产者申请认证的能力。

② 优化农产品产地认证机构的运行机制。认证机构是产地农产品质量安全认证实施的主体，认证机构有效的运行机制就是在提高认证质量和降低认证成本之间寻求一个动态的平衡点。认证质量是由认证机构所提供服务的技术质量、行为质量、形象质量和真实瞬间质量构成的。认证成本包括认证边际成本和认证风险成本两大部分。认证质量和认证成本这两个要素之间相互作用，相互制约，形成了农产品质量安全认

证机构的运行机制。文件审查、现场检查以及农产品产地环境和产品检测三项认证审查技术，是影响无公害农产品认证成本和认证质量的重要因素。因此，应在法律上保障认证机构的独立性，提高认证评价的客观性和公正性；应完善农产品质量安全认证的风险责任制度，增强认证机构的责任感，强化认证机构信誉的影响，提高认证机构的认证风险成本，促使提高检查质量；应加强对检查员的职业培训，采用风险导向型检查方法和改进数据信息交换方式来提高认证检查技术，降低认证边际成本，促进认证机构高效运行。

③ 优化农产品产地认证信号传导的运行机制。认证农产品从生产者经过经销商流通到消费者的过程中，包含了农产品物流和质量安全认证信号流的传递。认证信号的表达方式和宣传推广策略，形成了认证信号传导的运行机制，是整个认证体系运行的价值体现。认证标志具有形象、直观、易标示、易辨别等优点，是认证信号传导最常用的方式。因此，在信号传导方式上，应坚持以认证标志为主，探索认证专柜、专卖店销售模式，拓展农产品认证信号传递渠道，促进产地鲜活类不宜直接加贴产地标志认证产品的信号传导。在标志管理方面，依法加强市场监管，督促获证产品使用标志，同时借鉴国外的财政补贴政策，对使用标志的申请者予以适当的补助。加强认证农产品标志宣传，提高标志认知度和影响力。

④ 优化农产品产地消费者的安全反馈运行机制。农产品产地质量安全认证的发展植根于消费者需求，而消费者对认证农产品的需求又取决于消费者的认知度、认可度、支付意愿以及实际购买行为。消费者对认证农产品的需求与农产品质量安全认证的发展（供给）相互作用，相互影响，形成了消费者的反馈机制。消费者的正反馈是促进农产品质量安全认证体系持续发展的动力。因此，增加消费者的有效需求，形成正反馈机制，可促进农产品认证的发展。可从以下几方面促进其发展：a. 政府加强对认证农产品相关知识的科学宣传，增加消费者对认证农产品的关注度和认知度；b. 全面提升认证农产品的品牌整体形象，提高消费者对认证农产品的认可度；c. 企业实行规模经营与政府加大认证补贴相结合，努力降低认证农产品的价格，增加消费者对认证农产品的有效需求；d. 发展专业流通，加强营销促销服务，便于消费者购买认证农产品。

（2）优化农产品产地环境安全认证的技术、组织和制度同步运行机制

优化农产品产地环境安全认证的技术、组织和制度同步运行机制，需要立足资源与环境的双重约束，依靠政府补贴和市场激励的双重动力，对农业技术推广体系、农产品销售渠道、现代农业经营组织和政府监管体系进行完善。

① 优化完善产地农业技术推广体系。在农产品产地人口老龄化的背景下，首先要调整基层技术推广方式。一方面大力发展专业化服务体系，将施肥用药等涉及质量安全控制的关键环节外包，通过适当的分工提升生产效率，同时降低质量安全风险；另一方面要注重基层农业产业化组织建设，充分发挥合作社等产业化组织在投入品控制和技术推广中的平台作用，将追溯管理等老龄农民无力解决的问题交由合作社等产业化组织统一管理。另外要推广安全友好型技术管理，提升技术创新的适用性和易用

性，降低技术创新的应用风险。增强农产品产地生产者自身环保意识，自觉应用安全友好型新技术，促进形成优质优价的市场体系。

② 优化完善产地农产品销售渠道。聚焦农产品产地批发市场的物流与信息流聚合点，促进传统渠道改造，加快现代农产品销售渠道建设。一方面通过建设公益性批发市场，保证严格监管、检测的落实；另一方面及时发布消费者对农产品产地环境安全及优质农产品的需求信息到生产环节，激励生产者提升质量安全风险管理和安全生产意识，增强冷链物流等现代流通体系基础设施建设，提升农产品效益。

③ 优化完善各类产业化组织带动能力建设。首先，扶持各类产业化组织，带动农产品产地农业专业合作组织的能力建设，逐步实现治理的规范化；其次，支持农产品产地合作组织稳定运营，促进内部成员在农产品产地环境安全控制上形成真正的合作，实现产品溢价，促进农产品产地农业合作组织逐步发展完善。

④ 优化完善农产品产地环境友好型农业生产的激励作用。发挥生产主体的农产品产地环境安全责任人的作用，落实生产主体责任人的制度。加强认证机构监管，维护认证市场的有效运行，确保认证信息的可靠性、真实性，持续修订完善技术标准，加强标准技术推广培训，确保标准的实用高效。

6.2.2.3 创新农产品产地环境安全管理溯源技术，驱动优化保障机制

农产品产地环境溯源有利于保护原产地，保护地区名牌，保护特色产品，确保公平竞争，增强消费者对食品安全的信心。创新溯源技术，探寻表征不同地域来源食品的特异性指标，应用无线传感器网络（WSN）物联网技术、射频识别（RFID）信息采集技术、全球产品电子代码（EPC）体系、物流跟踪定位技术等农产品产地安全溯源技术体系，使其参与到农产品的生产、加工、销售各个环节中，不仅可进行信息采集和记录，而且可为每个农产品建立质量安全档案，建立并完善农产品产地安全管理溯源制度，使消费者放心地购买和食用产地农产品。在农产品环境管理溯源系统的全流程覆盖下，一旦发生问题，溯源系统就能够快速反应，获取问题产品生产、流通整个流程的信息，并进行排查定位，确定问题的根源，有针对性地予以解决，进而使农产品产地产销者、消费者、监管者应用农产品溯源技术系统共同发力，实现共赢。

（1）优化探寻表征不同地域来源农产品的特异性指标

产地溯源技术主要是探寻表征不同地域来源农产品的特异性指标，包括同位素含量与比值、元素含量、化学成分含量、动物遗传图谱、微生物图谱、感官特性、挥发性成分等。

① 利用生物体指纹技术进行农产品产地溯源。自然界中的生物体不断在外界环境中经历物理、化学、生物化学过程，如蒸发和冷凝、结晶和熔化、吸收和解吸、扩散和热扩散等，这些都与地质条件、地域的环境条件、土壤环境和农业施肥用药密切相关。天然同位素丰度的测定可以鉴别植物的光合作用途径，进而识别植物“类型”（C、N同位素比值）以及地域来源（H、O、Sr等同位素比值）。同位素的组成差异

携有环境因子的信息，可反映生物体所处的环境条件。通过农产品中的蛋白质、脂肪酸、香气成分、糖、酸等有机成分组成的差异，可判断其产地来源。

② 利用矿物元素指纹技术进行农产品产地溯源。不同地区的环境，由于其土壤类型、污染程度、灌溉用水、大气条件等因素以及矿物元素含量有很大不同，农产品中的元素含量与当地环境因素密切相关。用矿物元素来进行农产品的产地溯源，主要是通过借助元素分析仪（EA）、原子吸收光谱仪（AAS）、电感耦合等离子体原子发射光谱仪（ICP-AES）和电感耦合等离子体质谱仪（ICP-MS）等对农产品中的矿物元素进行技术分析，实现农产品产地溯源。

③ 利用近红外光谱技术进行农产品产地溯源。不同产地来源的农产品，因其生长环境、气候、土壤、水质等的不同，导致食品中蛋白质、脂肪、糖分、水分等主成分的组成和含量存在较大差异，而这些成分的差异可通过近红外光谱技术直接测定，进行无损分析，该技术可快速、高效地识别农产品产地。

（2）优化应用农产品产地环境管理信息化技术

通过创新应用 WSN 物联网技术、RFID 信息采集技术、EPC 全球产品电子代码体系、物流跟踪定位技术等溯源技术体系，使农产品产地安全溯源系统实现了流转环节全程数据管控，全程“码”上解决，为促进农产品产地环境管理提供重要保障。

① 在监测区域内部署 WSN，通过 WSN 物联网技术，实现对农产品产地环境管理相关数据的传输与信息交互。

② 在农产品产地的生产、加工、流通、消费各环节，全过程应用先进的农产品溯源信息采集技术，进行严格控制，并依托网络、数据库技术，实现信息融合、查询、监控，为每一个生产阶段以及分销到最终消费领域的过程提供针对每件货品安全性、农产品成分来源及库存控制的合理决策，完善农产品安全预警机制。

③ 在农产品溯源系统中以 RFID 电子标签为载体，结合全球产品电子代码（EPC）体系技术，把农产品产地生产、运输、销售的所有流通环节统一起来，组成一个开放、可查询的 EPC 物联网，从而提高对农产品的追溯效率，并可提供安全保障。

④ 在农产品溯源系统中运用物流跟踪定位技术（GIS/GPS），进行农产品产地物流运输过程中的准确跟踪和实时定位，使农产品溯源系统通过 GIS/GPS 技术，有效地对农产品进行监控与定位。

（3）优化联用农产品产地溯源多样性技术

随着农产品产地溯源技术的发展，多种技术联用也在不断发展，从而有效提高了农产品产地溯源检测的准确性和安全性。

① 对农产品产地相关信息进行采集、加工并加以识别，对于食品原产地的植物、动物等产品具有相应的识别作用。所采用的识别方法要适应原产地的特征，所要检验的动植物等农产品要符合相应的要求。

② 由于化学成分含量的差异可反映产品种类、生长环境等产地信息，因而使用稳定同位素分析技术、矿物元素分析技术和有机成分指纹分析技术等多元素相结合的分析技术，可保证农产品产地溯源和检验的准确性和安全性。

③ 在农产品跟踪与追溯系统中，应用其数据记录及获取记录的可靠性、一致性、快速性、精确性，可建立农产品产地安全的协同机制和预警机制，科学地鉴别农产品产地和来源的真伪，防止以假乱真、以劣充优。

6.2.2.4 创新农产品产地环境安全监管技术，驱动优化协作机制

按照中国良好农业规范（GAP）和良好加工规范（GMP）的认证标准，农产品产地环境安全监管链条从农田延伸至餐桌全过程。农产品质量安全监管工作责任重大、任务艰巨，需要不断创新农产品产地安全监管技术，驱动优化协作机制，坚持严格执法监管和推进标准化生产两手抓，“产出来”和“管出来”两手硬，用最严谨的标准、最严格的监管、最严厉的处罚、最严肃的问责，落实监管职责，强化全程监管，确保不发生重大农产品质量安全事件，切实维护人民群众“舌尖上的安全”。

（1）优化农产品产地环境安全的农产品市场准出监管体系顶层设计

创新农产品产地环境安全的农产品市场准出监管体系（政府、企业、社会组织等）联合监管新路径，推进监管技术体系向智慧化、柔性化升级，降低决策风险。

① 建立从上至下垂直管理的农产品产地准出监管体系和机制，统一监管部门、监管人员、监管模式和监管内容，制定统一的农产品质量安全产地证明或检测证明、运输承诺书等。

② 建立农产品产地准出与市场准入衔接的统一模式，实行严格的农产品产地准出与市场准入制度。

③ 建立农产品产地安全准出的风险研判、评估机制，在参与相关决策、防控协同方案讨论时，可以采取背对背的方式征询专家组意见，提高决策的科学性与权威性。推进数字化监管，增强农产品产地安全处置的时效性。

④ 拓展农业保险覆盖范围，完善农产品经营领域的农业保险制度。在当前以农业生产领域为主要范畴的农业保险制度的基础上，尝试探索在农产品经营领域内设置农业保险或与现有的商业保险体系合作，以完善相关保障制度。

（2）优化产地农产品生产主体和经营主体监管机制

创新产地农产品生产经营主体信用技术体系，增强主体自律意识，强化信用监管，倡导诚信生产经营，形成褒扬诚信、惩戒失信的制度机制，优化产地农产品产销主体监管制度，提升监管的针对性、科学性。对生产主体或经营主体实行资格管理模式，创新监管制度，形成标本兼治的农产品生产主体资格制度、从事农产品生产经营从业人员资格制度、农产品生产经营主体内部管理制度、农产品质量安全准出制度、农产品质量安全检测合格证制度等，严格规范农产品从业人员的各项行为，保障合法主体的权益，强化管理，引导农产品产地准出监管走上规范化道路。

① 创新监管理念、监管制度和监管方式，建立公共信用综合评价和行业信用评价制度，实施信用分级分类监管，更好地激发市场主体活力，维护公平竞争的市场秩序。

② 建立产地农产品生产经营主体信用综合评价动态管理机制，及时更新纳入评价范围的产地农产品生产经营主体的信用信息，持续优化评价模型，适时调整评价指标，不断提升产地农产品生产经营主体信用综合评价的科学性、合理性、有效性，及早发现防范苗头性信用风险，促进信用风险预判预警。

③ 建立产地农产品生产经营主体信用档案，开展信用评级，并以评价结果为基础，按不同评价等级划分不同的监管类别，以激励、教育、限制、惩戒等方法，对产地农产品生产经营主体实施动态的分类监管，以不断完善监管机制，提升监管水平和监管成效，创建良好的产地农产品生产经营经济秩序和信用环境。

（3）优化农产品产地环境安全准出监管服务机制

创新农产品产地环境安全准出监管服务理念，理顺源头监管服务思路，重点建设县乡级农产品产地环境管理末端服务机构，完善质量安全限量和检测技术标准体系，推动农产品检测技术标准研究与制定，做到检测技术标准参数和品种的全覆盖，提高检测技术水平和能力。

① 服务农产品产地环境生产、加工、流通全过程，把握好农资供应、规模化服务、基地建设、品牌培育、产销对接等关键环节，打造农产品产地安全的全产业链服务模式，保障农产品质量安全。

② 创新农资经营服务方式，通过对农资商品从进货、入库、配送、运输、销售全过程的有效、无缝监管，建立源头可追溯、去向可追踪、信息可查询的全过程监管技术体系。

③ 创新现代农业规模化、社会化服务，促进农业生产的规范化、科学化，提升农产品质量安全水平。依托农资公司、基层社、专业合作社，整合农资、农机等资源，成立专业服务组织，为农业生产提供测土配方、化肥农药直供直施、种肥同播、统防统治等社会化服务。

④ 通过建设标准化生产示范基地，服务引导农业标准化生产。根据产地农产品不同品种和市场定位，制定完善相应的生产操作规程，保证产地农产品生产操作规程落到实处。

6.2.3 以信息平台为载体的管理机制

将信息技术手段应用于传统农业之中，通过互联网模式促进现代农业成长，是目前我国农业创新发展的重要举措。随着人工智能、云计算、互联网、物联网等新一代信息技术的出现，新时代的农产品产地环境管理选择了通过信息化技术实现转型升级，逐渐形成了以信息平台为载体的农产品产地环境管理机制。

农产品产地环境管理信息化就是通过现代通信、网络、数据库等新一代技术方案，将农产品产销的业务流程、经营管理、品牌运营以及营销推广等线下的业务流程集中到信息化软件或信息化技术平台上，建立无纸化、网络化、自动化的办公、业务处理和数据存储机制，提高行业的整体运转效率，降低人力、时间等成本，并通过自动化提高业务的可靠性，为推动农产品产地环境管理的发展进步提供强大辅助支持。这有效地改善了农产品产地环境管理中出现的问题，通过业务信息化软件或相关的信息化技术平台，一个员工就可以在终端前完成这一系列的操作，并且系统会自动生成业务记录，并将数据自动存储到数据库中，既减少了人力、时间等损耗，还提高了业务的处理效率。

信息化也给管理人员提供了新的帮助。在传统的管理模式中，管理人员往往需要通过巡查、询问、调研等方式来了解部门的业务情况以及员工的业务数据，费时又费力，还容易引发矛盾。但信息化系统会自动保存业务记录，将业务数据存储到数据库中，并将部门业务情况展现在终端界面上，这样管理人员就可以很方便地了解部门业务情况，知晓不同员工的目标达成率，并对业务数据进行分析，执行下一步发展计划。

信息化是数字化转型完成的前提条件，也是必要条件。只有行业进行了信息化建设，才能通过农产品产地环境管理信息系统以及规范化、标准化的业务流程存储高质量的业务数据，而这些数据则是数字化转型成功的重要条件。只有信息化和数字化共同发展，“数字”和“数智”并行，农产品产地环境管理才能成功完成数字化转型，构建全新的农产品产地环境信息平台管理模式，完成行业创新。

6.2.3.1 构建农产品产地生产信息平台的产地环境管理机制

运用农产品产地生产信息平台，进行农产品产地环境管理，及时、准确、有效地获取、处理、传播和应用农业信息技术和知识，实现农业生产、管理以及农产品营销信息化，加速传统农业改造升级，提高农业生产效率以及管理和经营决策水平。在农业生产的产前规划、产中管理、产后营销方面提供全方位的解决方案，构建从田间到餐桌，从农民到市民的农业生产全链数字化安全管理信息平台。随着农业信息技术应用的不断普及和深入，将会产生显著的经济效益、社会效益和生态效益。

（1）构建农产品产前信息平台的产地环境管理机制

农产品产前信息平台，主要包括农产品市场预测信息系统和决策支持信息系统，以及农业生产资料等安全生产投入品信息系统。产前预测、决策系统可采用“3S”技术、统计与数学模型分析、信息管理技术等多种技术手段协同配合，为农业生产提供产前决策帮助。农业生产资料等安全生产投入品档案式信息管理系统，打通了农产品产地生产者获取安全农业生产资料的信息服务“最后一公里”，提供了有效的管理。

① 通过建立长期的农产品市场价格变动数据库，结合气候变化、大范围的病虫害监测等因素进行分析，并结合逐步优化的预测数学模型，构建农产品产前预测系统，分析模拟一定时间范围内的市场供求变化趋势，为生产决策提供管理支持。

② 在预测系统数据的支持下，兼顾区域空间环境、气候环境、土壤肥力、劳动力配备等多种参数，并配合专家咨询系统，提供生产决策参考方案。

③ 构建农业生产资料等农产品产地安全生产投入品信息系统。加强种子、种苗、

农药、肥料等农资产品行政管理信息公开以及产品、市场信息发布，创建方便农民选购、验证和投诉的农资信用信息体系，建立农资监管长效机制。从根本上规范种子、种苗、农药、肥料等农产品产地安全生产投入的农资产品市场秩序，提高农资生产、经营企业的诚信意识，维护农产品生产者合法权益，减少由于产前农资产品质量问题而引发的农业生产事故，保障消费者的利益和安全。

（2）构建农产品产中信息平台的产地环境管理机制

构建适应不同地区和不同领域的农产品产地安全生产的农业专家信息系统、农业决策支持信息系统、环境智能控制信息系统、地理信息系统、便携式农业信息系统等信息管理平台，从不同方面创新农产品产地生产技术以及推广新技术，随时随地为生产者提供技术指导，加快农业科技成果的转化，充分发挥科学技术对生产力的促进作用。

① 通过地理信息系统技术和全球定位系统技术的支持，在农业资源调整、农作物种植结构、农作物估产、生态环境监测等方面进行全方位的数据管理，通过数据分析和成果的生成与可视化输出，构建农产品产中信息平台，并应用于辅助农业资源调查、土地利用动态变化调查监测、农业土地利用规划、农业生态环境研究、农用土地适宜性评价、测土配方施肥、农业灾害控制以及农作物监测与估产中。

② 构建农业生产技术指导信息平台。通过农业专家信息系统综合大量农业专家的经验，把分散的、局部的单项农业生产技术综合集成起来，经过智能化、综合性的信息决策处理，对不同的生产条件，给出最佳的农业生产管理解决方案，为农作物种植、动物养殖、植物病虫草害防治、家畜（禽）疾病防治等领域的农业生产全过程提供高水平的信息和决策服务。应用“农业龙头企业（公司）+ 专家系统 + 农户”“农民网吧 + 专家系统 + 农户”“农技推广站 + 专家系统”“农民专业技术协会 + 专家系统”“种植养殖大户 + 专家系统”等多种农业信息技术推广模式，提高农产品产地安全生产的社会效益和经济效益。

③ 构建农产品产地生产信息精确分析与技术指导信息平台。建立农产品产地农田地理信息系统（GIS），通过遥感技术获取的田间土壤信息、作物产量信息、田间杂草及病虫害发生信息，可作为其重要信息技术体系，用于开展土壤和作物属性空间变异的统计学研究，实现有关属性的定量预测模拟，通过与空间变异相对应的可变量控制操作技术，将关键技术与现有农业机械设施结合起来，实现精确灌溉和施肥。

（3）构建农产品产后信息平台的产地环境管理机制

利用农产品产地信息发布系统、农产品供求交易信息系统、农产品物流配送系统等，构建农产品产后信息平台的产地环境管理机制，实现农产品产地生产的产销对接，保障回笼生产资金和农业再生产，使农产品产地农业生产实现从产量向效益的转变。

① 构建农产品产地生产信息发布系统。利用网络构建农产品产地生产信息发布系统，迅速传递供求信息，帮助农产品产地生产者开拓国内市场，走向国际市场，能动地对农产品市场行情进行跟踪，获得回复，并进行回复后的再交流和再沟通。

② 构建农产品产地供求交易信息系统。运用信息管理技术，通过网络、电视、手机短信和广播等多种渠道，迅速地将各地农产品供求信息传播开来，可为建立高效透明的农产品产地供销市场提供信息保障。农产品供求信息系统一般分为供求信息采集发布系统和农产品电子交易系统两种功能取向。农产品产地供求信息系统在汇集市场信息的基础上加以信息挖掘分析，进一步演变成为农产品市场预测系统，实现与产前预测、决策形成完美的信息循环，使农产品生产信息平台的产地环境管理机制落地落实。

③ 构建基于农业农村云的农产品产地生产销售对接平台。在农产品供求信息系统的“供求信息”和“求购发布”两大功能基础上，构建基于农业农村云的农产品产地生产销售对接平台，能够帮助农产品产地的产销主体（包括生产者和采购者）降本增效，解决小农户分散经营和农产品集中流通的矛盾，实现农产品生产供给与市场需求的有效衔接。加快完善农产品产销对接体系，推动农业高质量发展。“产销对接”平台还提供“农产品市场风险预警”功能，通过不同颜色呈现负向重警、负向中警、负向轻警、正常水平、正向轻警、正向中警、正向重警，使得用户可以快速了解不同类型、品种的农产品风险评估情况，让用户更为全面地了解市场未来走向。农业大数据技术通过数据形成交易市场“画像”，提高影响交易的需求与供给双方的信息获取效率和处理效率，减小了产销双方的信息不对称影响，由此降低了经济行为过程中的不确定性。通过线上平台快速建立供应链体系，将农产品产地安全生产的产品配送到相应地区，通过数字化手段合理统筹与再分配产地农产品“供”与“求”的关系，实施产地农产品在线交易。生产者对“产销对接”发布的农产品进行质量检验，在非标品的农产品流通前，对其身份进行核验，为农产品的质量保驾护航。

6.2.3.2　构建农产品产地环境可追溯查询的信息平台管理机制

综合运用多种网络技术、条码识别等前沿技术，根据地方政府及农业专家的指导，设置相应“质量控制点”，从水源、空气、土壤等农产品生长的自然环境到生产环境，均做好数据采集与控制，形成农产品产地环境、生产资质、基地注册、生产情况、农药使用、化肥使用、保鲜剂使用等情况的溯源信息采集、加工、传输和应用的标准化流程，驱动农产品供应链成员之间、农产品供应链之间共享和交流溯源信息，构建农产品产地环境可追溯查询的信息平台管理机制。使农产品产地生产者和销售者在保障田间到餐桌的农产品质量中，主动落实主体责任，捍卫消费者“舌尖上的安全”。使农产品产地环境从源头可追溯，实现全过程监控，提升政府公信力，实现价值共享，打造区域农业品牌，推动地区经济高质量发展。

（1）农产品产地环境溯源信息平台的“质量控制点”管理机制

“质量控制点”指每一个产品在生产过程中都需要进行生产状态监测，质量控制属于生产过程的标准之一。任何一种产品都有一套独立的生产标准，产品生产到达了某个质量控制点就需要录入质量控制信息。质量控制点信息包含“检测结果”“控制方案”“控制措施规则”三种信息。

① 农产品产地环境追溯系统，用于追踪农产品在产地环境中生产到流通的全过程，包含了生产、收购、运输、储存、装卸、搬运、包装、配送、流通、加工、分销直到终端用户等过程。由 ISO 9000 认证、HACCP、SSOP（卫生标准操作程序）、GMP 等组成的综合管理体系，为确定“质量控制点”提供了重要依据。

② 国家标准《食品工业基本术语》（GB/T 15091—94）对 HACCP 的定义为：生产（加工）安全食品的一种控制手段，对原料、关键生产工序及影响产品安全的人为因素进行分析，确定加工过程中的关键环节，建立、完善监控程序和监控标准，采取规范的纠正措施。依据该标准，结合特定农产品所需把握的“质量控制点”完成质量溯源管理系统的需求设计是关键的一步，既可保证系统平台所收集的农事数据可切实追踪和有效监控，又能让消费者查找回溯时有据可循。

（2）农产品产地环境溯源信息平台的追踪和回溯管理机制

农产品产地环境溯源管理信息系统包括追踪和回溯两方面内容：一方面，企业和政府可以密切跟踪农产品从种植到加工生产再到最终销售的每一个环节，掌握流通过程中的必需数据，把控每一步骤中农产品的发展情况，根据数据信息做出下一步判断，同时当某一环节某一批次的农产品质量出现异常，数据出现不达标现象时，可以通过多种渠道及时做出反应；另一方面，最终呈现给消费者的农产品亦可通过一定手段进行信息回溯，让消费者能够清晰地了解所购买农产品的生产流通全过程，实现质量溯源。

① 通过农产品产地环境溯源信息平台的物联网系统实施部署，实时了解田间地头的环境数据，包括田间肥力、土壤水分、幼苗状况、杂草和病虫害监测信息等。根据信息反馈进行自动化喷灌，保证水分含量处于正常区间之内，播种施肥等关键过程均可以采用自动化控制系统远程操作，减少人工参与，提高综合效率。

② 农产品产地环境溯源信息平台融入了使用物联网、云计算数据以后的农产品，拥有了自己的身份标识。通过手机扫码，可查看到农产品的真实来源，包括源头基地情况、品牌信息、产品介绍、食用方法、优惠信息等，使农产品产地的生产者、销售者和消费者之间建立起信任方式，以及互动交流的新型渠道，提升消费者对农产品的信任度。

（3）农产品产地环境溯源信息平台的迭代升级

随着信息技术和人工智能技术的发展，农产品溯源信息平台持续性迭代升级，使数字化、智能化融入农产品产地环境及各产业的每一个关键部分，产生更多的价值。

① 国家农产品质量安全追溯管理信息平台以责任主体登记和产品流向管理为核心，通过赋码、打印、张贴使用等过程，实现农产品质量安全源头可追、去向可查、过程可控、责任可究。

② 通过溯源平台的迭代升级，为农产品的消费者和使用者提供了解农产品全流程生产过程中农业投入品、生产管理、农产品收获、市场流通的所有信息，为其选择农产品的生产者提供依据，约束农产品生产者的生产行为规范，促进农业的标准化生

产，提升农产品的品质，保证农业可持续发展。

③ 通过溯源平台的迭代升级，给农产品消费者提供一个透明、公开、可追责、促诚信的技术手段，保护消费者知情权和选择权的合理、合法使用。

④ 通过溯源平台的迭代升级，树立农产品生产企业和个人在消费者心目中的品牌形象，提升农产品消费者的消费信心和信赖感，从而提高企业的社会知名度和产品认可度，最终促进产品销售，建立和巩固品牌。

6.2.3.3 构建农产品产地环境信息平台的管理应用机制

积极推进物联网、人工智能、5G网络、云计算、大数据、区块链等新技术在农产品产地环境安全领域中的应用，推动机器换人、机器助人，构建可视、可查、可控的智慧监管新模式。引导生产经营主体采用高清视频和AI识别技术自动记录农事行为，推动生产记录便捷化、电子化，提供远程服务。推进智慧巡查，开发应用便携式移动监管设备，减轻基层监管人员负担，实现巡查检查日常化。推动智慧抽检，全过程自动记录检测行为，实现抽样实时定位、检测信息自动传输，保障检测的公正性。建设国家农产品质量安全综合监管平台，强化农产品质量安全大数据应用，推进主体名录、农资使用、质量控制、检验检测、执法处置等信息“一张网”管理。夯实以农业物联网、云计算技术为核心的农产品产地环境管理信息化基础和平台建设，提升以大数据为支撑的农业信息化服务，开拓智慧农业新局面，实现农业现代化和信息化的跨越式发展。

汇总农产品产地环境管理的工作数据，借助数据库采集、地理GPS标识、网络数据分析汇总等技术，实现对农产品产地环境管理日常督检涉及的诸多数据查询、数据分析、数据统计、风险预警、数据导出、信息发布等功能，为地方各级监管人员提供可视化查询、统计的便捷网络平台，实现在线农产品产地环境监管、农产品产地环境快速查询、数据上传、信息交换、业务学习等诸多便捷化管理，大大提升农产品产地环境管理水平。根据农产品产销市场变化，以汇总产销环节关键信息为基础构建数据库，实现农产品生产过程数字化记录的大数据化处理，通过建立农产品产地编码体系，形成集标准认定、实时监控、预警提醒、质量安全追溯于一体的农产品产地环境数字化管理平台。通过平台建设，规范农产品产地环境管理流程，传递信息化管理经验，通过行业信息化，把优秀产销人员管理客户的流程整理出来，并且通过平台来优化到系统流程当中，从而使相关人员掌握最佳产销流程。

（1）强化农产品产地环境管理信息平台应用实效

根据农产品产地特点，因地制宜地优化具有地方特色的农产品产地环境管理信息平台，使其得到生产、消费、监管等各大主体的认可和响应，强化应用实效。

① 逐步扩大农产品产地环境管理信息平台涉及农产品的覆盖面。扩大农产品产地环境管理信息平台应用的影响力，在小规模单一种类业态开发的基础上，逐渐向多农产品种类复杂业态的开发转变，使信息平台的辐射面满足各业态农产品生产的安全

监管需要。同时，依托广播、电视、网络等宣传媒介，做足前期宣传工作，在全社会范围内造势，调动各方力量积极参与到农产品产地环境管理中，发挥消费市场的倒逼作用，保障农产品绿色、安全、营养、健康。

② 应用农产品产地环境管理信息化网络平台，不断优化农产品产地准出与市场准入制度的无缝对接，以满足广域范围内农产品市场销售的现实需要，达到市场销售农产品的安全化水平。农产品产地准出的范围，囊括生产企业、合作社组织等生产的蔬菜、水果、水产品、禽畜产品等农产品的产地环境管理。市场准入的范围，囊括各地区的农贸市场、批发市场、连锁店等售卖的蔬菜、水果、水产品、禽畜产品等农产品的产地环境管理。

③ 应用农产品产地环境管理信息平台，使流通市场的农产品通过产地准出、准入制度的信息衔接，做到农产品质量安全信息可追溯，对农产品产地环境管理信息平台涉及的每批农产品自动生成准出码，该码涉及农产品的产地、来源、质量检测情况等信息。以准出码完善市场销售准出机制，鼓励更多的生产者加入农产品产地环境管理和数字化安全监管的行列，以规范农产品生产企业的安全生产，保障群众能够食用绿色安全可靠的农产品。

（2）优化农产品产地环境管理信息平台的动态管理应用

根据农产品产地环境管理的现实需要，以网络数据管理平台为基础，逐步扩大农产品产地环境管理的范围，实现由生产企业、合作社细化到种养大户，由线上到线下生产主体的全员监控，并能依据业务主线实现全域网络化的动态管理应用。

① 优化网络布控的同时，以本区域内农产品生产单位为实践节点，具体划分好各单位的责任区布局，细化到具体的监管员、村级协管员，形成囊括乡镇、村、企业三级的农产品产地环境管理网络。因此，需要注意发挥乡镇、村基层农产品产地环境管理的作用，在分片定责的基础上，制定奖励措施，加强主动监管力度，形成运转灵活的农产品产地环境管理信息化建设机制。

② 加强农产品产地环境管理信息化应用。为贯彻落实《土壤污染防治行动计划》（国发〔2016〕31 号），按照《农业农村部办公厅　生态环境部办公厅关于印发〈国家土壤环境监测网农产品产地土壤环境监测工作方案（试行）〉的通知》中的要求，各地区持续开展农产品产地土壤环境监测工作，按照国家级、省级、地市级相关部门布设的土壤环境监测点位，采样小组在手机 APP 上现场录入、保存、上传样品信息、实际采样点经纬度、采样现场照片等，填写纸质样品标签，及时录入农产品产地监测信息系统，结合各地区农业农村局持续开展的农产品产地土壤环境监测采样工作，将其纳入农产品产地环境管理信息平台建设之中。

（3）应用农产品产地环境管理信息平台提升产销项目管理能力和效率

应用农产品产地环境管理信息平台，帮助产地生产者和销售者双方更精确地完成客户等级分析工作，将有限的资源用到重要的客户身上，挖掘二次营销或大订单的机会。通过农产品产地产销信息化的数据分析，可以帮助行业了解客户的关注点和购买习惯，改善服务内容，提升客户满意度，增加获取新订单的商机。

① 应用农产品产地环境管理信息平台提升产销项目管理能力。通过农产品产地环境管理信息化，拓展产地农产品产销管理流程，设定关键管理点，促使产销管理人员及时地提供相关支持，帮助相关人员更好地管理产销流程，提高用户满意度和产销对接办结率。

② 应用农产品产地环境管理信息平台降成本、增效能。通过农产品产地环境管理信息化，规范与农产品产地产销管理相关的所有流程，岗位工作人员的调整变动只要按照系统的流程来操作，就可以很快熟悉新的岗位，从而降低岗位培训成本，加快了员工上岗的速度。

③ 应用农产品产地环境管理信息平台防控人为失误，便于达成交易。通过农产品产地环境管理信息化，详细规定符合产地产销特色的流程，并对关键点进行控制，有效防控相关人员的人为失误。

④ 应用农产品产地环境管理信息平台畅通产销关系。通过农产品产地环境管理信息平台，记录产地产销所有人员与客户的接触情况以及与客户所有的交易往来，把客户相关知识记录到系统中，这样只要有经产地授权的人员进入系统，其就可以全面了解客户的喜好，从而及时了解客户，明晰客户需求，制定好生产营销方案，畅通产销关系，有利于更好地达成交易。

6.3 农产品产地环境管理与模式的典型案例分析——国家农产品产地重金属污染综合防治协同创新联盟

国家农产品产地重金属污染综合防治协同创新联盟（以下简称“联盟”）面向农产品产地环境安全、农产品质量安全和农业绿色发展的重大需求，聚焦农产品产地重金属污染综合防治问题，通过科技创新和机制创新，着力解决农产品产地重金属污染综合防治在技术研发和应用中的重大战略和关键技术问题，协同开展科技创新、产品展示以及成果转化等，有效保障农产品产地环境安全和农产品质量安全，推进我国农业绿色高质量发展。联盟实施的农产品产地重金属综合防控协同创新任务，被列为2017 年国家农业科技创新联盟 20 个重大协同创新任务之一。近年来，联盟紧紧围绕《土壤污染防治行动计划》（简称“土十条”）任务要求，切实服务耕地土壤重金属污染防治“主战场”，在技术、标准、产品、评估、政策建议等方面为国家及地方提供了强有力的科技支撑，推动了重金属污染防治的技术、产品真正落地，初步形成了具有系统性、整体性的重金属污染综合防控解决方案，不断地提升我国农田土壤重金属污染综合防控的创新能力。

6.3.1 联盟概况

2017 年 9 月 11 日，农业部环境保护科研监测所（现农业农村部环境保护科研监测所）联合湖南省农委、浙江大学、中国科学院南京土壤研究所、广东省农业生态技术研究所、湖南农业大学、上海立昌环境工程股份有限公司等单位，在“国家农业科技创新联盟”框架下发起成立了区域性联盟——国家农产品产地重金属污染综合防治协同创新联盟。

经过 2019 年和 2021 年两次扩增，联盟成员已由最初的 65 家增加到 90 家，其中科研院所、知名大学 49 家，环保企业和农资企业 34 家，技术推广优势单位 7 家；现有理事 82 人，常务理事 46 人，联盟专职人员 3 人（数据截至 2022 年底，下同），农业农村部环境保护科研监测所为联盟理事长单位。联盟成员单位涵盖了耕地重金属污染修复产业链上的方案设计、技术研发、产品生产、技术应用等环节，使得联盟的产学研结合模式结合得更紧密，在助力国家净土保卫战、推动农产品产地重金属污染修复和保障农产品质量安全等方面的成效更显著。

6.3.2 定位与目标

6.3.2.1 研究方向

（1）构建产地重金属污染防治技术体系研究

围绕重金属污染耕地安全利用核心技术，开展地上地下相结合的耕地重金属污染防治技术体系研究，构建综合解决方案；采用灌溉调控降活、土壤调理降活、作物品种阻隔等治理技术开展受污染耕地联合治理研究，构建相关技术集成模式，并在广西、广东、云南、福建、湖南等地镉轻中度污染稻田的土壤修复中示范应用。

（2）对接服务主战场，合力打赢净土保卫战

科技支撑福建、湖北、江苏、广西等地方政府出台省级土壤污染防治条例；在云南、广西、贵州、湖南等耕地重金属污染面积大、任务重的省份开展点对点支撑服务；建立修复技术评价指标体系，对修复效果进行综合评估，为修复技术推广应用提供技术支撑。

（3）组建“科研单位 + 企业”联合体，承接土壤污染防治任务

集成高校、企业、研究机构多方面优势资源，建立“技术创新 - 集成示范 - 产业化开发 - 规模化推广”的产学研合作机制；在广西、福建、云南、广东、山东、江西、浙江等试验地域围绕土壤重金属修复开展综合防控技术示范，筛选可复制推广的污染耕地安全利用技术体系。

6.3.2.2　拟解决的产业问题

① 围绕耕地土壤重金属污染和农产品质量安全，搭建技术研发与产业化发展平台。

② 制定针对性强的技术方案或集成技术方案，并制定和完善各类技术的适用条件和技术规程。

6.3.2.3　发展目标

① 面向农产品产地环境安全、农产品质量安全和农业绿色发展的重大需求，集聚优势科研力量和科技资源，构建政府支持、任务牵引、资源共享、激励评价等协同创新机制，促进原始创新、协同创新、管理创新和成果转化创新，实现创新驱动现代农业发展的战略目标。

② 针对农产品产地重金属污染综合防治问题，通过科技创新和机制创新，着力解决农产品产地重金属污染综合防治在技术研发和应用中的重大战略和关键技术问题，协同开展农产品产地重金属污染综合防治科技创新、技术产品展示以及成果转化等，有效保障农产品产地环境安全和农产品质量安全，推进我国农业可持续健康发展。

6.3.3　科研条件与技术优势

联盟建设共享实体示范基地 6 个，包括农业农村部环境保护科研监测所湘潭综合实验站（130 亩）、云南省安宁市农用地土壤污染防治重点区域耕地治理与修复示范基地（100 亩）、广西农用地安全利用（港北）示范区（100 亩）、云南省禄丰耕地生产障碍修复利用试验示范基地（50 亩）、江苏省常州受污染耕地安全利用技术试验示范基地（100 亩）和广西受污染水稻产地安全利用技术联合攻关（宾阳）示范基地（100 亩），供联盟成员单位共同开展产品和技术研发、技术集成与示范应用。

联盟围绕全国各地落实《土壤污染防治行动计划》和《土壤污染防治法》，积极投入到农用地土壤环境质量类别划分、受污染耕地安全利用和种植结构调整等重大需求工作中，在云南、广西、贵州等西南高背景地区的农产品镉超标区域，湖南、湖北、安徽、江西、江苏、福建、广东等酸性水稻土壤镉污染区域，甘肃白银、河南济源、辽宁沈阳等耕地土壤重金属污染突出地区，联盟成员单位发挥各自优势，从技术方案制定、修复产品生产、受污染耕地安全利用方案实施、技术措施落地效果评估等方面，全过程、全链条参与。联盟充分调动成员单位积极性，发挥各自优势，取长补短，组建联合体，参与地方农用地安全利用工作和投标与实施工作，为实现受污染耕地安全利用、保障农产品质量安全提供重要技术保障。

联盟在全国范围内开展联合攻关和协同创新任务，联合企业积极承担地方重金属污染修复任务；建立技术示范区和产品异地效果验证点，联合成员单位协同在广西、云南、江西和浙江等地开展修复材料效果验证，科学推进受污染耕地安全利用工作，开展稻米镉污染治理产品集中展示与验证评估，进行技术集中展示、低积累作物品种筛选与多点验证、土壤钝化剂或调理剂效果验证与安全性评估等，制定低积累作物品种清单和安全利用产品目录，为各地农用地安全利用工作提供技术保障；开发新技术、新产品并完成了修复效果异地验证，实现“共商、共建、共享”。

联盟创新地形成了适用于不同农田重金属污染程度的修复技术新模式 10 余种，如农业农村部环境保护科研监测所“VFR”（低积累品种 + 碱性肥料 + 调控剂）模式、浙江大学“农田土壤铅镉低积累品种筛选 - 原位钝化联合修复技术”、湖南省农业科学院“镉污染稻田微生物萃取修复技术”等，相关技术成果已在湖南、湖北、广西、河南、广东等地进行大面积示范。截至 2022 年底，联盟共吸纳 26 家环保企业的 47 种修复产品开展异地效果验证工作。

6.3.4 主要工作

联盟积极践行净土保卫战、《土壤污染防治法》《土壤污染防治行动计划》等国家重要战略、法律法规和要求，基于土壤重金属污染治理的技术性强、难度大、时间长等特点，联盟探索了“科研院所 + 企业”“科研院所 + 技术推广优势单位”等组合形式的联合体，全面参与到各地受污染耕地安全利用任务中，共获得联合投标项目 200 余个，合同金额近 3 亿元，充分发挥联盟不同成员单位之间在技术支撑、产品生产、推广应用等方面的优势，实现优势互补、资源共享和成果提升，助力各地推进土壤污染防治工作。在探索联盟实体化方面，联盟理事长单位在湖南湘潭成立了湘潭津湘环保科技有限责任公司，进一步推进联盟实体化进程。联盟制定并实施了异地验证管理办法以及网站管理与维护制度等，为联盟运行和促进新产品的生产和应用提供了重要保障。

6.3.4.1 促进产业信息、技术与成果共享

（1）建立网站与微信工作群，实现信息资源共享

联盟自成立以来，建立了农产品产地重金属污染综合防治协同创新联盟网站，网站于 2020 年 12 月上线运行，由联盟秘书处负责网站维护和信息推送，保障网站的正常运行。联盟网站的运行为宣传联盟工作进展提供了重要的渠道，联盟网站主要服务于联盟日常工作及业务沟通，为所有成员的对外和对内联络提供了高效、便捷和畅通的通信平台。

此外，联盟可借助微信小程序创建工作交流群，实时发送行业及联盟成员单位的科研进展和技术最新动态，促使联盟成员进行互动交流，充分实现信息共享。

（2）搭建交流平台，实现技术共享

联盟与《农业环境科学学报》《农业资源与环境学报》等学术期刊围绕农产品产

地重金属污染综合防治技术攻关、新技术新产品突破、实际应用和产业化发展等主题，分别在江苏省扬州市、贵州省铜仁市和广东省广州市举办了多场全国性学术交流会议，参会人员累计达1500余人。另外，联盟秘书处主动对接云南、贵州、广西、湖北、辽宁、甘肃、天津等省级农业农村主管部门，组织成员参加省级受污染耕地安全利用技术培训与现场观摩会，并在会场设置展台，对联盟成员单位的产品和技术进行现场展示与推介，共进行了18场次技术培训与现场观摩会，参会人员累计达8000余人，实现了联盟成员的技术共享。

（3）共同申报奖项，实现成果共享

2020年以来，由联盟理事长单位牵头，联合云南省农业环境保护监测站、贵州省农业生态与资源保护站、河池市农业生态与资源保护站、南京宁粮生物工程有限公司、佛山市植宝生态科技有限公司、山东迈科珍生物科技有限公司等成员单位在重金属污染耕地安全利用技术集成、示范与应用方面，开展技术攻关，共同开发叶面阻控剂产品3个、土壤调理剂产品5个，获得农业农村部叶面阻控剂登记证3个、土壤调理剂登记证5个，构建技术推广模式6种，实现产品和技术推广应用面积累计1918万亩，产品销售和技术服务累计2.10亿元，受污染耕地安全利用率平均提高11%，产生经济效益69.01亿元。该成果获得2019～2021年度全国农牧渔业丰收奖－农业技术推广成果奖一等奖。

6.3.4.2 搭建技术研发与应用平台，组建联合体合作机制

（1）搭建“一站四区多点”技术研发与应用平台

联盟围绕农产品产地重金属污染综合防治技术筛选、集成、验证与技术模式构建，搭建“一站四区多点”的技术研发与应用平台，其中以农业农村部环境保护科研监测所湘潭综合实验站为中心，主要进行修复技术瓶颈的攻克和产品研发；在西北（白银矿区周边农区）、西南（滇中地质高背景区）、东北（沈抚污水灌区）、华中（长株潭镉大米产区）建立4个重金属污染耕地安全利用技术试验示范基地，主要开展技术研发、优化、比选、集成与技术模式构建；另外在全国20个省（区、市）的耕地土壤重金属污染重点区域建立了41个技术和产品异地验证点，开展修复技术和产品的多年多点效果验证。

联盟坚持问题导向和目标导向，依托“一站四区多点”开展技术联合攻关和协同创新工作，开展稻米镉污染治理产品集中展示与验证评估，进行技术集中展示、低积累作物品种筛选与多点验证、土壤钝化剂或调理剂效果验证与安全性评估等，制定低积累作物品种清单和安全利用产品目录，科学指导各地推进受污染耕地安全利用工作，完成“土十条”考核任务，保障农产品质量安全，促进农业绿色高质量发展。

（2）组建联合体合作机制

联盟成员单位涵盖了土壤重金属污染修复产业链上的设计、研发、生产和应用等环节，通过强化科研院所、知名高校的技术支撑与培训，环保企业和农资企业的产品生产，以及技术推广优势单位的推广应用之间的联合，发挥联合体优势互补作用。2020 年以来，联盟组建多家“科研单位 + 企业”投标联合体，参与了全国各地重金属污染耕地相关业务的投标，据不完全统计，在云南、广西、广东、贵州、湖南、湖北等地完成联合体中标项目 200 余个，合同金额近 3 亿元。在开展受污染耕地安全利用与治理修复过程中，联盟副理事长组织专家团队多次前往云南、贵州、广西、广东等耕地重金属污染修复现场，围绕重金属污染治理技术瓶颈、农产品重金属超标原因分析、土壤重金属污染源解析、项目实施过程中遇到的技术难题等开展调研，为地方受污染耕地安全利用工作建言献策，助力各地完成省级受污染耕地安全利用实施方案编制、完成“土十条”考核、打赢净土保卫战。

6.3.4.3 发挥学科交叉优势，解决产业发展共性难题

（1）建立区域重点试验示范基地，完成技术系统性评测

依据区域特征，在西北（白银矿区周边农区）、西南（滇中地质高背景区）、东北（沈抚污水灌区）、华中（长株潭镉大米产区）等试验示范基地，设置低积累品种选育区、成熟技术评测区、新技术试验示范区、组合技术示范区等功能区，对初筛产品和技术在同一平台上进行集中试验示范。首次完成技术效果、应用成本、潜在风险 3 个目标层 7 个准则层 40 余个指标层的安全利用效果评测指标体系的构建，完成统一评测。先后累计完成 196 个水稻和小麦品种、58 个土壤调理剂产品的集中评测，最终评选出水稻镉低积累品种 34 个、玉米镉低积累品种 68 个、小麦镉低积累品种 11 个，经济效益稳定、适宜推广的土壤调理剂 19 种、叶面阻控剂 5 种、微生物菌剂 3 种。

（2）引领土壤重金属修复治理行业技术突破

在土壤重金属活化机制和水稻重金属积累机制研究方面取得创新性成果。

① 揭示了控制水稻降砷富硒的分子开关，通过对该突变基因的功能解析，揭示了水稻半胱氨酸合成酶复合体影响硫代谢和砷解毒的能力，进而影响水稻籽粒砷、硫和硒积累的分子机制，为培育低砷富硒水稻新品种提供了新的基因资源。

② 揭示了原电池效应控制稻田土壤镉释放机制，通过电化学分析、土壤胶体原位表征、稳定同位素标记、光谱和能谱分析等多个实验，首次揭示了原电池效应是控制稻田土壤排水后镉释放速率的重要机制。

③ 自由基效应是控制稻田土壤氧化阶段镉释放的重要作用机制，是导致不同土壤镉释放速率存在差异的重要原因，揭示水稻籽粒积累镉、砷的关键生育期，对分段式水分管理阻控水稻镉、砷积累具有重要指导意义。

在镉低积累水稻品种选育及应用方面取得进展。湖南省农科院柏连阳院士团队围绕镉低积累水稻品种，联合中国水稻研究所、中国科学院亚热带农业生态研究所、湖南农业大学、袁隆平农业高科技股份有限公司等团队，进行镉低积累水稻基因组编辑研究、理化诱变镉低积累水稻研究，新创制低镉优质水稻品种农香32、玉针香及湘晚籼12号等12种，完成吸镉基因缺失型镉低积累水稻育种与示范。

北方弱碱性小麦产地镉污染钝化技术有了巨大突破。创制了巯基改性坡缕石等改性黏土系列土壤重金属新型高效钝化材料。创新性地提出了基于黏土流变学特征的表面修饰新方法，实现温和条件下简洁快速批量化生产，首创低用量快速靶向性强络合钝化镉技术，兼容多土壤类型、多作物模式，一次施用后稻米镉合格率可从40%提高至90%以上，攻克了制备过程的技术瓶颈，大幅降低了生产应用成本，完成了从实验室到中试生产到田间应用的系统集成。

6.3.5 运行成效

联盟成立以来，坚持开展联合攻关和协同创新，联合企业积极承担地方重金属污染修复任务，开发新技术、新产品并完成了修复效果异地验证，加强典型技术和模式的凝练与示范推广，以及相关标准、规程的研制，组织开展了形式多样的学术、技术交流，取得了显著成效。

2020年以来，联盟开展技术攻关促进修复产业发展。首先，联盟新开发叶面阻控剂产品3个、土壤调理剂产品5个，获得农业农村部叶面阻控剂登记证3个、土壤调理剂登记证5个，新建叶面阻控剂产品生产线3条，年产量10万吨，土壤调理剂生产线5条，年产量5000万吨，为受污染耕地安全利用提供产品，实现产值近2.10亿元，产品应用面积覆盖了近1000万亩。其次，联盟内部组建研究团队成功立项国家“十四五”重点研发计划专项部省联动项目“产地重金属污染的区域过程、智能防控原理与实用技术模式”。另外，联盟成员单位之间紧密合作，完成一系列科技成果的联合申报，获得国家科技进步奖二等奖2项、省部级科技进步奖二等奖及以上奖项14项、农业技术推广成果奖一等奖1项。

联盟聚焦产地重金属污染防治，集合优势科研单位和行业专家团队开展产品研发与技术模式构建。一方面，联盟全面支撑农业农村部印发的《耕地重金属污染防治联合攻关计划（2019—2024年）》，2020年以来，在我国耕地重金属污染防治的重点省份（如云南、贵州、广西、湖南、湖北、江西等地）主持或参与联合攻关示范区建设，合力突破耕地土壤重金属污染防控关键技术瓶颈，三年累计完成重金属低积累水稻品种筛选177个、小麦品种筛选50个、叶面阻控剂产品52个和土壤调理剂产品144个。另一方面，建立“一站四区多点”集中示范平台，进一步完成低积累品种验证、农艺调控技术和土壤钝化技术熟化与应用规程完善，构建了6套适宜不同土壤类型、不同作物种植和不同重金属污染种类的技术模式，为推进农业绿色高质量发展提供重要技术保障。

6.3.5.1 全面支撑净土保卫战，助力“土十条”考核

2020年以来，联盟面向我国农产品产地环境安全、重金属污染耕地安全利用与严格管控任务，全面参与各省“土十条”考核，指导各地落实安全利用和严格管控措施，全面完成“土十条”确定的受污染耕地安全利用目标任务，对提升农产品质量安全治理水平，保障“舌尖上的安全”，助推农业绿色高质量发展具有重大而深远的意义。

（1）助力全国各地推进“土十条”硬任务落实落地

一方面，联盟成员专家建言献策，积极参与和推动地方土壤污染防治条例的出台，例如福建、湖北、江苏、广西、北京等省级土壤污染防治条例，进一步规范了各地土壤污染防治工作，对于强化土壤资源的保护、改善生态环境、保障公众健康、推动土壤资源永续利用、推进生态文明建设具有重要意义；另一方面，2020年以来，联盟组织专家队伍全面支撑地方推进“土十条”各项硬任务落实落地。从耕地土壤环境质量类别划分、国控监测点土壤和农产品例行监测、省级“一图一表”治理清单、重金属污染耕地安全利用技术筛选验证与集成、严格管控类耕地种植结构调整等方面，提供技术支撑与方案设计，尤其在重金属污染耕地面积大、任务重的省份（如云南、广西、贵州、湖南等）开展点对点支撑服务，全面推进落实了以农艺调控措施为主的轻中度污染耕地安全利用技术，以及种植结构调整、退耕还林还草等重度污染耕地严格管控措施，实现土壤重金属污染风险的分类分区管控。

（2）服务地方受污染耕地安全利用工作

2020年以来，联盟参与完成云南、广东、贵州、湖北、福建、江西、辽宁、天津、江苏、广西、四川、西藏等省级实施方案编制12份；组建省级技术专家团队，全面支撑农业农村部耕地土壤重金属污染防治联合攻关计划，分别在云南、广西、广东、贵州、湖南、江苏、河南、山东、福建、江西、四川、浙江等地建立联合攻关示范区18个，包括部级联合攻关基地12个，省级联合攻关基地6个。开展重金属低积累作物的品质筛选与验证、叶面阻控技术筛选与验证、土壤钝化剂筛选与验证以及农艺调控技术集成，打造受污染耕地安全利用示范样板和现场技术交流与观摩平台。3年来，共比选出水稻镉低积累品种34个、玉米镉低积累品种68个、小麦镉低积累品种11个，经济效益稳定、适宜推广的土壤调理剂19种、叶面阻控剂5种、微生物菌剂3种，构建农艺调控集成技术3套；形成水稻、小麦低积累品种清单各1份，土壤调理剂清单1份，叶面阻控剂清单1份。

2020年以来，联盟参与广西、云南、广东、江苏、湖北、湖南、江西、贵州、西藏等省级受污染耕地安全利用技术培训班26场次，现场观摩会18场次，培训人数累计达8000余人。联盟专家成员和企业成员单位的全面参与，为上述地区推动受污染耕地安全利用工作提供了重要技术保障、智力支持和产品供应，具有显著的社会效益、经济效益和环境效益。

6.3.5.2　推进修复产业发展，促进企业提质增效与升级转型

（1）推进我国耕地重金属污染修复产业发展

为解决重金属污染耕地治理修复领域科研与实际应用脱节的难题，联盟在推动产学研方面，在我国耕地重金属污染面积大、任务重的省份，如云南、贵州、广西、湖南等地，建立联合攻关和技术研发平台，进一步强化联盟成员中的科研院所、知名高校和环保企业之间的交流与沟通，针对修复产品的短板，提出产品升级和效能提升方案。联盟成员单位涵盖了耕地重金属污染修复产业链上的设计、研发、产品生产、实际应用等环节，使得联盟的产学研结合模式结合得更紧密，通过组织技术集群与企业集群的方式实现效益倍增，有力推进了我国耕地土壤重金属污染修复产业和环保事业的发展。2021 ～ 2022 年，分别在广西壮族自治区南宁市和贵港市、云南省安宁市和禄丰市建立试验示范区，开展联盟内部的修复产品技术竞赛，参加竞赛产品包括 21 种叶面阻控剂和 38 种土壤调理剂，经过综合评测，形成产品目录清单，将成本低、效果稳定、易于推广的前 10 名产品，提供给地方政府选用和采购，在广西壮族自治区和云南省受污染耕地安全利用工作中推广应用近 500 万亩。

（2）提升修复产品性能，助力企业升级转型

随着化肥农药实现减量增效，我国三大粮食作物化肥农药使用量连续 5 年保持下降趋势，一些农资企业共同面临产能过剩和企业升级转型问题，联盟组织专家参与企业新产品研发，促使普通肥料企业向新型农业环保企业转型。如 2021 年，拥有“智能引导 - 微生物组”技术的山东迈科珍生物科技有限公司，成功研发出土壤重金属污染修复菌剂，使得其产品从农用微生物制剂向土壤修复菌剂扩展，且获得农业农村部产品登记证；佛山市植宝生态科技有限公司原来是以叶面肥生产为主的农资企业，针对水稻、小麦产地土壤重金属镉污染控制，2020 年以来，研发了以 Zn、Cu、Fe、Mn 等微量元素为主的叶面阻控剂，革新了生产工艺 3 项，获得产品登记证书 3 个，创制 3 大叶面阻控剂产品，使稻米 Cd 含量降低 45% 以上，其中“镉无忧”叶面阻控剂入选广东省名牌和高新技术产品。叶面阻控剂在水稻和小麦产地推广面积累计达 1960 万亩。

土壤调理剂在土壤重金属污染修复实践中有着广泛应用，针对土壤类型复杂、土壤调理剂种类繁杂、作用效果参差不齐等问题，联盟秘书处组织专家力量，开展了不同种类土壤调理剂修复效应的 Meta 分析，定量、定性、系统地探究了土壤调理剂的应用特性，结合市场调研，引导联盟成员单位福建玛塔生态科技有限公司、江苏隆昌化工有限公司、山东迈科珍生物科技有限公司、佛山市植宝生态科技有限公司、江苏天象生物科技有限公司、佛山市铁人环保科技有限公司等，优化生产线，定向研制和生产系列土壤调理剂产品，取得农业农村部土壤调理剂登记证 10 个，形成生产线 8 条，土壤调理剂年产量在 8000 万吨以上，土壤调理剂产品在受污染耕地安全利用中的推广面积累计达 1000 万亩。

6.3.5.3 组织完成技术模式构建，开展技术成果转化

（1）技术模式构建

以水稻、小麦和蔬菜等大宗农产品产地重金属污染土壤安全利用为核心目标，针对不同土地利用类型、作物类型、重金属种类，对“作物阻隔、叶面阻控、土壤降活、深翻减量”4个核心技术进行集成和熟化后，联盟组织专家力量完成重金属污染耕地安全利用技术模式构建，形成6套受污染耕地安全利用技术模式，分别是：南方Cd污染稻田“GTP+”安全利用技术模式，南方Cd-As复合污染稻田安全利用技术模式，南方地质高背景区Cd/Pb污染安全利用技术模式，北方弱碱性小麦田Cd污染安全利用技术模式，南方旱地Cd/Pb污染安全利用技术模式，北方旱地Cd/Pb污染安全利用技术模式。技术模式涵盖了我国90%以上耕地重金属污染类型和面积，因地制宜、分区分类施策，实现受污染耕地安全利用，保障农产品产地环境安全和农产品质量安全。

（2）开展技术成果转化

联盟理事长单位组织联盟成员单位积极开展重金属污染耕地安全利用与治理修复技术成果转化工作。2020年以来，通过政府公开招标投标，联盟成员单位共完成重金属污染耕地安全利用项目111个，涉及云南、贵州、广西、广东、福建、山东、河南、天津等15个省（区、市）的79个县，合同额达1.66亿元，另有自主研发的10个产品，销售额累计0.44亿元，合计2.10亿元。作为技术指导单位，指导各地区重金属污染耕地安全利用资金额度达4.55亿元，约占中央下达耕地重金属污染防治资金的30%。经第三方机构中国农业科学院农业经济与发展研究所测算，该成果服务水稻已经产生44.64亿元经济效益，服务小麦已经产生1.18亿元经济效益，服务玉米已经产生18.95亿元经济效益，服务蔬菜已经产生4.25亿元经济效益，共产生69亿元经济效益。在经济效益计算年限内，平均每年能为社会增加经济效益23亿元；在经济效益计算年限内，科研成果每投入1元推广费用，每年即可创造2.40元的纯收益。

6.3.6 未来发展对策

当前，受污染耕地安全利用已研发出一系列有效、实用的技术模式，但还是面临着不少问题，如有些低积累水稻品种的低吸收性状不稳定，土壤调理剂施用缺乏相应标准且部分产品成本高，生产实际中水分难以精准调控等。针对这些薄弱环节，应充分发挥联盟在受污染耕地安全利用科技创新中的支撑引领作用，利用现代育种技术加强低积累水稻品种种质资源创制，制定土壤调理剂施用的行业标准，引导土壤调理剂技术健康发展，利用物联网技术构建智慧稻田，精准调控水分等；应加强联盟成员单位常态化协作与协同攻关，联盟内部科研院所和企业加强合作，科研院所为企业发展提供科技创新支撑，企业为科研院所发展提供资金支持，实现共赢。

（1）探索联盟实体化运行机制

在联盟联合体合作机制基础上，推进联盟实体化进程，依托农业农村部环境保护科研监测所湘潭综合实验站，成立湘潭津湘环保科技有限责任公司，作为联盟实体化载体，快速实现技术熟化、产品研发和推广应用，实现联盟实体化和新型研发机构的转变。

（2）持续解决农田重金属修复产业技术研发与实际应用脱节的问题

目前农田重金属修复产业中研发技术多样，材料种类繁杂，各有优势，但是大量研发技术和产品与实际应用严重脱节。联盟今后应开展各种形式的科研院所、生产企业交流会，力求靶向解决企业实际生产难题，生产出大批能够解决实际问题的优质产品，持续解决农田重金属修复产业技术研发与实际应用脱节的问题。

（3）持续解决科研领域重大问题

施用土壤调理剂作为开展受污染耕地安全利用与治理修复的重要措施和技术手段，长期连续地投入也会使土壤产生新的问题，下一步应在土壤调理剂钝化效果的持效性、投入量阈值等方面开展研究。低积累水稻品种在不同区域、土壤污染类型与程度上表现并不稳定，在低吸收性状的土壤环境表达因素、机理等方面仍需开展深入的研究。污染耕地因其所处区域、土壤等特点不同，技术模式的内容应该各有不同，在技术细化、措施调整方面要进一步加强，使其更有针对性。

联盟应进一步投身到国家重大需求攻关中，着力解决农产品产地重金属污染综合防治中的重大战略和关键技术问题。加强顶层设计，进一步深化联盟工作，共同谋划大项目，联合攻关加快相关科技成果的转移转化；加强联盟宣传工作，提升联盟的影响力；进一步加强联盟运行的机制创新，确保联盟高效运转。

综上，农产品产地环境管理中政产学研用一体化新机制以协作创新体系为依托，政府、企业、高校、科研机构、农民和农业生产经营组织充分发挥各自的职责与作用，风险共担、公平互利、信息互通，不断推进知识创新、技术创新，持续推动农产品产地安全信息平台和智慧管理机制构建。加快政产学研用相结合是现阶段推进农产品产地环境管理科技创新、保障农产品产地环境安全的有效途径和现实举措。着力推进政产学研用深度结合，应重点关注以下几个方面：

① 创新农产品产地环境管理中政产学研用结合的组织模式。以持续改善农产品产地环境质量为核心，强化行政、法规和技术手段，优化科研立项机制，加强理论方法研究与技术成果转化，注重专业人才培养，加大成果应用与示范力度，逐步形成分工明确、布局合理、协作紧密、运转高效的政产学研用合作格局。充分发挥市场作用，调动管理部门、科研单位、涉农企业以及农业生产者各类主体的积极性，实现农产品产地资源环境保护的大联合、大协作。

② 坚持理论创新驱动技术发展。进一步完善创新体系中各类创新主体的协同攻关机制，在农业投入品减量高效利用、农业废弃物资源化利用、农产品产地环境修复等推动农业绿色发展的关键环节上，加大研发力度，促进成果产出。加大技术集成、

示范推广和人才培训力度，在农业生产领域加快普及先进适用的绿色农业技术，推动绿色生产方式落地生根。进一步加强农业面源污染及农业环境问题过程机理的基础研究，为更加科学精准评价和有效防治农产品产地土壤及环境污染提供坚实的基础和依据。加强创新研发，形成适合我国国情农情、能在较大范围推广复制、切实可行的农业绿色生产技术和农业面源污染防治技术模式与体系。

③ 培育大型农产品产地环境综合治理企业。引导企业加快兼并重组和整合，鼓励企业加大科研、转化和应用的投入力度，加大对企业自主创新技术的保护、审定和推介力度。根据地域特征、气候环境、农产品特点等，选择不同性质、不同层级的企业，推动农产品产地环境高效治理。大力培育第三方农产品产地环境治理保护产业，引导企业与科研教学单位共建创新平台。推进科研院所、高校等的农产品产地环境监测、治理、修复等成果向优势企业转移。培育一批具备资质的监测、评价、鉴定机构，构建面向农产品产地环境保护行业与全社会的信息网络平台。

④ 推进农产品产地环境保护科研成果转化应用。支持基层农技推广体系改革与建设，围绕农产品产地环境保护与治理任务，按照重点研发、集成示范、推广应用三个层次推进协同体系深度融合，在生态敏感脆弱区、集约农业和设施农业区、国家重大工程沿线开展试点示范。持续推进农产品产地重金属污染综合防治协同创新联盟建设，着力打造“政研企合作、产学研一体”的运行新机制。建立农业可持续发展试验示范区，带动农产品产地环境改善，探索建立“科研试验站 + 区域示范基地 + 基层农技推广体系 + 农户”的成果转化模式。

⑤ 加强农产品产地环境保护的科普宣传和技术推广服务，使社会公众和农民群众更多地了解、支持和主动参与到农产品产地环境保护工作中去。建立健全以技术补贴和绿色农业经济核算体系为核心的农产品产地农业补贴制度和生态补偿制度。对生态友好型、资源节约型的清洁生产技术以及绿色生产资料等的研发和推广应用进行补偿、激励，加强新型职业农民培训，提高农民和农业生产经营主体运用清洁生产技术保护农产品产地环境的积极性、主动性和有效性。

参考文献

[1] 葛翠翠 . 政产学研用协同创新的冲突识别与融合机制研究 [J]. 科技创业月刊 , 2022,35(10): 88-91.

[2] 赵新胜 . 新材料领域科技成果转化的政产学研用合作模式构建 [D]. 南昌 : 南昌大学 , 2018.

[3] 薛莉 , 陈钢 , 张白云 . 产学研协同创新研究综述 : 热点主题及发展脉络 [J]. 科技管理研究 , 2022,42(12): 1-8.

索 引

T

Y

Z

其它